光盘导航

光盘界面

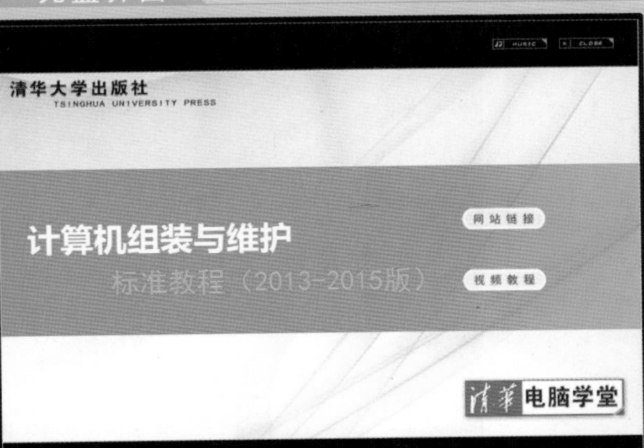

视频欣赏

计算机硬件欣赏

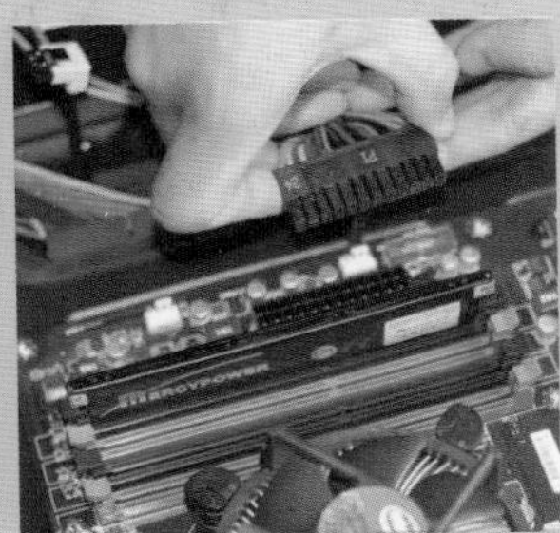

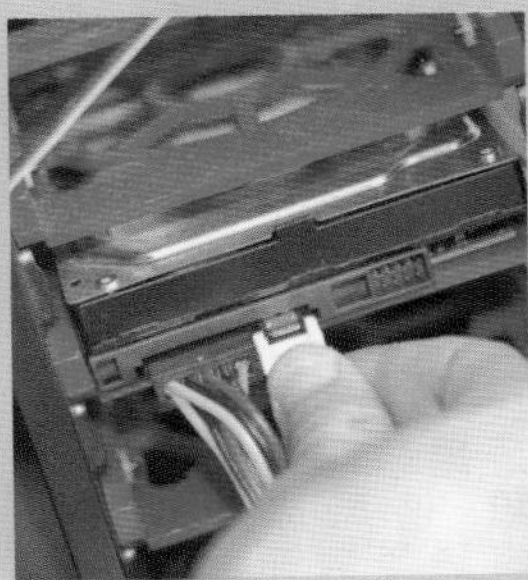

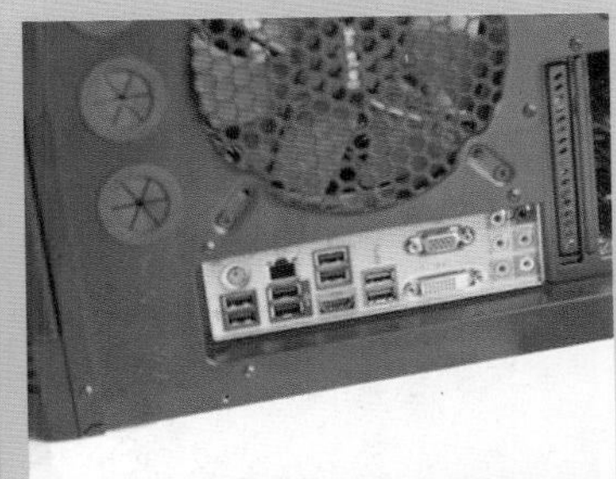

1.avi 2.avi 3.avi 4.avi 5.avi 6.avi 7.avi 8.avi 9.avi 10.avi 11.avi 12.avi 13.avi 14.avi 15.avi 16.avi 17.avi 18.avi

计算机配件

内存条

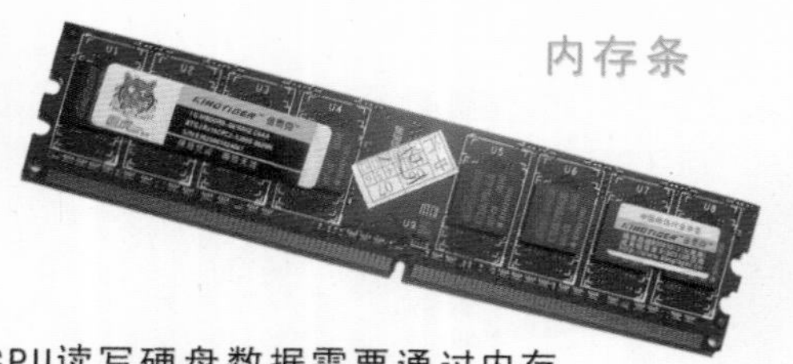

CPU读写硬盘数据需要通过内存来完成，因此内存是CPU与硬盘之间的桥梁。

CPU

CPU被称为主机的“大脑”

DVD刻录机

刻录光驱可以读取光盘数据，也可以将计算机中的数据刻录到光盘中。

硬盘

硬盘是采用磁记录的方式记录（存储）数据和读取（读出）数据的设备。

声卡

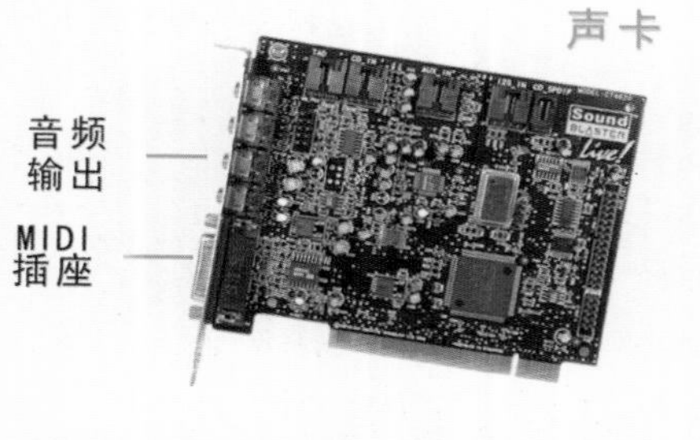

声卡主要作用是处理计算机音频信号，并将处理的信号传输到音箱中，现在主板一般都集成声卡。

显卡

显卡，也叫“显示卡”，顾名思义，其主要作用是“显示”，显示器通过显卡与计算机连接。

机箱

机箱是用来组合配件的。我们在组装时按照一定的结构将电脑各配件安装在机箱内部。

CPU风扇

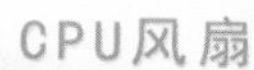

CPU风扇主要作用是降低CPU温度。在风扇下面有一个金属块，叫做散热片，目的是用来增加散热面积，使风扇能迅速将热量散开。

电源

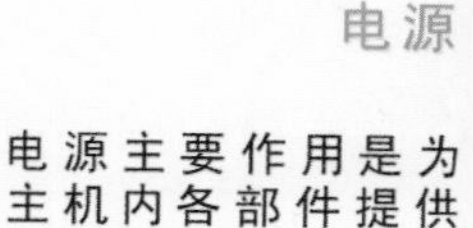

电源主要作用是为主机内各部件提供有效电源。

音频线

SATA硬盘数据线

SATA硬盘电源线

显示器

主要作用是显示用户输入的信息和查看计算机的运行状态及处理结果。

音响

音箱是输出设备，主要作用是将计算机内的音频信号转换为可以播放的声音。

计算机

键盘

用户通过它可以直接输入数据或者控制计算机。

打印机

能够将计算机内的可视化数据打印在相关介质上的外部输出设备。

数码相机

Digital Camera，简称DC。

鼠标

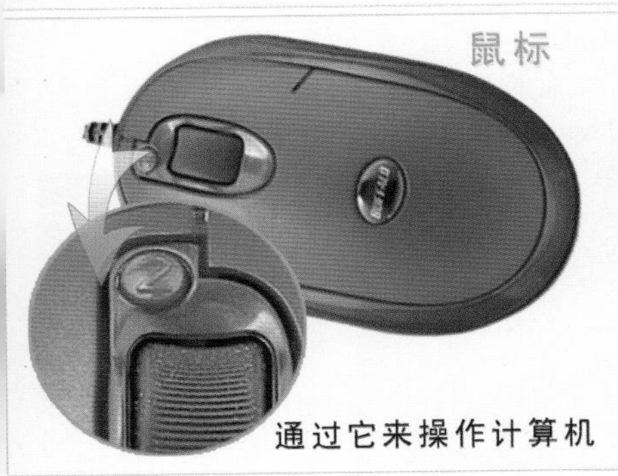

通过它来操作计算机

扫描仪

通过捕获图像并将之转换成计算机可识别数据的数字化输入设备。

DV

Digital Video，即数码摄像机。

手写板

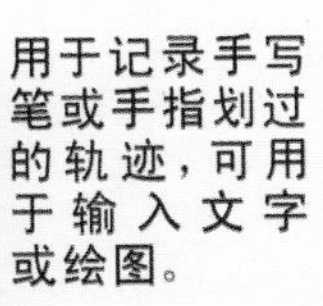

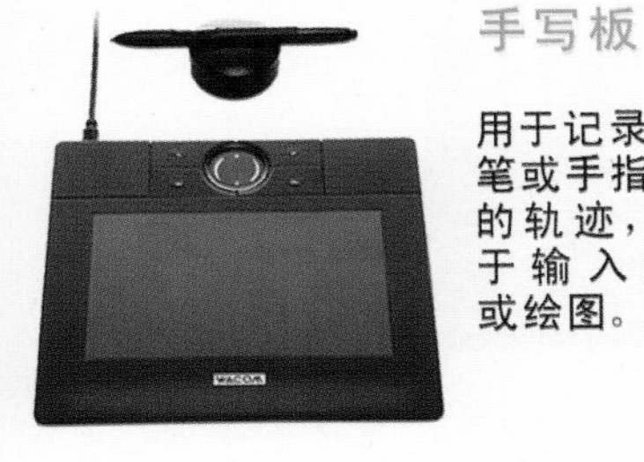

用于记录手写笔或手指划过的轨迹，可用于输入文字或绘图。

无线路由器

主要用于无线局域网的连接。

ADSL Modem

家庭用户宽带上网设备

移动硬盘　U盘

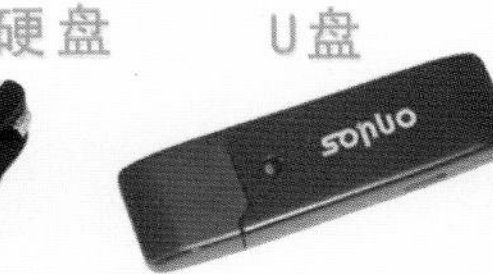

MP3-MP4

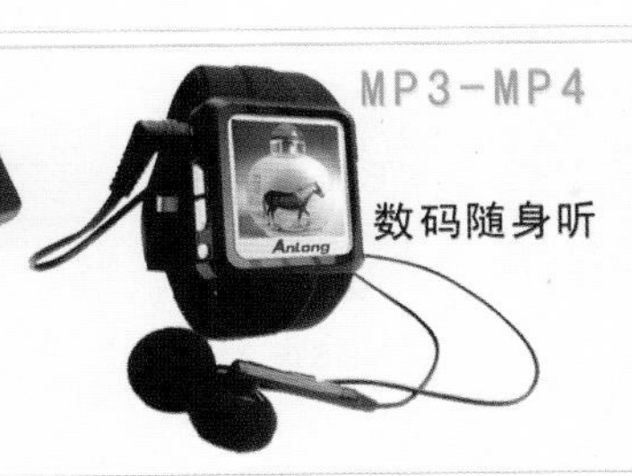

数码随身听

主要作用是存储数据，其特点是便于携带。

蓝牙传输器

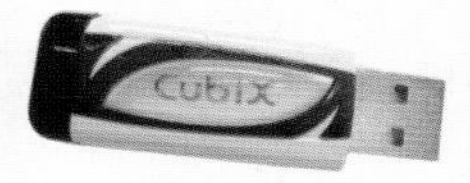

连接计算机与具有蓝牙功能的设备。

认识主板

主板：

主板在整个计算机主机中就好比人的“神经中枢”，起着协调工作的作用，任何一个配件要发挥自己的作用都必须依赖主板，主板是主机中最重要的配件之一。

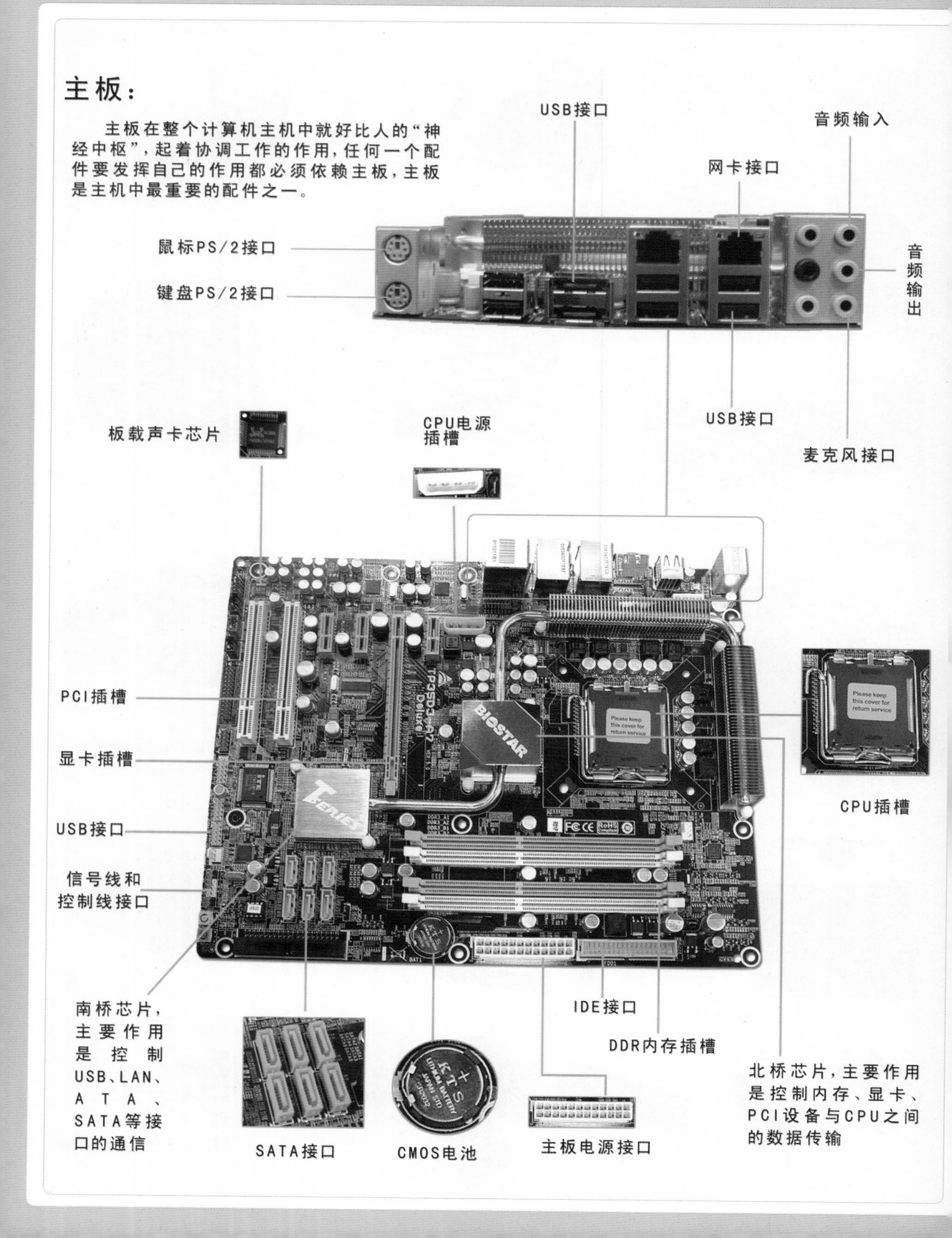

安装主板

MSI ZH77A-G43主板

在机箱内安装铜柱

将主板放置到机箱中

使用长型细牙螺丝钉将主板
固定在机箱底部的铜柱上

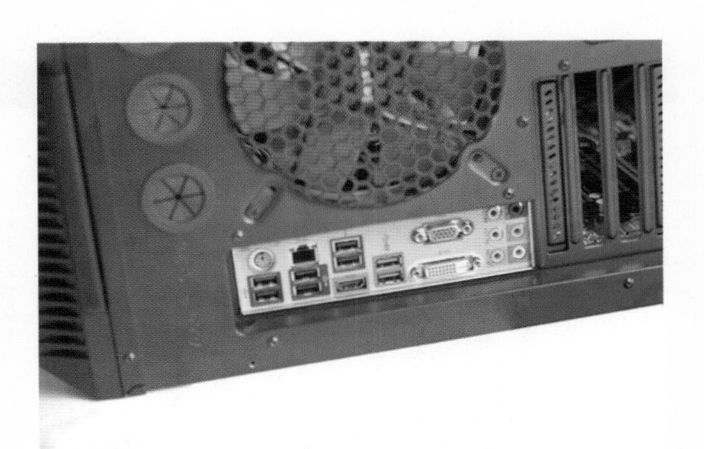

将主板端口与机箱挡板对齐

安装 CPU

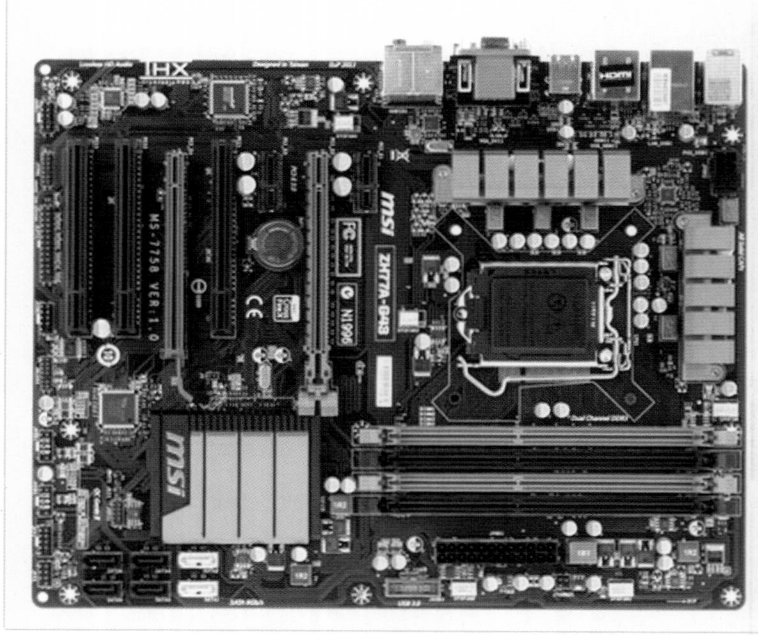

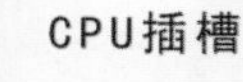

CPU插槽

CPU反面

将CPU插座上的拉杆拉开

将固定处理器的压盖轻轻提起，并一手扶住压盖，另一只手将上面的插座保护盖卸下

对齐定位装置和三角标志

CPU安装完毕

安装 CPU 风扇与内存

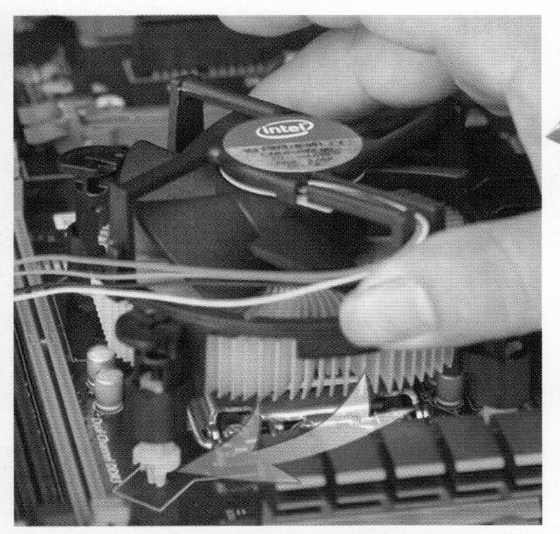

对齐插孔，放置CPU风扇

旋转固定把手

连接CPU风扇电源

安装内存条时，注意查看插槽中间凸起的隔断，它将整个插槽分为长短不一的两段，以防止用户将内存条插反

将内存条金手指处的凹槽对准内存插槽中的凸起隔断后，向下轻压内存条，并合拢插槽两侧的卡扣

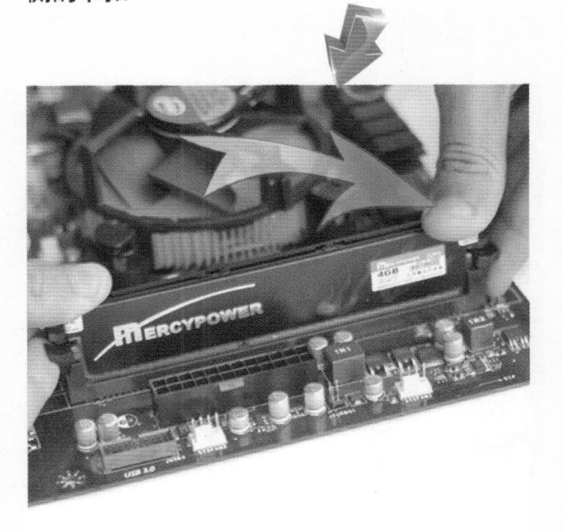

连接主板与CPU电源线

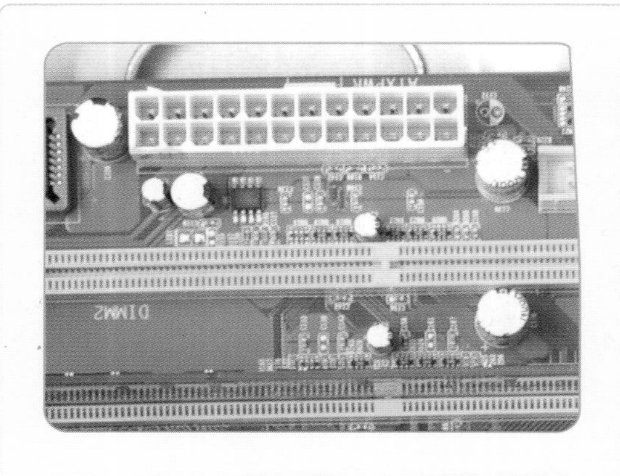

主板电源线插槽

主板电源线插头

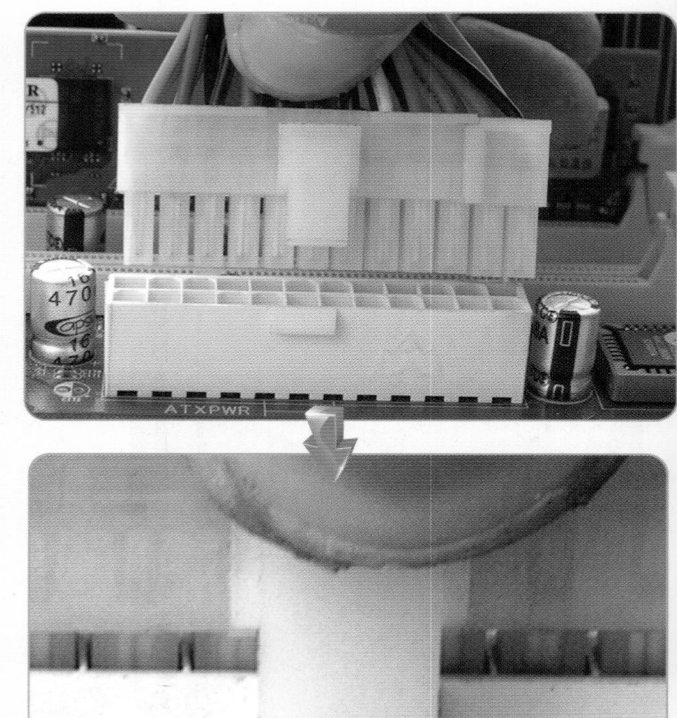

将电源插头插入主板电源插座

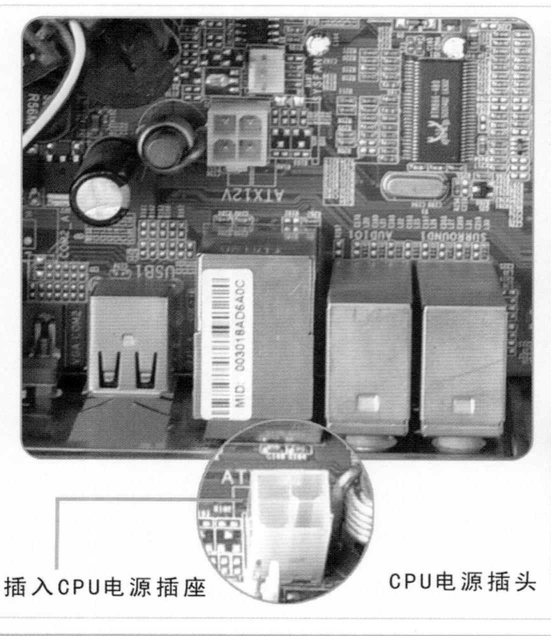

插入CPU电源插座

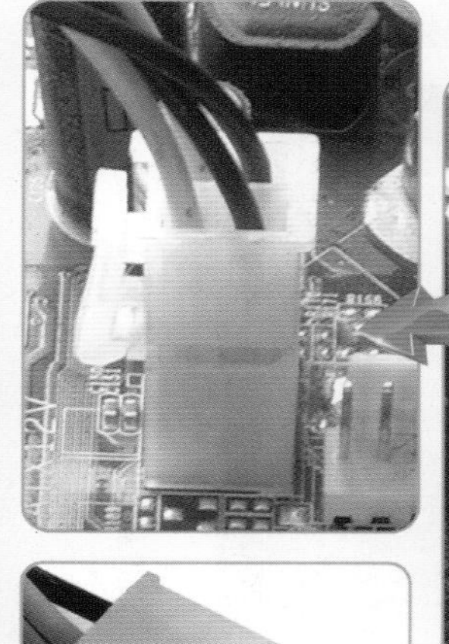

CPU电源插头

将CPU电源插头插入电源插座

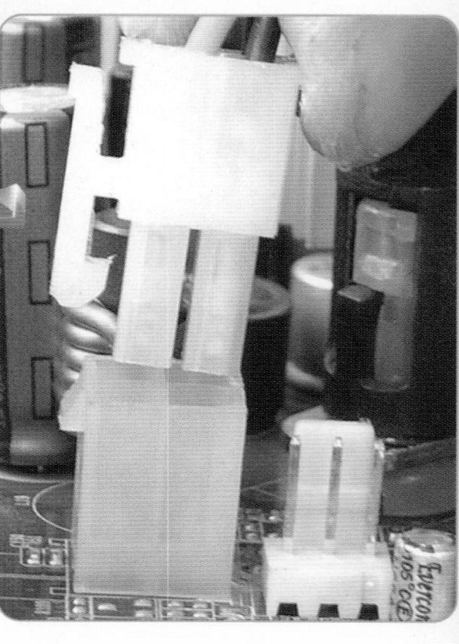

连接电源线和数据线

连接IDE数据线

连接光驱

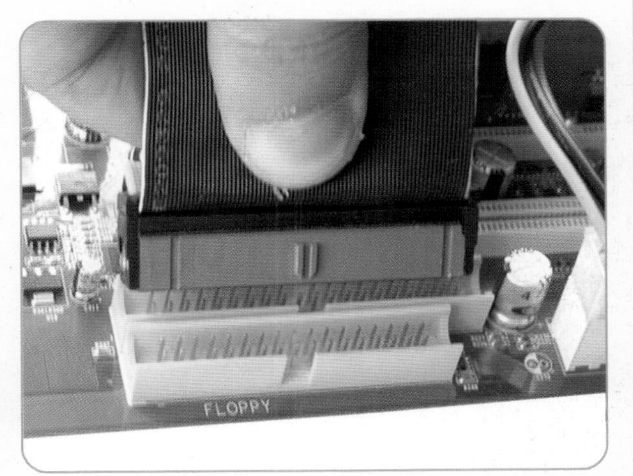

连接主板

连接硬盘

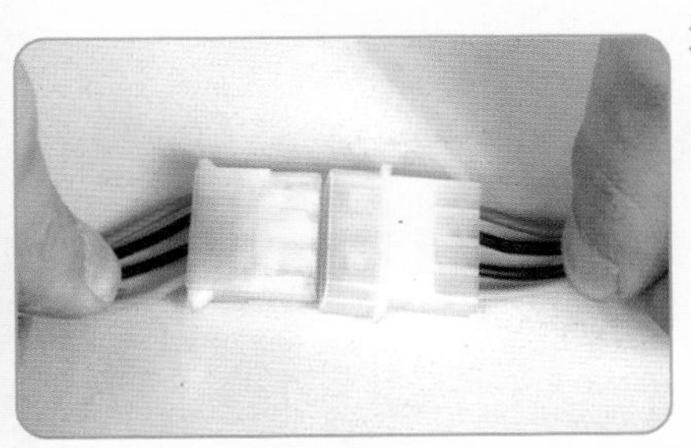

安装电源转接头

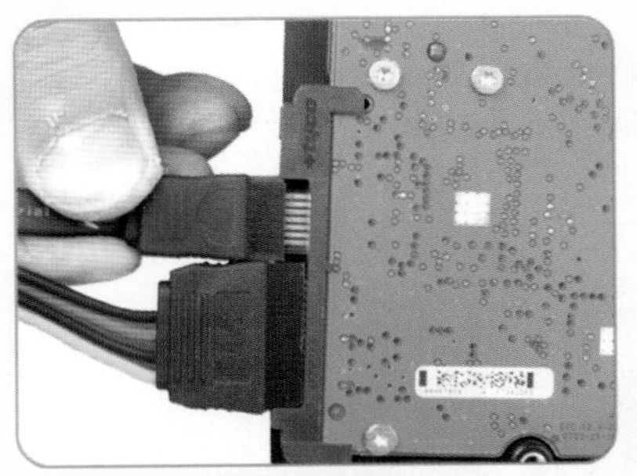

连接SATA硬盘电源和数据线

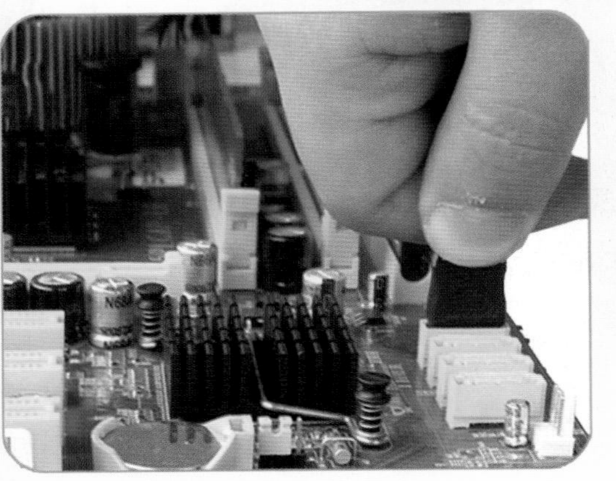

连接硬盘数据线

连接光驱电源线

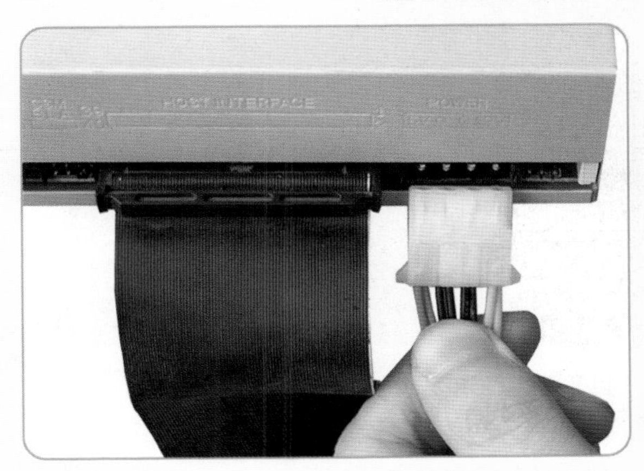

将插头插入光驱电源接口

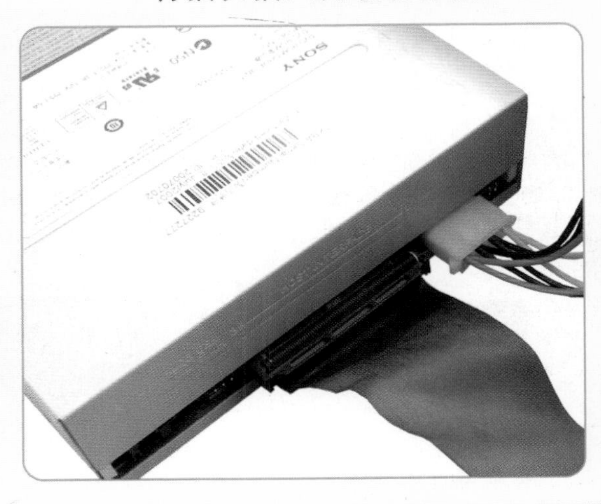

连接信号线、控制线

USB连接线插头

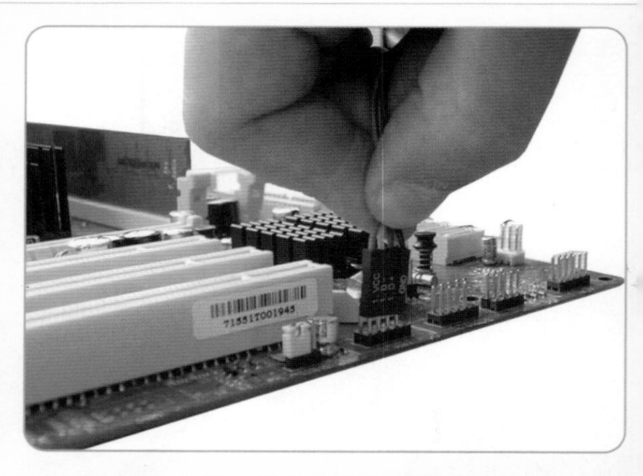

将USB连接线插头插入主板相应针脚

机箱喇叭连接线插头

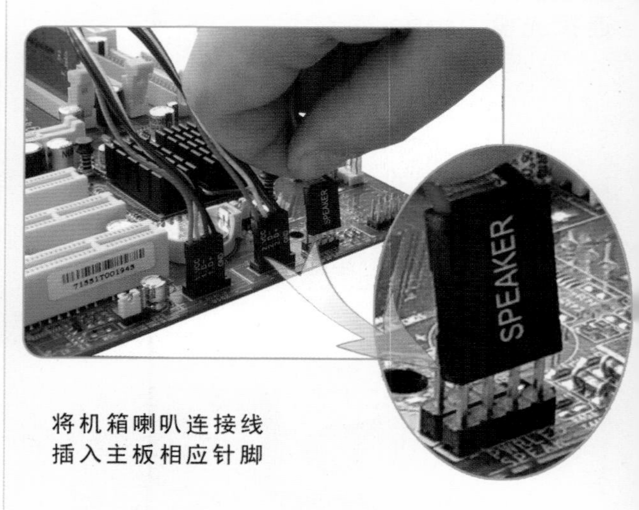

将机箱喇叭连接线插入主板相应针脚

硬盘指示灯连接线插头

复位键连接线插头

电源键连接线插头

电源指示灯连接线插头

分别将POWER SW、H.D.D LED等插头插入主板相应针脚

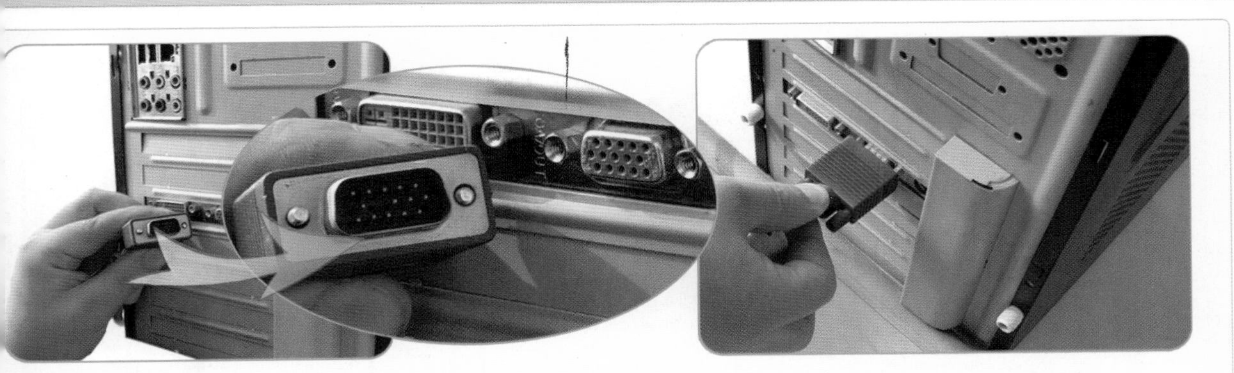

显示器数据线插头

将一端插头插入显示器VGA接口，另一端插头插入主机VGA接口。

连接键盘和鼠标线

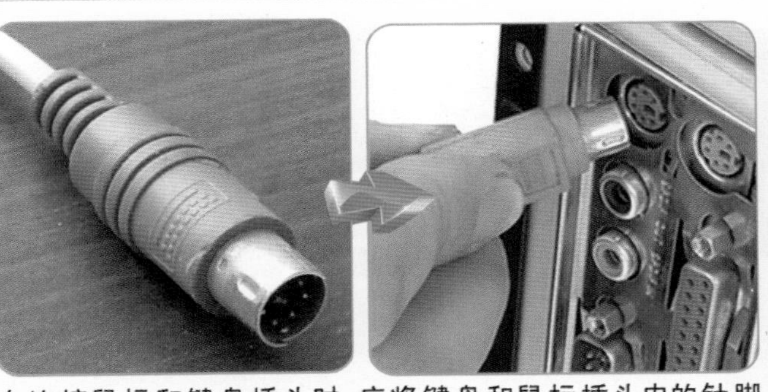

在连接鼠标和键盘插头时，应将键盘和鼠标插头内的针脚与主机鼠标和键盘接口相吻合。

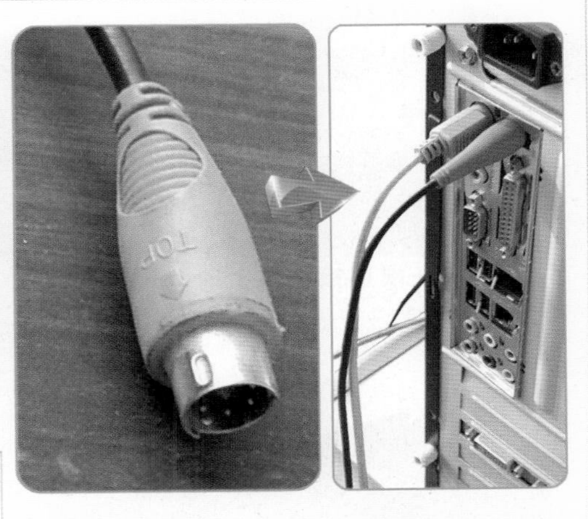

分别将音频插头和麦克风插头插入主板的音频输出接口和麦克风接口。

连接音箱线

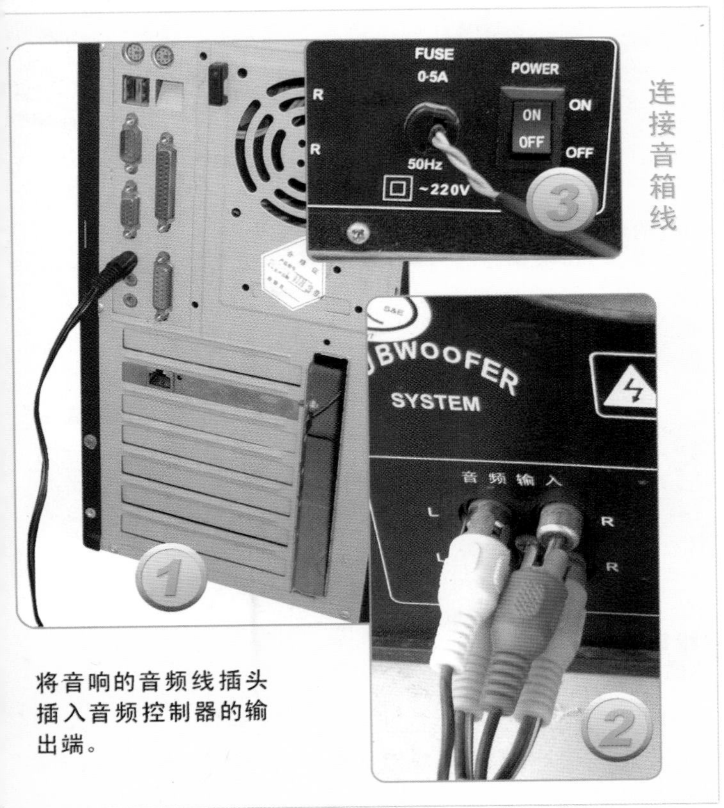

将音响的音频线插头插入音频控制器的输出端。

连接主机线

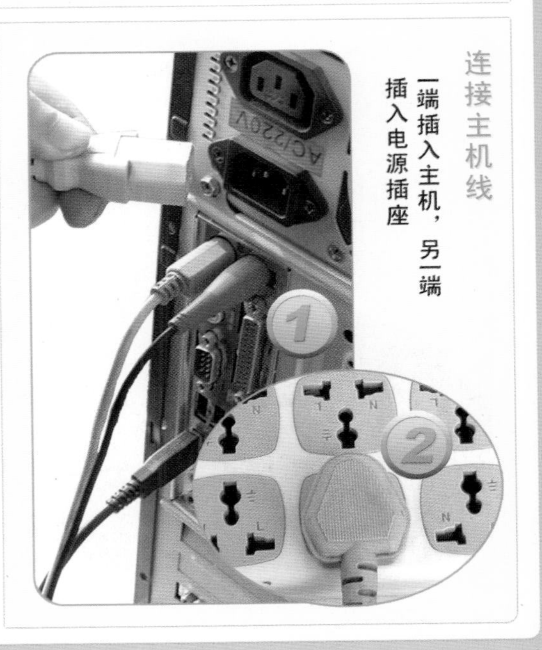

一端插入主机，另一端插入电源插座

连接打印机

打印机

连接打印机

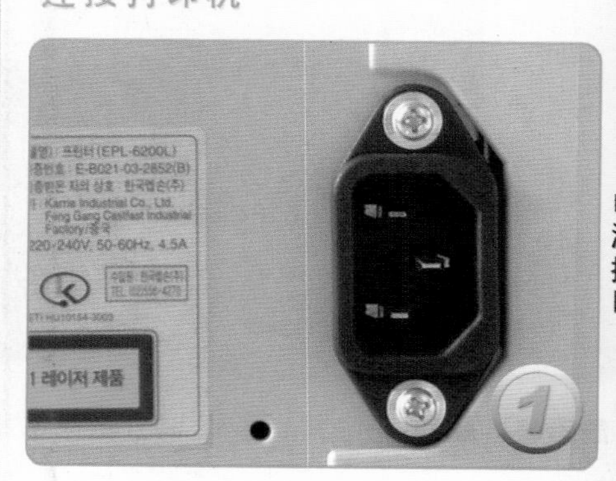

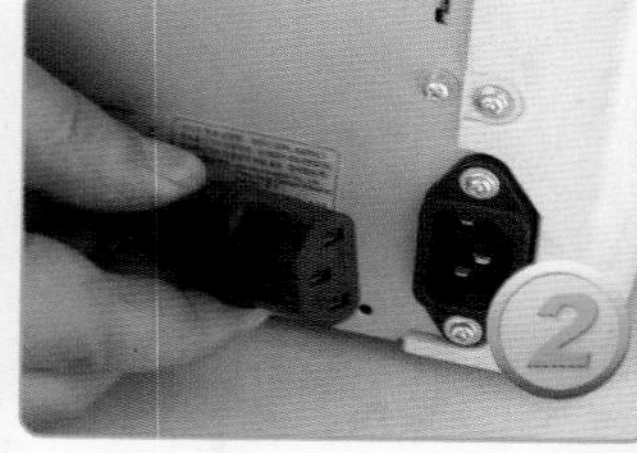

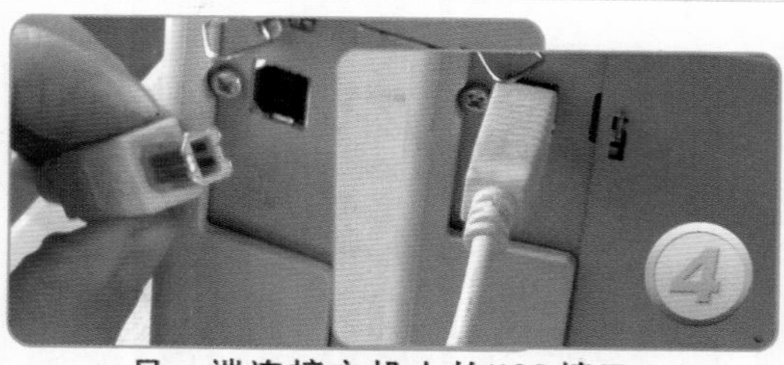

另一端连接主机上的USB接口

剪切网线

排列铜芯

将网线的外壳拨去，
按照标准排列8根铜芯

安装水晶头

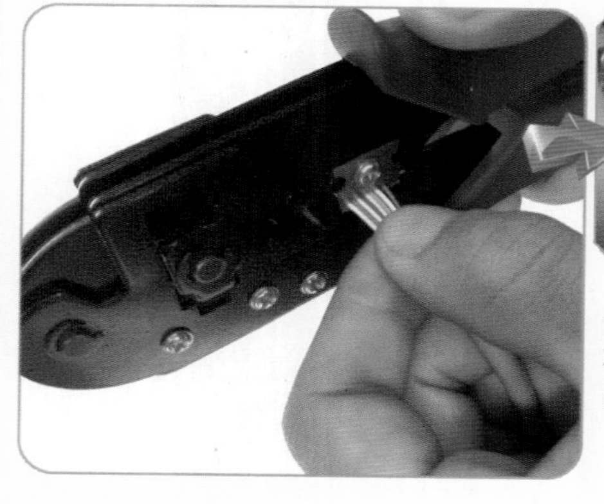

修整8根铜芯，
将铜芯插入水
晶头

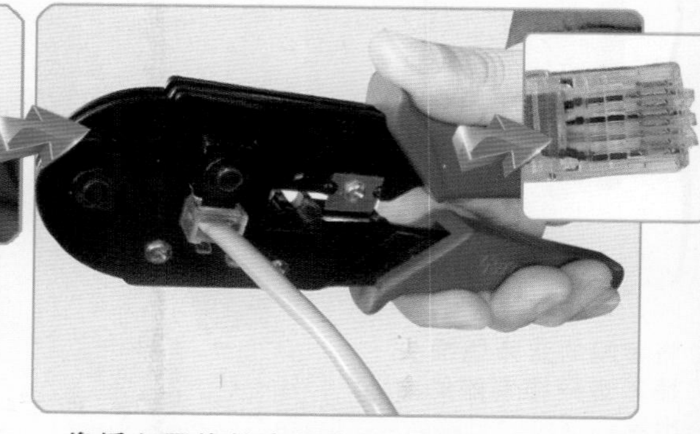

将插入网线的水晶头放入网钳中，并将其压实

清華
电脑学堂

计算机组装与维护

标准教程（2013-2015版）

■ 宋强 倪宝童 等编著

清华大学出版社
北 京

内 容 简 介

本书以计算机硬件的各配件为基础，全面介绍 CPU、内存、主板、电源、机箱，以及输入设备和输出设备等相关内容。并且，在介绍各配件时，还详细地介绍了硬件的一些参数、特征、工作原理、性能指标等，特别还添加了如何对该硬件进行选购的方法、注意事项等内容。配书光盘提供了大容量多媒体语音视频教程，以及实例素材与效果文件。全书结构编排合理、图文并茂，并且包含丰富的硬件操作技能，适合作为高校教材和企业培训教材，也可以作为商务办公人员的自学参考用书。

图书在版编目（CIP）数据

计算机组装与维护标准教程（2013—2015 版）/宋强等编著. —北京：清华大学出版社，2013.1
（2014.7 重印）
（清华电脑学堂）
ISBN 978-7-302-30388-6

Ⅰ. ①计…　Ⅱ. ①宋…　Ⅲ. ①电子计算机-组装-教材②电子计算机-维修-教材　Ⅳ. ①TP30

中国版本图书馆 CIP 数据核字（2012）第 242814 号

责任编辑：冯志强
封面设计：柳晓春
责任校对：胡伟民
责任印制：杨　艳

出版发行：清华大学出版社
　　网　　址：http://www.tup.com.cn，http://www.wqbook.com
　　地　　址：北京清华大学学研大厦 A 座　　**邮　　编**：100084
　　社 总 机：010-62770175　　**邮　　购**：010-62786544
　　投稿与读者服务：010-62776969，c-service@tup.tsinghua.edu.cn
　　质 量 反 馈：010-62772015，zhiliang@tup.tsinghua.edu.cn
印 刷 者：清华大学印刷厂
装 订 者：三河市溧源装订厂
经　　销：全国新华书店
开　　本：185mm×260mm　**印　张**：20　**插　页**：6　**字　　数**：500 千字
　　附光盘 1 张
版　　次：2013 年 1 月第 1 版　　**印　　次**：2014 年 7 月第 5 次印刷
印　　数：13001～16000
定　　价：39.80 元

产品编号：049882-01

前　言

随着计算机技术不断地进步，计算机硬件部分也在日新月异地变化。本书详细介绍计算机内各种硬件设备的工作原理、分类、性能指标，主要包括主板、CPU、内存、显卡、外设、机箱、电源等。全面讲解计算机的硬件选购、组装、维护保养以及 BIOS 设置、系统性能优化的方法。

本书对计算机网络方面的相关知识，以及计算机故障和诊断和排除方法进行讲解，并根据 IT 技术的发展简单介绍计算机内各个组件的主流产品，使用户能够及时、准确地掌握电子计算机的最新知识。

本书主要内容：

全书共分为 11 章，内容安排如下。

第 1 章学习计算机基础知识，其内容包括计算机的发展简介、计算机工作原理、计算机的组成等。

第 2 章学习计算机主机方面的知识，内容包括 CPU、主板、内存、机箱、电源等硬件的分类、工作原理、性能指标、主流技术、选购方法等。

第 3 章学习计算机外部存储器方面的知识，内容包括硬盘、光盘驱动器、移动存储器等外部存储设备的结构、工作原理、技术指标等。

第 4 章的学习内容为计算机输入设备，共包括键盘、鼠标、扫描仪、手写板等设备的分类、工作原理以及选购方法等。

第 5 章介绍计算机输出设备，内容包括显卡、显示器、声卡、音箱、打印机等设备的分类、组成结构、技术指标、工作原理等方面的知识。

第 6 章学习计算机组装的方法，内容包括 DIY 攒机知识、组装计算机的准备工作、主机的硬件安装，以及主机与其他设备的连接方法等。

第 7 章学习 BIOS 设置方面的知识，内容包括 BIOS 概述，以及 BIOS 的设置、升级和升级失败后的处理方法。

第 8 章学习安装操作系统的方法，内容包括硬盘分区和格式化，安装 Windows 8 操作系统，以及安装驱动程序等。

第 9 章是有关计算机网络设备方面的知识，内容有网卡、双绞线、交换机、宽带路由器、ADSL Modem 和无线网络设备的类型、工作原理及选购方法等。

第 10 章用于学习备份和恢复操作系统的各种方法，内容包括使用 GHOST 进行备份和恢复的操作方法，以及数据文件和驱动程序的备份与恢复方法等。

第 11 章讲解计算机系统维护与优化方面的知识，内容包括计算机安全操作注意事项、Windows 注册表、优化软件的使用方法等。

本书特色：

本书结合办公用户的需求，详细介绍计算机组装与维护的应用知识，具有以下特色。

- **丰富实例** 本书每章以实例形式演示计算机硬件和组装操作应用知识，便于读者模仿学习操作，同时方便教师组织授课。
- **彩色插图** 本书提供大量精美的实例，在彩色插图中读者可以感受逼真的实例效果，从而迅速掌握计算机组装与维护的操作知识。
- **思考与练习** 扩展练习测试读者对本章所介绍内容的掌握程度；上机练习理论结合实际，引导学生提高上机操作能力。
- **配书光盘** 本书精心制作功能完善的配书光盘。在光盘中完整地提供本书实例效果和大量全程配音视频文件，便于读者学习使用。

本书适合读者对象：

本书定位于各大中专院校、职业院校和各类培训学校讲授计算机组装与维护课程的教材，并适用于不同层次的办公人员、专业硬件售后的操作人员作为自学参考书。

参与本书编写的除了封面署名人员外，还有王敏、马海军、祁凯、孙江玮、田成军、刘俊杰、赵俊昌、王泽波、张银鹤、刘治国、何方、李海庆、王树兴、朱俊成、康显丽、崔群法、孙岩、王立新、王咏梅、辛爱军、牛小平、贾栓稳、赵元庆、郭磊、杨宁宁、郭晓俊、方宁、王黎、安征、亢凤林、李海峰等人。由于时间仓促，水平有限，疏漏之处在所难免，欢迎读者朋友登录清华大学出版社的网站 www.tup.com.cn 与我们联系，帮助我们改进提高。

目　录

第1章

初识计算机

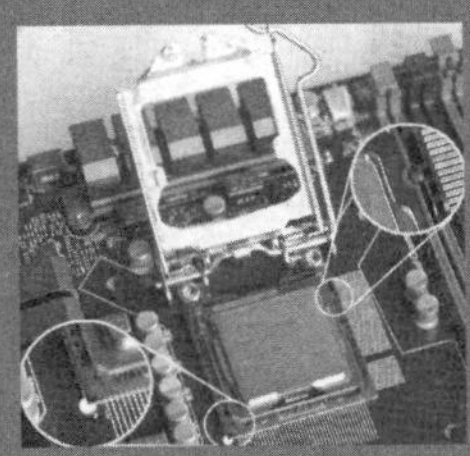

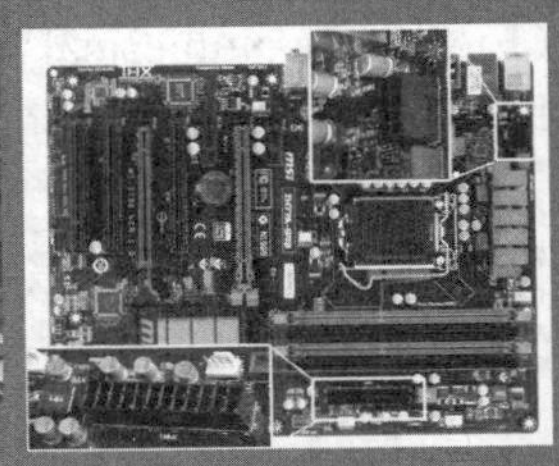

个人计算机已经渗透到人们生活的每个角落，特别是作为一种工作、学习、娱乐的工具进入了寻常百姓家中。

目前，计算机已经在科学计算、工程设计、经营管理、过程控制，以及人工智能等多个领域为人们做出了很大的贡献，极大地提高了人们在这些领域内的工作效率。

为了让用户更好地认识计算机，本章将对计算机的发展状况，以及计算机的结构和工作原理进行讲解。

此外，还将对用户在购买计算机时可能遇到的部分问题进行解答，从而使用户能够在最短时间内熟悉和掌握选购计算机的方法。

本章学习要点：

- 计算机概述
- 计算机的类型
- 计算机的组成结构
- 计算机的工作原理
- 计算机的选购方法

1.1 计算机概述

科学家设计和制造计算机的最初目的是为了增强人们的计算能力，此外由于电子计算机擅长执行快速计算、大型表格分类和大型数据库检索等任务，并且能够完成很多智能任务，因此又被称为“电脑”。

1.1.1 计算机发展简介

计算机的全称为“电子计算机”，与其他新生事物的发展轨迹类似，计算机也经历了一个不断变革与完善的过程。根据不同时期计算机基本构成元件的不同，可以将计算机的发展分为以下几个阶段。

1．第一代电子管计算机（1939~1955 年）

二次世界大战期间，美国宾夕法尼亚大学的研究人员于 1946 年推出了 ENIAC（Electronic Numerical Integrator And Computer，电子积分计算机），标志着世界上第一台电子计算机的成功问世。该计算机使用了 18000 个电子管和 70000 个电阻器，占地 170m^2，拥有 30 个操作台，耗电量达到了惊人的 140~160kW，计算能力则为每秒 5000 次加法运算或 400 次乘法运算。它的速度是当时最快继电器计算机的 1000 多倍，是人们手工计算的 20 万倍。

随后，数学家冯·诺依曼领导的设计小组按照存储程序原理，于 1949 年 5 月在英国研制成功了第一台真正实现内存储程序的计算机——EDSAC，从而成为计算机发展史上的又一次重大突破。

提 示

存储程序原理，即程序由指令组成，并和数据一起存放于存储器中。当计算机开始工作时，便会按照程序指令的逻辑顺序，将指令从存储器中逐条读出并执行，从而自动完成由程序所描述的处理任务。冯·诺依曼被称为现代计算机之父。

第一代计算机的特点是操作指令为特定任务而编制，且每种计算机采用的都是不同的机器语言，因此功能受到限制，而速度也较慢。

2．第二代晶体管计算机（1956~1963 年）

1948 年，晶体管的发明使得电子设备的体积开始减小。当 1956 年晶体管真正用于计算机时，标志着第二代计算机的产生。这一时期的计算机开始具备现代计算机的一些部件，例如磁盘、内存等。这些改进不但提高了计算机的运算速度，而且使得计算机更加可靠，其应用范围也扩展至众多方面的数据处理与工业控制。

与第一代计算机相比，第二代计算机的特点是体积小、速度快、功耗低，而稳定性则得到了增强。

3．第三代集成电路计算机（1964~1971 年）

1958 年，德州仪器工程师 Jack Kilby 提出了集成电路（IC）技术，该技术成功地将多个电子元件集成在一块小小的半导体材料上。随后，集成电路技术迅速应用于计算机的设计与制造，计算机内部原本数量众多的元件被分类集成到一个个半导体芯片上。这样一来，计算机的体积变得更小、功耗更低，而速度则变得更快。

提 示

在第三代集成电路计算机的产生和发展期间，还出现了真正意义上的操作系统，这使得计算机能够在中心程序的控制下同时运行多个不同程序，从而极大地提高了计算机的利用率。

4．第四代大规模和超大规模集成电路计算机（1972年至今）

随着集成电路技术的发展，计算机内的集成电路从中小规模逐渐发展至大规模、超大规模的水平。利用超大规模的集成电路技术，数以百万计的元器件被集成至硬币大小的芯片上，计算机的体积变得更小，而性能和可靠性则得到了进一步的增强。

随后，人们又利用超大规模集成电路技术成功研制出了微处理器，从而标志着微型计算机的诞生，如图1-1所示。

图1-1 微处理器中的超大规模集成电路

5．第五代智能计算机（1982年至今）

第五代智能计算机能够处理文字、符号、图像、图形和语言等非数值信息，即是能进行知识处理的计算机。

在1981年10月，日本东京第五代计算机国际会议上首次正式将其提出，并于1982年开始由通产省计划和组织实施。接着，美国国防部高级技术研究局于1983年制订了“战略计算机开发计划”，开始研制智能计算机。

如果从软件的角度来看，第五代计算机的一个突出特点就是把逻辑型语言作为系统的核心语言使用，计算机的推理过程可以用这种语言原原本本地进行描述。这就使得用户可以使用声音、自然语言、图形、图像等形式的语言操作计算机，通过计算机内的有关知识解释声音、图形、自然语言，再形成逻辑语言描述的程序，最后交由计算机执行。

1.1.2 计算机的应用领域

现如今，计算机已经全面普及至工业、农业、财政金融、交通运输、文化教育、国防安全等众多行业，并在家庭娱乐方面为人们增添了许多新的色彩。总体概括起来，计算机的应用领域可分为以下几个方面，如图1-2所示。

1．科学计算

与人工计算相比，计算机不仅运算速度快，而且精度高。在应对现代科学中的海量复杂计算时，计算机的高速运算和连续计算能力可以实现很多人工难以解决或根本无法解决的问题。例如，在预测天气情况时，如果采用人工计算的方式，仅仅预报一天的天气情况就需要计算几个星期。在借助计算机后，即使预报未来 10 天内的天气情况也只需要计算几分钟，这使得中、长期天气预报成为可能。

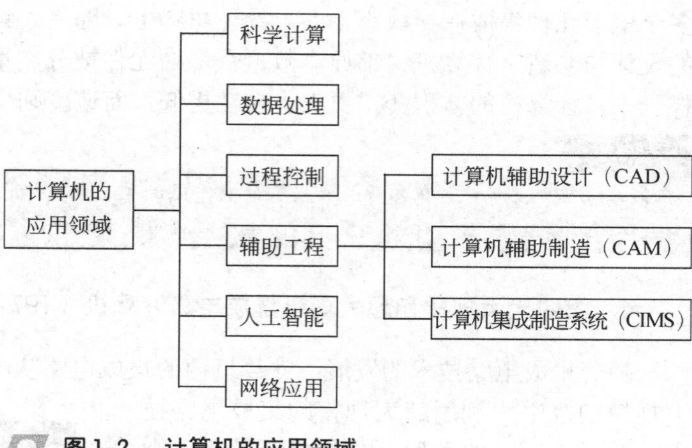

图 1-2 计算机的应用领域

随着计算机应用范围的不断扩大，虽然科学计算在整个计算机应用领域内的比重呈下降趋势，但在天文、地质、生物、数学等基础学科，以及空间技术、新材料研制、原子能研究等高、新技术领域中，计算机仍然占有极其重要的地位。并且，在某些应用领域中，复杂的运算需求还对计算机的运算速度和精度提出了更高的要求，这也在一程度上促进了巨型计算机的不断发展。

2．数据处理

数据处理是对各种数据进行收集、存储、整理、分类、统计、加工、利用、传播等一系列活动的统称。早在 20 世纪 60 年代，很多大型的企事业单位便开始使用计算机来处理账册、管理仓库或统计报表，其任务涵盖了数据的收集、存储、整理和检索统计。随着此类应用范围的不断扩大，数据处理很快便超过了科学计算，成为现代计算机最大的应用领域。

现如今，数据处理已经不仅仅局限于日常事务的处理，还被应用于企业管理与决策领域，成为现代化管理的基础。此外，该项应用领域的不断扩大也在硬件上刺激了大容量存储器和高速度、高质量输入/输出设备的不断发展；同时也推动了数据库管理、表格处理软件、绘图软件，以及数据预测和分析类软件的开发。

3．过程控制

计算机不仅具有高速运算能力，还具有逻辑判断能力，这一能力使得计算机能够代替人们对产品的生产工艺流程进行不间断的监控。例如，在冶金、机械、电力、石油化工等产业中，使用计算机监控生产工艺流程后不但可以提高生产的安全性和自动化水平，还可以提高产品质量，并降低生产成本、减轻人们的劳动强度。

提　示

计算机在完成实时控制时的工作流程如下。

首先，由传感器采集现场受控对象的各项数据，包括受控对象的自身数据与影响生产的关键数据。

然后，利用实时数据与设定数据进行对比，在得出数据偏差后，由计算机按照控制模型求得能够使生产恢复正常的修正数据。

最后，根据修正数据生成相应的控制信号，以驱动伺服装置对受控对象进行调整。

4．辅助工程

简单地说，计算机辅助工程是指计算机在现代生产领域，特别是生产制造业中的应用，主要包括计算机辅助设计、计算机辅助制造和计算机集成制造系统等内容。

❑ 计算机辅助设计（CAD）

在如今的工业制造领域中，设计人员可以在计算机的帮助下绘制出各种类型的工程图纸，并在显示器上看到动态的三维立体图后，直接修改设计图稿，因此极大地提高了绘图质量和效率。此外，设计人员还可通过工程分析与模拟测试等方法，利用计算机进行逻辑模拟，从而代替产品的测试模型（样机），降低产品试制成本，缩短产品设计周期。

目前，CAD 技术已经广泛应用于机械、电子、航空、船舶、汽车、纺织、服装、化工，以及建筑等行业，成为现代计算机应用中最为活跃的应用之一。

❑ 计算机辅助制造（CAM）

这是一种利用计算机控制设备完成产品制造的技术，例如 20 世纪 50 年代出现的数控机床便是以 CAM 技术为基础，将专用计算机和机床相结合后的产物。

借助 CAM 技术，人们在生产零件时只需使用编程语言对工件的形状和设备的运行进行描述，使可以通过计算机生成包含了加工参数（如走刀速度和切削深度）的"数控加工程序"，并以此来代替人工控制机床的操作。这样一来，不仅提高了产品质量和效率，还降低了生产难度，在批量小、品种多、零件形状复杂的飞机、轮船等制造业中倍受欢迎。

❑ 计算机集成制造系统（CIMS）

CIMS 是集设计、制造、管理三大功能于一体的现代化工厂生产系统，具有生产效率高、生产周期短等特点，是 20 世纪制造工业的主要生产模式。在现代化的企业管理中，CIMS 的目标是将企业内部所有环节和各个层次的人员全都用计算机网络组织起来，形成一个能够协调、统一和高速运行的制造系统。

5. 人工智能

人工智能（Artificial Intelligence）也称"智能模拟"，其目标是让计算机模拟出人类的感知、判断、理解、学习、问题求解和图像识别等能力。

目前，人工智能的研究已取得不少成果，有些已开始走向实用阶段。例如，能模拟高水平医学专家进行疾病诊疗的专家系统，以及具有一定思维能力的智能机器人等。

6. 网络应用

现如今，随着计算机网络的不断发展壮大，金融、贸易、通信、娱乐、教育等领域的众多功能和服务项目已经可以借助计算机网络来实现。这些事件不仅标志着计算机网络在实际应用方面得到了拓展，还为人们的生活、工作和学习带来了极大的益处。

1.1.3 计算机的分类

通用计算机，按照其规模、速度和功能可以分为巨型计算机、大型主机、中型计算机、小型计算机、微型计算机和工作站计算机多种类型。不同类型间的差别主要体现在体积大小、结构复杂程度、功率消耗、性能指标、数据存储容量、指令系统和设备及软件配置等方面。

❑ 巨型计算机

人们通常把最大、最快、最昂贵的计算机称为巨型计算机（超级计算机），由于拥有超高的运算速度和海量存储能力，因此主要应用于国防、空间技术、石油勘探、长期天气预报，以及社会模拟等尖端科学领域。现阶段，巨型计算机的运算速度都在万亿次/s以上，如图1-3所示便是我国自行研制、运算速度达到10万亿次/s的“曙光4000A”巨型计算机。

❑ **大型机**

大型机包括大型主机和中型计算机，特点表现为通用性较好、综合处理能力强等，但运算速度要慢于巨型计算机。通常情况下，大型机都会配备许多其他的外部设备和数量众多的终端，从而组成一个计算机中心。因此，只有大中型企业、银行、政府部门和社会管理机构等单位才会使用，这也是大型机被称为“企业级”计算机的原因之一。

图1-3 曙光4000A巨型计算机

❑ **小型计算机**

小型计算机是价格较低且规模小于大型机的高性能计算机，特点是结构简单、可靠性高，对运行环境要求较低，并且易于操作和维护等，如图1-4所示。

图1-4 可安装于机柜内的小型计算机

因此，小型计算机常用于中小规模的企事业单位或大专院校，如高等院校的计算机中心只需将一台小型计算机作为主机后，配以几十台甚至上百台终端机，便可满足大量学生学习程序设计课程的需求。

此外，在工业自动控制、大型分析仪器、测量仪器、医疗设备中的数据采集、分析计算等领域也能看到小型计算机的身影。

❑ **微型计算机**

所谓微型计算机，又称个人计算机（PC），是指以微处理器为基础，配以内部存储器、输入输出（I/O）接口电路，以及相应辅助电路等部件组合而成的计算机。

它的特点是体积小、结构紧凑、价格便宜且使用方便。不过，根据使用需求与组成形式的不同，微型计算机又分为几种不同的类型。

如果再根据使用方式的不同，则可将个人计算机再划分为台式计算机和笔记本计算机两种类型，如图1-5所示。

台式计算机

笔记本计算机

图1-5 两种不同形式的个人计算机

1.1.4 计算机的发展趋势

随着计算机应用的深入发展，人们又对计算机技术有了更高的要求，并提出了巨型化、微型化、网络化和智能化4个不同的发展方向。

1. 巨型化

巨型化是指发展高速度、大存储量和拥有超强运算能力的超大型计算机。目前，人们正在研制的巨型计算机已经达到了每秒数千万亿次的运算速度，以满足尖端科学研究的需要（如天文、气象、地质、核反应堆等）。如图1-6所示即为代号为“走鹃”的千万亿次超级计算机。

图1-6 代号为“Roadrunner（走娟）”的千万亿次超级计算机

2. 微型化

计算机微型化就是进一步提高集成度，利用高性能的超大规模集成电路研制质量更加可靠、性能更加优良、价格更加低廉、整体更加小巧的产品。

目前，随着工业生产控制系统对微型计算机的应用，很多设备的生产和制造都实现了自动化。随着微电子技术的进一步发展，相信将来的笔记本型、掌上型微型计算机产品必将以更强劲的性能和更优秀的易用性受到人们的欢迎，如图1-7所示为体积小巧、支持手写输入的Think Tablet掌上平板电脑。

图1-7 Tablet PC

3. 网络化

计算机诞生之后不久，人们便开始寻求一种能够让多台计算机相互传递信息，并随时进行通信的方法。在这一需求下，人们将各自独立的计算机通过通信设备和通信介质连接起来，并在通信技术的支持下，实现了互联计算机间的相互通信和资源共享等目的，计算机网络由此诞生。

计算机网络是现代通信技术与计算机技术相结合的产物，也是计算机在不断普及和应用过程中的必然发展趋势。与独立运行计算机的方式相比，网络化能够充分利用计算机资源，提高计算机的利用效率，从而为用户提供更为方便、及时、可靠和灵活的信息服务，如图1-8所示。

4. 智能化

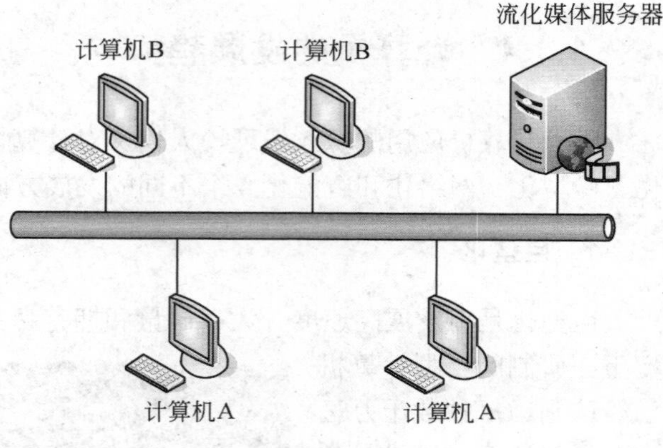

图 1-8 计算机的网络化

计算机人工智能的研究是建立在现代科学的基础之上的，其目的是让计算机能够模拟人的感觉和思维能力，从而使计算机具有自行解决问题和逻辑推理、知识处理和知识库管理等功能，是计算机发展过程中的一个重要方向。

在新一代的智能计算机中，人与计算机间的联系将不再使用传统设备，而是用文字、声音、图像等信息直接与计算机进行对话，智能计算机也相应地通过模拟人类的感觉行为和思维过程，完成“看”、“听”、“说”、“想”、“做”等任务，并将任务经验记录下来，达到不断学习的目的。

1.2 计算机系统组成

计算机作为一个精密、复杂的系统，由不同的硬件部分和软件共同组成。硬件在系统中发挥着物质基础的作用，软件以硬件为基础实现不同需求的应用。如果说硬件是计算机的躯体，那么软件无疑可以称为计算机的灵魂。

然而，计算机并非是硬件和软件的简单搭配，它们还要根据一定的原理协同工作，确保整个计算机系统的兼容和稳定，从而发挥系统的最佳性能。

1.2.1 硬件系统的组成

计算机发展至今，不同类型计算机的组成部件虽然有所差异，但硬件系统的设计思路全都采用了“冯•诺依曼”的体系结构，即计算机硬件系统由运算器、控制器、存储器、输入设备和输出设备这五大功能部件所组成。

在计算机中，由运算器和控制器所组成的硬件，称为“中央处理器（Central Processing Unit，CPU）”。它是现代计算机系统的核心组成部件，并且微型计算机内的CPU已经集成为一个被称为微处理器（MPU）的芯片。

1. CPU 的功能

在现阶段，计算机内的所有硬件都由CPU负责指挥，其功能主要体现在以下4个方面。

❑ **指令控制**

计算机之所以能够自动、连续地工作全都依赖于人们事先编制好的程序。而这也是计算机能够完成各项任务，最为重要的因素。

因此，指令控制即控制计算机内的各个部件，使其按照预先设定的指令顺序协调地进行工作，以便实现预期的结果。

❑ 操作控制

在计算机内部，即使是最为简单的一条指令，往往也需要将若干个操作信号组合在一起后才能实现相应的功能。

而CPU在按照指令控制各个部件运作的时候，还需要为每条指令生成相应的操作信号，并将这些操作信号送往相应部件，从而驱动这些部件按照指令要求进行工作。

❑ 时间控制

作为一种精密的计算机，其内部的任何操作信号均要受时间的控制。因为，只有这样计算机才能够有条不紊地自动工作，所以CPU只有严格遵守操作信号实施时间和完成时间。

❑ 数据处理

数据处理的本质是对数据进行算术运算或逻辑运算，从而完成加工和整理信息的任务。

2. CPU的构成

作为计算机的核心部件，中央处理器的重要性好比人的心脏，但由于它要负责处理和运算数据，因此其作用更像人的大脑。从逻辑构造来看，CPU主要由运算器、控制器、寄存器和内部总线构成，如图1-9所示。

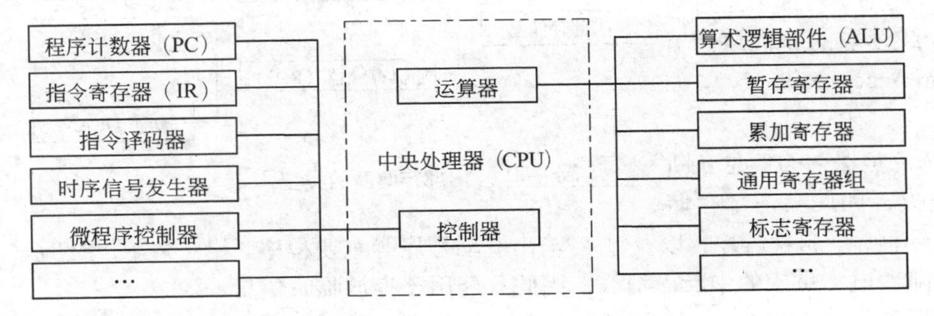

图1-9 CPU的组成结构

❑ 运算器

该部件的功能是执行各种算术和逻辑运算，如四则运算（加、减、乘、除）、逻辑对比（与、或、非、异或等操作），以及移位、传送等操作，因此也称为算术逻辑部件（ALU）。

❑ 控制器

控制器负责控制程序指令的执行顺序，并给出执行指令时计算机各部件所需要的操作控制命令，是向计算机发布命令的神经中枢。

❑ 寄存器

寄存器是一种存储容量有限的高速存储部件，能够用于暂存指令、数据和地址信息。在中央处理器中，控制器和运算器内部都包含有多个不同功能、不同类型的寄存器。

❑ 内部总线

所谓总线，是指将数据从一个或多个源部件传送到其他部件的一组传输线路，是计算机内部传输信息的公共通道。根据不同总线功能间的差异，CPU内部的总线分为数据总线（DB）、地址总线（AB）和控制总线（CB）3种类型，如表1-1所示。

3. 存储器

存储器是计算机专门用于存储数据的装置，计算机内的所有数据（包括刚刚输入的原始数据、经过初步加工的中间数据，以及最后处理完成的有用数据）都要记录在存储器中。

表 1-1 总线类型及其功能

总线名称	功能
数据总线（DB，Data Bus）	用于传输数据信息，属于双向总线，CPU 既可通过 DB 从内在或输入设备读入数据，又可通过 DB 将内部数据送至内在或输出设备
地址总线（AB，Address Bus）	用于传送 CPU 发出的地址信息，属于单向总线。作用是标明与 CPU 交换信息的内存单元与 I/O 设备
控制总线（CB，Control Bus）	用于传送控制信号、时序信号和状态信息等

在现代计算机中，存储器分为内部存储器（主存储器）和外部存储器（辅助存储器）两大类型。

□ **内部存储器**

内部存储器分为两种类型，一种是其内部信息只能读取，而不能修改或写入新信息的只读存储器 ROM（Read Only Memory）；另一类则是内部信息可随时修改、写入或读取的随机存储器 RAM（Random Access Memory），如图 1-10 所示。

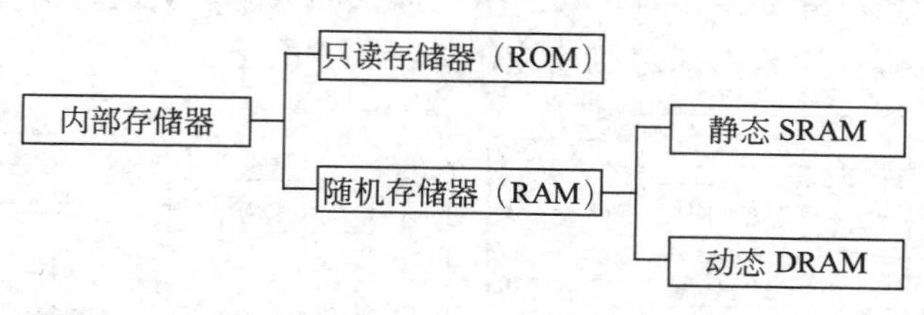

图 1-10 内部存储器的类型

ROM 的特点是保存的信息在断电后也不会丢失，因此其内部存储的都是系统引导程序、自检程序，以及输入/输出驱动程序等重要程序。相比之下，RAM 内的信息则会随着电力供应的中断而消失，因此只能用于存放临时信息。

在计算机所使用的 RAM 中，根据工作方式的不同可以将其分为静态 SRAM 和动态 DRAM 两种类型。两者间的差别在于，DRAM 需要不断地刷新电路，否则便会丢失其内部的数据，因此速度稍慢；SRAM 无需刷新电路即可持续保存内部存储的数据，因此速度相对较快。

事实上，SRAM 便是 CPU 内部高速缓冲存储器（Cache）的主要构成部分，而 DRAM 则是主存（通常所说的内存便是指主存，其物理部件俗称为“内存条”）的主要构成部分。在计算机的运作过程中，Cache 是 CPU 与主存之间的“数据中转站”，其功能是将 CPU 下一步要使用的数据预先从速度较慢的主存中读取出来并加以保存。这样一来，CPU 便可以直接从速度较快的 Cache 内获取所需数据，从而通过提高数据交互速度来充分发挥 CPU 的数据处理能力。

提 示

目前，多数 CPU 内的 Cache 分为两个级别，一个是容量小、速度快的 L1 Cache（一级缓存），另一个则是容量稍大、速度稍慢的 L2 Cache（二级缓存），部分高端 CPU 还拥有速度最大，但速度较慢（比主存要快）的 L3 Cache（三级缓存）。在 CPU 读取数据的过程中，会依次从 L1 Cache、L2 Cache、L3 Cache 和主存内进行读取。

□ **外部存储器**

外部存储器的作用是长期保存计算机内的各种数据，特点是存储容量大，但存储速度较慢。目前，计算机上的常用外部存储器主要有硬盘、光盘和 U 盘等，如图 1-11 所示。

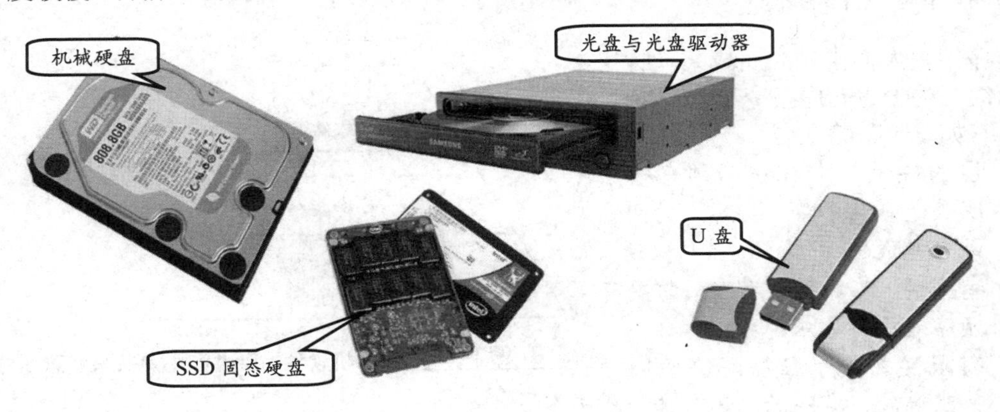

图 1-11 各种类型的外部存储器

4. 输入/输出部分

输入/输出设备（Input/Output，I/O）是用户和计算机系统之间进行信息交换的重要设备，也是用户与计算机通信的桥梁。

计算机能够接收、存储、处理和输出的既可以是数值型数据，也可以是图形、图像、声音等非数值型数据，而且其方式和途径也多种多样。例如，按照输入设备的功能和数据输入形式，可以将目前常见的输入设备分为以下几种类型。

- 字符输入设备：键盘。
- 图形输入设备：鼠标、操纵杆、光笔。
- 图像输入设备：摄像机、扫描仪、传真机。
- 音频输入设备：麦克风。

在数据输出方面，计算机上任何输出设备的主要功能都是将计算机内的数据处理结果以字符、图形、图像、声音等人们所能够接受的媒体信息展现给用户。根据输出形式的不同，可以将目前常见的输出设备分为以下几种类型。

- 影像输出设备：显示器、投影仪。
- 打印输出设备：打印机、绘图仪。
- 音频输出设备：耳机、音箱。

1.2.2 软件系统概述

软件系统是计算机所运行各类程序及其相关文档的集合，计算机进行的任何工作都依赖于软件的运行。离开软件系统后，计算机硬件系统将变得毫无意义，这是因为只有配备了软件系统的计算机才能称为完整的计算机系统。

目前，计算机软件系统可分为系统软件和应用软件两大类，它们和计算机硬件及用户之间的关系如图 1-12 所示。

1. 程序与软件的概念

程序则是人们事先为完成某一特定功能而编写的一组有序指令集合。因此，程序具有如下一些特征。

- ❑ **目的性** 一个程序必须有一个明确的目的，即需要解决的问题或者完成的工作。
- ❑ **有序性** 在执行过程中，需要有顺序地执行相应的指令。
- ❑ **有限性** 一个程序解决的问题是明确的、有限的，不可能无穷无尽。

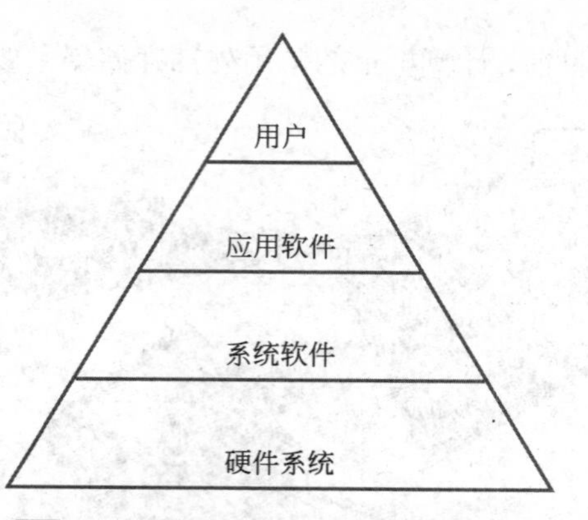

图 1-12 计算机软件、硬件和用户关系示意图

提 示

程序通常都是由某种计算机语言来编写的，由于其过程往往很复杂，因此由专门从事这项工作的人员来完成，而编写程序的工作即被称为程序设计。

现在，用户已经对程序有了一定的认识，那么软件是什么呢？其实，软件是程序、数据，以及在编写程序过程中所有规划设计文档的统称。相对于硬件而言，软件是计算机内的无形部分，计算机内部保存的所有信息都属于软件范畴。

2. 系统软件

为了使计算机能够正常、高效地进行工作，每台计算机都需要配备各种管理、监控和维护计算机软、硬件资源的程序，而这些程序便被称为系统软件。

目前，常见的系统软件主要有操作系统、语言处理与开发环境、数据库管理系统，以及其他服务类程序等。

❑ 操作系统

操作系统是系统软件中最基础的部分，是用户与硬件之间的接口，其作用是让用户能够更为方便地使用计算机，从而提高计算机的利用率。此外，计算机中的所有其他软件都必须运行在操作系统所构建的软件平台之上。

目前，个人计算机上最为常见的操作系统主要有微软公司的 Windows 视窗操作系统、派生于 UNIX 的 Linux 操作系统和应用于苹果计算机上的 Mac OS 操作系统等。

❑ 程序设计语言与程序开发环境

程序设计语言是用来编写计算机程序的语言，是用户指挥计算机进行工作的工具。在计算机的整个发展历程中，程序设计语言起着极其重要的作用，而现阶段的程序设计语言则可分为机器语言、汇编语言和高级语言 3 种类型，如表 1-2 所示。

表 1-2 不同类型的程序设计语言

类 型	特 点	优 点	缺 点
机器语言	由二进制数来表示，计算机可直接执行	运行速度最快	程序设计困难，且不通用
汇编语言	用助记符来表示指令代码	运行速度较快	依赖具体机型，通用性较差
高级语言	编写方式符合人们的语言习惯	程序设计简单，且通用性好	运行速度较慢，效率相对较低

计算机只能直接执行由机器语言编写的程序，所以由其他语言编写的程序都必须转换为机器语言后才能执行，而实现这种转换的程序便称为“语言处理程序”。

对于汇编语言和高级语言来说，汇编程序以及高级语言的编译程序都属于语言处理程序。

而程序开发环境则是建立在语言处理程序之上的一种程序，其功能是帮助用户编写、修改、调试和建立程序。

对于不同的语言，会有不同的开发环境。例如，对于 Basic 语言，相应的开发环境有 Turbo Basic、Quick Basic 和 Visual Basic 等；而对于 C/C++语言来说，相应的开发环境则有 Turbo C/C++、Borland C/C++、Visual C/C++等。

❑ **其他服务性程序**

这类软件主要用于计算机的调试、故障检查或诊断等操作，是用户在解决计算机问题时用到的辅助软件。

3．应用软件

应用软件是为解决用户实际问题而设计的软件，包括各种专用软件和用户自己编写的实用程序等。计算机的作用之所以如此强大，其最根本原因便在于计算机能够运行各种各样解决各类问题的应用软件。可以说，应用软件质量的好坏，直接关系到计算机的应用范围和实际功能。

目前，按照应用软件用途的不同，大致可以将其分为以下几种类型。

❑ **图形图像处理软件** 针对各种形式的图形、图像进行图像修补、色彩调整、变形等，如 Photoshop、Fireworks、FreeHand、Illustrator 等。
❑ **电子表格软件** 进行简单的数据表格处理，绘制各种数据图表，如 Excel 等。
❑ **文字处理软件** 进行文字格式设定、编辑，如 Word、WPS 等。
❑ **电子排版软件** 完成复杂的文字和图形的版式编排工作，如 PageMaker、InDesign 等。
❑ **三维动画软件** 目前的很多动画片都是利用三维动画软件完成的，这类软件包括 3ds MAX、Maya 等。
❑ **计算机辅助制作软件** 完成建筑、模型的计算机效果生成，例如 AutoCAD、天正 CAD 等。
❑ **计算机安全类软件** 监测、监控计算机，并防范或消除病毒、恶意程序等破坏性软件，如 360 安全卫士、瑞星杀毒、Windows 清理助手等。

1.2.3 计算机的工作原理

计算机是如何实现程序的存储和自动执行的呢？整个计算机系统又是如何进行工作的呢？在了解这些内容之前，需要先来了解一下计算机指令。

指令是计算机控制其组成部件进行各种具体操作的命令，有操作码和地址码两部分，本质上是一组二进制数。

❑ **操作码** 用于指示计算机下一步需要进行的动作，计算机会根据操作码产生相应的操作控制信息。

- ❑ **地址码** 用于指出参与操作的数据或该数据的保存地址。此外，地址码还会在操作结束后，指出结果数据的保存地址，或者下一条指令的地址。

提 示

根据情况的不同，地址码所给出的地址可以是存储器的地址，也可以是运算器内的寄存器编号，还可以是外部设备的地址。

我们已经知道，计算机程序是人们为了完成某项任务而将众多计算机指令按照一定顺序排列在一起的指令集合。当计算机运行时，会先将指令送至指令译码器，从而根据指令内容产生相应的控制信号。然后，在控制器的指挥下将这些信号发送至计算机的各个部分，并控制各部分协调工作，其原理如图1-13所示。

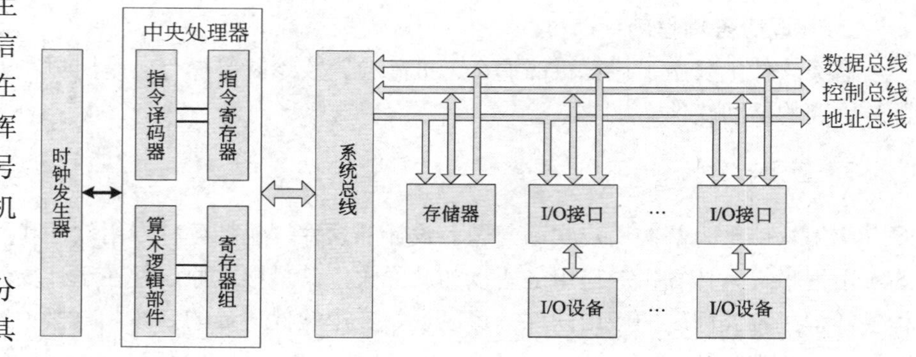

图1-13 计算机的基本工作原理

1.3 个人计算机构成

目前，经常使用的台式计算机都称之为“个人计算机（PC）”或“电脑”。而从外观来看，由一个“铁箱”、显示器、鼠标、键盘等组成。而实际上，个人计算机的构成远远不只是这些内容。

1.3.1 主机

在外观上看只是一个“铁箱”的，称之为“主机”。主机是整个计算机中最重要的组成部分。因为其内部包含主板、CPU、内存等众多计算机重要的配件。

在计算机的运转过程中，用户执行的每项操作都要由主机内的多个配件，或与主机外的其他配件一起共同完成，范围涉及数据运算、存储等方面。

1. 主板

主板是一块拥有各种设备接口、插槽的矩形电路板，是计算机的必备配件之一，作用是为连接在主板上的其他配件提供电力供应和数据通信等服务，如图1-14所示。

图1-14 主板

2．CPU

CPU 是计算机的大脑，计算机所做的任何工作几乎都要经过 CPU 的运算和控制，其性能的优劣往往也是为计算机划分等级的重要标准。目前，CPU 的型号和规格众多，如通常所说的“酷睿”、“羿龙”、“FX”、“A8”等，图 1-15 所示即为 CPU 的正反两面。

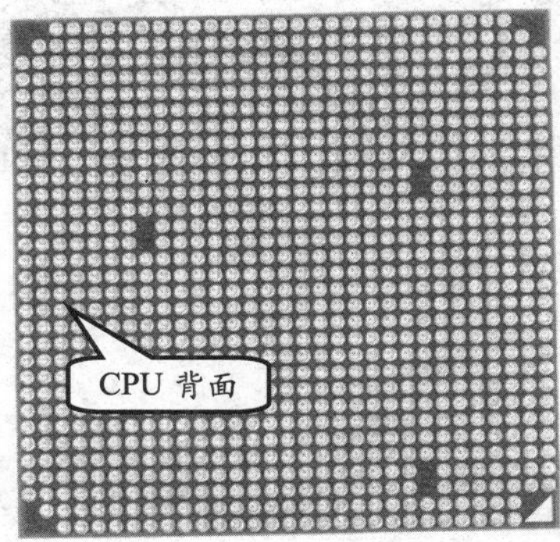

图 1-15 CPU

3．内存

内存（内部存储器，也称主存）是计算机硬件的必要组成部分之一，其容量与性能是计算机整体性能的一个决定性因素。由于目前的内存都以条形配件的形式出现，因此又被称为“内存条”，如图 1-16 所示。

4．显卡

显卡是用来控制显示器所显示的内容及颜色等信息的设备。计算机之所以能够显示出色彩绚丽的画面，完全是由于显卡向显示器输出视频信号的原因，如图 1-17 所示即为一块显卡。

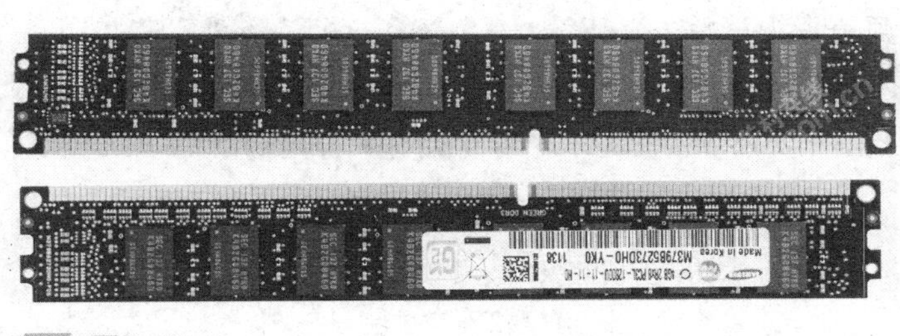

图 1-16 内存条

图 1-17 显卡

5．硬盘

硬盘是计算机的外部存储设备，也是计算机长期保存数据时必不可少的设备。目前，常见硬盘的容量大都为 250GB、500GB、1TB、2TB 等，如图 1-18 所示。

6．光盘驱动器

光盘驱动器（简称光驱）是多媒体计算机不可或缺的硬件设备，需要与光盘配合使用。光驱的种类很多，但从外形上看差别不大，如图 1-19 所示即为一款市场上常见的

DVD 光盘驱动器。

图 1-18 硬盘

图 1-19 DVD 光盘驱动器

图 1-20 声卡

图 1-21 网卡

图 1-22 机箱和电源

7. 声卡

声卡的作用是采集和输出声音。利用声卡上的接口与其他音频播放设备相连接后，便可以欣赏计算机中的数字音乐，如图 1-20 所示。

8. 网卡

网卡是计算机接入网络的重要设备之一。网卡是在接收到网络上的信息后，将其传送至计算机或者按照指令将计算机中的信息发送至网络的设备，如图 1-21 所示。

9. 机箱和电源

机箱和电源也是计算机中十分重要的部件。机箱是主机的保护壳，而电源负责为计算机内的各种设备提供稳定的电流。常见机箱和电源的外形如图 1-22 所示。

1.3.2 外部设备

对于计算机来说，任何主机外的设备都可以称之为外部设备。常用的外部设备包括显示器、键盘和鼠标、音箱等。

1. 显示器

显示器是计算机必不可少的输出设备，其作用是将计算机内的数据和经过处理的信息以字符或图形的方式显现在屏幕上。如今，显示器的种类和外观越来越多，如超薄的液晶显示器、LED 显示器，以及旧式的 CRT 显示器等，如图 1-23 所示。

图1-23 显示器

提　示

目前，随着液晶生产技术的不断成熟，液晶显示器的价格越来越低，从而在家用计算机市场内淘汰了 CRT 显示器。

2. 鼠标和键盘

鼠标与键盘是人们操作计算机时最为常用的输入设备。随着技术的发展，它们的种类也在不断增多，设计也越来越符合人体特性。如图 1-24 所示即为一款由无线鼠标和无线键盘组成的套装产品。

图1-24 鼠标与键盘

3. 音箱

音箱是计算机中最为常见的音频输出设备，由多个带有喇叭的箱体组成。目前，音箱的种类和外型多种多样，如图 1-25 所示为一款市场上常见的多媒体音箱。

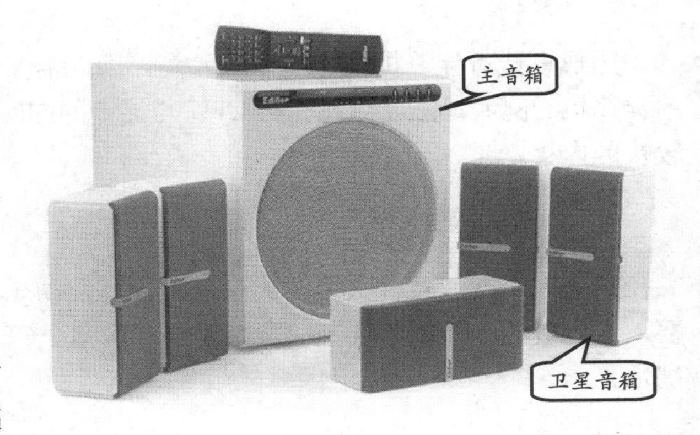

图1-25 音箱

4. 其他硬件设备

随着计算机应用范围的扩展，计算机所能连接的外部设备也越来越多，如扫描仪、打印机或摄像头等。图 1-26 所示即为一台激光打印机。

1.4 选购计算机指南

由于不熟悉计算机购买方法，很多用户在购买时都会感到特别的迷茫。为此，下面对购买计算机时所要遇到的一些问题进行解答，以便用户能够以低廉的价格购买到适合自己的计算机。

图 1-26 激光打印机

1.4.1 明确购买用途

在购买计算机前，必须首先明确购买计算机的用途。因为只有用途明确，才能建立正确的选购思路。下面，根据以下几种不同的计算机应用领域来介绍相应的购机方案。

1. 家用上网型

在普通家庭中，计算机主要作用是上网浏览新闻、简单的文字处理、看影碟或玩一些对 3D 性能要求不是很高的游戏。

此类用户不必苛求高性能的计算机，选择一台中、低端配置的计算机即可胜任。因为对于上述应用来说，高性能计算机与普通性能计算机间的运算反应差别不大。在不运行较大型的软件时，甚至感觉不到两者间速度的差异。

2. 商务办公型

办公型的计算机主要集中在上网收发 Email、处理文档资料或制表等方面，其关键在于稳定性。计算机能够长时间稳定运行对商务办公来说最为关键，否则便会影响正常工作。

3. 图形设计型

图形设计对计算机性能的要求较高，因此需要选择一台运算速度快、整体配置较高的计算机。例如，在选择高性能 CPU 与显卡的同时，为计算机配置较大容量、运行速度较快的内存。

4. 游戏娱乐型

目前，多数游戏都采用了大量三维立体及动画效果技术，所以对计算机的整体性能要求比一般的计算机都要高。特别对内存容量、CPU 性能、显卡技术等，都需要达到高端水平。

1.4.2 购买品牌机还是兼容机

市场上的计算机主要分为两大类，即“品牌机”与“兼容机”。两种类型的计算机分别针对不同的消费人群，下面将对这两类计算机进行简单介绍，以便用户在购买计算机时能够有所参考。

1. 认识品牌机和兼容机

由具有一定规模和技术实力的计算机厂商进行生产，并标有注册商标，拥有独立品牌的计算机称为“品牌机”。品牌机的特点是品质有保证、售后可靠，如联想、戴尔、HP等都是目前知名品牌。

“兼容机”则是计算机配件销售商根据用户的消费需求与购买意图，将各种计算机配件现场组合在一起的计算机。与品牌机相比，兼容机的特点是整体配置较为灵活、升级方便等。

2. 品牌机与兼容机的区别

从本质上来看，品牌机和兼容机一样，都是由众多配件拼装在一起而组成的。然而，它们之间的区别决不仅仅在于是否贴有注册商标，而主要体现在以下几个方面。

❑ **稳定性**

每个型号的品牌机，在出厂前一般要经过严格的性能测试，力争系统运行稳定。对于配置较为灵活的兼容机而言，由于计算机配件为随意挑选出来的原因，系统运行时的稳定性也无法得到保证。

❑ **易用性**

品牌机大都会使用一些专用配件，因此能够提供一些额外的便捷功能。尤其是一些人性化设计的品牌计算机，操作起来更易上手。

❑ **售后服务**

优秀的售后服务体系是品牌机与兼容机的最大差别之一。因为相对于品牌机来说，兼容机的售后服务水平只能依赖于计算机配件销售商的技术实力。而且，不同配件销售商旗下维修人员的技术水平也都参差不齐。

❑ **性价比**

简单地说，在价位相同的情况下，品牌机的性能要略逊于兼容机。或者说，在性能相同的情况下，品牌机的价格要高于兼容机。

3. 哪些用户需要购买品牌机

如果用户是一个计算机初学者，掌握的计算机知识有限，身边也没有可以随时请教的老师，那么购买品牌机不失为一个较为合适的选择。这是因为，品牌机完善的售后服务几乎能够帮助用户解决一切问题。

然而，当用户已经掌握了一定的计算机知识，并且希望计算机可以随时根据需要进行升级时，兼容机则是更好的选择。

注 意

品牌机通常都不会允许用户自行打开主机箱，否则便会停止对用户提供免费的维修、维护服务，因此品牌机用户在质保期内无法自行对计算机进行升级操作。

1.4.3 购买台式机还是笔记本

当前，笔记本电脑已进入寻常百姓家，而且价格也不再是高得让人无法承受。那么，在选购电脑时，究竟是选台式机还是选笔记本呢？这要从使用性能需求、价格因素、移动性需求、维护需求、使用舒适度等多个方面进行考虑。

1．性能需求

相同价位下，自然是台式机性能强大，并且一款性能更强悍的CPU或显卡总是先出现在台式机上。如果使用电脑来做广告设计、三维动画、运行大型3D游戏等对电脑性能要求较高的工作，现阶段选购台式机仍是首选，否则必须花高价选高端配置笔记本。

2．价格因素

相同性能下，笔记本自然稍贵，特别是较高配置的情况下，笔记本比台式机价格高出更多。如果对电脑性能要求不太高且预算宽裕，可考虑选用笔记本电脑。

3．移动性需求

笔记本电脑体积小巧，携带方便，外观时尚，且能耗低，配置也基本上可以满足多数主流应用需求，对于移动性要求较高的朋友或商务人士比较值得推荐。

4．维护需求和使用舒适度

台式机性能强悍，配置灵活，升级方便，偶尔可以自己动手维护，大屏幕、大存储空间、标准键盘，适合长时间办公使用；笔记本轻薄纤巧，携带方便，没有线缆牵绊，几乎可如影相随。

1.5 实验指导：打开主机箱外盖

计算机主机不仅担负着数据的运算和存储任务，还为外部设备提供着各种各样的接口，是计算机的核心组成部分之一。

那么，主机的内部到底是什么样子的？主机又是由哪些配件所组成的呢？接下来便将拆卸一台计算机，并在打开主机箱后，了解一下主机的内部构造。

1．实验目的

- ❑ 了解主机构成。
- ❑ 熟悉各部分的功能。
- ❑ 了解配件的拆卸方法。

2．实验步骤

1 关闭计算机后，断开一切与计算机相连的电源，并将电源插座上的电源接头拔下。

2 拆卸下主机背面的各种接头，以断开主机与外部设备之间的连接，并将主机从办公桌内取出，如图1-27所示。

3 拧下固定机箱面板的螺丝钉后，卸下机箱右侧面板，即可打开主机，查看机箱内部的各种配件，如图1-28所示。

图1-27 解除主机与其他设备的连接

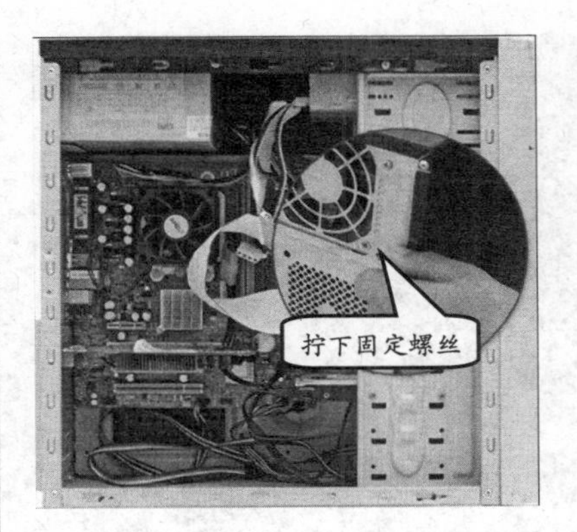

图1-28 查看主机内部结构

1.6 实验指导：拆开主板各配件

打开主机箱的外盖之后，可以看到密密麻麻的电线和数据，以及正面一块主板，各插入一些配件。

而对于主板上的配件，用户也可以将其全部拆分出来，并端详各配件的外观，以及详细了解各配件的名称及作用。

1. 实验目的

- ❑ 拆分内存。
- ❑ 拆分散热块。
- ❑ 拆分 CPU。
- ❑ 拆分显卡。

2. 实验步骤

1 内存通常位于 CPU 风扇的右侧，在掰开两侧的卡扣后，即可向上拔出内存条，如图1–29 所示。

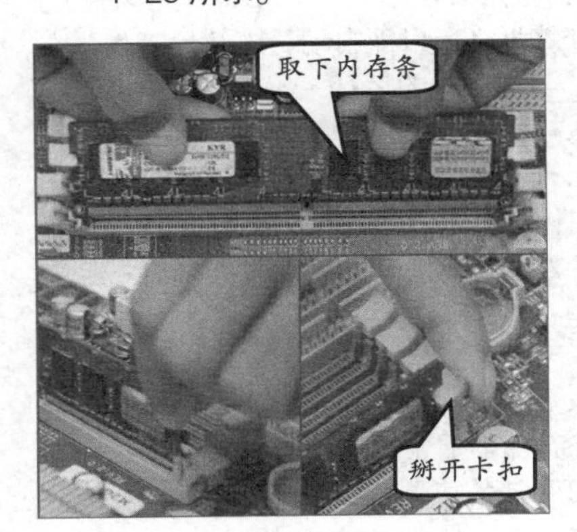

图1-29 取下内存条

2 解开CPU风扇上的扣具后，卸下CPU风扇。然后，拉起 CPU 插座上的压力杆，即可取出 CPU，如图 1–30 所示。

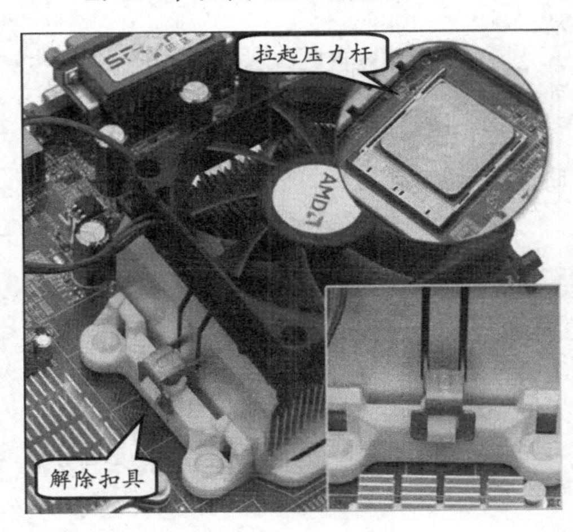

图1-30 取下 CPU

3 接下来，卸下显卡上的固定螺丝后，将显卡从主机内取出，如图 1–31 所示。

4 使用相同的方法，依次卸下主机内的硬盘、光驱及其他板卡后，即可拧开固定主板的多个螺丝，并将主板从主机箱内取出，如图1–32 所示。

图1-31 拆卸显卡

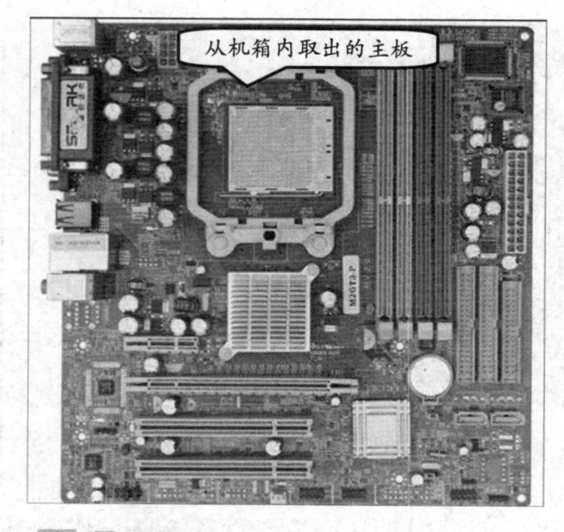

图1-32 取下主板

1.7 思考与练习

一、填空题

1. 电子计算机从诞生发展至现在的几十年里，依次经历了__________、晶体管、集成电路（IC）、大规模与超大规模集成电路 4 个阶段的发展。

2. 目前，计算机以巨型化、微型化、网络化和__________4 个方向为主要的发展趋势。

3. 计算机巨型化是指发展__________、大存储量和拥有极强运算的超大型计算机。

4. 目前，计算机已经广泛应用于__________、数据处理、过程控制、辅助工程、人工智能和网络应用等多个领域。

5. 中央处理器由__________和控制器两部分组成。

6. BIOS 的中文含义为__________。

7. 在计算机中，__________个二进制数称为一个字节。

二、选择题

1. __________计算机开始具备现代计算机内的一些部件，如打印机、磁盘、内存等。

A. 第一代　　B. 第二代
C. 第三代　　D. 第四代

2. 在计算机的 4 个发展趋势中，__________能够充分利用计算机的各种资源，为用户提供方便、及时、可靠、广泛、灵活的信息服务。

A. 巨型化　　B. 微型化
C. 网络化　　D. 智能化

3. 计算机网络是__________与通信技术的结合，在它的基础上，用户可以共享其他计算机中的软、硬件资源，为我们的生活、工作和学习带来了很大的益处。

A. 计算机硬件系统
B. 网络技术
C. 计算机软件系统
D. 计算机技术

4. 完整的计算机系统由硬件系统和软件系统两部分组成，其中软件系统又可以分为系统软件和__________两大类。

A. 工具软件　　B. 辅助软件
C. 应用软件　　D. 支持软件

5. 计算机之所以能自动、连续地工作，主要是依靠__________的运行。

A. 主机　　B. 硬件
C. CPU　　D. 程序

6. 在计算机中，由 CPU 插座、扩展槽、芯片组和各种设备接口组成的电路板称为__________。

A. 主板　　B. 系统板
C. 主机　　D. 集成板

7. 外存储器通常是指__________，它的容量越大，可存储的信息就越多，可安装的应用软件就越丰富。

A. 软盘　　B. 硬盘

C．主存储器　　　　D．辅助存储器

8．计算机中使用的最小数据单位是__________。

A．位　　　　B．字节

C．赫兹　　　　D．纳米

9．通常使用的 Windows 7 操作系统是一种__________。

A．应用软件　　　　B．工具软件

C．系统软件　　　　D．操作软件

三、简答题

1．计算机的发展趋势是什么？

2．简述计算机硬件系统都由哪些部分所组成。

3．简述计算机系统工作原理。

4．计算机中的常用单位有哪些？

四、上机练习

制订装机清单

通过对以上内容的学习，相信用户现在已经对计算机不是那么陌生了。对于部分用户来说，甚至还可以解决计算机出现的一些小问题。接下来，根据自己对计算机的了解来填写表 1-3。

表 1-3　计算机配置清单

计算机配置清单		
硬件名称	描　述	品牌/型号
显示器	显示器能够将计算机内的各种信息显示在屏幕之上	
CPU	CPU（中央处理器）是计算机的核心部件	
主板	主板就像“血管和神经”一样，将计算机内的其他配件组织在一起	
内存	内存相当于“数据中转站”，负责 CPU 和外部数据的读/写操作	
硬盘	硬盘属于外部存储器，专门用来存储海量数据	
显卡	显卡是计算机与显示器的接口，负责将视频信号传输到显示器	
声卡	声卡能够将计算机内的数字信号转换为模拟信号，并将其传输至音箱	
网卡	网卡是计算机接入网络时的必配设备	
光驱	光驱（光盘驱动器）是读取光盘信息的设备	
机箱	机箱是计算机的外衣，能够起到保护主机内各硬件设备的作用	
键盘	输入设备	
鼠标	输入设备	
音箱	输出音频信息的设备	
外部设备	外部设备包括很多，用户可以根据需求自行填写	

第 2 章

台式计算机主机

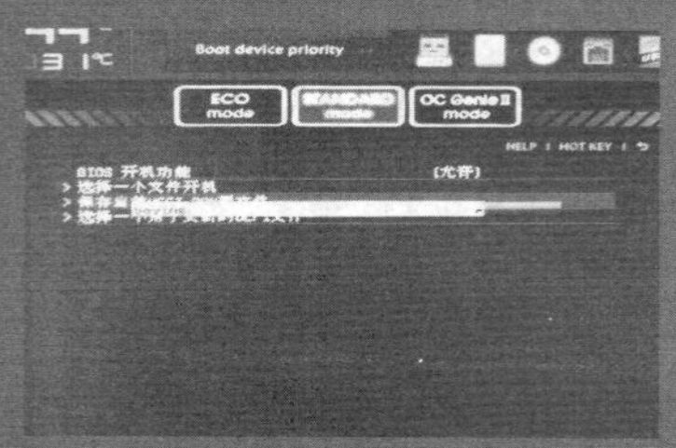

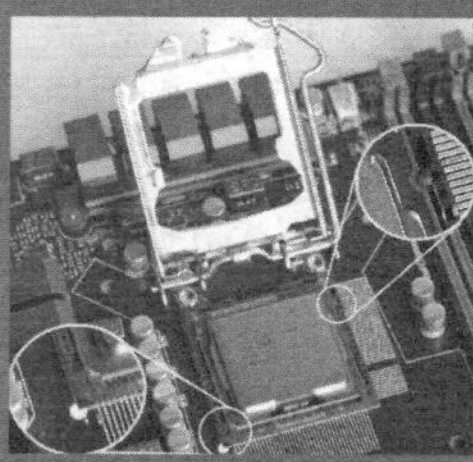

“主机”主要负责数据运算、存储等功能，也是计算机硬件系统的核心。计算机外部设备要运行，都得与它进行连接，以成为稳定可靠的连接平台。

不过，平时所看到的主机，实际上只是用于保护主机内各个硬件设备的机箱，只有将其打开后才能看到主机内部各配件的内容。

如果要保障计算机稳定、高效地运行，则用户必须对计算机各配件有深入的了解。本章将对“主机”内部各配件进行详细讲解，尤其是配件的作用、性能、指标，以及选购方法等内容。

本章学习要点：

- CPU
- 主板
- 内存
- 机箱
- 电源

2.1 CPU

在计算机中，CPU 处于“大脑”中枢地位，起着非常重要的作用。它负责整个系统的指令执行、运算，以及对输入/输出系统的控制等工作。

2.1.1 CPU 发展历程

从世界上第一款微处理器（CPU）的诞生到现在，它一直在以惊人的速度不断发展。在表 2-1 中，以年代为序对桌面级 CPU 的发展过程进行简单介绍，以便用户进一步了解和认识 CPU。

表 2-1 Intel 及 AMD 部分 CPU 发布年代列表

时间	名 称	简 介
1971 年	4004	Intel 第一款 CPU
1978 年	8086	8087 为数字协处理器，后与 8086 合并
	8087	
1982 年	80286	大量商业化应用
1985 年	80386	Intel 首款 32 位 CPU
1989 年	80486	性能大约为 386 的 4 倍
1993 年	Pentium	Pentium 是英特尔的第五代 x86 架构之微处理器，于 1993 年开始出货，是 486 产品线的后代
1996 年	Pentium MMX	增加了 MMX 指令
1997 年	Pentium 2	板卡式外形设计
1998 年	Celeron	面向低端市场
2000 年	Pentium 4	陆续出现 Willamette 和 Northwood 两种不同核心的版本
2005 年	Pentium D	全球首款桌面级 x86 架构双核 CPU
	Athlon 64×2	AMD 推出的双核 CPU 产品，集成内存控制器
2006 年	Core 2 Extreme QX6700	Core 2 至尊版，型号为 QX6700，Intel 面向桌面应用推出的第一款四核心 CPU，核心架构为 Kentsfield
2007 年	Phenom×4	AMD 为应对 Intel 而推出的四核心羿龙处理器
2008 年	Phenom×3	三核心羿龙处理器打破了人们对 CPU 核心数量会以 1-2-4-8 翻番模式增长的惯性认识
	Atom	Intel 移动网络设备平台凌动 CPU，功耗仅 0.65~2.4W
	Core i7	Bloomfield 核心，45nm 制程，2~4 颗核心，内置三通道 DDR3 内存控制器
2010 年	二代 i7/i5/i3	Arrandale 核心，32nm 制程，2~8 颗原生核心，内置四通道内存控制器，集成显示核心
	Phenom II X6	AMD 六核心处理器
2011 年	AMD FX-SERIES X8	AMD FX 系列八核心处理器
2012 年	三代 i7/i5/i3	Ivy Bridge 核心，22nm 制程，采用 3D 晶体管结构，处理器、图形核心、视频引擎的单芯片封装，支持原生 USB 3.0 和 PCI-E 3.0

2.1.2 CPU 性能指标

CPU 的性能可大致上反映出计算机的性能，而充分理解 CPU 的各项参数，则有助于更清楚地认识 CPU 的具体性能。

1．多核心与超线程

多核心即指单芯片多处理器（Chip multiprocessors，CMP）。多核处理器是指在一枚处理器中集成两个或多个完整的运算内核，从而在提高计算机性能的前提下降低芯片的能耗。

当在多核处理器上同时运行并行多线程程序，或多个单线程程序的时候，操作系统会把多个程序的指令分别发送给多个核心，从而使得同时完成多个程序的速度大大加快。例如，CPU 有单核心、双核心、三核心、四核心、六核心甚至八个核心，如 AMD Athlon II X4-640 是一款四核心的 CPU，而 AMD FX 8150 是一颗八核心的 CPU。

超线程（Simultaneous multithreading，SMT）是一种利用特殊的硬件指令，把多线程处理器内部的两个逻辑内核模拟成两个物理芯片，从而使单个处理器就能“享用”线程级的并行计算的处理器技术。

多线程技术可以在支持多线程的操作系统和软件上有效地增强处理器在多任务、多线程处理上的处理能力。

对于单线程芯片来说，虽然也可以每秒钟处理成千上万条指令，但是在某一时刻，其只能够对一条指令（单个线程）进行处理，但使处理器内部的其他处理单元闲置。

而“超线程”技术则可以使处理器在某一时刻同步并行处理更多指令和数据（多个线程）。超线程是一种可以将 CPU 内部暂时闲置处理资源充分“调动”起来的技术，这样就大大提高了 CPU 的效能。例如， Intel Core i7-960 是一颗四核心八线程的 CPU。

注 意

2005 年 4 月，英特尔仓促推出简单封装双核的奔腾 D 和奔腾四至尊版 840。AMD 在之后也发布了双核皓龙(Opteron)和速龙(Athlon) 64 X2 和处理器。特别是 2006 年英特尔基于酷睿(Core)架构的处理器正式发布后，多核处理器开始大面积普及。当前的主流 CPU 为双核心、四核心 CPU，也有六核心、八核心 CPU。

2．字长（64 位）

计算机内部直接用二进制代码表达指令，指令是用 0 和 1 组成的一串代码，它们有一定的位数，并分成若干段，各段的编码表示不同的含义。例如，某台计算机字长为 16 位，即由 16 个二进制数组成一条指令或其他数据信息。16 个 0 和 1 可组成各种排列组合，通过线路变成电信号，让计算机执行各种不同的操作。

能处理字长为 8 位数据的 CPU 通常就叫 8 位的 CPU，即一个字节；32 位的 CPU 就能在单位时间内处理字长为 32 位的二进制数据，即 4 个字节；同理，字长为 64 位的 CPU 一次可以处理 8 个字节。

注 意

当前主流的 CPU 是 64 位字长的 CPU，要想充分发挥 64 位 CPU 的性能，还需要相应 64 位操作系统的支持。

3. 主频

主频（CPU Clock Speed）也叫时钟频率，表示 CPU 内部的数字脉冲信号振荡速度，可以通俗地理解为 CPU 运算时的工作频率。因此，主频越高，CPU 在一个时钟周期里所能完成的指令数也就越多，其运算速度也就越快。

CPU 主频的高低与 CPU 的外频和倍频有关，其计算公式为主频=外频×倍频。

注 意

由于 CPU 内部架构、缓存的不同，因此会造成相同主频 CPU 的性能也不一样。即使如此，CPU 主频也是购买 CPU 时的重要参考指标。

4. 外频

外频是 CPU 与主板之间同步运行的速度，而且在目前绝大部分的计算机中，外频也是其他设备与主板之间同步运行的速度。因此，外频速度越快，计算机的整体运行速度也就越快，性能自然也就越好。

早期 CPU 的外频多为 100MHz、133MHz、200MHz。随着 CPU 速度的发展，目前 Intel 部分四核 CPU 的外频已经达到了 400MHz。

5. 倍频

倍频是 CPU 时钟频率与外频之间的倍数。通过之前所介绍的主频计算公式可以得知，在相同外频的情况下，倍频越高，CPU 主频也越高。

但要指出的是，在外频相同的情况下，高倍频的 CPU 本身意义并不大。因为一味追求高倍频而得到的高主频 CPU 往往会由于外频相对较低，从而使计算机产生明显的“瓶颈效应”。

提 示

在计算机中，由于其他设备的工作频率相对较低（通常与外频保持一致），因此无法完全发挥高倍频 CPU 的能力，从而形成系统瓶颈。

6. 前端总线频率

前端总线（FSB，Front Side Bus）是 CPU 与内存交换数据时的工作总线。因此，前端总线频率所表示的其实是数据传输率，即数据带宽（也称传输带宽）。

在实际应用中，数据传输带宽取决于同时传输的数据宽度和总线频率，其计算公式如下：

数据带宽=（FSB×数据宽度）÷8

例如，当 CPU 的 FSB 为 400MHz，数据宽度为 64b 时，该 CPU 每秒可接收到的数据传输量如下：

400MHz×64b÷8b/B=3.2GB/s

7．缓存

在制造 CPU 之初人们便发现，CPU 在向内存读取数据或指令时，其本身会有一个短暂的空闲期。为了减少 CPU 的空闲时间，制造商们在 CPU 和内存之间放置了一个称为 Cache 的存储区。

Cache 的作用是暂存数据和指令，以减少 CPU 访问内存及硬盘的次数，从而提高 CPU 的运行效率，这便是缓存的由来。

目前，CPU 的缓存主要有一级缓存（L1 Cache）、二级缓存（L2 Cache）和三级缓存（L3 Cache）3 种类型。

❑ **一级缓存（L1 Cache）**

L1 Cache(一级缓存)是 CPU 第一层高速缓存，分为数据缓存和指令缓存。内置的 L1 高速缓存的容量和结构对 CPU 的性能影响较大。不过高速缓冲存储器均由静态 RAM 组成，结构较复杂。在 CPU 芯片面积不能太大的情况下，L1 级高速缓存的容量不可能做得太大。一般 L1 缓存的容量通常在 32~256KB。

❑ **二级缓存（L2 Cache）**

L2 Cache(二级缓存)是 CPU 的第二层高速缓存，分内部和外部两种芯片。内部的芯片二级缓存运行速度与主频相同，而外部的二级缓存则只有主频的一半。L2 高速缓存容量也会影响 CPU 的性能，原则是越大越好，如现在笔记本计算机中也可以达到 2MB，而高性能 CPU 的 L2 高速缓存更高，可以达到 8MB 以上。

提 示

早期的 L2 Cache 位于 CPU 内核外部，其运行速度是主频的一半。当 L2 Cache 被集成为 CPU 内部时，也开始以 CPU 主频的速度进行工作。

从逻辑位置上来看，L2 Cache 处于 L1 Cache 和内存之间。就实际应用效果来看，L2 Cache 主要对软件的运行速度有较大影响。

❑ **三级缓存（L3 Cache）**

三级缓存是目前新型 CPU 才拥有的缓存类型，其逻辑位置处于 L2 Cache 与内存之间，且拥有比 L2 Cache 还要大的容量，L3 缓存的应用可以进一步降低内存延迟，同时提升大数据量计算时处理器的性能。降低内存延迟和提升大数据量计算能力对游戏都很有帮助。

8．架构与封装形式

CPU 架构是 CPU 厂商给属于同一系列的 CPU 产品定的一个规范，主要目的是为了区分不同类型 CPU。CPU 架构是按 CPU 支持的指令集、封装形式、核心电压、安装插座类型和规格确定的。

❑ **Intel 系列 CPU**

Intel 系列 CPU 产品常见的架构有 Socket 423、Socket 478、Socket 775、LGA1156、LGA1155、LGA1366 等。

❑ **AMD 系列 CPU**

AMD CPU 产品常见的架构有 Socket A、Socket 754、Socket 939、Socket 940、Socket AM3、Socket FM1 等。

例如，Intel Core i7-2600K 这款四核八线程的 CPU 采用了 Sandy Bridge 架构，LGA 1155 方式封装，需要安装在 LGA1155 插槽的主板上。再如 AMD Phenom II X6-1055T 这款六核的 CPU 采用了 Socket AM3 接口，也需要 Socket AM3 插座的主板配套使用。

9. 制造工艺

制造工艺的微米是指 IC 内电路与电路之间的距离。制造工艺的趋势是向密集度越高的方向发展。密度越高的 IC 电路设计，意味着在同样大小面积的 IC 中可以拥有密度更高、功能更复杂的电路设计，并且可以拥有更低的工作电压和更小的发热功耗。

现在 CPU 的制造工艺主要有 180nm（纳米）、130nm、90nm、65nm、45 nm、32 nm 等，如最新的酷睿 i7 类 CPU 已经采用 22 nm 3D 工艺制造。

10. 指令集与扩展指令集

指令集是 CPU 中用来计算和控制计算机系统的一套指令的集合。每一类 CPU 在设计时就规定了一系列与其硬件电路相配合的指令系统。而指令集的先进与否关系到 CPU 的性能发挥，也是 CPU 性能体现的一个重要标志。

CPU 的指令集从主流的体系结构上分为精简指令集 RISC（Reduced Instruction Set Computing）和复杂指令集 CISC（Complex Instruction Set Computing），而在普通的计算机处理器基本上使用的是复杂指令集。现在 RISC 指令集也不断地向桌面 CPU 渗入，相信以后的处理器指令集会慢慢地向 RISC 体系靠拢，使得处理器的指令集结构更加完善，功能更为强大，技术也越来越成熟。

扩展指令集是指在 x86 指令集的基础上，为提高 CPU 处理多媒体和 3D 图形能力而新增的多媒体或 3D 处理指令。指令的强弱也是 CPU 的重要指标，指令集是提高微处理器效率的最有效工具之一。

从现阶段的主流体系结构讲，指令集可分为复杂指令集和精简指令集两部分，而从具体运用看，如 Intel 的 MMX（Multi Media Extended）、SSE、 SSE2（Streaming-Single instruction multiple data-Extensions 2）、SEE3、SSE4 系列和 AMD 的 3DNow!等都是 CPU 的扩展指令集，分别增强了 CPU 的多媒体、图形图像和 Internet 等的处理能力。

其中，MMX 包含有 57 条命令，SSE 包含有 50 条命令，SSE2 包含有 144 条命令，SSE3 包含有 13 条命令。

目前，SSE4 指令集也是最先进的指令集，英特尔酷睿系列处理器已经支持 SSE4 指令集，AMD 在双核心处理器当中加入对 SSE4 指令集的支持，全美达的处理器也将支持这一指令集。

11. 多线程和虚拟化技术

超线程技术就是利用特殊的硬件指令，把两个逻辑内核模拟成两个物理芯片，让单个处理器都能使用线程级并行计算，进而兼容多线程操作系统和软件，减少 CPU 的闲置时间，提高 CPU 的运行效率。Intel 从 Pentium 4 3.06GHz 开始，所有处理器都将支持 SMT 技术（表面贴装技术）。当然，这需要主板芯片、BIOS、操作系统、应用软件协同支持才能发挥其效能。

自从 2005 年末，Intel 便开始在其 CPU 内发布一种被称为 Intel Virtualization Technology（Intel VT）的虚拟化技术，而随后 AMD 也发布了代号为 Pacific 的虚拟化技术（即 AMD-V）。在 CPU 领域，虚拟化技术可以让单颗 CPU 以模拟多颗 CPU 的方式并行工作，允许一个平台上同时运行多个操作系统，而应用程序也可以在互不影响的情况下工作于独立空间内，从而显著提高计算机的工作效率。

注 意

虚拟化技术与超线程技术完全不同，前者可让计算机同时运行多个操作系统，且每个操作系统内都可以有多个程序同时运行；相比之下，超线程技术只是以单 CPU 模拟双 CPU 的方式来平衡程序运行性能，而这两个模拟 CPU 也是无法分割的，只能协同工作。

2.1.3 主流 CPU 简介

目前占据市场销售主流的 CPU 生产厂商有两家，一家是 Intel 公司，一家是 AMD 公司。

下面只简单介绍近期市场上 Intel 台式机 CPU 和 AMD 台式机 CPU 的部分产品。CPU 的系列型号被分为高、中、低 3 种档次。

1. Intel 系列 CPU

Intel 公司 2012 年推出的酷睿 i7 三代处理器系列内建图形核心、内存控制单元，并且加入“睿频”功能，可以让 CPU 在实际应用中实现自动超频。另有 Core i5 定位中端，Core i3 定位低端。

❑ **酷睿 i7 系列 CPU**

酷睿 i7 是面向高端发烧友的 CPU 家族标识，包含 Bloomfield（2008 年）、Lynnfield（2009 年）、Clarksfield（2009 年）、Arrandale（2010 年）、Gulftown（2010 年，六核心）、Sandy Bridge（2011 年）、Ivy Bridge（2012 年）等多款子系列，并取代酷睿 2 系列处理器，向着更高集成度，更精密制造工艺，更节能高效方向发展。

如 Intel Core i7-920 是基于 Bloomfield 核心的第一代 i7 处理器，45nm 工艺，四核心八线程，热设计功耗 130W，采用 LGA1156 接口封装，如图 2-1 所示。

图 2-1 Intel i7-920

Intel Core i7 2600K 是基于 Sandy Bridge 内核的第二代 i7 处理器，32nm 工艺制程，四核心八线程，热设计功耗 95W，二级缓存 4×256KB，三级缓存 8MB，采用 LGA1156 接口封装，如图 2-2 所示。

❑ **酷睿 i5 系列 CPU**

酷睿 i5 是酷睿 i7 派生的中低级版本，面向性能级用户的 CPU 家族标识，包含

Lynnfield（2009 年）、Clarkdale（2010 年）、Arrandale（2010 年）、Sandy Bridge（2011 年）等多款子系列。

❑ **酷睿 i3 系列 CPU**

酷睿 i3 作为酷睿 i5 的进一步精简版，是面向主流用户的 CPU 家族标识，拥有 Clarkdale(2010 年)、Arrandale(2010 年)、Sandy Bridge(2011 年)等多款子系列。

图 2-2 **Intel Core i7 2600K**

2．AMD 系列 CPU

AMD 方面则以定位高端的羿龙 II 多核系列、定位中端的速龙 II 系列和定位低端的速龙和闪龙系列相应对。

❑ **Phenom II 系统**

Phenom II 是 AMD45 纳米制程多核心处理器的一个家族，是原 Phenom 处理器的后继者。Phenom II 的 Socket AM2+版本于 2008 年 12 月推出，而支援 DDR3 内存的 Socket AM3 版本则于 2009 年 2 月推出，分三核心和四核心型号，而双处理器系统需要 Socket F+接口用于 Quad FX 平台。

羿龙双核代表 AMD Phenom II x2 550，主频 3.1GHz（200MHz×15.5），938 针 Socket AM3 接口，45nm 制程，一级缓存 128KB×2，二级缓存 512KB×2，共享 6MB 三级缓存，内核电压 0.875~1.4V，设计功耗 80W。面向中低端用户，如图 2-3 所示。

图 2-3 **AMD Phenom II x2 550**

羿龙四核代表 AMD Phenom II x4 955，主频 3.2GHz（200MHz×16），Socket AM3 接口，一级缓存 128KB×4，二级缓存 512KB×4，共享 6MB 三级缓存，如图 2-4 所示。

羿龙六核代表 AMD Phenom II x6 1090T，主频 3.2GHz（200MHz×16），938 针 Socket AM3 接口，一级缓存 128KB×6，二级缓存 512KB×6，共享 6MB 三级缓存，如图 2-5 所示。

❑ **闪龙系列**

闪龙处理器是 AMD 公司的低端处理器，其 AMD Sempron x2 180 就是一款低端入门级双核处理器，基于 K10 架构研发。它采用 938 针的 AM3 接口规格，拥有 2.4GHz 主频，2×512KB 二级缓存，是目前唯一一款 45nm 工艺

图 2-4 **AMD Phenom II x4 955**

第 2 章 台式计算机主机

AMD 闪龙处理器。

同系列的 AMD Sempron 140 处理器，无论从架构还是实际表现来说都更像是 Athlon2x2 的缩水版，低价双核心无疑是其最大的优势。

虽然单纯从性能上讲，这款处理器明显无法与速龙 II/羿龙 II 双核/四核相比，但以其低廉的价格也是很受市场欢迎的。

图 2-5　AMD Phenom II x6 1090T

❑ 速龙 II 系列

Athlon II 是 AMD 的 45nm 多核中央处理器产品系列之一。它采用 AMD K10 微架构，处理器均不设 L3 缓存，但 512KB L2 缓存增至每核 1MB（四核仍为 512KB）。

另外，Athlon II 的双核产品均属原生设计，即并非通过屏蔽一颗四核处理器的其中两个内核心，所以处理器的 TDP 功耗也比 Phenom II 系列要低。例如，Athlon II x2 260 CPU 处理器采用 AM3 接口，主频 3.2GHz，外频 200MHz，一级缓存 128KB，二级缓存 2MB，面向中低端用户。

三核心的 Athlon II 之核心架构也与 Athlon II x4 相同，只是将其中一颗核心屏蔽起来。并在 AMD 推出四核心系列之后，证实有些部分是 Phenom II 系列屏蔽 L3 而得来的。例如，Athlon II x3 445 采用 AM3 接口，主频 3.1GHz，一级缓存 3×128KB，二级缓存 3×512KB，面向中低端用户。

还有表 Athlon IIx4 640 处理器，采用 AM3 接口，主频 3.0GHz，外频 200MHz，倍频 15，一级缓存 4×128KB，二级缓存 4×512KB，也面向中端用户。

❑ APU 系列

APU(Accelerated Processing Unit)中文名字叫加速处理器，是 AMD 融聚理念的产品，它第一次将处理器和独显核心及北桥控制器做在一个晶片上，它同时具有高性能处理器和最新独立显卡的处理性能，支持 DX11 游戏和最新应用的“加速运算”，大幅提升计算机运行效率，实现了 CPU 与 GPU 真正的融合，采用 Sochet FM1 接口。

2011 年面向主流市场的 APU 正式发布。AMD APU 又有 A8、A6、A4 和 E2 4 个子系列，分别面向高、中、低端和低功耗入门用户。如 AMD A8-3850 四核心四线程，主频 2.9GHz，4×1MB 级二级缓存，集成频率为 600MHz 的 HD 6550D 显示核心，设计功耗 100W，集成 DDR3 内存控制器，支持 DDR3-1866 双通道内存，如图 2-6 所示。

图 2-6　AMD A8-3850

❑ “推土机”系列

这个系列的 CPU 采用 Socket FM1 接口，最大的特点就是乱序执行引擎和一个模块两个核心，支持全核心加速技术和高效的集群多线程架构，采用加强型内存控制器和更先进的电源管理技术，内核设计全面模块化，如 FX 4100、FX 8150、FX 6100、FX 8120 和 FX 6200 等。

2.1.4 CPU选购指南

如何挑选一款适合自己的CPU是很多用户在购买计算机时常常思考的问题，而接下来所要介绍的便是选购CPU的方法。

1. 确定计算机的用途

通过确定计算机的用途往往能够判断出CPU所要具备的一些特点。例如，对于只是使用计算机进行文档处理、上网听音乐和看电影的初级用户来说，性价比较高的中端CPU是个不错的选择。此类CPU即能够满足用户需求，也不至于太过落后。

对于需要长时间开启计算机进行数据处理的用户来说，CPU的稳定性应该成为选购CPU时的重要因素。对于使用计算机进行3D游戏或3维图形设计的用户来说，则要侧重考虑CPU的浮点运算能力，所以应当选择浮点运算能力较强的CPU产品。

2. 辨别CPU真伪

根据计算机用途对所要购买的CPU有了定位，并选择好CPU品牌与型号后，在购买时还要注意CPU的真假，下面介绍一些辨别CPU真伪的方法。

❑ **看外包装**

正品CPU的外包装纸盒颜色鲜艳，字迹清晰细致，并有立体感。塑料薄膜很有韧性，不容易撕开。假货CPU的外包装盒颜色暗淡，字迹模糊，没有立体感，塑料薄膜也很脆，非常容易撕开。另外还要看包装纸盒有没有折痕，否则很有可能被拆开过，如已经被换掉原装风扇等。

❑ **看防伪标签**

以Intel公司的产品为例，其产品防伪标签由一张完整贴纸组成，上半部是防伪层，下半部标有该款CPU的频率；相比之下，假货CPU的防伪标签通常是用两张贴纸拼成的。此外，正品CPU的防伪标签从不同角度看过去会由于光线的折射而产生不同的色彩；假CPU的防伪标签则无法实现这一功能。

❑ **检查序号**

正品CPU外包装盒上的序列号和CPU表面的序列号是一致的，而假货CPU外包装盒上的序列号与CPU表面的序列号有可能不一致。

❑ **测试软件**

通过CPU检测软件能够测试出CPU的名称、封装技术、制作工艺、内核电压、主频、倍频以及缓存等多种信息。此时，只需根据测试的数据信息检查是否与包装盒上的标识相符，即可判断CPU的真伪。

提 示

由于生产CPU的技术门槛较高，因而此处所说的假CPU是指那些以次充好，或将低端CPU按照高端CPU进行出售的情况。

2.2 主板

在计算机硬件系统中，主板起着连接中枢的作用，几乎所有的计算机硬件都必须与主板相连后才能正常工作。接下来，本节将对主板的类型、组成结构和选购方法等内容进行讲解，以便用户更好地了解和认识主板。

图 2-7 LGA 775 插座

2.2.1 主板类型简介

主板是众多计算机硬件进行通信和连接的平台，其类型也影响着其他硬件设备的类型。目前，按照不同的分类方式，可以对主板进行如下几种方式的划分。

图 2-8 LGA 1366 插座

1. 按 CPU 接口类型划分

由于不同 CPU 在接口和电气特性等方面的差别，不同主板所支持的 CPU 也不相同。

❑ **LGA 775 插座**

该类型主板所提供的是 LGA 775 类型的 CPU 接口，所适用的 CPU 主要为酷睿 2 Q/E 系列、奔腾/赛扬双核 E 系列等 Intel CPU，如图 2-7 所示。

❑ **LGA 1366 插座**

Bloomfield、Gainestown 核心的酷睿 i7 系列 CPU 全部采用了 LGA 1366 封装工艺，因此相应主板上的 CPU 接口也必须采用 LGA 1366 触点式基座，这些主板采用的主芯片有 Intel x58 等，如图 2-8 所示。

图 2-9 LGA 1156 插座

❑ **LGA 1156 插座**

对应 Nehalem 架构 Core i7/i5/i3 处理器采用 LGA 1156 封装，也须采用 LGA 1156 插座的主板，这些主板多数采用 Intel P55、Intel H55 主芯片，如图 2-9 所示。

❑ **LGA 1155 插座**

对应 Sandy Bridge 和 Ivy Bridge 架构 Core i7/i5/i3 处理器采用 LGA 1155 封装，也须采用 LGA 1155 插座的主板，这些主板采用的主芯片有 Intel B75、Intel H61、Intel H77、Intel Z77 等，如图 2-10 所示。

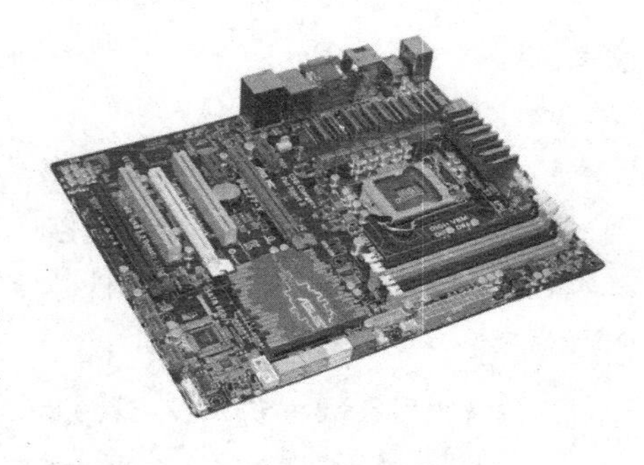

图 2-10 LGA 1155 插座

❑ **LGA 2011 插座**

对应 Sandy Bridge-EP 和 Ivy Bridge-EP 架构至尊版 Core i7 处理器采用 LGA 2011 封装，也须采用LGA2011插座的主板，如图2-11所示。

用户可以通过 CPU 背面查看接口形状，如图 2-12 所示。

图 2-11　LGA 2011 插座

❑ **AM2 主板**

当前市场上大多数 AMD 公司的 CPU 采用的都是 AM2 940 接口，而提供相应 CPU 插座的主板便称为 AM2 主板。

注　意

目前，AMD 公司的双核、三核和四核 CPU 大都采用了 AM2 940 接口，但这并不代表所有采用 AM2 940 接口的 CPU 都能够正常工作在任意一款 AM2 主板上。

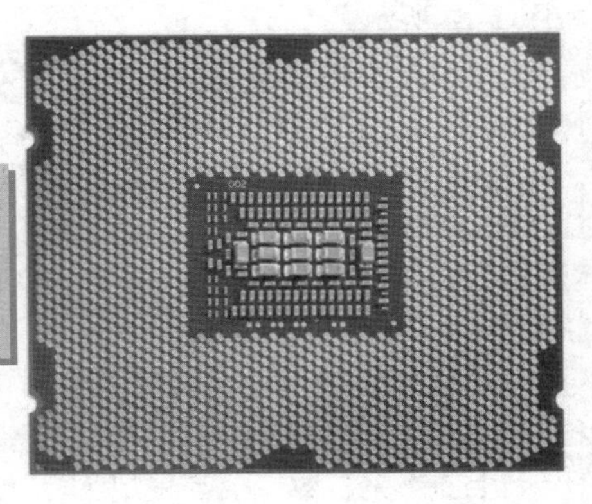

图 2-12　LGA 2011 CPU i7 3960X 背面

❑ AM3/AM3+主板

采用 AM3 接口 CPU 插座的主板即称为 AM3 主板，如图 2-13 所示。与 AM2 接口相同的是，AM3 接口仍然采用 940 pin 的设计，并且能够完善地支持目前所有采用 AM2 接口的双核心、三核心、四核心的 CPU。

Socket AM3+是 AMD 取代 Socket AM3 并支持 32nm 处理器 AMD FX（代号“Zambezi”）推出的接口标准。插座有 942 个针孔，CPU 有 938 支针脚接口，排布基本与 Socket AM3 一致。

图 2-13　AM3 插座

采用 AM3+的 CPU 有 AMD FX 系列，采用 AM3 的 CPU 有 Phenom II、Athlon II 和 Sempron 系列。AM3+与 AM3 可互相兼容，AM3 CPU 可在 AM3+主板上运行，AM3+ CPU 亦可在 AM3 主板上运行，但供电可能不足，会导致效能受限。

为了更直观地区分 AM3+和 AM3，AMD 将 AM3+做成黑色插座，区别于 AM3 常见的白色插座，如图 2-14 所示。

❑ **FM1 主板**

AMD 公司较新的 CPU 采用 FM1 插座，主板采用 AMD A75 FCH 或 AMD A55 芯片（组），支持 AMD Lynx 系列、Llano 系列 APU，

图 2-14　AM3+主板

包括 A4、A6、A8 等，如图 2-15 所示。

2．按主板结构分类

根据主板设计结构的不同，可以将主板产品分为以下几种类型。

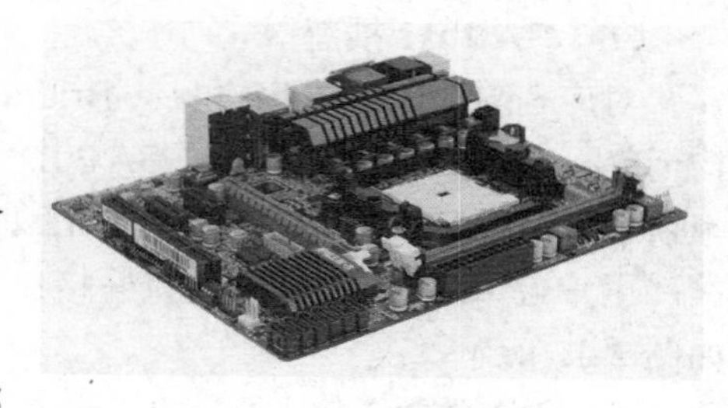

图 2-15　FM1 主板

❑ **ATX 主板**

ATX（AT Extend）结构是 Intel 公司于 1995 年提出的新型主板结构，能够更好地支持电源管理，如图 2-16 所示。

ATX 结构主要是全面改善了硬件的安装、拆卸和使用；降低了系统整体造价；改善了系统通风设计；降低了电磁干扰，并使机内空间更加简洁。

图 2-16　ATX 主板

❑ **Micro ATX 主板**

Micro ATX 是依据 ATX 规格所改进而形成的一种新标准，特点是更小的主板尺寸、更低的功耗以及更低的成本，不过主板上可以使用的 I/O 扩展槽也相应减少，最多只能支持 4 个扩充槽，如图 2-17 所示。目前，大多数主板都采用 ATX 或 Micro ATX 主板结构。

❑ **BTX 主板**

BTX 结构的主板支持窄板设计，系统结构更加紧凑。该结构主板针对散热和气流的运动，以及主板线路布局都进行了优化设计，须结合 BTX 结构机箱安装使用，其安装更加简单。如图 2-18 所示。

图 2-17　Micro ATX 主板

❑ **Mini ITX 主板**

Mini ITX 是一种紧凑型的主板结构，其尺寸通常只有 170mm×170mm。因此主要用于组建体积较小的计算机系统，如图 2-19 所示。例如，应用于汽车、机顶盒、瘦客户机或网络设备中的计算机。

❑ **LPX 主板**

LPX 主板采用一体化主板结构规范（All-In-One）进行设计，使用被称为 Riser 的插槽将扩展槽的方向转向并与主板平行。

也就是说，主板上不直接插扩展卡，而是先将 Riser 卡插到主板上，然后再把各种扩展卡插在 Riser 上。由于使用这种方式可以极大地缩小计算机体积，所以被广泛应用于 OEM 厂商的一体化产品。

图 2-18　BTX 主板

❑ **NLX 主板**

NLX（New Low Profile Extension，新型小尺寸扩展结构）主板通过重置机箱内的各种接口，将扩展槽从主板上分割开，并把竖卡移到主板边上，从而为处理器留下了更多的空间，使机箱内的通风散热更加良好，系统扩展、升级和维护也更方便。

在许多情况下，所有的线缆（包括电源线）都被连接在竖卡上，而主板则通过 NLX 指定接口与竖卡相连，所以可在不拆电缆、电源的情况下拆卸配件。

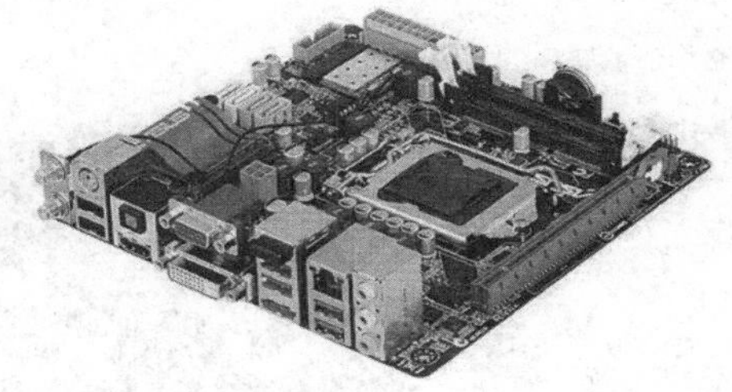

图 2-19 Mini ITX 主板

2.2.2 主板组成结构

从外观上来看，主板是计算机内最大的一块印刷电路板，表面分布着 BIOS 芯片、I/O 控制芯片、键盘鼠标接口、各种扩充插槽、电源供电插座以及 CPU 插座等多种元器件，如图 2-20 所示。

图 2-20 华硕 Maximus V Formula 主板的组成结构

下面再详细了解一下该主板中所包含的一些新技术，如 USB 3.0、所升级的 SATA 接口、无线蓝牙等，如图 2-21 所示。

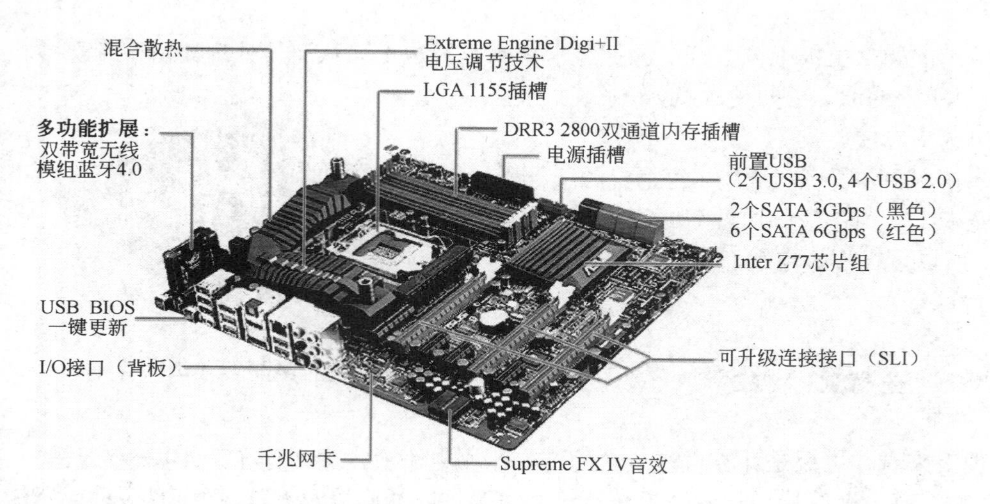

图 2-21 主板所包含的新内容

1. CPU 插座

LGA 1155 又称“Socket H2”，是英特尔于 2011 年所推出的 Sandy Bridge 微架构的新款 Core i3、Core i5 及 Core i7 处理器所用的 CPU 插槽，如图 2-22 所示。此插槽将取代 LGA 1156，且两者并不相容，因此新旧款 CPU 无法互通使用。

图 2-22 LGA 1155 插座

Sandy Bridge 微架构采用 32nm 芯片加工技术制造，第一个拥有高级矢量扩展指令集（Advanced Vector Extensions）“微架构”(之前称作 VSSE)，能够以 256 位数据块的方式处理数据，所以数据传输将获得显著提升，从而加快图像、视频和音频等应用程序的浮点计算。

2. 内存插槽

主板配置有两组 DDR3 内存条插槽，如图 2-23 所示。DDR3 内存条拥有与 DDR2 或者 DDR 内存条相同的外观，但是 DDR3 内存插槽的缺口与 DDR2 不同。

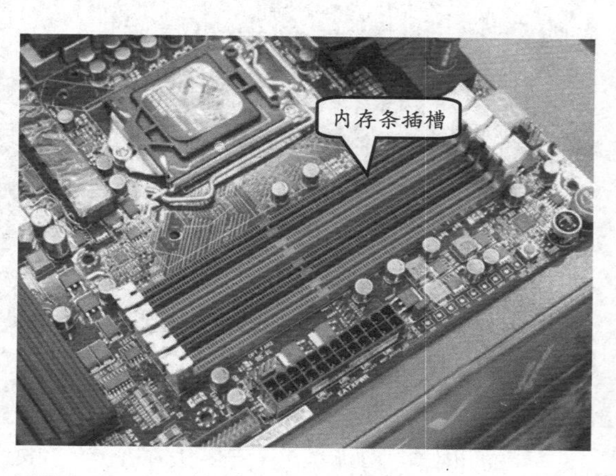

图 2-23 DDR3 内存条插槽

用户可以任意选择使用 1GB、2GB、4GB 与 8GB 的 DDR3 内存条。当内存条频率高于 2133MHz 时，并且相应时序或载入的 XMP 文件不是 JEDEC 标准时，内存条的稳定性与兼容性会依照处理性能与其他已经安装设备而不同。

另外，由 Intel 第二代处理器的配置，DDR3 2200（或更高）以及 DDR3 2000/1800MHz 内存条会以默认频率值运行。

3. 启动开关

该主板拥有启动开关，以方便用户可以唤醒系统或者启动系统，并以信号灯显示系统为开启、睡眠模式或者在软关机的状态，如图 2-24 所示。这个信号灯用来提醒用户在主板移除或者插入任何配件之前要先关机。

图 2-24 启动开关

4. 重置开关

重置开关与主机箱上的【重启】按钮非常相似，或者有共同的作用。按主板上该按钮，即可重新启动系统，如图 2-25 所示。

5. GO 按钮

在 POST（开机自检）前按下该按钮，以启用“MemOK!”，或按后当在操作系统内临时超频时，将快速载入默认设置，如图 2-26 所示。

图 2-25 RESET 按钮

图 2-26 GO 按钮

6. SLOW MODE 开关

SLOW MODE 开关允许用户的系统当使用–10℃冷却系统时，提供最佳的超频界限。而当启用时，SLOW MODE 开关可以防止系统死机，使 CPU 速度减慢，以及系统的调整器将进行调整，如图 2-27 所示。

7．SATA 接口

SATA 接口采用串行方式进行连接，使用嵌入式时钟信号，由于能够对传输指令进行检查，因此提高了数据传输的可靠性。

而在该主板中包含有两种 SATA 接口。一是以“红色”为代表的 SATA 6.0 Gbps，可以支持 Serial ATA 6.0 Gbps 排线来连接硬盘。二是以“黑色”为代表的 SATA 3.0 Gbps 接口，如图 2-28 所示。

此外，SATA 接口还具有结构简单、支持热插拔等优点，得到了广泛的运用，成为目前主流的硬盘和光驱接口。

图 2-27　SLOW MODE 开关

8．USB 3.0 接口

该接口可以连接额外 USB 3.0 连接端口模块，并与 USB 3.0 规格兼容，支持 480MBps 的传输率，如图 2-29 所示。

图 2-28　SATA 接口

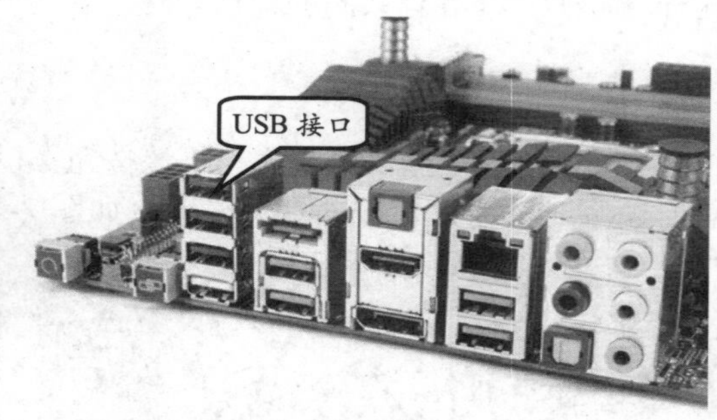

图 2-29　USB 3.0 接口

9．TPM 插座

该插座支持可信任安全平台模块（TPM）系统，用来安全地存储金钥匙、数码认证、密码和数据，如图 2-30 所示。可信任安全平台模块系统也用来协助加强网络安全、保护数码身份，以及确保平台的安全性。

图 2-30　TPM 插座

10．Fusion Thermo 系统

Fusion Thermo 系统是一组独特的 ROG 散热器，可以提供气冷和水冷散热元件，让主板生成冷却气流达到散热功效，如图 2-31 所示。

Fusion Thermo 采用电镀镍材质的倒钩水冷头，纯铜制水冷通道设计，达到有效降温。

此外，它在散热模块底内置一组热导管帮助系统均匀散热。

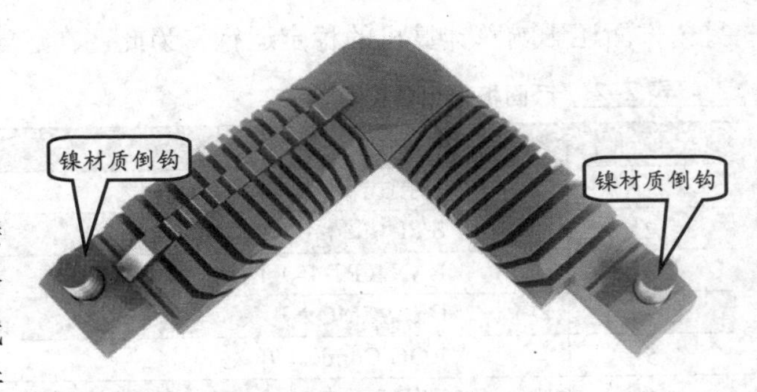

图 2-31　Fusion Thermo 系统

11. PCI Express 插槽

PCI Express 是新一代的总线接口。早在 2001 年的春季，英特尔公司就提出了要用新一代的技术取代 PCI 总线和多种芯片的内部连接，并称之为第三代 I/O 总线技术。

PCI Express 2.0 是 PCI Express 总线家族中的第二代版本。其中第一代的 PCI Express 1.0 标志于 2002 年正式发布，它采用高速串行工作原理，接口传输速率达到 2.5GHz。而 PCI Express 2.0 则在 1.0 版本基础上更进了一步，将接口速率提升到了 5GHz，传输性能也翻了一番。芯片组均可支持 PCI Express 2.0 总线技术，x16 图形接口更可以达到 16Gbps。

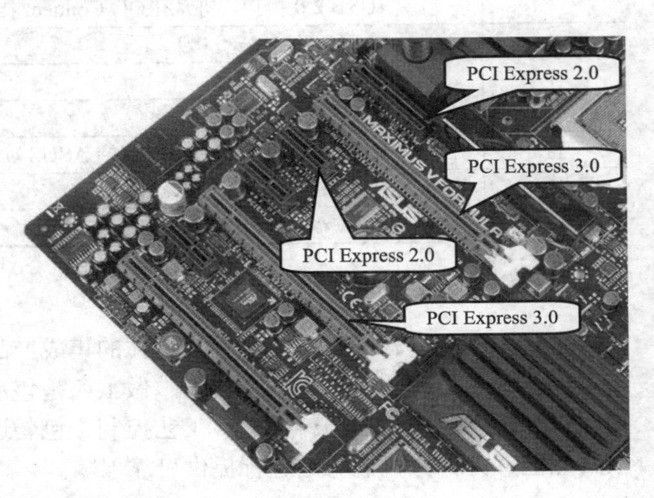

图 2-32　PCI Express 插槽

目前，PCI Express 3.0 规定编码数据速率，比同等情况下的 PCI Express 2.0 提高了一倍，x32 端口的双向速率高达 32Gbps，如图 2-32 所示。

12. 输入/输出接口

输入/输出接口是 CPU 与外部设备之间交换信息的连接电路，它们通过总线与 CPU 相连，简称 I/O 接口，如图 2-33 所示。

在图 2-33 中，已经用形象化的图形描述了各接口可以连接的外部设备。下面再来详细地介绍一下各接口的名称及相关内容，如表 2-2 所示。

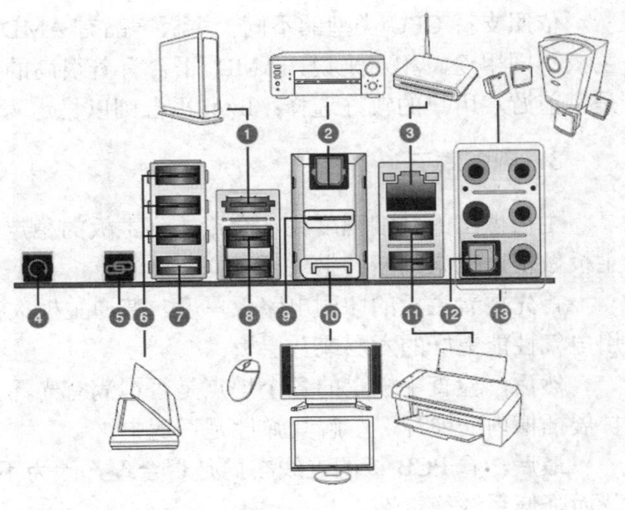

图 2-33　后面板连接接口

2.2.3 选购主板

作为计算机各配件的连接中枢，主板的质量一方面关系着各个配件能否正常工作，另一方面还影响着计算机的稳定运行。为此，在选购主板时应着重关注以下几项内容。

表 2-2 后面板接口名称

序列编号	接口名称
1	外接式 eSATA 接口
2	S/PDIF 光纤排线输出接口
3	LAN（RJ-45）网络端口
4	Clear CMOS 开关
5	ROG Connect 开关
6	USB 2.0 接口
7	USB 2.0 接口，亦为 ROG Connect 接口
8	ASMedia USB 3.0 连口
9	HDMI 接口
10	DisplayPort 接口
11	Intel USB 3.0 接口，并支持 ASUS USB 3.0 Boost Turbo 模式
12	S/PDIF 光纤排线输入接口
13	音频输出 / 输入接口

1. 选择品牌

主板是一种高科技、高工艺融为一体的集成产品，因此对用户来说应该首先考虑品牌主板。知名品牌的主板无论是质量、做工还是售后服务都有良好的口碑，其产品无论是在设计阶段，还是在选料筛选、工艺控制、包装运送阶段都经过严格把关。这样的主板必然能够为计算机的稳定运行提供可靠保障。

2. 确定平台

依照支持 CPU 类型的不同，主板产品有 AMD、Intel 平台之分，不同的平台决定了主板不同用途。相对来说，AMD 平台有着很高的性价比，且平台游戏性能比较强劲，是目前游戏用户的较好选择；Intel 平台则以稳定著称。

3. 观察做工

主板做工的精细程度往往会影响到主板的稳定性。因此在选购主板时，可通过观察主板做工情况来判断其主板质量与稳定性。

首先要看主板的印刷电路板厚度，普通主板大都采用四层 PCB，部分优质产品则使用电气性能更好的六层或八层板。

然后，检查主板上的各个焊点是否饱满有光泽，排列是否整齐。此时还可尝试按压扩展插槽内的弹片，了解其弹性是否适中。

最后，看 PCB 板的走线布局是否合理，因为不合理的走线会导致邻线间相互干扰，从而降低系统稳定性。

4. 注意细节

首先检查 CPU 插座在主板上的位置是否合理。例如，当 CPU 插座距离主板边缘过近时，很有可能会影响 CPU 散热片的安装；若是 CPU 插座周围的电容太近，也会影响 CPU 散热片的安装。

其次，检查主板上各个扩展插槽的位置。例如，当内存插槽的位置过于靠右时，便会影响光驱的安装，或者在勉强安装光驱后影响维护。

另外，要注意主板跳线的位置，以免跳线被板卡遮挡后影响日后的使用。

最后，还应当注意电源接口的位置。例如，当电源接口出现在 CPU 和扩展插槽之间时，便很有可能出现电源连线过短的问题，而且会影响 CPU 热量的散发。

5. 增值服务

考虑到主板的技术含量较高，而且价格也不便宜，因此选购主板时一定要询问商家是否能够提供完善的售后服务。例如，是否能够提供 3 年质保服务，以及维修周期的长短等（通常应在一周之内，但不同地区距维修点的距离长短也会影响该时间）。此外，还应检查销售商能否为主板提供完整的附件，如主板说明书、外包装、保修卡和驱动光盘等。

2.3 内存

内存是计算机用于临时存放数据的器件，是 CPU 调用运算数据和存储运算结果的仓库，也是计算机硬件系统的必备硬件之一。

2.3.1 内存发展概述

内存作为一种具备数据输入输出和数据存储功能的集成电路，最初是以芯片的形式直接集成在主板上的。随后，为了便于更换和扩展，内存才逐渐成为独立的计算机配件。

1. SDRAM 时代

SDRAM（Synchronous DRAM，同步动态随机存储器）曾经是计算机上使用最为广泛的一种内存类型，采用 168 线金手指设计，带宽为 64bit，工作电压为 3.3V。根据工作速率的不同，SDRAM 分为 PC66、PC100、PC133 三种不同规格，现已淘汰。

2. DDR 时代

DDR 内存在 SDRAM 内存的基础上发展而来，其实际名称为 DDR SDRAM，即双倍速率同步动态随机存储器（Double Data Rate SDRAM），如图 2-34 所示。

图 2-34 DDR 内存

DDR 与 SDRAM 的区别在于，SDRAM 只能在时钟的上升期进行数据传输，而DDR则能够在时钟的上升期和下降期各传输一次数据。因此，DDR能够较SDRAM提供更快的数据传输能力，不同工作频率下其传输速率如表2-3所示。

表2-3 DDR内存在不同工作频率时的传输速率

规格	传输标准	实际频率	等效传输频率	数据传输率
DDR200	PC1600	100MHz	200MHz	1600MBps
DDR266	PC2100	133MHz	266MHz	2100MBps
DDR333	PC2700	166MHz	333MHz	2700MBps
DDR400	PC3200	200MHz	400MHz	3200MBps
DDR433	PC3500	216MHz	433MHz	3500MBps
DDR533	PC4300	266MHz	533MHz	4300MBps

3．DDR2时代

作为DDR技术标准的升级和扩展，DDR2延续了DDR的传输标准命名方法，但为了防止错插和插反，其缺口位置与DDR有一定差别，如图2-35所示。

此外，DDR2能够在一个时钟周期内传输两倍于DDR的数据量、4倍于SDRAM的数据量。这样，即使DDR2内存的核心频率只有200MHz，其数据传输频率也能达到800MHz，也就是所谓的DDR2 800。至于DDR2内存的传输速率，则如表2-4所示。

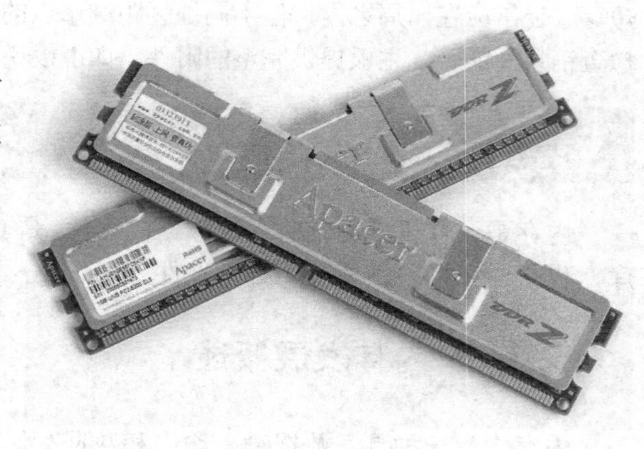

图2-35 DDR2内存

表2-4 DDR2内存在不同工作频率时的传输速率

规格	传输标准	实际频率	等效传输频率	数据传输率
DDR2 400	PC2 3200	100MHz	400MHz	3200MBps
DDR2 533	PC2 4300	133MHz	533MHz	4300MBps
DDR2 667	PC2 5300	166MHz	667MHz	5300MBps
DDR2 800	PC2 6400	200MHz	800MHz	6400MBps

4．DDR3时代

当CPU进入多核时代后，DDR2内存的速度也逐渐发展到了极限，人们迫切需要一种能够满足高速CPU数据存取需求的内存产品。在该背景下，DDR3内存应运而生，如图2-36所示。

与DDR2内存相比，DDR3内存的预取数据宽度提高了一倍，达到8bit，其实际传输速率如表2-5所示。

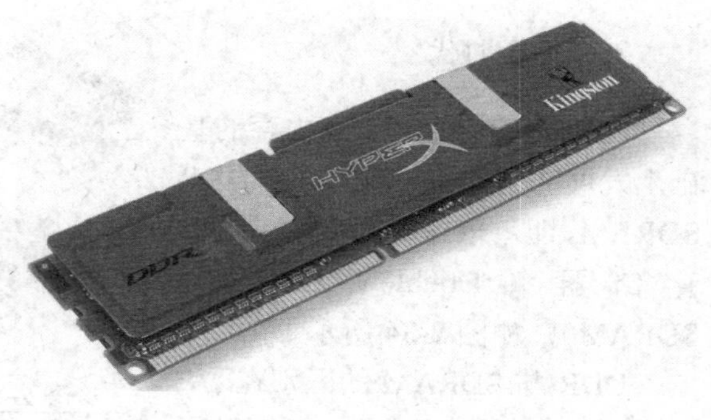

图2-36 DDR3内存

表 2-5 DDR3 内存在不同工作频率时的传输速率

规　　格	传输标准	实际频率	等效传输频率	数据传输率
DDR3 1066	PC3 8500	133MHz	1066MHz	8.5GBps
DDR3 1333	PC3 10600	166MHz	1333MHz	10.6Bps
DDR3 1600	PC3 12800	200MHz	1600MHz	12.8GBps
DDR3 1800	PC3 14400	225MHz	1800MHz	14.4GBps
DDR3-1866	PC3-14900	233 MHz	1866 MHz	14.9 GBps
DDR3-2133	PC3-17000	266 MHz	2133 MHz	17.0 GBps
DDR3-2400	PC3-19200	300MHz	2400MHz	19.2GBps
DDR3-2667	PC3-21300	333MHz	2667MHz	21.3GBps

每种新型计算机硬件设备的出现必然伴随着一定的新技术，内存当然也不例外。下面是对当前主流的 DDR3 内存技术的简单介绍。

DDR3 在 DDR2 的基础上采用了更多的新型技术，其不同之处主要有以下几点。

首先是 DDR3 的 8 位预取设计，而 DDR2 只有 4 位。这样一来，内存的核心频率只需 100MHz 便可实现 800MHz 的传输速率。

其次由于采用了点对点的拓扑架构，DDR3 内存能够减轻地址/命令与控制总线的负担。

最后是 DDR3 采用了 100nm 以下的生产工艺，这使得工作电压从 1.8V 降至 1.5V，进一步降低功耗。

除此之外，DDR3 内存还应用了以下几项技术。

❑ **突发长度**

由于 DDR3 的预取为 8 位，所以突发传输周期（Burst Length，BL）也固定为 8，但对于 DDR2 和早期的 DDR 架构系统来说，BL=4 也是常用的。为此，DDR3 增加了一个 4 位的 Burst Chop（突发突变）模式，即由一个 BL=4 的读取操作加上一个 BL=4 的写入操作来合成一个 BL=8 的数据突发传输，届时可通过 A12 地址线来控制这一突发模式。

此外还要指出的是，DDR3 禁止任何突发中断操作，取而代之的则是更为灵活的突发传输控制（如 4 位顺序突发）。

❑ **寻址时序**

就像 DDR2 从 DDR 转变而来后延迟周期数增加一样，DDR3 的 CL 周期也比 DDR2 有所提高。DDR2 的 CL 范围一般在 2~5 之间，而 DDR3 则在 5~11 之间，且附加延迟（AL）的设计也有所变化。DDR2 时 AL 的范围是 0~4，而 DDR3 的 AL 则有 3 种选项，分别是 0、CL-1 和 CL-2。

此外，DDR3 还新增加了一个时序参数——写入延迟（CWD），不过这一参数通常要根据具体的工作频率而定。

❑ **重置功能（Reset）**

重置是 DDR3 新增的一项重要功能，其功能是在 Reset 命令有效时，停止 DDR3 内存的所有操作，并切换至最少量活动状态，以节约电力。

提　示

在 Reset 期间，DDR3 内存将关闭内在的大部分功能，所有数据接收与发送器都将关闭，所有内部的程序装置将复位，DLL（延迟锁相环路）与时钟电路将停止工作，而且不理睬数据总线上的任何动作。

❑ **ZQ 校准功能**

该功能需要通过一个接有 240Ω低公差参考电阻的引脚来实现，其功能是利用芯片上的校准引擎（On-Die Calibration Engine）来自动校验数据输出驱动器导通电阻与 ODT 的终结电阻值。

2.3.2 双通道/三通道/四通道

双通道体系包含了两个独立、具备互补性的智能内存控制器，两个内存控制器能够并行运作，在理论上能够使两条同等规格内存所提供的带宽增长一倍，解决了日益窘迫的内存带宽瓶颈问题。它的技术核心在于：芯片组（北桥）可以在两个不同的数据通道上分别寻址、读取数据，RAM 可以达到 128 位的带宽。

双通道内存技术是解决 CPU 总线带宽与内存带宽的矛盾的低价、高性能的方案。CPU 的 FSB（前端总线频率）越来越高。如 Pentium 4 处理器与北桥芯片的数据传输采用 QDR（Quad Data Rate，四次数据传输）技术，其 FSB 是外频的 4 倍。英特尔 Pentium 4 的 FSB 分别是 400MHz、533MHz、800MHz，总线带宽分别是 3.2GBps、4.2GBps 和 6.4GBps，而 DDR 266/DDR 333/DDR 400 所能提供的内存带宽分别是 2.1GBps、2.7GBps 和 3.2GBps。在单通道内存模式下，DDR 内存无法提供 CPU 所需要的数据带宽，从而成为系统的性能瓶颈。而在双通道内存模式下，双通道 DDR 266、DDR 333、DDR 400 所能提供的内存带宽分别是 4.2GBps、5.4GBps 和 6.4GBps，在这里可以看到，双通道 DDR 400 内存刚好可以满足 800MHz FSB Pentium 4 处理器的带宽需求。

内存双通道一般要求按主板上内存插槽的颜色成对使用，此外有些主板还要在 BIOS 做一下设置，如图 2-37 所示。

图 2-37 双通道 DDR3 内存插槽

三通道内存技术实际上可以看作是双通道内存技术的后续技术发展。Core i7 处理器的 3 通道内存技术最高可以支持 DDR3 1600 内存，可以提供高达 38.4GBps 的高带宽，和目前主流双通道内存 20GBps 的带宽相比，性能提升几乎可以达到翻倍的效果。

当前 Sandy Bridge-E、Ivy Bridge 核心的酷睿 i7 系列 CPU 内置四通道内存控制器支持四通道内存技术，性能更加强悍，需要配合 Intel X79 芯片的主板。

2.3.3 内存性能指标

内存对计算机的整体性能影响很大，几乎所有任务的执行效率都会受到内存性能的影响。因此要想更加深入地了解内存，就必须掌握内存的各项性能指标。

1. 技术类别

内存技术发展依次经历了 SDRAM、DDR SDRAM、DDR2 SDRAM 和 DDR3 SDRAM 等

技术种类，频率越来越高，速度越来越快，技术越来越先进，现在基本上都选用 DDR3 SDRAM。

2．容量

容量是评判内存性能的基本指标之一，其容量越大，内存可一次性加载的数据量也就越多，从而有效减少 CPU 从外部存储器调取数据的次数，提高 CPU 的工作效率和计算机的整体性能。目前，常见内存的容量达到了 2GB 或 4GB 甚至 8GB。

3．主频

内存主频采用 MHz 为单位进行计量，表示该内存所能达到的最高工作频率。内存的主频越高，表示内存所能达到的速度越快，性能自然也就越好。

目前，主流内存有频率为 1333MHz、1600MHz、1866MHz 的 DDR3 内存。

4．延迟时间

内存延迟表示内存进入数据存取操作就绪状态前所要等待的时间，通常用 4 个相连的阿拉伯数字来表示，如 9-9-9-24 等，分别代表 CL-TRP-TRCD-TRAS。一般而言，这 4 个数字越小，表示内存的性能越好。

- **CL** 在内存的 4 项延迟参数中，该项最为重要，表示内存在收到数据读取指令到输出第一个数据之间的延迟。CL 的单位是时钟周期，即纵向地址脉冲的反应时间。
- **TRP** 该项用于标识内存行地址控制器预充电的时间，即内存从结束一个行访问到重新开始的间隔时间。
- **TRCD** 该项所表示的是从内存行地址到列地址的延迟时间。
- **TRAS 延迟** 该数字表示内存行地址控制器的激活时间。

2.3.4 内存选购指南

作为计算机系统的重要配件之一，内存的容量、规格指标及做工质量都会影响整个系统的性能发挥和稳定性。因此，内存的选购十分重要，下面便将对选购内存时的方法与注意事项进行简单介绍。

1．类别、容量、主频等基本参数

类别、容量和主频是选购内存时首先需要关注的内容，其选购原则是在与主板匹配、满足需求的情况下尽量挑选较大容量、适当高主频的内存。此外在容量相同的情况下，由于单面内存较双面内存的集成度要高，在主板支持的前提下，建议尽量选择单面内存。

2．品牌和质保

知名品牌内存所代表的是精选的用料、优良的做工、严格的出厂检测和完善的售后服务。目前，较为知名的内存品牌厂商有金士顿、海盗船、威刚、金泰克、宇瞻、芝奇、创见、三星等。特别是金邦内存提供了终身保固服务，即出现质量问题，终身提供免费换修服务。

3．PCB 板的质量

PCB 板是内存条的基板，内存所用到的所有电子器件最终都将集成在 PCB 板上，因此其质量的优劣将直接影响到整条内存的性能。

目前，内存所用 PCB 板大都为 4 层或 6 层，而 6 层 PCB 的稳定性要优于 4 层 PCB，因此在选购内存时应该尽量挑选 PCB 较厚的内存产品。此外，PCB 板看上去要颜色均匀且表面光滑、边缘齐整，PCB 板上的电子器件应无虚焊、搭焊的现象，金手指也应光亮整齐，无褪焊现象。

4．内存颗粒

按照正规的内存生产标准来说，单条内存所用的内存颗粒应是同一品牌、同一型号的产品，甚至其生产批次也应一致，否则便很有可能出现工作不稳定的问题。

2.4 机箱及电源

机箱作为计算机主机中的一部分，其主要作用是放置和固定主机内的各个配件，从而起到承托和保护的作用。电源是计算机的能量来源，主机内部的所有部件都需要电源进行供电。

2.4.1 机箱的分类

机箱一般由外壳、支架、面板上的各种开关、指示灯等部分组成。外壳用钢板和塑料结合而成，特点是硬度高；支架主要用于固定主板、电源和各种驱动器。

一般按机箱结构的不同，可以将机箱分为 ATX、Micro ATX 以及 BTX 机箱等多种类型。

❑ **ATX 机箱**

ATX 机箱目前应用最为广泛，从卧式改为立式，并将 I/O 接口统一由主板窄的一边（24.4cm）转移至宽的一边（30.5cm）。其次，ATX 还规定了 CPU 散热器的热空气必须被外排，在加强散热之余，也减少了机箱内的积尘，如图 2-38 所示。

图 2-38 ATX 机箱

❑ **Micro ATX 机箱**

Micro ATX 机箱在 ATX 机箱的基础之上改进而来，由于进一步节省了桌面空间，因此比 ATX 机箱的体积要小一些。

❑ **BTX 机箱**

BTX 机箱是基于 BTX（Balanced Technology Extended）标准的机箱产品。BTX 是 Intel 定义并引导的桌面计算平台新规范，特点是可支持下一代计算机系统的新外形，使机箱能够在散热管理、系统尺寸和形状，以及噪音方面取得最佳平衡。

注 意

由于 BTX 机箱的构造不同于 ATX 机箱，BTX 主板应该匹配 BTX 机箱。

BTX 机箱和 ATX 机箱最明显的区别是，BTX 机箱将以往只在左侧开启的侧面板改到了右侧，并将 I/O 接口也改到了右侧。

BTX 机箱重点在散热方面有了改进，CPU 的位置完全被移动到了机箱的前板，而不是 ATX 机箱的后部位置，这样能够更有效地利用散热设备，提升机箱内各个设备的散热效能，如图 2-39 所示。

图 2-39 BTX 结构的机箱

2.4.2 电源的发展

计算机所使用的电源全部为开关电源，从外观上看像是一个带有很多引线的铁盒，具有体积小、功率大的特点。典型的计算机电源如图 2-40 所示。

图 2-40 计算机电源

计算机开关电源的发展经过了 AT、ATX、ATX12V 三个阶段。目前，国内市场上流行的是 ATX 2.03 和 ATX12V 两个标准。其中，ATX12V 是 P4 的 ATX 标准，该标准加强了+12V DC 端的电流输出能力，对+12V 的电流输出、涌浪电流峰值、滤波电容的容量、保护等做出了新规定；增加的 4 芯电源连接器为 P4 处理器提供+12V 电压；此外还加强了+5V SB 的电流输出能力，改善了主板对即插即用和电源唤醒功能的支持。

在 ATX12V 标准中又分为 ATX12V1.0、ATX12V1.1、ATX12V1.2 直至最新 ATX12V2.31 等多个版本的标准。

- ❑ ATX12V1.0 是 P4 时代电源的最早版本，增加了专为 P4 处理器供电的 4 针接口。
- ❑ ATX12V1.1 加强了+3.3V 电流输出能力，以适应 AGP 显卡功率增长的需求。
- ❑ ATX12V1.2 取消–5V 的电压输出，同时对 Power ON 时间作出新规定。
- ❑ ATX12V1.3 提高了电源效率，增加了对 SATA 的支持，增加+12V 电压的输出能力。
- ❑ ATX12V2.0 将+12V 分为双路输出（+12V DC1 和+12V DC2），其中+12V DC2 对 CPU 单独供电。
- ❑ ATX12V2.01 对+12V DC2 输出电流的纹波作出新规定。
- ❑ ATX12V2.2 加强+5V SB 的输出电流至 2.5A，增加更高功率的电源规格。
- ❑ ATX12V2.3/2.31 提升+12V1 输出能力而降低+12V2 输出能力，增加了 RoHS 环

保标准，并将 EMI（电磁干扰）电路纳入了 3C 强制认证，强调了高效能、节能及环保等相关指标，更符合 PC 平台目前的应用现状。

计算机电源的优劣影响到计算机能否正常工作，而要想衡量计算机电源的优劣，则需要了解以下几项性能指标。

- **多国认证标记** 优质电源通常具有 FCC、美国 UR、中国长城和 3C 等认证标志，这些认证的专业标准包括生产流程、电磁干扰、安全保护等。凡是符合一定指标的产品在申报认证后才能在包装和产品表面使用认证标志，因此具有一定的权威性。
- **电源效率** 电源效率指电源所输出直流电的功率与输入交流电功率的比值，该比值越大越好，而按照国家规格该比值不应小于 65%。
- **过压保护** 由于 ATX 电源比传统 AT 电源多了 3.3V 的电流输出，因此当直接为没有稳压组件的主板进行供电时，一旦电压升高便有可能对被供电设备造成严重的物理损伤。当遭遇此类问题时，优秀电源的过压保护功能便可以有效保护被供电设备，从而起到防患于未然的作用。
- **电磁干扰** 电磁干扰由开关电源的工作原理所决定，其内部具有较强的电磁振荡，因此具有类似无线电波的对外辐射特性，如果不加以屏蔽则会对其他设备造成影响。目前，国际上的 FCC A 和 FCC B 标准，以及国内的国标 A（工业级）和国标 B（家用电器级）标准都对该问题进行了相应规定，通常情况下优质电源都会通过国际 B 标准。
- **瞬间反应能力** 该指标反应的是输入电压在瞬间发生较大变化时（在电压允许的范围内），电源所输出电流的电压值恢复正常所用的时间，在一定程度上标明了电源对异常情况的反应能力。
- **电源寿命** 一般电源寿命按照大于 3~5 年计算元件的可能失效周期，其平均工作时间应在 80000~100000 小时之间。

2.4.3 选购机箱及电源

通过对下列内容的了解，使用户了解机箱与电源的选购方式，并保障计算机的物理安全。

1. 机箱的选购

一款优质的机箱能够使计算机免受外界电磁波的干扰，使计算机更加稳定、可靠地运行。因此机箱的选购极其重要，而怎样才能购买到一款合适的机箱，则需要考虑以下几个方面。

- **机箱的外观、用料** 外观和用料是机箱最基本的特性，外观直接决定了一款机箱能否被用户所接受，而用料的好坏则关系着机箱屏蔽电磁辐射的能力。
- **可扩展性** 机箱的扩展能力也是选购机箱的一个重要条件。因为当机箱内拥有较宽阔的空间时，不仅易于安装各种扩展卡，还可在日后为计算机的升级带来很大便利。
- **散热能力** 机箱的散热能力在一定程度上决定了计算机运行时的稳定性。按照机箱的散热标准，机箱面板及后背板的适当位置都应留有机箱风扇的安装位置，而其他部位也应留有适量的散热孔。

- **防尘性** 机箱的防尘性能是很多用户在购买机箱时容易忽视的问题，该性能主要考察散热孔的防尘性能和扩展槽挡板的防尘能力。只有上述两个部位的防尘性能都比较优良时，才能长时间保证机箱的清洁。

2. 电源的选购

随着计算机的普及，作为主机能量来源的计算机电源也逐渐受到人们的重视。在选购电源时必须注意以下一些因素。

- **品牌和功率** 选购电源时，必须选择质量有保障的品牌电源。此外，由于计算机部件的性能越来越高，耗电量也越来越大，因此必须选择功率稍大的电源，如普通用户应选择300~350W的电源产品，而使用高性能配件的计算机用户则应选择更大功率的电源产品。
- **电源的外观** 电源外观包括电源的外壳、输入线和输出线等。电源外壳表面镀层应光亮，无划伤；输出线和输入线应标有UL、CSA或CCEE等安全认证标志。
- **电源的重量** 选购电源与购买机箱一样，要考虑其重量。因为优质电源无论使用何种线路来设计，大都会通过增加器件的用料来增强其稳定性，因此重量自然会有所增加。
- **电源变压器** 变压器是电源的关键部件，而判断变压器质量优劣最为简单的方法便是查看变压器大小。一般来说，300W 电源所用变压器的线圈内径不应小于33mm，此时只需使用直尺测量其长度，便可知道其用料是否达到标准。
- **电源风扇** 风扇在电源工作过程中起到散热的作用，而评判风扇好坏的标准便是看扇叶做工是否精良，旋转是否平稳，以及噪音是否过大等。至于电源风扇的散热能力，则与风扇扇叶的大小、风扇转速有关，风扇的扇叶越大、风扇转速越高，电源风扇的散热能力越强，但噪音也会随之增大。

2.5 实验指导：查看计算机硬件信息

查看硬件信息不仅能帮助用户辨别计算机的硬件型号，还能让用户了解硬件的详细规格。为此，下面将对利用EVEREST Ultimate Edition查看计算机硬件信息的方法进行讲解。

1. 实验目的

- 查看CPU信息。
- 查看内存信息。
- 查看显卡信息。

2. 实验步骤

1 启动EVEREST Ultimate Edition后，该软件将自动检测当前计算机的硬件配置，完成后自动进入软件主界面，如图2-41所示。

图2-41 启动EVEREST Ultimate Edition

2 展开【主板】目录后，选择【中央处理器(CPU)】选项，即可在软件右窗格内查看CPU 的名称、类型、缓存大小等信息，如图 2-42 所示。

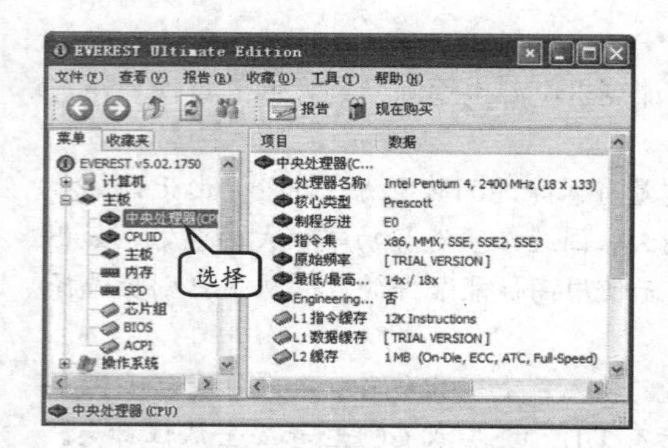

图 2-42 查看 CPU 信息

3 选择【内存】选项，可查看到计算机的物理内存、交换区、虚拟内存等信息，如图 2-43 所示。

4 展开【显示设备】目录，选择【Window 视频】选项后，可在软件的右侧窗格内查看到显卡的芯片类型、显存大小等信息，如图 2-44 所示。

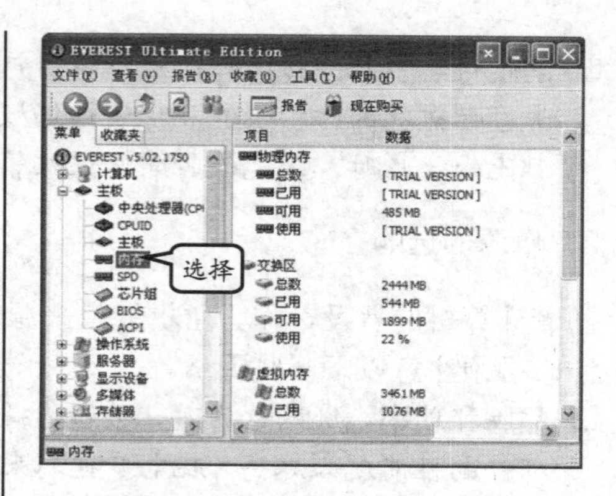

图 2-43 查看内存信息

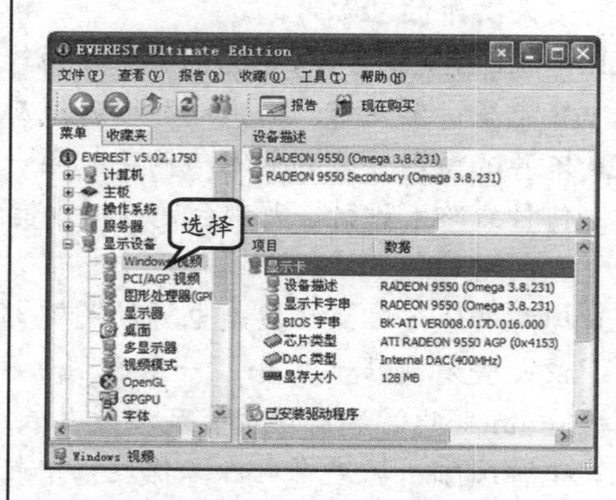

图 2-44 查看显卡信息

2.6 实验指导：测试 CPU 及内存性能

在计算机中，CPU 和内存的性能直接关系到计算机运行速度和数据存取速度。因此，充分了解 CPU 及内存的性能优劣有助于评估计算机的整体性能。为此，下面将对测试 CPU 及内存性能的方法进行简单介绍。

1. 实验目的

- ❑ 测试 CPU 性能。
- ❑ 测试内存性能。
- ❑ CPU 测试比较。

2. 实验步骤

1 启动 HWiNFO32 后，单击工具栏中的【测试】按钮开始测试，如图 2-45 所示。

2 在弹出的【选择要执行的测试】对话框中，禁用【驱动器测试(D):】复选框，并单击【开始】按钮，如图 2-46 所示。

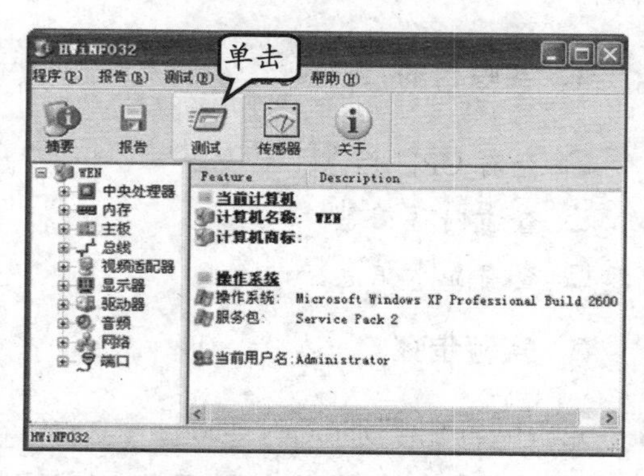

图 2-45 开始测试

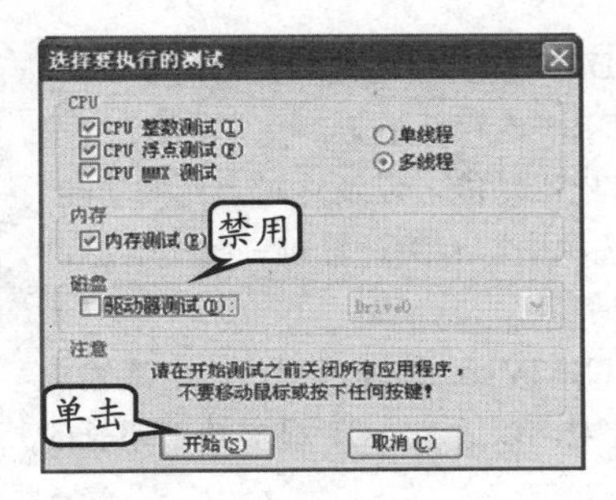

图 2-46 测试设置

提 示

线程是程序中一个单一的顺序控制流程，多线程是指在单个程序中同时运行多个线程完成不同的工作。

3 测试完成后，即可在弹出的【HWiNFO32 测试结果】对话框内查看到 CPU 和内存的各项测试信息，如图 2-47 所示。

提 示

FPU（Float Point Unit，浮点运算单元）是专用于浮点运算的处理器，486 之后被直接集成在 CPU 内。

4 单击【CPU 测试】右侧的【比较】按钮，将弹出【CPU 测试比较】对话框，在对话框内可以查看到本机 CPU 与其他类型 CPU 的性能对比信息，如图 2-48 所示。

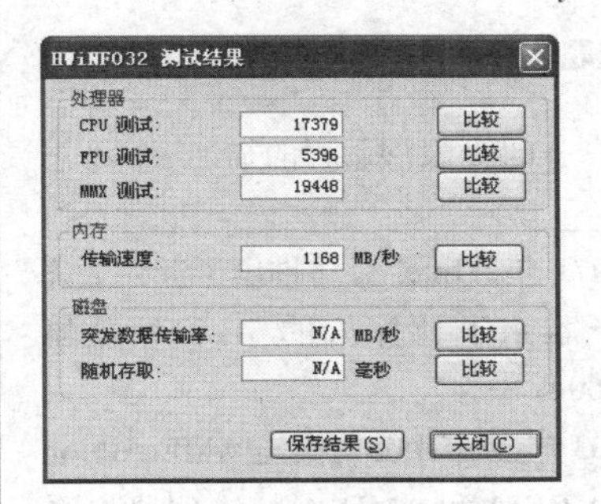

图 2-47 查看测试信息

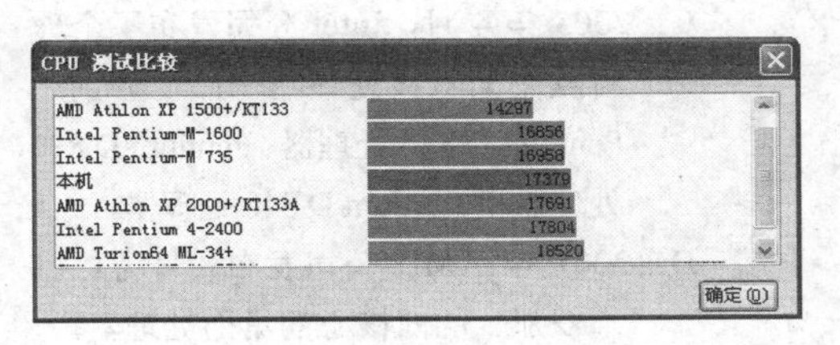

图 2-48 CPU 测试比较信息

5 返回【HWiNFO32 测试结果】对话框后，用同样的方法即可查看 FPU 及内存的测试对比情况。

提 示

单击【CPU 测试比较】对话框中的【确定】按钮，即可返回【HWiNFO32 测试结果】对话框。

2.7 思考与练习

一、填空题

1．CPU 主要由__________和__________组成，是计算机最核心的部分，负责整个系统指令的执行，数学与逻辑的运算，数据的存储与传送，以及对内对外输入与输出的控制。

2．Intel Core i7-2600K 需要插在__________接口的主板上。

3．主板按其结构可以分为 AT 主板、Baby AT 主板、__________主板、LPX 主板、NLX 主板、__________主板和 Mini ITX 主板。

4．__________是一组或多组具备数据输入输出和数据存储功能的集成电路，并且是 CPU 与硬盘之间进行数据交换的桥梁。

5．__________是计算机中的能量来源，计算机内部的所有部件都需要它进行供电，并且其功率的大小，电流和电压是否稳定将直接影响计算机的工作性能和使用寿命。

6．机箱按其结构进行分类，主要分为 AT 机箱、__________、Micro ATX 机箱以及__________4 个类型。

7．Intel 公司在________年推出了基于 Ivy Bridge 架构的第三代 i7 处理器，采用 22nm 工艺。

8．AMD 公司推出的________就是一款融聚理念产品，它第一次将 CPU、GPU 和北桥控制器做在一个晶片上，实现了 CPU 与 GPU 的真正融合。

9．当前市场主流的内存是________类型的内存（DDR/DDR2/DDR3）。

二、选择题

1．下列关于 CPU 发展历程的描述中，不正确的是__________。

A．1971 年，Intel 公司推出了世界上第一款用于计算机的 4 位处理器 4004。

B．2003 年，AMD 公司推出 AMD Athlon 64 FX51 和 AMD Athlon 64 两个系列的桌面处理器。

C．2005 年 4 月，Intel 公司发布了全球首款桌面双核处理器产品，分别是 Pentium D 820 处理器、Pentium D 830 处理器和 Pentium D 840 处理器。

D．2007 年 AMD 公司发布代号为“巴塞罗那”的四核心的桌面处理器。

2．在部分型号的 CPU 中，__________与 CPU 总线频率相同，并直接影响着 CPU 与内存交换数据的速度。

A．前端总线 FSB 频率

B．内存总线速度

C．扩展总线速度

D．CPU 的外频

3．__________插座用金属触点式封装取代了以往的针状插脚，因此将 CPU 的针脚变成了触点，并用金属安装扣架来固定 CPU。

A．Socket 940

B．Socket 939

C．LGA 1366

D．Socket 754

4．下列选项中，关于 DDR 3 内存技术描述错误的是__________。

A．DDR 3 内存和 DDR 2 内存一样，都采用 240Pin DIMM 的插槽，因此 DDR 3 内存能够插在支持 DDR 2 内存主板的内存插槽中。

B．DDR 3 内存能够预取 8 位的数据，比 DDR 2 内存的速度快了一倍，拥有更大的数据传输率。

C．DDR 3 内存新增重置功能，并为此功能准备了一个引脚，该引脚使 DDR 3 的初始化处理变得简单。

D．DDR 3 内存新增 ZQ 校准功能、分参考电压功能，以及点对点连接功能。

5．下列选项中，有关计算机开关电源标准的描述错误的是__________。

A．ATX12V1.1 加强了+3.3V 电流输出能力，以适应 AGP 显卡功率增长的需求。

B．ATX12V2.0 将+12V 分为双路输出（+12VDC1 和+12VDC2），其中+12VDC2 对 CPU 单独供电。

C．ATX12V2.2 加强+5VSB 的输出电流至 2.5A，增加更高功率的电源规格。

D．ATX12V1.2 提高了电源效率，增加了对 SATA 的支持，增加+12V 的输出能力。

6．下列选项中，关于机箱分类描述错误的是__________。

A．按机箱尺寸进行分类，机箱可以分为卧式机箱和立式机箱。

B．按机箱的结构进行分类，机箱可以分为 AT 机箱、ATX 机箱、Micro ATX 机箱和 BTX 机箱。

C．超薄机箱主要是一些 AT 机箱，只有一个 3.5 英寸软驱槽和两个 5.25 英寸驱动器槽。

D．BTX 机箱是基于 BTX 标准的机箱产品，该标准是 Intel 公司定义并引导的桌面计算机平台新规范。

7．目前市场上最常用的机箱结构是__________。

A．ATX 机箱

B．BTX 机箱

C．TX 机箱

D．MicroATX 机箱

三、简答题

1．什么是超线程技术？

2．简述 CPU 高速缓存的作用。

3．内存的性能指标有哪些？

4．简述 DDR 内存、DDR 2 内存和 DDR 3 内存的区别。

5．描述电源的性能指标。

四、上机练习

识别 CPU 标识

图 2-49 CPU 编号

图 2-49 所示处理器的编号为“HDZ965 FBK4DGI”，其中“HDZ”代表高端桌面羿龙 II 代处理器；“965”表示该款 CPU 具体型号；“F”代表产品采用 FM1 接口；“BK”代表该 CPU 的工作电压（1.425V）及热设计功耗（125W），支持“Cool and Quiet”技术，具备温度及智能调节技术；“4”代表该款 CPU 的核心数量；“GI”表示采用 C2 步进版核心。第三行的“0921”代表了该款 CPU 的生产日期 2009 年第 21 周，第四行的“9257813F90027”是该 CPU 的唯一编号。

第3章 计算机外部存储设备

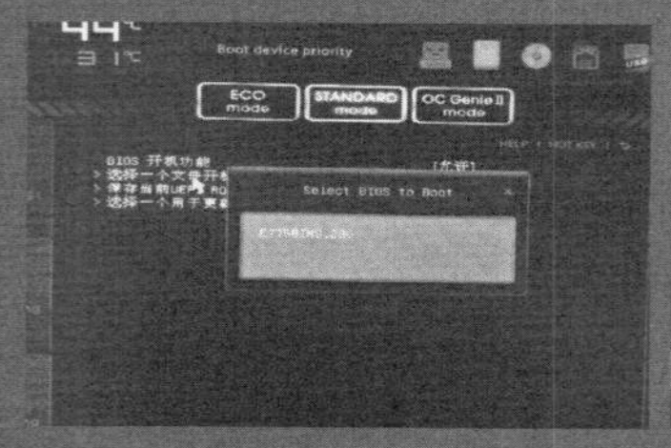

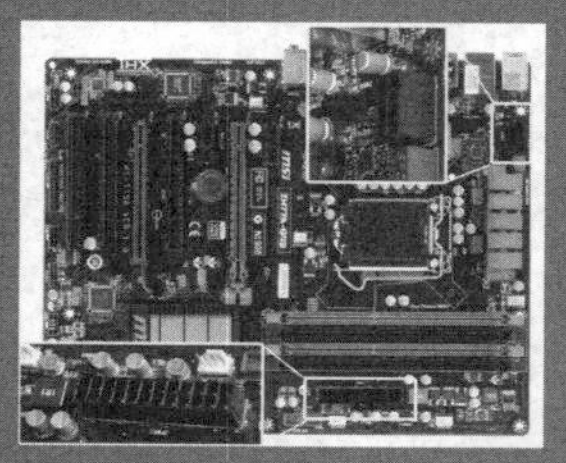

计算机具备“记忆”能力的原因在于拥有外部存储设备。这些设备不仅能够存储大量的计算机程序和数据，还可随时供用户调取和使用。

相比之下，外部存储设备较内存的种类要多出不少，其组成结构、工作方式、性能指标等内容也都各不相同。

本章将对计算机所用到的各种外部存储设备进行介绍，从而使用户能够更清楚地认识和使用计算机。

本章学习要点：

- 硬盘
- 光驱
- 移动存储设备

3.1 硬盘

硬盘是一种利用坚硬的盘片为数据存储基板的存储设备，相比其他外部存储设备具有容量大、成本低等优点。目前，常见硬盘的容量大都在160GB、250GB、320GB、500GB、640GB、1TB、2TB和3TB以上等。

3.1.1 硬盘的发展

1956年9月，IBM公司展示了第一台磁盘存储系统IBM 350 RAMAC（Random Access Method of Accounting and Control），这是一套由50个直径为24英寸磁盘所组成的新型存储设备，被认为世界上的第一台"硬盘"。

1968年，IBM公司提出了"温彻斯特（Winchester）"技术，探讨对硬盘技术进行重大改造的可能性。该项技术的精髓是"密封、固定并高速旋转的镀磁盘片，磁头沿盘片径向移动，磁头悬浮在高速转动的盘片上方，而不与盘片直接接触"，而这正是现代绝大多数硬盘的原型。

1999年，Maxtor发布了首块单碟容量高达10.2GB的ATA硬盘，从而在硬盘容量发展史内引入了一个新的里程碑。

2000年，在IBM推出的Deskstar 75GXP和Deskstar 40GV两款硬盘中，玻璃盘片取代了传统的铝制合金盘片，从而为硬盘带来了更好的平滑性和更高的坚固性。此外，75GXP以最高75GB的存储能力成为当时容量最大的硬盘，而40GV则在数据存储密度方面创造了新的世界纪录。同年，希捷公司发布了转速高达15000RPM的Cheetah X15系列硬盘，成为世界上最快的硬盘。

2001年，新生产的硬盘几乎全部采用了GMR（Giant Magneto Resistive，巨磁阻）技术，这使得硬盘磁头的灵敏度大幅提升，极大地改善了硬盘的性能。

2002年，AFC Media（Anti-Ferromagnetism-coupled Media，抗铁磁性耦合介质）技术的应用为硬盘产业的发展带来了一次伟大的技术革命。在不改变磁头和不增加盘片的情况下，AFC Media技术能够大幅度地提升硬盘容量，这使得硬盘的生产成本得以进一步地降低。

2003年，80GB容量的硬盘产品成为市场主流，新型的Serial ATA硬盘（SATA，串口硬盘）也在逐渐被用户所接受。

2005年，日立环储和希捷都宣布了将开始大量采用磁盘垂直写入技术（perpendicular recording），该原理是将平行于盘片的磁场方向改变为垂直（90°），更充分地利用储存空间。

2007年1月，日立环球储存科技宣布将发售全球首只1Terabyte的硬盘，比预定的时间迟了一年多。硬盘的售价为399美元，平均每美元可以购得2.75GB硬盘空间。

2010年12月，日立环球存储科技公司日前同时宣布，将向全球OEM厂商和部分分销合作伙伴推出3TB、2TB和1.5TB Deskstar 7K3000硬盘系列。

为了迎接消费者对数码资料储存的需求，硬盘厂商的储存容量竞赛未曾停歇，希捷

(Seagate）率先在 2011 年第 2 季发布 3.5 寸 1TB 的硬盘。而威腾电子（Western Digital，WD）亦在 2011 年第 3 季推出菜单单碟密度 500GB、厚度仅 9.5mm 的 2.5 寸 1TB 高容量移动硬盘，硬盘厂商间的储存容量竞赛快速转往 TB 等级战区。

截止到现在，除了容量越来越大，价格越来越低外，硬盘并没有太大的变化。不过，SATA 硬盘已经在这段时间内统治了硬盘市场，随着固态硬盘产能增加、SATA 价格逐渐降低。

3.1.2 硬盘的结构

在本节将从外部和内部两方面对硬盘的组成结构进行展示，并对各个部件的功能进行简单介绍。

1. 硬盘的外部结构

从外观上来看，硬盘是一个密封式的金属盒，由电源接口、数据接口、控制电路和固定基板等部件所组成，如图 3-1 所示。

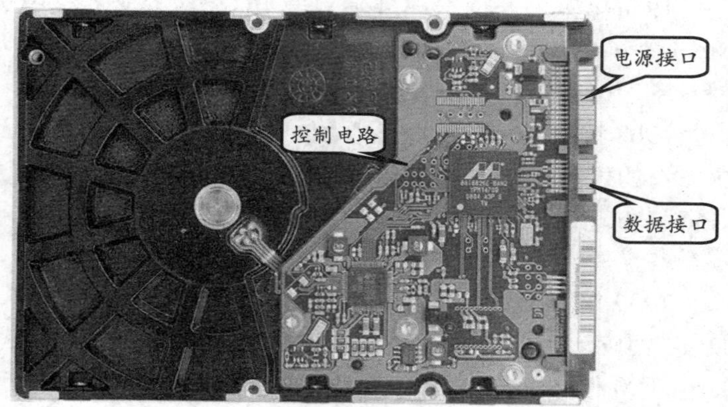

图 3-1 硬盘的外部结构

❑ 电源接口与数据接口

电源接口与主机电源相连，为硬盘的正常运转提供持续的电力供应；数据接口则是硬盘与主板之间进行数据交换的纽带，通过专用的数据线与主板上的相应接口进行连接。

早期的硬盘主要采用 PATA 接口（并行接口）与主板进行连接，该接口便是通常所说的 IDE 接口。IDE（Integrated Drive Electronics，即“电子集成驱动器”）的本意是指“硬盘控制器”与“盘体”集成在一起的硬盘驱动器，特点是减少了硬盘接口的电缆数量与长度，并增强了数据传输的可靠性，生产和使用也变得更加容易，如图 3-2 所示即为采用了 PATA 接口的 IDE 硬盘。

图 3-2 IDE 硬盘

总体来说，PATA 硬盘拥有价格低廉、兼容性好等优点，但随着 Serial ATA 硬盘的兴起，此类硬盘已经逐渐退出了硬盘市场。

注 意

在 PATA 接口的发展过程中，陆续出现了 Ultra ATA33、Ultra ATA66、UltraATA100、Ultra ATA133 等多个类型的版本，其传输速率分别能够达到 33MBps、66MBps、100MBps 和 133MBps。

如今，硬盘都采用SATA（Serial Advanced Technology Attachment，串行ATA）接口与主板连接，其为SATA-1和SATA-2标准，所对应的传输速率分别是150MBps和300MBps。

SATA接口最大的优点是传输速度快，而这也是PATA硬盘被淘汰的主要原因。而且，SATA接口还拥有安装方便、抗干扰能力强，以及支持热插拔等优点。

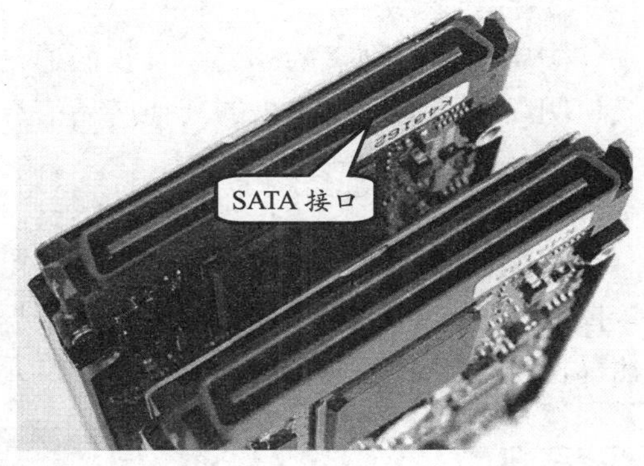

图3-3 SCSI硬盘

此外，市场上还有一种采用SCSI（Small Computer System Interface）接口的硬盘产品，具有传输速度快、稳定性好、支持热插拔等优点。不仅如此，SCSI硬盘还具有CPU占用率低、多任务并发操作效率高、连接设备多、连接距离长等SATA硬盘无法比拟的优点，因此被广泛应用于高端工作站与服务器等领域，如图3-3所示即为SCSI硬盘。

提 示

SCSI规范发展到今天，已经陆续升级至第六代技术，从刚刚创建时的SCSI（8bit）、Wide SCSI（8bit）、Ultra Wide SCSI（8bit/16bit）、Ultra Wide SCSI 2（16bit）、Ultra 160 SCSI（16bit）发展到今天的Ultra 320 SCSI，速度从最初的1.2MBps到现在的320MBps已经产生了质的飞跃。

❑ 控制电路

控制电路主要由硬盘主控芯片、电机控制芯片、时钟晶振和缓存组成。此外，在非原生类的SATA硬盘中，其控制电路板上往往还包含一个桥接芯片，如图3-4所示。

提 示

原生SATA硬盘支持命令队列，具有超集功能（如总线主控DMA），并采用真正的SATA控制器；随着原生SATA硬盘的不断普及，非原生SATA硬盘这种过渡性产品势必会退出市场。

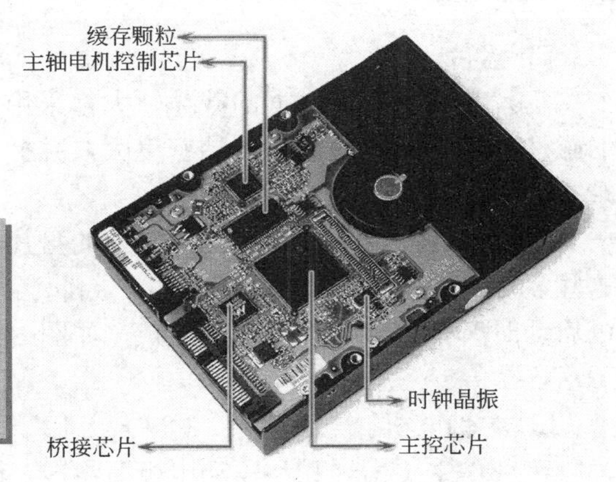

图3-4 硬盘控制电路结构图

其中，硬盘主控芯片控制着整个硬盘的协调运作，是硬盘的大脑，作用类似于主机中的CPU。

主轴电机控制芯片的功能是操控硬盘内的主轴电机及其他相关部件，以便硬盘能够读取到指定位置的数据。

缓存颗粒作用是在速度较低的硬盘和速度较高的内存之间建立一个数据缓冲区域，从而缩小高速设备与低速设备之间的数据传输瓶颈，作用类似于CPU与内存之间的Cache。

时钟晶振即晶体振荡器，其功能是产生原始的时钟频率，从而使硬盘内的各个电子部件能够在整齐划一的步伐下进行工作。

至于桥接芯片，则是非原生 SATA 硬盘才有的部件，功能是在 SATA 接口和 PATA 硬盘控制器之间完成串行指令、数据流与并行指令、数据流间的相互转换。

❑ **固定基板**

固定基板即硬盘的外壳，其正面通常标有产品的名称、型号、产地、产品序号、跳线说明，以及关于该硬盘的其他产品信息和技术参数等内容，如图 3-5 所示。

2. 硬盘的内部结构

从物理组成的角度来看，硬盘主要由盘片、磁头、传动部件、主轴、电路板和各种接口所组成。在此之中，除电路板和数据接口裸露在硬盘外部能够被人们所看到外，其他部件都被密封在硬盘内部，如图 3-6 所示。

图 3-5 硬盘表面的信息标识

图 3-6 硬盘内部结构图

❑ **盘片**

盘片是硬盘存储数据的载体，大都采用铝制合金或玻璃制作，其表面覆有一层薄薄的磁性介质，特点是数据存储密度大，并拥有较高的剩磁和矫顽力，因而可以将信号记录在磁盘上。

目前，硬盘内大都装有两个以上的盘片，这些盘片被固定在硬盘主轴电机上，因此当电机启动时所有的盘片都会同步旋转，如图 3-7 所示。

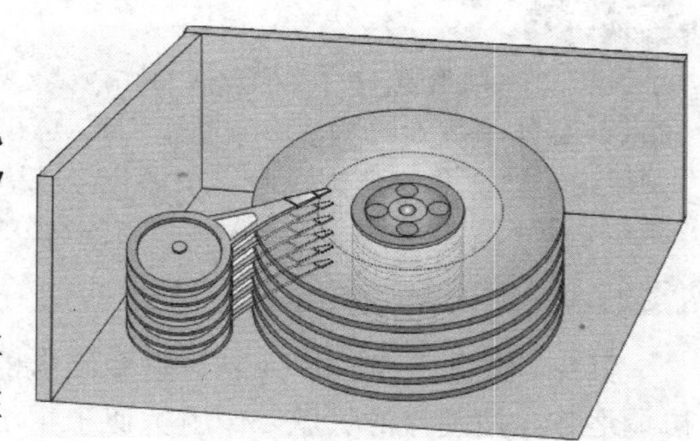

图 3-7 盘片的排列

❑ **主轴电机**

该部件主要由轴瓦和驱动电机所组成，其中主轴电机的转速决定了盘片的转速，并且在一定程度上影响着硬盘的性能。

❑ **磁头**

磁头是硬盘技术中比较重要和关键的环节。早期的磁头采用读写合一的电磁感应式磁头设计，由于硬盘在读取和写入数据时的操作特性并不相同，所以综合性能较差。而现在的磁头已经被读、写分开操作的 GMR 磁头所取代。

❑ **传动部件**

传动部件由传动臂和传动轴组成，传动臂的一端装有磁头，而另一端安装在传动轴上。当硬盘需要读取和写入数据时，传动臂便会在传动轴的驱动下进行径向运动，以便磁头能够读取到盘片上任何位置的数据，如图3-8 所示。

图 3-8 磁头与传动部件示意图

3.1.3 硬盘的工作原理

硬盘是采用磁性介质记录（存储）和读取（输出）数据的设备。当硬盘工作时，硬盘内的盘片会在主轴电机的带动下进行高速旋转，而磁头也会随着传动部件在盘片上不断移动。

在上述过程中，磁头通过不断感应和改变盘片上磁性介质的磁极方向完成读取和记录0、1 信号的工作，从而实现输出和存储数据的目的，如图 3-9 所示。

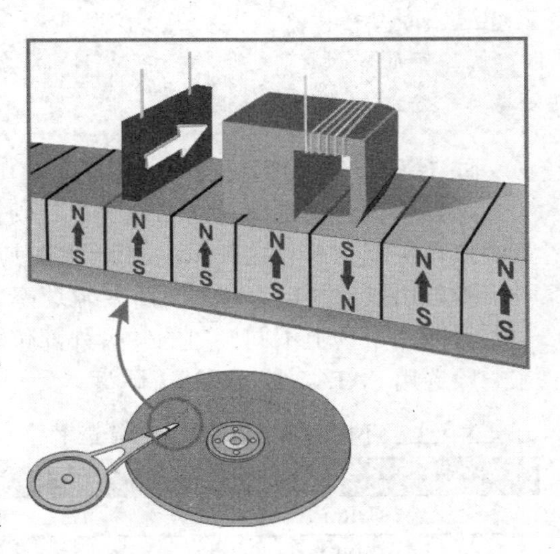

图 3-9 硬盘工作原理

3.1.4 硬盘技术参数指标

硬盘作为一种机械与电子相结合的设备，其本身融合了机械、电子、电磁等多方面的技术。而且，所有这些技术都会对硬盘的使用性能、安全性等方面产生一定影响。

1. 硬盘的技术指标

评判硬盘性能的标准很多，但都需要对容量、平均寻道时间、转速、最大外部数据传输率等技术参数进行综合评估。

❑ **容量**

容量是硬盘最直观也是最重要的指标之一。容量越大，所能存储的信息也就越大。目前，主流硬盘的容量有 500GB、1TB、2TB 以及 3TB 以上等，其海量存储能力足以满足目前绝大多数用户的日常需求。

不过，硬盘总容量的大小与硬盘性能并无关系，真正影响硬盘性能的是单碟容量。简单地说，硬盘的单碟容量越大，性能越好，反之则会稍差。

❑ **转速**

转速(Rotational Speed 或 Spindle speed)是硬盘内电机主轴的旋转速度，也就是硬盘盘片在一分钟内所能完成的最大转数。转速的快慢是标示硬盘档次的重要参数之一，是决定硬盘内部传输率的关键因素，在很大程度上直接影响到硬盘的转速。

硬盘转速以每分钟多少转来表示，单位表示为 rpm（revolutions per minute），即转/分钟。rpm 值越大，内部传输率就越快，访问时间就越短，硬盘的整体性能也就越好。

家用的普通硬盘的转速一般有 5400rpm、7200rpm、10000rpm 几种，高转速硬盘也是现在台式机用户的首选；而笔记本硬盘则有 4200rpm、5400rpm、7200rpm 等；服务器用户对硬盘性能要求最高，服务器中使用的 SCSI 硬盘转速基本都采用 10000rpm，甚至还有 15000rpm 的。

较高的转速可缩短硬盘的平均寻道时间和实际读写时间，但随着硬盘转速的不断提高也带来了温度升高、电机主轴磨损加大、工作噪音增大等负面影响。

❑ **数据传输速率**

硬盘内部的传输是指硬盘盘片读写的数据传送至硬盘的超高速缓冲区（Cache Buffer）的速率，一般以 MBps（兆字节每秒）或者 Mbps（兆位每秒）为单位。一般 IDE 接口的硬盘为 60~70MBps 的传送速率，较快的 SCSI 硬盘有 122~177 MBps 的传送速率。而 Serial ATA 硬盘的传输速率为约 748Mbps（约 90~100MBps）。

提 示

Mbps 代表每秒传输 1 000 000 比特。例如：4Mbps=每秒钟传输 4M 比特，数据传输速率的单位，字母 b（bit）是比特，字母 B （Byte）是字节。

其换算方式：1MBps=1Mbps×8

❑ **接口与外部传输速率**

外部传输速率是指硬盘高速缓存与硬盘接口之间的数据传输速度，由于该参数与硬盘的接口类型有着直接关系，因此通常使用数据接口的速率来表示，单位为 MBps，或者干脆就用接口类型来代表外部传输速率。

目前，市场上不同接口的硬盘外部传输速率主要有表 3-1 所示的几种规格。我们现在一般选用 SATA 2 或 SATA 3 硬盘。

表 3-1 不同硬盘接口的外部传输速率

数据接口类型	外部传输速率
Ultra-ATA133（IDE）	133MBps
SATA 1	150MBps
SATA 2	300MBps
SATA 3	600MBps
Ultra 160 SCSI（16bit）	320MBps

注 意

表内给出的是每种接口的理论最大传输速率，由于在实际应用中会受到多种因素的影响，因此实际的外部传输速率会小于表内给出的数据。

❑ **平均寻道时间**

平均寻道时间（Average Seek Time）是指硬盘在接到系统指令后，磁头从开始移动到移动至数据所在磁道的时间消耗平均值，其单位为毫秒（ms）。在一定程度上，平均寻道时间体现了硬盘读取数据的能力，也是影响硬盘内部数据传输率的重要因素。

❑ **缓存**

缓存（Cache memory）是硬盘控制器上的一块存储芯片，具有极快的存取速度，在硬盘和内存间起到一个数据缓冲的作用，以解决低速设备在与高速设备进行数据传输时的瓶颈问题。

缓存的大小与速度是直接关系到硬盘传输速度的重要因素，能够大幅度地提高硬盘整体性能。当硬盘存取零碎数据时，需要不断地在硬盘与内存之间交换数据，有大缓存，则可以将那些零碎数据暂存在缓存中，减小外系统的负荷，也提高了数据的传输速度。

2. 硬盘数据保护技术

很早以前，人们便认识到数据的宝贵程度远胜于硬盘自身的价值，特别是对于商业用户而言，一次普通的硬盘故障便足以造成灾难性的后果。

为此，各硬盘厂商不断寻求能够对硬盘故障进行预测的安全监测机制，以便将用户损失降至最低。在这样的背景下，硬盘数据保护技术便应运而生。

❑ **S.M.A.R.T.技术**

S.M.A.R.T.技术（Self-Monitoring, Analysis and Reporting Technology，自监测、分析及报告技术）在 SATA 3 标准中被正式确立，其功能是监测包括磁头、磁盘、马达、电路等部件在内的硬盘运行信息，并将检测到的数值与预设安全值进行比较和分析。

这样一来，当硬盘发现运行状态出现问题时，便能够向用户发出警告，并通过降低硬盘运行速度向其他安全区域或硬盘备份重要文件等方式来保护数据，提高数据的安全性。

❑ **Data Lifeguard 技术**

Data Lifeguard（数据卫士）是西部数据公司为 Ultra DMA 66 硬盘所提供的一项数据保护技术，其功能是利用硬盘没有操作的空闲时间，每隔 8 个小时自动检测一次硬盘上的数据，以便在数据出现问题之前修正错误。

此外，Data Lifeguard 技术还能够自动检测并修复因过度使用而出现故障的硬盘区域。与其他的数据安全技术相比，该技术最大的特点在于完全自动，无需用户干预，且不需要安装驱动程序。

❑ **SPS 和 DPS 技术**

当硬盘发生碰撞时，很容易便会出现因磁头摩擦盘片而引起数据错误或数据丢失。为了解决这一问题，昆腾公司研发了一种被称为 SPS（Shock Protection System，振动保护系统）的数据保障技术，以便硬盘能够在受到撞击时，保持磁头不受振动。

该技术的应用，有效地提高了硬盘的抗振性能，使硬盘能够在运输、使用及安装过程中尽量避免因振动带来的产品损坏。

DPS（Data Protection System，数据保护系统）技术是昆腾公司继 SPS 技术后开发的又一项硬盘数据保护技术，其原理是通过检测和备份重要数据，达到保障数据安全的目的。

❑ **ShockBlock 和 MaxSafe 技术**

ShockBlock 技术是迈拓公司在其金钻二代硬盘上使用的防振技术，其设计思想与昆腾公司的 SPS 技术相似。通过先进的设计与制造工艺，ShockBlock 技术能够在意外碰撞发生时尽可能地避免磁头和磁盘表面发生撞击，从而减少因此而引起的数据丢失和磁盘损坏。

MaxSafe 同样也是金钻二代最先拥有的数据保护技术，其功能是自动侦测、诊断和修正硬盘发生的问题，从而为用户提供更高的数据完整性和可靠性。

MaxSafe 技术的核心是 ECC（Error Correction Code，错误纠正代码）功能，这是一种特殊的编码算法，能够在传输过程中为数据添加 ECC 检验码，当数据被重新读取或写入时，便可以通过解码操作将结果与原数据对照，从而确认数据的完整性。

❑ **Seashield 和 DST 技术**

Seashield 是希捷公司推出的新型防振保护技术，通过由减振弹性材料制成保护软罩，以及磁头臂及盘片间的加强防振设计，能够为硬盘提供更好的抗振能力。

DriveSelfTest（DST，驱动器自我测试）是一种内建在希捷硬盘固件中的数据保护技术，能够为用户提供数据的自我检测和诊断功能，从而避免数据的意外丢失。

❑ **DFT 技术**

DFT（Drive Fitness Test，驱动器健康检测）技术是由 IBM 公司开发的硬盘数据保护技术，原理是通过 DFT 程序访问硬盘内的 DFT 微代码对硬盘进行检测，从而达到监测硬盘运转状况的目的。

按照 DFT 技术的要求，DFT 微代码可以自动对错误事件进行登记，并将登记数据保存到硬盘上的保留区域中。

此外，DFT 微代码还可以对硬盘进行实时的物理分析，如通过读取伺服位置的错误信号来计算出盘片交换、伺服稳定性、重复移动等参数，并给出图形供用户或技术人员参考。同时，与 DFT 技术相匹配的 DFT 软件也是一个独立、且不依赖操作系统的软件，以便用户能够在其他软件失效的情况下了解到硬盘的运行状况。

3.1.5 固态硬盘

传统机械硬盘在传输率方面受限于物理因素，不可能太快，接口带宽即使是 SATA 3 接口的高速优势在机械硬盘上也难以表现出来。这样，SSD 硬盘技术也就应运而生。

固态硬盘（Solid State Drive、IDE FLASH DISK、Serial ATA Flash Disk）由控制单元和存储单元（FLASH 芯片）组成，简单地说，是由固态电子存储芯片阵列而制成的硬盘，固态硬盘的接口规范和定义、功能及使用方法与普通硬盘的相同，在产品外形和尺寸上也与普通硬盘一致，包括 3.5"、2.5"、1.8" 多种类型，如图 3-10 所示。

图 3-10 固态硬盘

1. 固态硬盘的结构

基于闪存的固态硬盘是固态硬盘的主要类别，其内部构造十分简单，固态硬盘内主体其实就是一块 PCB 板，而 PCB 板上有控制芯片和闪存芯片，如图 3-11 所示。

图 3-11 主控与闪存芯片

基于闪存的固态硬盘一般采用 FLASH 芯片作为存储介质，这也是通常所说的 SSD。它的外观可以被制作成多种模样，如笔记本硬盘、微硬盘、存储卡、U 盘等样式。

这种 SSD 固态硬盘最大的优点就是可以移动，而且数据保护不受电源控制，能适应于各种环境，但是使用年限不高，适合于个人用户使用。

由于固态硬盘技术与传统硬盘技术不同，所以产生了不少新兴的存储器厂商。厂商只需购买 NAND 存储器，再配合适当的控制芯片，就可以制造固态硬盘了。新一代的固态硬盘普遍采用 SATA 2 接口和 SATA 3 接口。

目前，固态硬盘广泛应用于军事、车载、工控、视频监控、网络监控、网络终端、电力、医疗、航空、导航设备等领域。市面上比较常见有 Indilinx、SandForce、JMicron、Marvell、Samsung，以及 Intel 等多种主控芯片的固态硬盘。

2. SSD 固态硬盘的特点

新产品的产生必须在某些方面优越于传统内容。因此，固态硬盘与传统硬盘相比，具有以下特点。

❑ **读写速度快**

采用闪存方式作为存储介质，读取速度相对机械硬盘更快。固态硬盘不用磁头，寻道时间几乎为 0。持续写入的速度非常惊人，如固态硬盘厂商宣称固态硬盘持续读写速度超过了 500MBps，这相对机械硬盘的 100MBps 的速度着实优越。

固态硬盘的快绝不仅仅体现在持续读写上，而随机读写速度快也是固态硬盘的优势。例如，传统机械硬盘随机读写需要 14ms 左右，而固态硬盘可以轻易达到 0.1ms 甚至更低。

❑ **物理特性**

固态硬盘具有低功耗、无噪音、抗振动、低热量、体积小、工作温度范围大。固态硬盘没有机械马达和风扇，工作时噪音值为 0dB。基于闪存的固态硬盘在工作状态下能耗和发热量较低（但高端或大容量产品能耗会较高）。

另外，由于固态硬盘内部不存在任何机械活动部件，不会发生机械故障，也不怕碰撞、冲击、振动等问题。

❑ **寿命限制**

固态硬盘闪存具有擦写次数限制的问题，如 34nm 的闪存芯片寿命约是 5000 次 P/E（闪存的寿命），而 25nm 的寿命约是 3000 次 P/E。

提　示

完全擦写一次叫做 1 次 P/E，所以闪存的寿命以 P/E 作单位。

再来介绍一个例子，如一款 120GB 的固态硬盘，要写入 120GB 的文件才算做一次 P/E。普通用户即使每天写入 50GB，平均 2 天完成一次 P/E。那么，一年就有 180 次 P/E。这样计算，3000 次 P/E 的固态硬盘 10 余年即可寿终正寝。

❑ **数据难以恢复**

一旦在固态硬件上发生损坏，要想在被电流击穿的芯片中找回数据那几乎就是不可能的。

3.1.6　选购硬盘指南

硬盘作为计算机的重要组成部件之一，在整个电脑系统中起着重要的作用。用户在购买硬盘时，除了考虑容量价格以外，转速、缓存大小、单碟容量以及接口类型等参数也是不容忽视的，它们对硬盘的性能有着直接的影响。

1. 按需求选择容量大小

硬盘容量大小直接决定了用户存储空间的大小，在硬盘的容量选择上主要看用途而定。如果是一般学习工作使用，那么500GB以下容量就已经足够用了；如果是用来存储大型3D游戏和各种720P/1080P高清电影，那么1TB以上的大容量硬盘是必不可少的。

对于主流用户来说，目前性价比最高的硬盘是1TB和2TB硬盘，而对于容量要求不高的普通用户来说，500GB硬盘是最好的选择，从价格、性能和容量上综合来看，320GB及以下硬盘已经没有任何选购的价值了。

2. 转速直接影响硬盘性能

硬盘转速是硬盘内电机主轴的旋转速度，也就是硬盘盘片在一分钟内所能完成的最大转数。转速的快慢是标称硬盘档次的重要参数之一，它是决定硬盘内部传输率的关键因素之一，在很大程度上直接影响到硬盘的速度。

3. 缓存大小影响传输速度

硬盘存取零碎数据时需要不断地在硬盘与内存之间交换数据，如果有大缓存，则可以将那些零碎数据暂存在缓存中，以减小外系统的负荷，也提高了数据的传输速度，从而提高整个平台的传输性能。

4. 单碟容量越大性能越高

目前，主流硬盘的单碟容量从250~500GB不等，磁道密度越高、单碟容量越大的盘片，其平均持续传输速率越快，效率越高。

5. 硬盘接口类型不要选错

硬盘接口是硬盘与主机系统间的连接部件，作用是在硬盘缓存和主机内存之间传输数据。不同的硬盘接口决定着硬盘与计算机之间的连接速度，在整个系统中，硬盘接口的优劣直接影响着程序运行快慢和系统性能好坏。

SATA 2 是在 SATA 的基础上发展起来的，其主要特征是外部传输率从 SATA 的1.5Gbps（150MBps）进一步提高到了3Gbps（300MBps）。SATA 3的外部传输率达到了6Gbps。

6. 品牌和质保等售后服务

目前，市场上比较常见的就是希捷、西部数据、日立三大硬盘品牌，各品牌均有自家独特的技术，用户根据自己的需求来选择当中性价比较为优秀的产品。

7. 选择SSD硬盘

使用SSD硬盘做为系统分区可实现瞬间开机，随机读写更是明显。SSD硬盘可以充分发挥SATA 3接口技术的高速优势。

3.2 光盘驱动器

光盘驱动器即光驱，也就是平常所说的CD-ROM、DVD-ROM、刻录机等设备，其特点是能够利用激光来读取光盘内的信息，或利用激光将数据记录在空白光盘内。

3.2.1 光盘的发展及分类

20世纪70年代，人们在将激光聚焦后，获得了直径为1微光的激光束。利用这一发现，荷兰Philips公司的技术人员开始了利用激光束记录信息的研究。从此拉开光盘发展的序幕，如表3-2所示。

表3-2 光盘的发展历程

年代	说明
1972年	面向新闻界展示了可以长时间播放电视节目的LV（Laser Vision，又称激光视盘系统）光盘系统
1982年	Philips公司和Sony公司成功地将记录有数字声音的光盘命名为Compact Disc，又称CD-DA（Compact Disc-Digital Audio）盘，中文名称为"数字激光唱盘"，简称CD盘
1985年	Philips公司和Sony公司开始将CD-DA技术应用于计算机领域
1987年	国际标准化组织(ISO)在High Sierra标准的基础上经过少量修改后，将其作为ISO 9660，成为CD-ROM的数据格式编码标准。在此后的几年间，CD-DA技术得到了迅速发展，陆续推出了CD-I（CD-Interactive）、Video CD（VCD）、CD-MO和CD-WD等多种类型的光盘
1994年	DVD光盘（Digital Video Disc，数字视频光盘）被推向市场，这也是继CD光盘后出现的一种新型、大容量的光盘存储介质
2006年	蓝光光盘（Blu-ray Disc）的推出。蓝光光盘是人们在对多媒体品质要求日益严格的情况下，用以存储高画质影音及海量资料而推出的新型光盘格式，属于DVD光盘的下一代产品

提示

Blu-ray采用的是波长为405nm的激光，由于刚好是光谱之中的蓝光，因此得名蓝光光盘。在此之前，DVD采用的是650nm波长的红光读写器，而CD则采用780nm波长的激光进行读写。

可以看到，光盘技术的发展也有近40年的历史，光盘种类较多，标准不一，可以按照其物理格式或者读写权限进行一下简单的各类划分。

1. 按照物理格式

所谓物理格式，是指光盘在记录数据时采用的格式，大致可分为CD系列、DVD系列、蓝光光盘（Blu-Ray Disc，BD）和HD-DVD这4种不同的类型。

❑ **CD光盘**

CD代表小型镭射盘，是一种用于所有CD媒体格式的术语，包括音频CD、CD-ROM、CD-ROM XA、照片CD、CD-I和视频CD等多种类型。

❑ **DVD光盘**

DVD系列是目前最为常见的光盘类型，如今共有DVD-VIDEO、DVD-ROM、DVD-R、

DVD-RAM、DVD-AUDIO 五种不同的光盘数据格式，被广泛应用于高品置音、视频的存储，以及数据存储等领域。

❑ **蓝光光盘**

这是一种利用波长较短（405nm）的蓝色激光读取和写入数据的新型光盘格式，其最大的优点是容量大，非常适于高画质的影音及海量数据的存储。

目前，一个单层蓝光光盘的容量已经可以达到 22GB 或 25GB，能够存储一部长达 4 小时的高清电影；双层光盘更可以达到 46GB 或 54GB 的容量，足够存储 8 小时的高清电影。

❑ **HD-DVD 光盘**

HD-DVD 光盘是一种承袭了标准 DVD 数据层的厚度，却采用蓝光激光技术，以较短的光波长度来实现高密度存储的新型光盘。

与目前标准的DVD单层容量4.7GB相比，单层HD-DVD光盘的容量可以达到15GB，并且延续了标准 DVD 的数据结构（架构、指数、ECC blocks 等），唯一不同的是，HD-DVD 需要接收更多用于错误校对的 ECC blocks。

注 意

Blu-Ray 和 HD-DVD 都是近年来兴起的大容量光存储技术，其共同点在于都采用了光波较短的蓝色激光来读取和存储数据，但由于两者的设计构造及各种标准并不相同，因此不能将两者混为一谈。

2．按照读写限制

按照读写限制，光盘大致可分为只读式、一次写入多次读出式和可读写式 3 种类型。其中，只读式光盘的特点是只能读取光盘上的已有信息，但无法对其进行修改或写入新的信息，如常见的DVD-ROM、CD-DA、VCD、CD-ROM 等类型的光盘都属于只读式光盘。

一次写入多次读出式光盘的特点是本身不含有任何数据，但可以通过专用设备和软件永久性的改变光盘的数据层，从而达到写入数据的目的，因此也称“刻录光盘”，相应的设备和软件则分别称为光盘刻录机（简称刻录机）和刻录软件。目前，常见的刻录光盘主要有 CD-R 和 DVD-R 两种类型，分别对应 CD 光盘系列和 DVD 光盘系列。

至于可读写式光盘，则是一种采用特殊材料和设计构造所制成的光盘类型，其特点是可以通过专用设备反复修改或清除光盘上的数据。因此，可读写式光盘也称“可擦写光盘”，以 CD-RW 和 DVD-RW 光盘为代表。

3.2.2 光盘的组成结构

常见的 CD 或者 DVD 光盘非常薄，它只有 1.2mm 厚，但却包括了很多内容。从图 3-12 中可以看出，CD 光盘主要分为 5 层，其中包括基板、记录层、反射层、保护层、印刷层等。

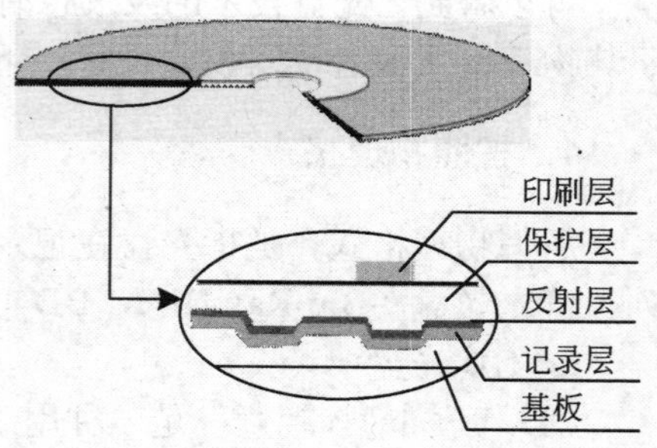

图 3-12　光盘结构

其中各层的详细作用如下。

❑ **基板**

它是各功能性结构(如沟槽等)的载体，其使用的材料是聚碳酸酯(PC)，冲击韧性极好、使用温度范围大、尺寸稳定性好、具有耐候性和无毒性。一般来说，基板是无色透明的聚碳酸酯板，在整个光盘中，它不仅是沟槽等的载体，更是整个光盘的物理外壳。

❑ **记录层**

该层又被称为“染料层”，是烧录时刻录信号的地方，其主要的工作原理是在基板上涂抹上专用的有机染料，以供激光记录信息。

提 示

目前市场上存在三大类有机染料：花菁（Cyanine）、酞菁（Phthalocyanine）及偶氮（AZO）。

❑ **反射层**

这是光盘的第三层，它是反射光驱激光光束的区域，借反射的激光光束读取光盘片中的资料。其材料为纯度为99.99%的纯银金属。

提 示

此时，用户就不难理解，为什么光盘就像一面镜子。该层就代表镜子的银反射层，光线到达此层，就会反射回去。

❑ **保护层**

它是用来保护光盘中的反射层及染料层防止信号被破坏的，其材料为光固化丙烯酸类物质。另外，现在市场使用的DVD+/-R系列还需在以上的工艺上加入胶合部分。

❑ **印刷层**

印刷盘片的客户标识、容量等相关资讯的地方就是光盘的背面。其实，它不仅可以标明信息，还可以起到一定的保护光盘的作用。

3.2.3 光盘驱动器结构

光盘驱动器是读取光盘信息和保存光盘信息的专用设备。在应用不同类型的光盘中，其设备也有相异之处。

1. 光盘驱动器外观

早期使用的CD-ROM光盘驱动器与目前的DVD-ROM光盘驱动器相比，则在前置面板多出几个播放控制按键。并且，在后置面板的接口也有所不同，如图3-13所示为DVD-ROM光盘驱动器外观内容。

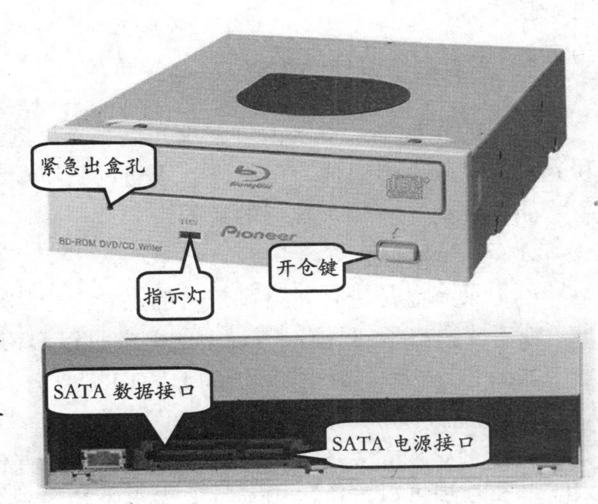

图 3-13 光驱外部结构图

❑ **指示灯** 显示光盘驱动器的运行状态。

❑ **紧急出盒孔** 用于在断电或其他非正常状态下打开光盘托架。

❑ **开仓键** 控制光盘托盘的进/出仓和停止光盘播放。

❑ **电源接口** 分为两种类型，一

种是普通 IDE 电源接口，另一种为 SATA 电源接口。

❑ **数据接口** 分为两种类型，一种是普通 IDE 数据接口，另一种为 SATA 数据接口。

2. 光盘驱动器内部结构

打开光驱金属外壳可以看到光盘驱动器的内部包含有激光头组件、机械驱动部分和电路板等部分。其中，激光头组件和机械驱动部分是光驱内最为重要的部分。

❑ **机械部分**

主要由 3 个不同功能的电机所组成，一个是控制光盘进/出仓的碟片加载电机；一个是控制激光头沿光盘半径作径向运动的激光头驱动电机；最后一个主轴电机的作用则是带动光盘作高速旋转，如图 3-14 所示。

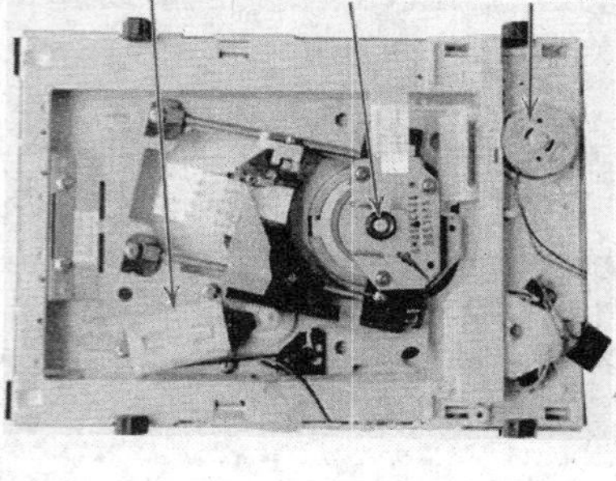

激光头驱动电机 主轴电机 碟片加载电机

图 3-14 光驱机械部分的组成

❑ **激光头组件**

激光头是光盘驱动器内最为重要的部件，是光盘驱动器读取光盘信息、刻录机向光盘内写入信息的重要工具，如图 3-15 所示。它主要由半导体激光器、半透棱镜/准直透镜、光电检测器和驱动器等零部件构成。

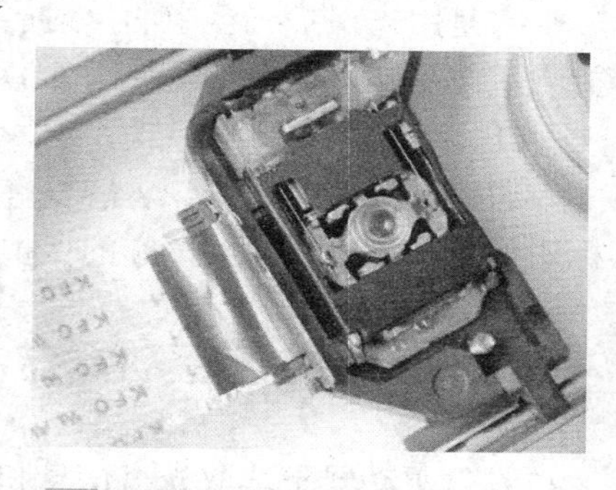

图 3-15 激光头组件

3.2.4 光盘读取/存储技术

早期的光盘全都是只读类型的，人们只能从光盘上获取信息，而无法利用光盘来备份数据。随后，CD-R、CD-RW、DVD-RAM、DVD-R/RW 等技术的出现改变了普通用户无法向光盘输入数据的问题，而上述技术便被人们称为光盘的可记录存储技术，简称刻录技术。

1. 光盘刻录系统的组成

完整的光盘刻录系统由可记录光盘、光盘刻录机和光盘刻录软件所组成，三者缺一不可，只有配套使用才能实现向光盘输入数据的目的。

❑ **可记录光盘**

可记录光盘是进行光盘刻录时的媒介，也称刻录盘，或者“白盘”。目前，市场上的刻录盘以 DVD 为主。如图 3-16 所示为一张普通的 DVD-R。

图 3-16 DVD-R 盘片

❑ **光盘刻录机**

光盘刻录机的外形与普通光盘驱动器没有什么不同，并且刻录机也可以用来读取光盘上的数据。不过，光盘刻录机的激光头组件除了可以发射出与普通光驱一样的激光束进行数据读取操作外，还可以通过发射特殊激光束的方法将数据写入刻录盘。

因此，光盘刻录机不但和普通光驱一样有数据读取速度指标，也有刻录速度指标，并且分为写速度（针对一次性刻录盘）和复写速度（针对可重复擦写的刻录盘）之分。

❑ 光盘刻录软件

光盘刻录软件的功能是按照光盘数据结构的规范来帮助用户组织要录入的数据，并驱动刻录机将这些数据“烧录”在空白的可记录光盘上。

2．数据刻录保护技术

在刚刚出现刻录技术的一段时间中，虽然计算机的整体性能远不及现在，但由于刻录速度较慢，因此尚可满足刻录速度的要求。随着刻录速度的不断提高，因刻录机缓冲区欠载造成刻录失败的情况时有发生，而最初的解决方法便是将刻录机的缓存由最初的512KB逐渐增大至1MB、2MB、4MB乃至8MB。

但是，缓存的不断增加也带来成本无限制增加的负面影响，并且单纯依靠增加缓存容量也无法完全解决由缓冲区欠载带来的问题。事实上，解决问题的关键是如何做到在缓存清空前暂停刻录，以便数据再次补充上来时继续进行刻录。针对这一问题，“刻不死”技术便应运而生。

“刻不死”技术俗称防刻死，即不会造成刻录失败的防欠载技术。推出时间较早、技术较成熟的防刻死技术主要有三洋的“BURN-Proof”、RICOH的“Just Link”以及PHILIPS的“Seamless link”，其他还有SONY的“Power-Burn”、OAK的“Exaclink”以及YAMAHA的SafeBurn等。虽然这些技术的名称不同，但其原理都是在缓存不足时暂停刻录过程，并在暂停处添加标记，以便当缓存区数据充足时从暂停标记处继续刻录数据。

3.2.5 DVD-ROM光驱的选购

随着DVD数字多媒体技术的日益成熟和人们对影音娱乐需求的逐步增加，如今已经有越来越多的用户开始将DVD光盘驱动器或DVD刻录机作为计算机的标准配置。

❑ **DVD的区域代码**

1996年，美国电子产品制造商和美国电影协会向日本DVD硬件制造商提出了强硬要求，要求在DVD硬件和软件中加入“DVD防止拷贝管理系统”和“DVD区域代码”。

其中，“防止拷贝管理系统”是指所有DVD光驱和影碟机都必须加装防拷贝电路，以免侵犯知识产权；“DVD区域代码”则是在DVD光驱、影碟机和相应碟片上编入6个不同的区域代码，以便达到设备只能读取对应区域代码内产品的目的。因此，在购买DVD光驱时务必确认DVD光驱的区域代码，以免出现设备与盘片不兼容的情况。

提 示

区域代码对于光盘制作者来说是可选的。没有代码的光盘可以在任何国家和地区的任何播放器上播放。大多数DVD光驱允许多次变更地区代码，通常为0~5次。达到限制后就不能再变更，除非供货商或制造商重新设定该光驱。

❑ 倍速

该参数标识了光盘驱动器数据的传输率，倍速越大，DVD光驱的数据传输速率也就越大，但对生产技术的要求也会更为严格。目前，市场上 DVD 光驱的速率主要有 16 速、18 速、20 速和 22 速等几种类型。

❑ **多格式支持**

指 DVD-ROM 光驱所支持或兼容读取多少种碟片，种类越多其适用范围越广。一般来说，一款合格的 DVD-ROM 光驱除了要支持 DVD-ROM、DVD-VIDEO、DVD-R、CD-ROM 等常见的光盘外，还应该能够读 CD-R/RW、CD-I、VIDEO-CD、CD-G 等光盘类型。

❑ **数据缓存**

数据缓存的容量影响着 DVD 光驱的整体性能，缓存容量越大，DVD 光驱所表现出的性能越好。目前，市场上的主流 DVD 光驱大都拥有 512KB 以上的缓存。

❑ **刻录功能**

选用带有刻录功能的刻录光驱可以将家庭数码相机、家庭 DV 等数码设备录制的影音资料录制到光盘上，以更好地保存。

3.3 移动存储器

近年来，随着人们对随身存储能力的需求，移动存储设备以其存储容量大、便于携带等特点逐渐发展并成为用户较为认可的外部存储设备。目前，市场上的移动存储设备类型众多，但总体来说可以分为移动硬盘、U 盘和存储卡 3 种类型。

3.3.1 移动硬盘

移动硬盘是一种以硬盘为存储介质，强调便携性的存储产品。例如，当前市场上绝大多数的移动硬盘都是在标准 2.5 英寸硬盘的基础上，利用 USB 接口来增强便携性的产品，如图 3-17 所示即为一款采用 USB 3.0 接口的移动硬盘。

图 3-17 移动硬盘

1. 移动硬盘的尺寸规格

当前市场上的移动硬盘主要有 1.8 英寸、2.5 英寸和 3.5 英寸 3 种规格。其中，1.8 英寸的移动硬盘具有体积小巧、便于携带等优点，但价格较为昂贵，如图 3-18 所示即为一款尺寸规格为 1.8 英寸的移动硬盘。

图 3-18 1.8 英寸移动硬盘

相比之下，3.5 英寸移动硬盘的体积较大，便携性差，但性能往往较为优秀。2.5 英寸的移动硬盘则在产品价格和便携性之间取得了较好的平衡，因此成为移动硬盘市场内的主流产品。

2．品牌移动硬盘与组装移动硬盘的区别

随着移动存储设备的兴起，大量移动硬盘生产商涌入市场。在此之中，除了拥有自主品牌的品牌移动硬盘制造商外，还有很多通过拼装配件来“制造”移动硬盘的计算机配件商户，两者所生产的商品也被用户分别以品牌移动硬盘和组装移动硬盘来区分。

❑ 从移动硬盘的构成上

品牌移动硬盘在出厂时就已经完成产品封装和检测，用户在购买后便可直接使用。相比之下，组装移动硬盘则是硬盘和硬盘盒分开选购，再由销售商现场将硬盘和硬盘盒组装起来的移动硬盘，如图 3-19 所示。

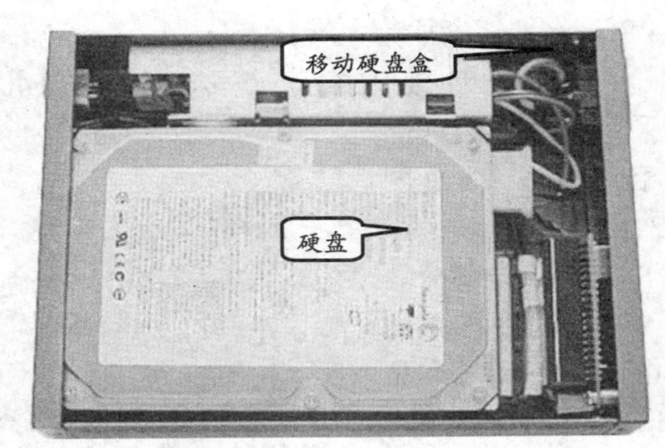

图 3-19　组装移动硬盘

除此之外，品牌移动硬盘在上市前都要经过严格测试，在使用过程中能够有效降低移动硬盘出现故障的概率，从而最大限度地确保数据安全，但价格稍贵。

至于组装移动硬盘，其整体性能在一定程度上取决于所用硬盘与硬盘盒的质量，而硬盘盒质量的优劣则取决于盒体的坚固程度和硬盘盒主控芯片的性能。但总体来说，组装移动硬盘的花费要低于购买品牌移动硬盘，因此其性价比较高。

❑ 从产品的品质上

从产品的品质上来看，品牌移动硬盘经过严格的性能测试，整体外观也都经过专门设计，这些方面都是组装移动硬盘无法比拟的优势。

❑ 从产品的质保上

品牌移动硬盘具有优秀的售后服务，一线品牌还能够提供长时间的全国联保服务。组装移动硬盘则不同，由于移动硬盘盒和硬盘是分开选购的，因此在出现故障时的售后较为麻烦，并且硬盘盒的质保期限也都较短。

3．选购移动硬盘

现如今，移动硬盘再也不是高端用户才用得起的移动存储设备，而已成为普通大众所熟悉和接受的常见产品。于是，越来越多的用户开始购买移动硬盘。

在选购移动硬盘时，可以从下列几方面进行考虑。

❑ 尺寸规格、品牌产品与组装产品

在选购时一定要根据自己的需要进行选购，从而在满足日常需求的同时，减少购买移动硬盘时的费用开支。

❑ 技术指标

不管是品牌移动硬盘还是组装移动硬盘，其实质上都是由移动硬盘盒与普通硬盘所

组成的。因此，在选购时除了需要考虑移动硬盘的产品品牌外，还要了解其内部所用硬盘的各项技术指标。

不过，与选购普通硬盘所不同的是，移动硬盘主要作为数据的暂时存储，因此无需选择指标过于高端的产品。一般来说，500GB 的容量，转速为 5400rpm 的产品足以满足大多数用户的日常需求。

□ **接口类型**

现阶段，移动硬盘所采用的数据接口分为 USB 和 IEEE 1394 两种类型。其中，USB 接口最为常用，但分为 USB 1.1、USB 2.0、USB3.0 三个不同版本，USB 1.1 的传输速率仅为 12Mbps，已被淘汰，USB 2.0 理论速度为 480Mbps，USB3.0 理论传输速率可达 4.8Gbps 并逐渐成为主流。

IEEE 1394 接口的特点是传输速度快（400Mbps~1GBps），但由于普及率较低，因此采用该接口的产品相对较少，如图 3-20 所示。

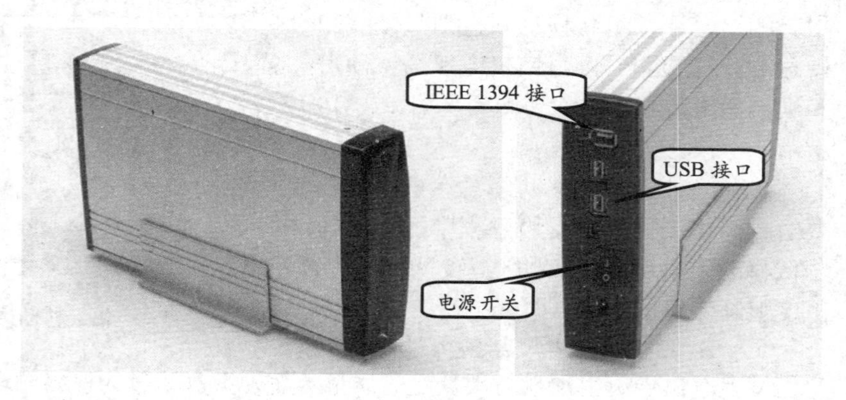

图 3-20 配有 IEEE 1394 接口的移动硬盘

□ **供电部分**

移动硬盘的供电问题不仅对产品的易用性有影响，还和产品的寿命有关系。一般来说，在没有足够电力供应的情况下，硬盘将无法正常运行，直接表现为传输速率降低或运行不稳定。此外，供电不足还会导致硬盘在工作时磁头传动臂经常性地停顿，严重时还会损坏物理磁道。

现阶段，由于 USB 接口对外只能提供 0.5A 的电流，而 2.5 英寸硬盘所需的工作电流为 0.7A 左右，因此在购买时应该选择双 USB 接口的产品。

□ **防振和加密设计**

在防振和加密设计等方面，品牌产品无疑比组装产品更为优秀。为了提高移动硬盘的自我保护能力，除了采用主动防振保护措施外，通过吸收振动能量来降低硬盘受损概率的被动式保护被广泛采用，而这类保护措施通常是靠增加气垫等外部构件来实现的。

至于加密设计，则更是品牌移动硬盘才具有的数据安全保护措施，具体实现方法随品牌的不同也有一定差异，用户在购买移动硬盘时可根据需要进行选择。

3.3.2 U盘

随着计算机数据存储技术的发展，各种类型的移动存储设备应运而生。在此之中，U 盘以其体积小巧、使用方便等特点，成为目前最为普及的移动存储设备之一，如图 3-21 所示。

事实上，U 盘是一种采用闪存（Flash Memory）作为存储介质，使用 USB 接口与计算机进行连接的小型存储设备，其名称只是人们惯用的一种称呼。

目前，市场上的 U 盘产品种类繁多，不同产品的性能、造型、颜色和功能都不相同，但从其作为移动存储设备的方面来看，U 盘具有以下特点。

图 3-21　U 盘

- 不需要驱动程序，无外接电源。
- 容量大（1 ~ 8GB）。
- 体积小巧，有些产品仅大拇指般大小，重量也只有 20g 左右。
- 使用简便，即插即用，可带电插拔。
- 存取速度快。
- 可靠性好，可擦写次数达 100 万次左右，数据至少可保存 10 年。
- 抗振，防潮，耐高低温，携带十分方便。
- 具备系统启动、杀毒、加密保护等功能。

在此基础上进行细分的话，还可根据不同 U 盘的功能，将其分为启动型 U 盘、加密型 U 盘、杀毒 U 盘、多媒体 U 盘等不同类型。

1．启动型 U 盘

该类型 U 盘最大的特点是既能够作为大容量存储设备使用，又能够以 USB 外接软驱、硬盘或光驱的形式启动计算机。通常来说，启动型 U 盘的左侧是状态开关，可以在“软盘状态”、“硬盘状态”或“光盘状态”间进行切换；右侧是写保护开关，以防文件被意外删除或被病毒感染，达到保护数据安全的作用。

注　意

在切换状态写保护开关之前，务必先将 U 盘从 USB 接口拔下，而不是在与计算机连接状态中直接进行切换。

目前，大多数 U 盘可能通过工具软件制作成启动 U 盘，如“大白菜 U 盘工具”。

2．加密型 U 盘

加密型 U 盘主要通过两种方式为用户所存储的数据提供安全保密服务，一种是密码（U 盘锁），另一种是利用内部数据加密机制（目录锁）。而且，有仅对盘内单一文件区域进行软加密的 U 盘，也有能够对 U 盘内所有文件进行硬加密的 U 盘。

3．杀毒 U 盘

杀毒 U 盘中内置有杀毒软件，用户无需在计算机上安装杀毒软件即可享受查杀病毒、木马、间谍软件等安全防护措施，并且可以通过任何一台联入互联网的计算机来完成病毒库的更新。

4．多媒体 U 盘

这是一种将多媒体技术与 U 盘技术相结合的产物，是 U 盘在功能拓展方面的又一个全新突破。以蓝科火钻推出的“蓝精灵”视频型U盘为例，用户在将U盘连接在计算机上后，既可以使用U盘存储数据，又可以在视频聊天时将U盘作为摄像头来使用。

此外，Octave公司还推出了一款集拍照、录音、录像、数据存储和网络摄影五大功能于一体的U盘产品，其体积却只有口香糖大小，如图3-22所示。

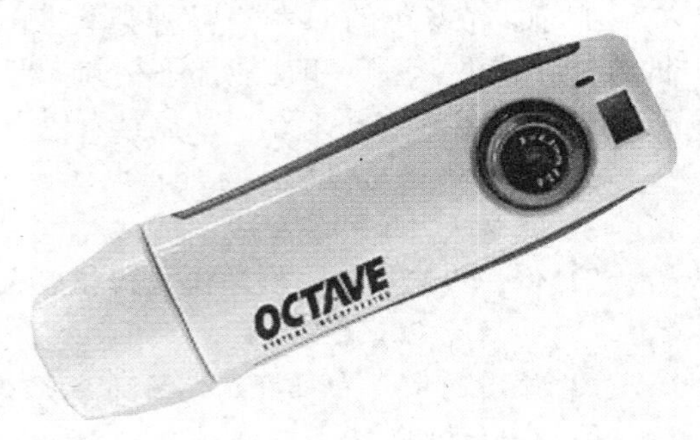

图3-22 多媒体U盘

3.3.3 存储卡

存储卡是用于手机、数码相机、笔记本计算机、MP3和其他数码产品上的独立存储介质，由于通常以卡片的形态出现，故统称为“存储卡”。与其他类型的存储设备相比，存储卡具有体积小巧、携带方便、使用简单等优点。

目前，市场上常见的存储卡主要分为CF卡、MMC卡、SD卡、MS记忆棒、XD卡，以及SM卡多种类型或系列。

1. CF卡（Compact Flash）

CF卡是如今市场上历史最为悠久的存储卡之一，最初由SanDisk在1994年率先推出，如图3-23所示。

图3-23 CF存储卡

CF卡的重量只有14g，仅火柴盒大小（43mm×36mm×3.3mm），是一种采用闪存技术的固态存储产品（工作时没有运动部件），分为CF I型卡和稍厚一些的CF II型卡（厚度为5mm）两种规格。

CF卡同时支持3.3V和5V两种电压，其特殊之处还在于存储模块和控制器被结合在一起，从而使得CF卡的外部设备可以做得很简单，而且在CF卡升级换代时也可以保证旧设备的兼容性。此外，CF卡在保存数据时的可靠性较传统磁盘驱动器要高5~10倍，但用电量仅为小型磁盘驱动器的5%，这些优异条件使其成为很多数码相机的首选存储介质。

不过，随着CF卡的发展，各种采用CF卡规格的非Flash Memory卡也开始出现，使得CF卡的范围扩展至非Flash Memory领域，包括其他I/O设备和磁盘存储器。

例如，由IBM推出的微型硬盘驱动器（MD）便是一种采用CF II型标准设计制造的机械式CF存储设备。相比之下，这些微型硬盘在运行时需要消耗比闪存更多的能源，因此在某些设备上不能很好地运行；此外，作为机械设备，MD对物理振动的变化要比闪存更加敏感。

2. MMC系列

由于传统CF卡的体积较大，有西门子公司和SanDisk公司在1997年共同推出了一种全新的存储卡产品 MultiMedia Card（简称 MMC）。

MMC 是在东芝 NAND 快闪记忆技术的基础上研制而来的，其尺寸为 32mm×24mm×1.4mm，采用 7 针接口，没有读写保护开关。

MMC 具有体积小巧、重量轻、耐冲击和适用性强等优点，由于 MMC 将控制器和存储单元做在了一起，因此其兼容性和灵活性较好，被广泛应用于移动电话、数字音频播放机、数码相机和 PDA 等数码产品中，如图 3-24 所示。

图 3-24　MMC

MMC 分为 MMC 和 SPI 两种工作模式，MMC 模式是标准模式，具有 MMC 的全部特性。SPI 模式则属于 MMC 协议的一个子集，主要用于存储需求小（通常是 1 个）和无须太高传输速率（与 MMC 标准模式相比）的系统，这使得系统成本得以降低，但性能要稍差于 MMC 模式。

随着 MMC 的发展，各大厂商陆续在 MMC 的基础上发展出以下几种不同类型的 MMC。

❑ **RS MMC**

这是 MMC 协会在 2002 年推出的一种专为手机等多媒体产品而设计的存储卡，特点是比 MMC 要小巧许多，但在配合专用适配器后能够作为标准 MMC 进行使用，如图 3-25 所示。

图 3-25　RS MMC

❑ **MMC PLUS 和 MMC Moboile**

2004 年 9 月，MMC 协会又推出了 MMC PLUS 和 MMC moboile 存储卡标准。其中，MMC PLUS 的尺寸与标准 MMC 相同，但拥有更快的读取速度。

从外观来看，MMC Moboile 的尺寸与 RS MMC 完成相同，其区别仅仅在于 MMC Moboile 拥有 13 个金手指。但是，MMC Moboile 具有既能够在低电压下工作，又能够兼容原有 RS MMC 的优点，其理论传输速度最高可达 52MBps。此外，由于 MMC Moboile 能够在 1.65~1.95V 和 2.7~3.6V 两种电压模式下工作，因此也被称为双电压 RS MMC。

❑ **MMC Micro**

MMC Micro 的体积为 12mm×14mm×1.1mm，由于支持双电压模式，因此适用于对尺寸和电池续航能力要求较高的手机及其他手持便携式设备。

3．SD 卡系列

SD 卡（Secure Digital Memory Card，中文译为“安全数码卡”）是一种基于 MMC 技术的半导体快闪记忆设备，体积为 24mm×32mm×2.1mm，比 MMC 略厚 0.7mm。SD 卡的重量只有 2g，但却拥有高记忆容量、快速数据传输率、极大的移动灵活性和很好的安全性等特点，目前已被广泛应用于数码相机、个人数码助理（PDA）和多媒体播放器等便携式电子产品。

SD 卡由日本松下、东芝及美国 SanDisk 公司于 1999 年 8 月共同开发研制。SD 卡在 24mm×32mm×2.1mm 的体积内结合了 SanDisk 快闪记忆卡控制，采用了 NAND 型 Flash Memory，大小犹如一枚邮票，重量只有 2g，但却拥有高记忆容量、快速数据传输率、极大的移动灵活性以及很好的安全性。

SD 卡是一体化固体介质，没有任何机械部分，不用担心机械运动的损坏；SD 卡使用 9 针接口与设备进行连接，无需额外电源来保持其内部所记录的信息。重要的是，SD 卡完全兼容 MMC，也就是说 MMC 能够被较新的 SD 设备读取（兼容性取决于应用软件），这使得 SD 卡很快便取代了 MMC，并逐渐成为市场上的主流存储卡类型，如图 3-26 所示。

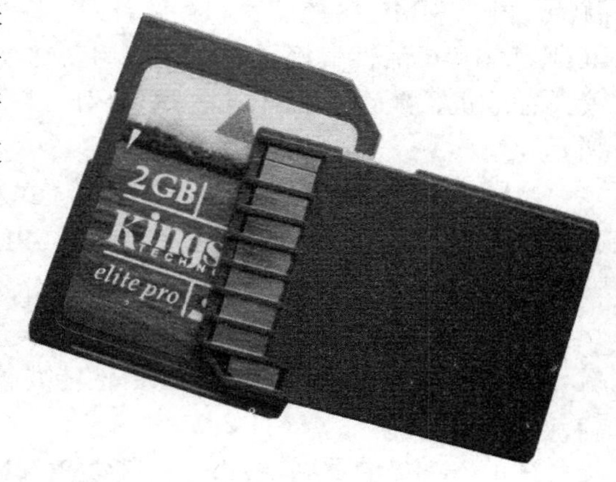

图 3-26　SD 卡

SD 卡的结构能保证数字文件传送的安全性，也很容易重新格式化，有着广泛的应用领域，音乐、电影、新闻等多媒体文件都可以方便地保存到 SD 卡中。

随着 SD 卡存储技术的发展，存储设备生产厂商陆续在 SD 卡的基础上发展出以下几种不同类型的 SD 卡系列产品。

❑ **Mini SD**

Mini SD 由松下和 SanDisk 公司共同开发，特点是只有 SD 卡 37%的大小，但却拥有与 SD 存储卡一样的读写功能和大容量。而且，由于 Mini SD 卡与标准 SD 卡完全兼容，因此只需利用 SD 转接卡便可以将其作为一般的 SD 卡使用，如图 3-27 所示即 Mini SD 存储卡与其 SD 转接卡，如图 3-27 所示。

图 3-27　Mini SD 卡

❑ **Micro SD**

这种指甲般大小的 Micro SD 一经推出，便令消费者惊艳不已，并受到广大数码产品设计者的喜爱，如图 3-28 所示即为 Micro SD 存储卡与其 SD 转接卡。

Micro SD 卡最大的优势便在于其超小的体形，这使得该类型存储卡能够运用于各种类型的数码产品，并且不会过多地占用产品的内部空间，对于精致化数码生活也起到了“推波助澜”的作用，如图 3-29 所示。

图 3-28　Micro SD

4．MS 记忆棒系列

记忆棒（Memory Stick）又称 MS 卡，是一种可擦除快闪记忆卡格式的存储设备，由索尼公司制造，并于1998年10月推出市场。

记忆棒除了外形小巧、稳定性高，以及具备版权保护功能等特点外，其优势在于能够广泛应用于索尼公司基于该技术推出的大量产品，如DV摄影机、数码相机、VAIO个人计算机、彩色打印机等，而丰富的附件产品更是使得记忆棒能够轻松实现与计算机的连接，如图3-30所示。

SD卡

Mini SD卡

Micro SD卡

图3-29 多卡比较

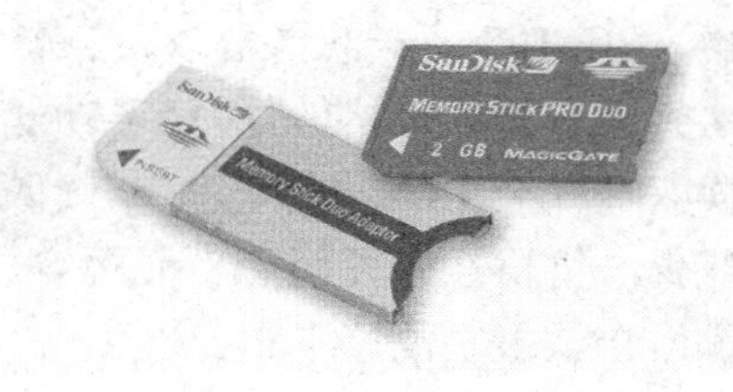

图3-30 MS记忆棒

标准记忆棒的尺寸为50mm×21.5mm×2.8mm，约重4g，最高读/写速度分别为2.5MBps和1.8MBps，并具有写保护开关。

与之前所介绍的存储卡相同的是，记忆棒的内部也包含有控制器，但它采用的是10针接口，数据总线为串行结构，最高频率可达20MHz，工作电压为2.7~3.6V。

5. xD图像卡（xD Picture Card）

xD卡是由日本奥林巴斯株式会社和富士有限公司联合推出的一种新型存储卡，尺寸20mm×25mm×1.7mm，重量仅为2g。xD卡采用单面18针接口，理论上存储容量最高可达8GB，如图3-31所示即为一款xD Picture存储卡。

图3-31 xD Picture存储卡

目前，市场上的xD卡分为标准卡、M型卡和H型卡3种类型，其外形尺寸完全相同，差别仅在于数据传输速率的不同。

其中，早期的xD卡都属于标准型产品，其读/写速度分别为5MBps和3MBps；M型即低速卡，是一种利用MLC技术生产的xD卡产品，其读/写速度分别为4MBps和2.5MBps；H型则为高速版本，其速度大概是标准卡的2倍左右、M型低速卡的3倍左右。

3.3.4 读卡器

读卡器（Reader）是一种专门用于把存储卡上的数据读入电脑的设备。它有插槽可以插入存储卡，有接口可以连接到计算机。把适合的存储卡插入插槽，端口与计算机相连并安装所需的驱动程序之后，计算机就把存储卡当作一个可移动存储器，从而可以通过读卡器读写存储卡。

目前，市场上的读卡器从接口上来看主要有USB读卡器、PCMICA卡读卡器和IEEE 1394读卡器。USB读卡器是目前市场上最流行的读卡器，PCMICA卡读卡器最主要的应用是在笔记本电脑上，而IEEE 1394读卡器由于接口不太流行，应用不太广泛。

按照读取的闪存种类来分，读卡器又被分为单功能读卡器、多功能读卡器。单功能读卡器一般只能读取一种类型的闪存卡，按所兼容存储卡的种类分可以分为CF卡读卡器、SM卡读卡器、PCMICA 卡读卡器以及记忆棒读写器等，这类读卡器的价格较低；而多功能读卡器则可以读取多种类型的存储卡，根据读取存储卡的种类多少，价格在几元至上百元不等。如图3-32所示为一款多功能读卡器。

图3-32 多功能读卡器

常用的读卡器品牌有飚王、金士顿、读卡王、索尼、宇瞻、飓风、清华紫光、 创见、川宇、世纪飞扬、捷霸、图美等。

3.4 实验指导：检测硬盘性能

硬盘作为目前最为重要的外部存储设备，其性能直接关系到整个计算机存储系统的性能，也影响着计算机整体的工作效率。为此，下面将通过演示硬盘性能检测软件的使用方法，使用户了解硬盘性能的检测方法，并以此来更好地评估计算机的整体性能。

1. 实验目的

- ❑ 测试硬盘平均传输速率。
- ❑ 测试硬盘寻道时间。
- ❑ 测试硬盘平均存取时间。

2. 实验步骤

1 启动HD TURE PRO后，单击【基准】选项卡中的【开始】按钮，如图3-33所示。

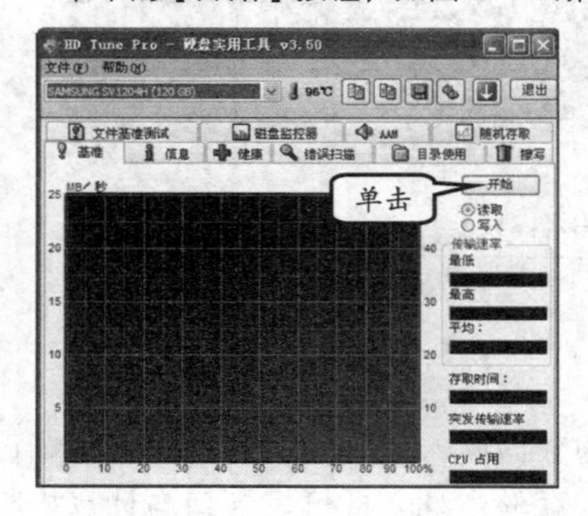

图3-33 开始测试平均传输速率

2 在测试过程中，图表区域内会逐渐显示测试结果。测试完成后，窗口右侧区域内将会依次显示最低/高传输速率、存取时间等测试信息，如图3-34所示。

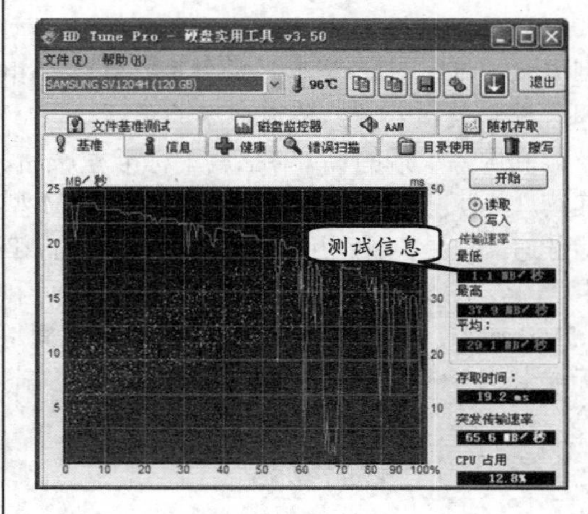

图3-34 测试信息

3 选择AAM选项卡，单击【测试】按钮，如图3-35所示。

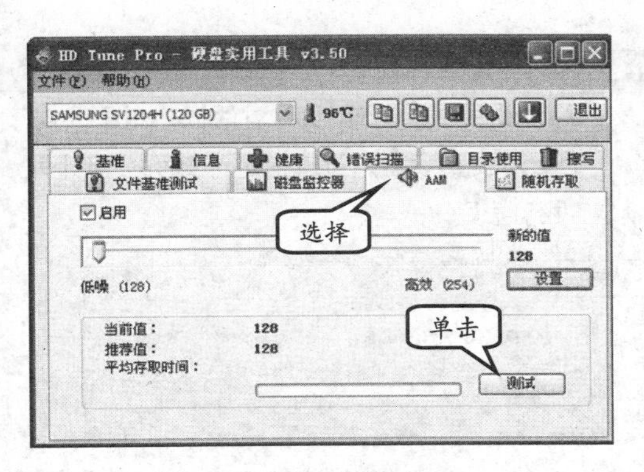

图 3-35 开始测试平均存取时间

4 测试完成后，将在软件窗口中查看到平均存取时间，如图 3-36 所示。

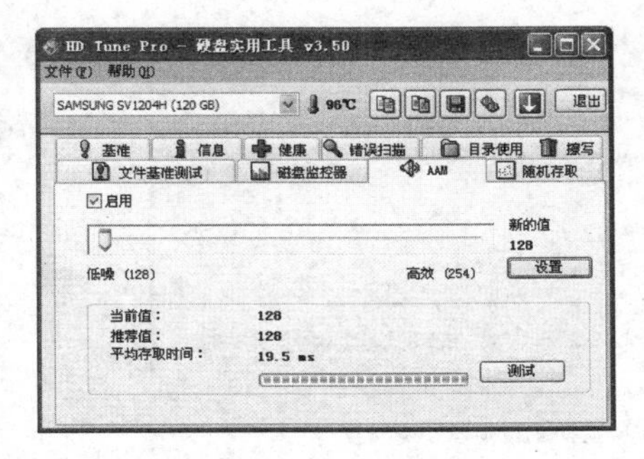

图 3-36 测试平均存取时间

提 示

AAM（Automatic Acoustic Management，声音管理模式）是硬盘厂商为了降低硬盘工作噪音而提出的一种技术规范。

3.5 实验指导：磁盘碎片整理

计算机使用一段时间后，磁盘中产生的垃圾文件及文件碎片会影响计算机的运行速度。此时，借助操作系统内的磁盘碎片整理程序可以起到优化磁盘、提高计算机运行速度的目的，下面就通过 Windows 7 环境下的操作过程来学习一下磁盘碎片整理知识，掌握一项基本的系统维护技能。

1. 实验目的

- 了解磁盘碎片产生的原因。
- 掌握磁盘碎片整理操作的基本技能。

2. 实验步骤

1 执行【开始】|【所有程序】|【附件】|【系统工具】|【磁盘碎片整理程序】命令，如图 3-37 所示。打开【磁盘碎片整理程序】对话框，如图 3-38 所示。

提 示

为了确保磁盘碎片整理的良好效果，在进行整理前，用户应该对磁盘上的所有垃圾文件和不需要的文件进行一次彻底清理，同时关闭屏保和杀毒软件的实时防控功能。

2 在对话框中单击选择需要进行整理的磁盘，如选择（J:）磁盘。然后，再单击【分析磁盘（A）】按钮，可以在磁盘整理之前先进行磁盘分析，如图 3-39 所示。

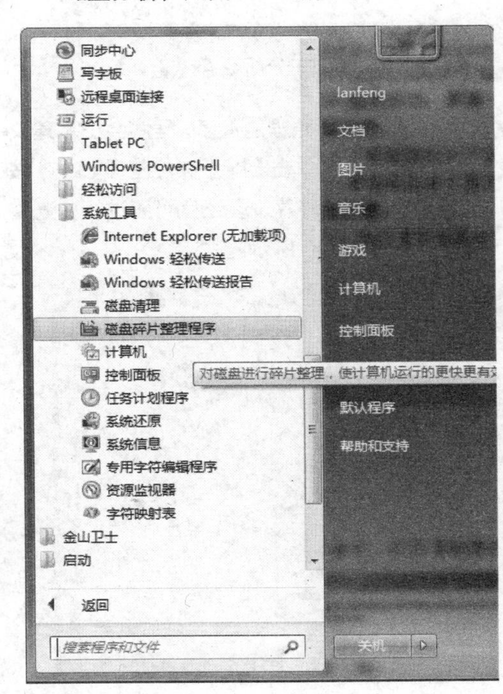

图 3-37 执行命令

图 3-38 【磁盘碎片整理程序】对话框

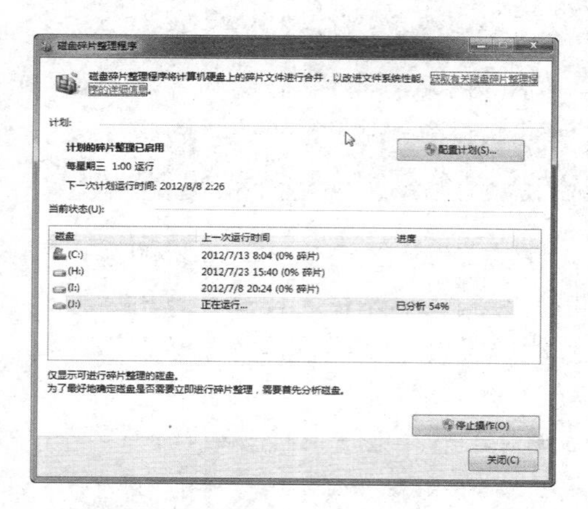

图 3-39 正在分析磁盘（J:）

3 如果碎片需要整理的过多，程序会提示建议立即整理，则单击【磁盘碎片整理（D）】按钮进行整理，碎片过多还有可能进行多遍整理，如图 3-40 所示。

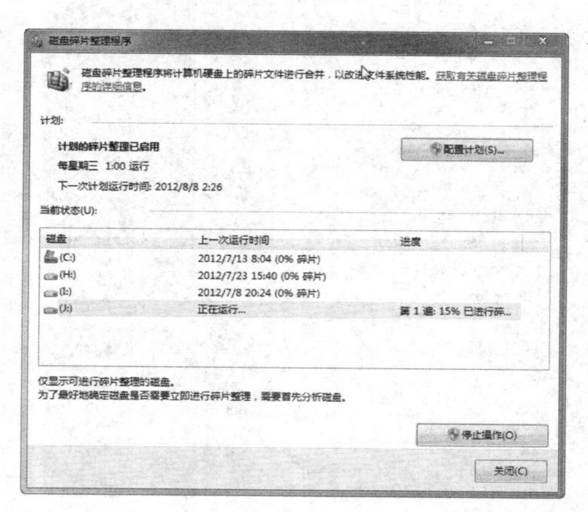

图 3-40 正在进行磁盘整理

4 单击【配置计划（S）】按钮，弹出【磁盘碎片整理程序：修改计划】对话框，如图 3-41 所示。此时，用户可以指定计算机按照计划进行整理。

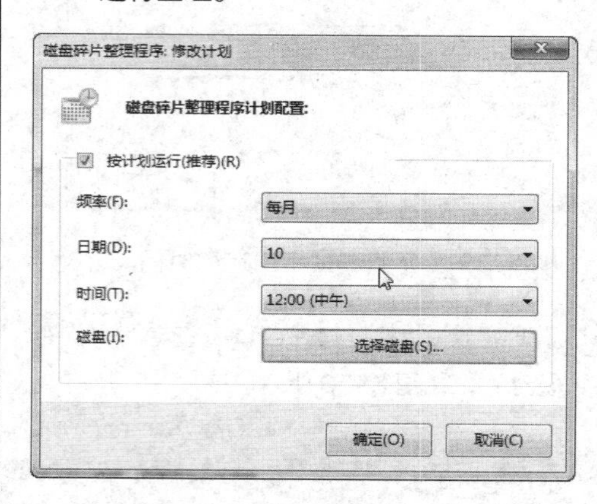

图 3-41 配置整理计划

5 而单击【选择磁盘】按钮，打开【磁盘碎片整理程序：选择计划整理的磁盘】对话框，启用需要整理的磁盘，如图 3-42 所示。单击【确定】按钮即可指定计划整理时需要处理的磁盘。

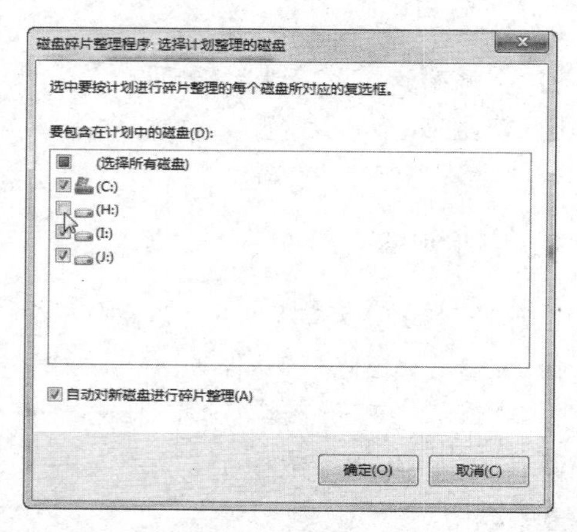

图 3-42 选择计划整理的磁盘

提 示

经过该工具的磁盘碎片整理后，用户可以感觉到系统的运行速度和运行效率得到明显提升。但磁盘整理程序使用频率不宜过频，建议至多每月作一次到两次磁盘碎片整理，使硬盘的读写速度保持在最佳状态。

3.6 思考与练习

一、填空题

1. ＿＿＿＿＿是计算机中最主要的外部辅助存储器，也是计算机不可缺少的组成部分。

2. ＿＿＿＿＿是硬盘数据和主板之间进行传输交换的纽带。

3. ＿＿＿＿＿是硬盘存储数据的载体，现在的盘片大都采用金属薄膜磁盘。

4. 平均寻道时间是影响硬盘内部数据传输率的重要参数，单位为＿＿＿＿＿。

5. 对于＿＿＿＿＿，只能读取光盘上已经记录的各种信息，但不能修改或写入新的信息。

6. SSD 硬盘一般采用＿＿＿＿＿作为存储介质，没有机械装置，抗振性强。

7. 光盘驱动器的内部结构主要由＿＿＿＿＿、机械驱动部分和电路板部分组成。

8. 为了提高移动硬盘的自我保护能力，除了采用主动防振保护以外，可以采取＿＿＿＿＿方式来降低硬盘受损几率。

9. SATA III 接口速度理论上最高可达到＿＿＿＿＿。

二、选择题

1. 磁盘的盘面非常地平整，磁头和盘面之间有很小的一个空隙，相当于＿＿＿＿＿在磁盘上进行记录/读取。

A. 贴于　　B. 悬挂
C. 浮动　　D. 固定

2. ＿＿＿＿＿也叫持续数据传输率，指磁头至硬盘缓存间的最大数据传输率。

A. 平均寻道时间
B. 内部传输率
C. 转速
D. 外部传输率

3. 目前硬盘技术的发展主要集中在＿＿＿＿＿三方面。

A. 速度、高速缓冲及可靠性
B. 高速缓存、容量及可靠性
C. 速度、容量及可靠性
D. 速度、封装技术及可靠性

4. 当前硬盘的接口以＿＿＿＿＿为主流。

A. IDE 接口
B. SCSI 接口
C. USB 接口
D. SATA 接口

5. ＿＿＿＿＿是指可多次写入多次读取的可写光驱和光盘。

A. CD-R　　B. CD-RW
C. DVD-ROM　　D. DVD-R

6. CD 光盘非常薄，只有 1.2mm 厚，并且分为 5 层，依次为＿＿＿＿＿。

A. 基板、写入层、反射层、保护层、印刷层
B. 基板、染料层、反射层、保护层、印刷层
C. 固定板、记录层、反射层、保护层、印刷层
D. 基板、记录层、反射层、安全层、印刷层

7. ＿＿＿＿＿硬盘多用于服务器和专业工作站。

A. IDE　　B. SATA
C. SCSI　　D. USB

8. 下列不属于闪存卡的是＿＿＿＿＿。

A. SD　　B. 微硬盘
C. CF　　D. 记忆棒

三、简答题

1. 简述硬盘的内部结构。
2. 简述硬盘的工作原理。
3. 简述光盘的录入过程。
4. 简述光盘驱动器结构。
5. 简述 U 盘的特点。
6. 简述 SSD 硬盘的特点。

四、上机练习

禁用光盘自动播放功能

按照操作系统的默认设置，当用户将光盘放入光驱后，系统将自动判断光盘类型，将调整相应程序自动播放光盘上的部分文件。在有些情况下，操作系统的这项功能可以简化用户操作，但在很多时候它也会干扰用户的正常工作。这时候，用户只需利用一些系统优化软件便可以禁用操作

系统的光盘自动播放功能，从而防止该功能对工作的影响，如图 3-43 所示。

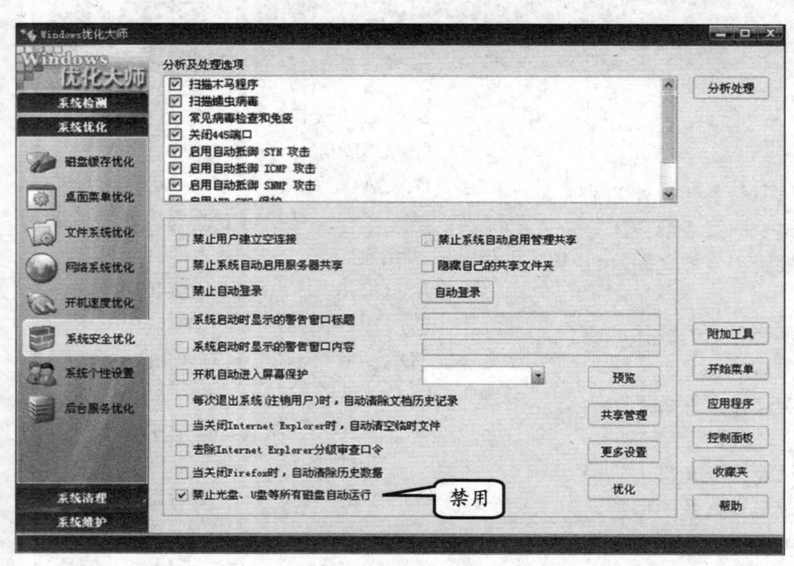

图 3-43　利用 Windows 优化大师禁用光盘自动播放功能

第4章

计算机输入设备

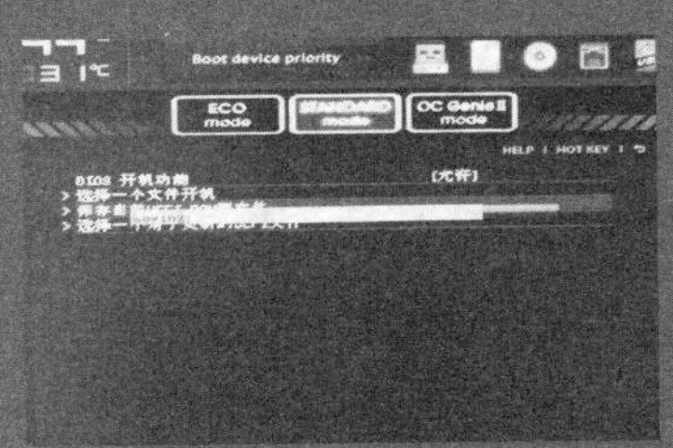

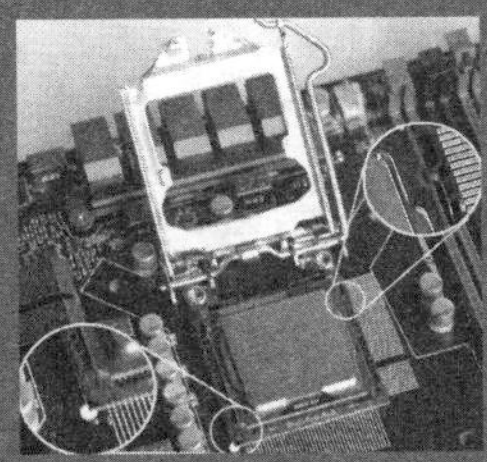
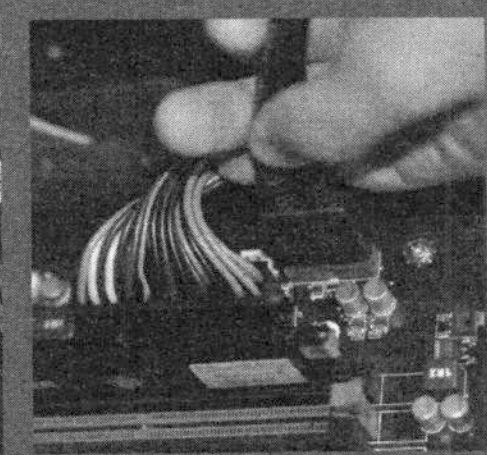

作为用户向计算机发号施令的重要工具，输入设备担负着用户与计算机之间通信的作用。随着计算机技术的发展，输入设备也经历了极大的变化与发展，使得如今的计算机既能够接收字符、数值等类型的数据，也可以接收图形图像、声音等类型的数据，极大地丰富了用户与计算机进行交流的途径。

本章将对当前的各种主流输入设备进行讲解，使用户能够了解和掌握这些设备的类型、结构、原理及性能指标等方面的知识。

本章学习要点：

- 键盘
- 鼠标
- 扫描仪
- 手写板

4.1 键盘

键盘的出现改变了信息录入方式，成为计算机最为重要的外部输入设备。直到目前为止，键盘依旧在字符输入设备中有着不可动摇的地位，并随着用户的需求，向着多媒体、多功能和人体工程学等方面不断发展，其地位得到了巩固。

4.1.1 键盘的分类

在键盘的发展过程中，为满足不同用户之间的需求差异，陆续出现了多种不同类型的键盘。接下来，本节将对其中较为常见的一些键盘类型进行简单介绍。

1. 根据按键方式不同的分类

从不同键盘在按键方式上的差别来看，可以将其分为机械式、导电橡胶式、薄膜式和电容式键盘 4 种类型。

❑ 机械式键盘

早期键盘的按键大都采用机械式设计，通过一种类似于金属接触式开关的原理来控制按键触点的导通或断开，如图 4-1 所示。为了使按键在被按下后能够迅速弹起，廉价的机械式键盘大都采用铜片弹簧作为弹性材料，但由于铜片易折且易失去弹性，因此质量较差。

图 4-1 机械式键盘内部图

提 示

早期的键盘完全仿造打字机键盘进行设计制造，就连按键分布也与打字机相同。

机械式键盘的特点是工艺简单、维修方便，且使用手感较好，但噪声大、易磨损。不过直到今天，做工精良的机械式键盘仍旧是众多用户所追捧的对象。

❑ 导电橡胶式键盘

与机械式键盘不同，导电橡胶式键盘的内部是一层带有凸起的导电橡胶，其凸起部分导电，通过按键时导电橡胶与底层触点的接触来产生按键信息，如图 4-2 所示。

图 4-2 导电橡胶式键盘内部图

总体来说，导电橡胶式键盘的成本较低，但由于整体手感没有太大进步，因此很快便被新型的薄膜式键盘所取代。

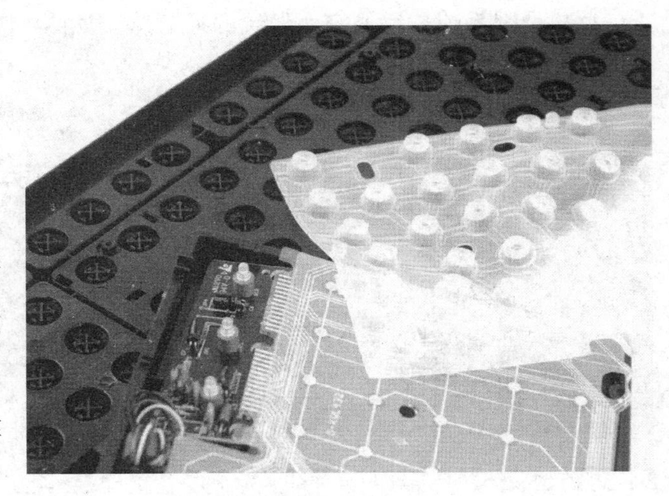
图 4-3　薄膜式键盘内部图

❑ **薄膜式键盘**

这是目前市场上最为常见的键盘类型，其内部是两层印有电路的塑料薄膜，通过用户按键后导电薄膜的接触来产生按键信息，如图 4-3 所示。与其他类型的键盘相比，薄膜式键盘具有无机械磨损、可靠性较高，且价格低、噪音小等特点。

❑ **电容式键盘**

电容式键盘通过按键时电极距离发生变化，从而引起电容量变化而产生的振荡脉冲信号来记录按键信息。由于电容式键盘的按键属于无触点非接触式开关，其磨损率极小（甚至可以忽略不计），也没有接触不良的隐患，因此具有质量高、噪音小、容易控制手感及密封性好等优点，不过工艺结构较机械式键盘要复杂一些，如图 4-4 所示。

图 4-4　电容式键盘按键图

2．根据设计外形不同的分类

就外形来看，键盘分为标准键盘、人体工程学键盘和异形键盘 3 种类型。其中，标准键盘便是那种四四方方、外形规规矩矩的矩形键盘，该类型键盘的缺点是长时间使用会比较疲劳，如图 4-5 所示。

图 4-5　标准键盘

为此，人们开始从人体工程学的角度重新设计键盘外形。例如，将键盘上的左手按键区和右手按键区分离开来，并使其形成一定角度，如图 4-6 所示。这样一来，用户在使用时便不必有意识地夹紧双臂，从而能够在一种比较自然的状态下进行工作。

除此之外，大多数人体工程学键盘还会有意加大“空格”、“回车”等常用按键的面积，并在键盘下增加护手托板（即腕托）。这样一来，通过为悬空的手腕增加支点，便可以有效减少因手腕长期悬空而导致的疲劳感，如图 4-7 所示。

图 4-6　人体工程学键盘局部图

图 4-7　人体工程学键盘

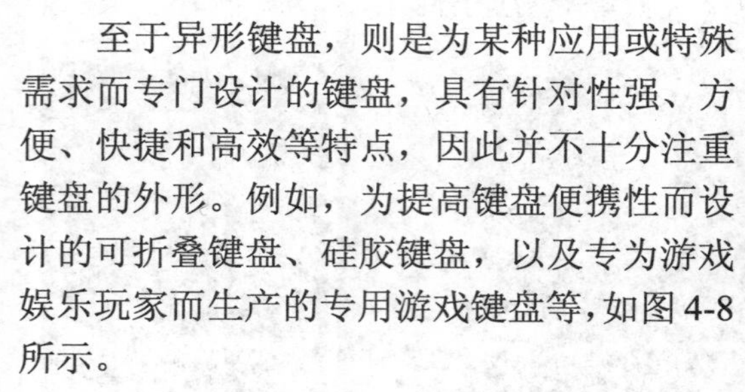

至于异形键盘，则是为某种应用或特殊需求而专门设计的键盘，具有针对性强、方便、快捷和高效等特点，因此并不十分注重键盘的外形。例如，为提高键盘便携性而设计的可折叠键盘、硅胶键盘，以及专为游戏娱乐玩家而生产的专用游戏键盘等，如图 4-8 所示。

图 4-8　硅胶键盘

3．根据接口类型不同的分类

按照键盘与计算机连接时所用接口的不同，还可以分为 PS/2 键盘、USB 键盘和无线键盘 3 种类型。

❑ **PS/2 键盘**

由于 PS/2 接口属于目前计算机的必备接口之一，因而采用此类接口的键盘极其普遍，如图 4-9 所示。

图 4-9　PS/2 键盘

❑ **USB 键盘**

USB 接口也是目前计算机领域内的一种常见接口，采用该接口的键盘与 PS/2 键盘相比具有接口速度快和使用方便等优点，如图 4-10 所示。

❑ **无线键盘**

无线键盘是一种与主机间没有任何连线的键盘类型，共分为信号接收器和键盘主体两部分，如图 4-11 所示。

根据信号传播方式的不同，无线键盘分为红外线型和无线电型两种。其中，红外线型的方向性要求比较严格，尤其是对水平位置比较敏感；无线电型则是通过辐射来传播信号的，因此这种键盘在使用时较红外线型要灵活，不过抗干扰能力稍差。

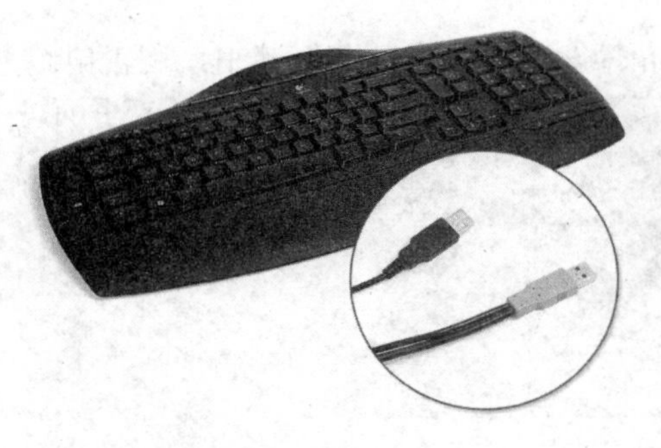

图 4-10　USB 键盘

图 4-11　无线键盘

4．根据所用计算机的不同

与上面所介绍的台式机键盘相比，笔记本键盘的尺寸往往要稍小一些，而且按键也较少，大都只有 85 或 86 个按键，如图 4-12 所示。

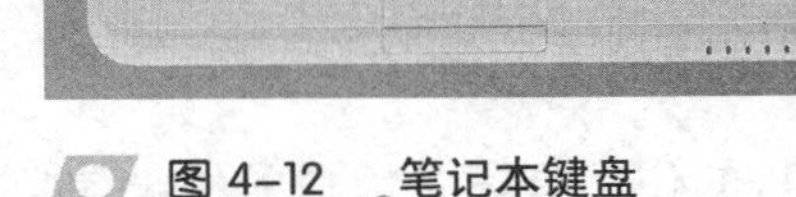

图 4-12　笔记本键盘

4.1.2　键盘结构及工作原理

在对键盘有了一定认识后，下面将对键盘的组成结构与工作原理进行讲解，以便用户更好地认识和了解键盘。

1．键盘的结构

计算机键盘发展至今，其间虽然经历了不断的变化，但依然由外壳、按键和内部电路这三大部分所组成。

❑ 外壳

外壳是支撑电路板和用户操作的键盘框架，通常采用不同类型的塑料压制而成，部分高档键盘还会在底部采用钢板，以此来增加键盘的质感和刚性。

为了适应不同用户的使用需求，键盘的底部大都设有可折叠的支撑脚，展开支撑脚后可以使键盘保持一定的倾斜角度，如图 4-13 所示。

图 4-13　键盘外壳及其支撑脚

❑ 按键

按键由按键插座和键帽两部分组成。其中，键帽上印有各种字符标记，便于用户进行识别，而按键插座的作用则是固定键帽，如图 4-14 所示。

❑ **内部电路**

电路是整个键盘的核心，主要分为逻辑电路和控制电路两大部分。其中，逻辑电路呈矩阵状排列，几乎布满整个键盘，而键盘按键便安装在矩阵的交叉点上，如图 4-15 所示。

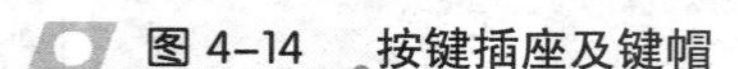
图 4-14　按键插座及键帽

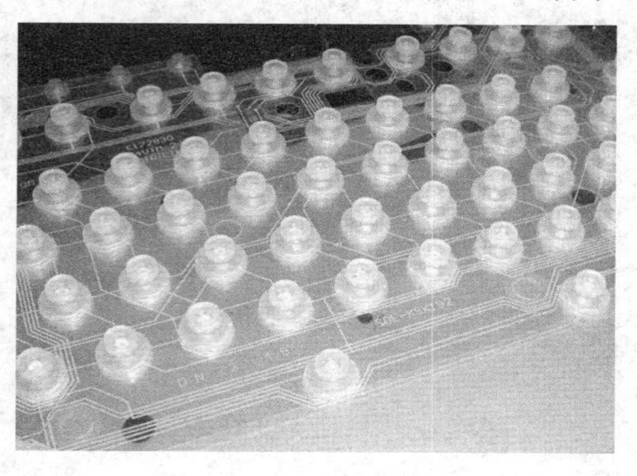

图 4-15　键盘逻辑电路

控制电路由按键识别扫描电路、编码电路、接口电路等部分组成，其表面布有各种电子元件，并通过导线与逻辑电路连在一起，如图 4-16 所示。控制电路的作用是接收逻辑电路产生的按键信号，并在整理和加工这些信号后，向计算机主机发出与按键相对应的信号。

图 4-16　键盘控制电路

2．键盘的工作原理

键盘的作用是记录用户的按键信息，并通过控制电路将该信息送入计算机，从而实现将字符输入计算机的目的。以目前最为常见的薄膜式键盘为例，其按键信号产生过程如图 4-17 所示。

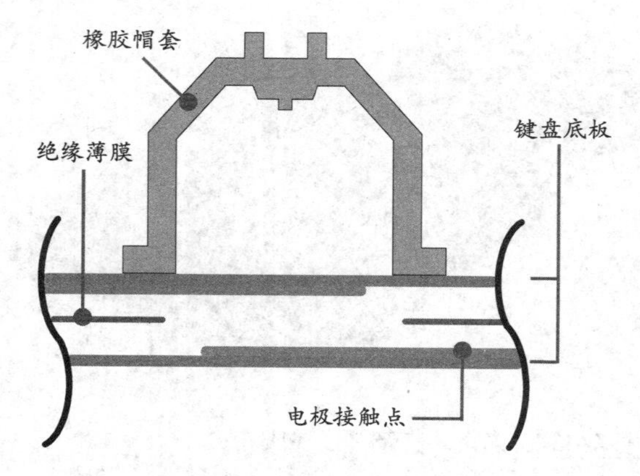

按键未按下，电极接触点无连接，无信号

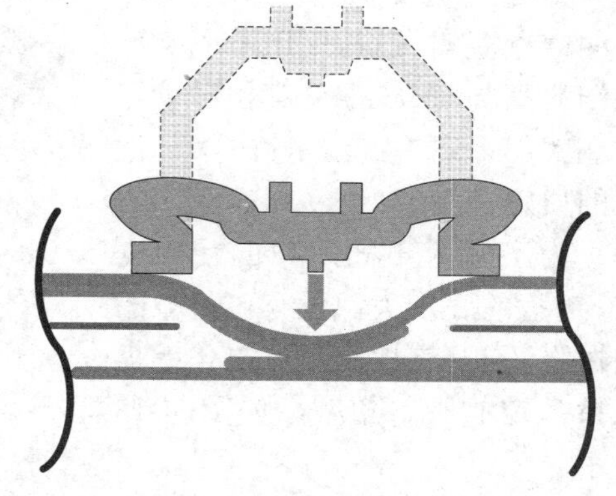

按下按键后，电极接触点相连，产生按键信号

图 4-17　按键信号产生过程

其实，无论是哪种类型的键盘，按键信号产生原理都没什么差别。但是，根据键盘在识别键盘信号时所采用的方式却可以将它们分为编码键盘和非编码键盘两种类型。

❑ 编码键盘

在编码键盘中，按键在被按下后将产生唯一的按键信息，而键盘的控制电路则会在对信息进行编码后直接送入计算机，再由计算机对比字符编码表，从而得出所输入的字符，实现录入字符的目的，如图 4-18 所示。

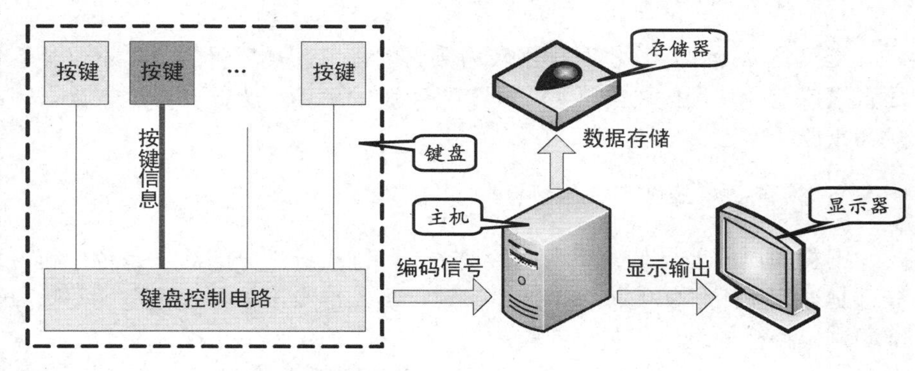

图 4-18 编码键盘的工作原理

可以看出，编码键盘在完成字符的录入工作时，经过的中间步骤极少，这使得编码键盘的响应极快。但是，为了使每个按键都能够产生一个独立的编码信号，编码键盘的硬件结构较为复杂，并且其复杂程度会随着按键数量的增多而不断增加。

❑ 非编码键盘

非编码键盘的特点在于，按键无法产生唯一的按键信息，因此键盘的控制电路还需要通过一套专用的程序来识别按键的位置。在这个过程中，硬件需要在软件的驱动下完成诸如扫描、编码、传送等功能，而这个程序便被称为键盘处理程序。

键盘处理程序由查询程序、传送程序和译码程序三部分组成。在一个完整的字符输入过程中，键盘首先调用查询程序，在通过查询接口逐行扫描键位矩阵的同时检测行列的输出，从而确定矩形内闭合按键的坐标，并得到该按键所对应的扫描码；接下来，键盘在传送程序和译码程序的配合工作下得到按键的编码信号；最后，在将按键编码信息传送至主机后，完成相应字符的录入工作，如图 4-19 所示。

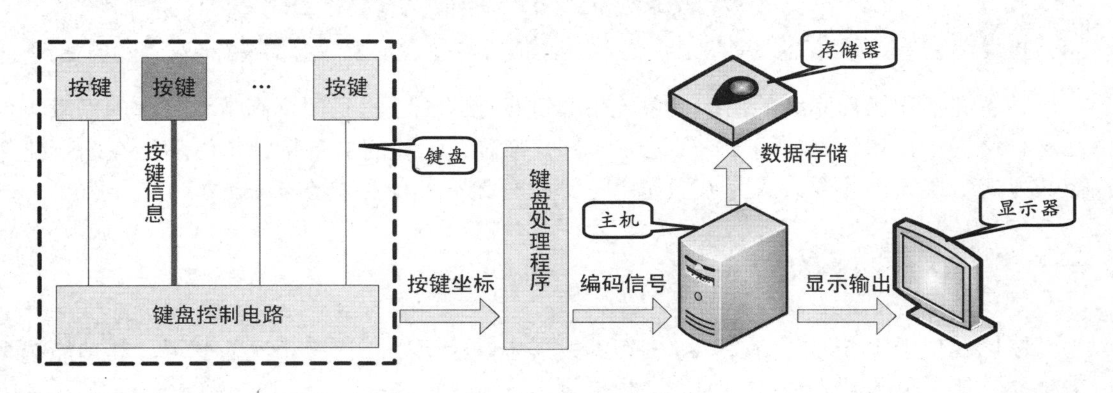

图 4-19 非编码键盘的工作原理

可以看出，非编码键盘在生成编码信息时步骤繁多，因此响应速度较编码键盘要慢。

不过，非编码键盘可以通过软件对按键进行重新定义，从而方便地扩充键盘功能，因此得到了广泛的应用。

4.1.3 键盘选购指南

键盘作为操作计算机时使用较为频繁的设备，其质量的优劣不仅关系着工作效率，还直接影响着使用时的舒适程度，甚至手腕的健康。为此，挑选一款合适的键盘便显得尤为重要。

1. 检查键盘的做工

键盘品质的差异首先体现在做工之上，键盘各部分的加工是否精细，表面是否美观等都是评判做工优劣的依据。通常来说，劣质键盘不但外观粗糙、按键弹性差，而且内部印刷电路板的生产工艺也都较差。

2. 注意键盘的手感

键盘与手的接触较多，因此键盘手感也很重要。手感太轻、太软的键盘在长时间使用后往往会给人一种很累的感觉；手感太重、太硬，则击键时的声音会比较大。

一般来说，键盘的按键应该平滑轻柔，弹性适中而灵敏，按键无水平方向的晃动，松开后能够立刻弹起。至于静音键盘，在按下、弹起的过程中应该是接近无声的。除此之外，键盘手感的优劣也与使用者的主观因素有关，但只要自己感觉舒适即可，因此在选购键盘时的试用极其重要。

3. 考虑键位的布局

不同键盘的按键数量和按键布局也有一些差别。对于已经习惯某种按键布局方式的用户来说，换用其他按键布局的键盘会感觉很不方便，因此在选购时应尽量挑选符合自己使用习惯的键盘产品。

4.2 鼠标

随着图形化操作系统的出现，单纯依靠键盘已经无法满足用户高效率工作的需求。在这种情况下，鼠标（Mouse）应运而生，其准确、快速的屏幕指针定位功能在图形化操作方式一统天下的今天成为人们使用计算机时必不可少的重要设备。

4.2.1 鼠标的分类

鼠标诞生于 1968 年，在这 40 多年的发展中，经历了一次又一次的变革，其功能越来越强、使用范围越来越广、种类也越来越多。

1. 根据按键数量进行划分

从鼠标按键的数量来看，除了早期使用、现已被淘汰的两键鼠标外，还可以分为三键鼠标、滚轮鼠标和多键鼠标 3 种类型。

其中，三键鼠标的左、右两键与传统两键鼠标完全相同，而中间的第三个按键则在 UG、AutoCAD 等行业软件内有着特殊的作用，如图 4-20 所示。

图 4-20 标准三键鼠标

相比之下，目前最为常见的便要数滚轮鼠标了。事实上，滚轮鼠标属于特殊的三键鼠标，两者间的差别在于滚轮鼠标使用滚轮替换了三键鼠标的中键，如图 4-21 所示。在实际应用中，转动滚轮可以实现上下翻动页面（与拖动滚动条的效果相同），而在单击滚轮后则可实现屏幕自动滚动的效果。

至于多键鼠标，则是继滚轮鼠标之后出现的一种新型鼠标。多键鼠标的特点是在滚轮鼠标的基础上增加了拇指键等快捷按键，进一步简化了操作程序，如图 4-22 所示。

提 示

在借助专用程序后，用户还可重新定义部分多键鼠标的按键操作内容。这样一来，用户便可以将一些较为简单且使用频繁的操作集成在快捷按键上，从而进一步提高操作速度。

图 4-21 滚轮鼠标

2. 按照接口类型进行划分

根据鼠标与计算机连接时所用接口的不同，可以将鼠标分为 PS/2 鼠标、USB 鼠标和无线鼠标 3 种类型。

目前，采用 PS/2 接口的鼠标最为常见，其特征是使用一个 6 芯圆形接口与计算机进行连接，如图 4-23 所示。不过，由于 PS/2 鼠标所使用的接口与 PS/2 键盘的接口极为类似，因此在使用的需要防止插错接口。

USB 接口一经兴起，各大外设厂商便纷纷推出了自己的 USB 鼠标产品，如图 4-24 所示。与 PS/2 鼠标相比，USB 鼠标支持热插拔，因此受到了众多用户的青睐。

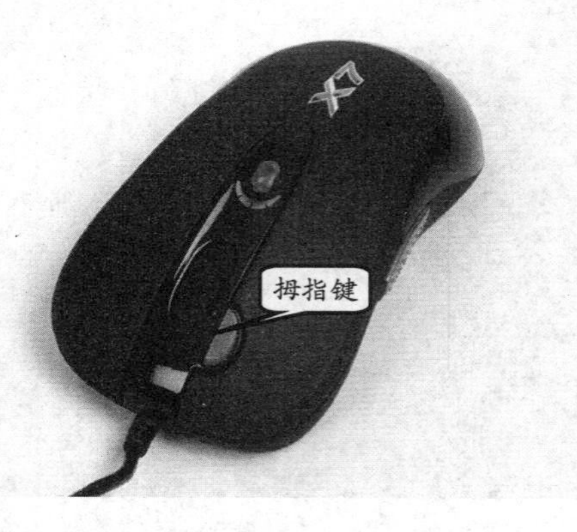

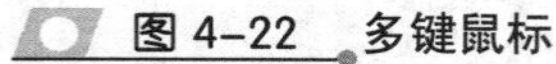
图 4-22　多键鼠标

图 4-23　PS/2 鼠标

提　示

由于 USB 接口的数据传输速度要高于 PS/2 接口，因此 USB 鼠标在复杂应用下的操作流畅感要优于 PS/2 鼠标。

图 4-24　USB 鼠标

无线鼠标采用了与无线键盘相同的信号发射方式，由于摆脱了线缆的限制，因此无线鼠标能够让用户更为方便、灵活地操控计算机，如图 4-25 所示。

3．按照内部构造进行划分

按内部结构的不同，鼠标可以分为机械式和光电式两种类型。

其中，机械式鼠标的特征在于底部带有一个胶质小球，此外其内部还含有两个用于识别方向的 X 方向滚轴和 Y 方向滚轴。在使用时，机械式鼠标必须通过胶质小球与桌面的摩擦来感应位置的移动，其精度有限，因此已被光电式鼠标所取代。

与机械式鼠标相比，光电式鼠标由发光二级管（LED）、透镜组件、光学引擎和控制芯片组成，特点是精度较高。从底面看，光电鼠标没有滚轮，取而代之的则是一个不断发光的光孔，工作时通过不断发射和接收光线来确定指针在屏幕上的位置，如图 4-26 所示。

图 4-25　无线鼠标

4．其他类型的鼠标

除了上面介绍的几种鼠标之外，鼠标厂商们还设计生产了许多其他的鼠标或类鼠标式的产品。例如，轨迹球鼠标的外形像颠倒过来的机械式鼠标。该鼠标在使用时，用户只需拨动轨迹球即可向计算机发号施令，控制光标在屏幕上的移动，如图 4-27 所示。

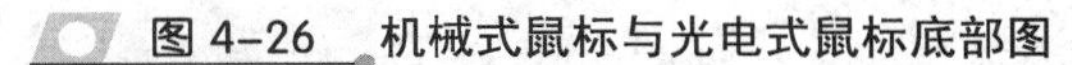

图 4-26　机械式鼠标与光电式鼠标底部图

此外，广泛应用于笔记本计算机上的指点杆和触摸板也是类鼠标的输入设备。在使用时，用户只需推动指点杆，或在触摸板上移动手指，屏幕上的光标便会向相应方向进行移动，如图 4-28 所示。

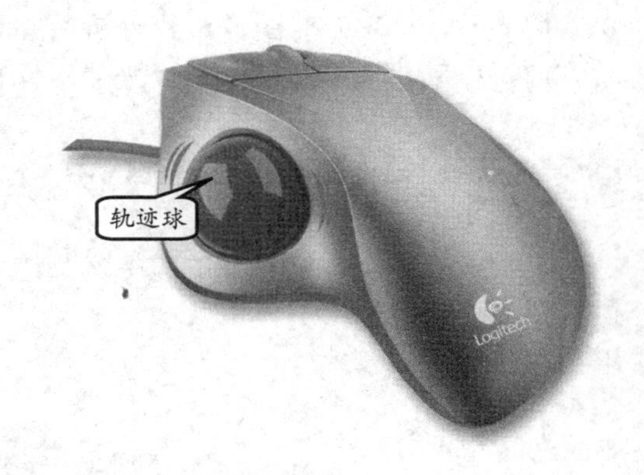

图 4-27　轨迹球鼠标

4.2.2　鼠标的工作原理

无论是哪种类型的鼠标，其工作方式都是在侦测当前位置的同时与之前的位置进行比对，从而得出移动信息，实现移动光标的目的。不过，由于内部构造的差异，不同鼠标在实现这一任务时采用的方法及原理也有所差异。

1. 机械式鼠标的工作原理

图 4-28　指点杆与触摸板

之前曾经介绍过，机械式鼠标的内部由胶质小球和 X、Y 两个不同方向的滚轴组成。实际上，X、Y 方向滚轴的末端还有一个附有金属导电片的译码盘。当用户在移动鼠标时，机械鼠标内的胶质小球会进行四向转动，并在转动的过程中带动方向滚轴进行转动。在上述过程中，译码盘上的金属导电片会不断与鼠标内部的电刷进行接触，从而将物理上的位移信息转换为能够标识 X、Y 坐标的电信号，并以此来控制光标在屏幕上的移动，如图 4-29 所示。

提 示

在机械式鼠标之后还出现过一种光机鼠标。该类型鼠标的内部结构与机械式鼠标极为类似，不同之处在于光机鼠标内没有译码盘，取而代之的则是两个带有栅缝的光栅码盘，以及用来产生位移信号的发光二极管和感光芯片。但就工作原理来看，两者却没有什么不同。

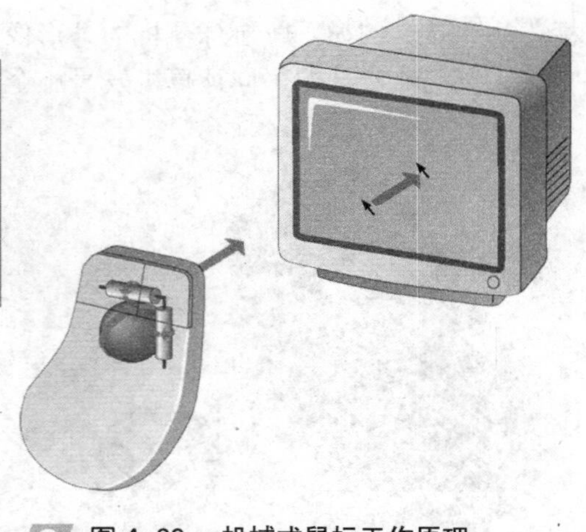

图 4-29 机械式鼠标工作原理

2. 光电式鼠标的工作原理

在光电式鼠标中，鼠标在利用二极管照亮鼠标底部表面的同时，利用其内部的光学透镜与感应芯片不断接收表面所反射回来的光线，同时形成静态影像。这样一来，当鼠标移动时，鼠标的移动轨迹便会被记录为一组高速拍摄的连贯图像。此时，光电式鼠标便会通过一块专用芯片（DSP）对图像进行分析，并利用图像上特征点的位置变化判断出鼠标的移动方向、移动距离及速度，从而完成对光标的定位，如图 4-30 所示。

4.2.3 鼠标的性能指标

目前，市场上能够见到的鼠标产品绝大多数都属于光电式鼠标，而能够反应光电式鼠标性能的主要有以下几项指标。

1. 分辨率

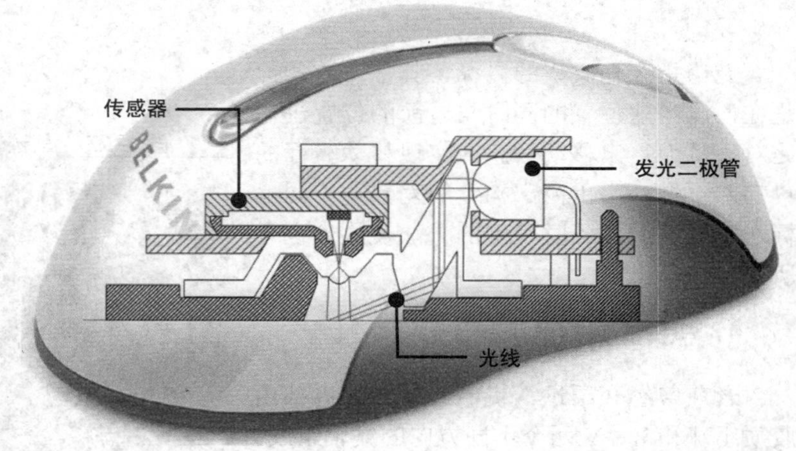

图 4-30 光电式鼠标的工作原理

一款光电式鼠标性能优劣的决定性因素在于每英寸长度内鼠标所能辨认的点数，也就是人们所说的单击分辨率。目前，高端光电式鼠标的分辨率已经达到了 2000dpi 的水平，与 400dpi 的老式光电式鼠标相比，2000dpi 鼠标的定位精度要远远高于 400dpi 的光电式鼠标。

不过，并非 dpi 越大的鼠标越好。因为当鼠标的 dpi 过大时，轻微振动鼠标就可能导致光标“飞”掉，而 dpi 值小一些的鼠标反而感觉比较“稳”。

2. 光学扫描率

光学扫描率是指鼠标感应器在一秒内所能接收光反射信号并将其转化为数字电信

号的次数，该指标也是光电式鼠标的重要性能指标。通常来说，光学扫描率越高，鼠标对位置的移动越敏感，其反应速度也就越快。如此一来，在用户快速移动鼠标时便不会出现光标与鼠标实际移动不同步，且光标上下飘移的现象了。

3. 接口类型

接口类型除了能够反映鼠标与主机的连接方式外，还决定了鼠标与计算机相互传递信息的速度。例如，光电式鼠标的分辨率和光学扫描率越高，在单位时间内需要向计算机传送的数据也就越多，对接口数据传输速度的要求也就越高。

目前，常用鼠标的接口主要有PS/2接口和USB接口两种类型，而两者之间USB接口的数据传输速度要明显高于普通的PS/2接口。

4.2.4 选购鼠标

随着图形化操作界面的普及，鼠标的作用越来越大，甚至在很多领域内已经超过了键盘。那么，在购买鼠标时都需要注意哪些方面，选购时有没有什么要点呢？相信上述问题是很多用户都在关心的事情，下面便将对这些内容进行简单介绍。

1. 手感

优质鼠标大都依照人体工程学原理来设计外形，手握时的感觉轻松、舒适且与手掌面贴合，按键轻松而有弹性，滚轮滑动流畅。

2. 功能

对于普通用户来说，目前常见的三键式滚轮鼠标即可满足需求。对于图形处理、CAD设计，以及游戏发烧友来说，则最好选择可定义宏命令的专业鼠标，以提高操作效率。对于经常使用笔记本计算机的用户来说，无线鼠标能够让操作变得更为灵活，携带也较为方便。

3. 辅助软件

从鼠标的实用角度来看，辅助软件的重要性不亚于硬件。一般来说，好而实用的鼠标应附带足够的辅助软件，例如可帮助用户自定义部分鼠标按键的配置工具等。另外，辅助软件还应配有完整的使用说明书，以便用户能够正确利用软件所提供的各种功能充分发挥鼠标的作用。

4.3 扫描仪

通过扫描仪可以将常见的照片、文本页面、图纸、菲林软片等平面物体，以及纺织品、标牌面板、印制板样品等三维对象作为扫描对象，从而将原始的线条、图形、文字等信息转换为计算机可以识别的图像数据，以便实现对这些数字化图像信息的管理、使用、存储和输出等操作。

4.3.1 扫描仪的分类

扫描仪（Scanner）是一种高精度的光电一体化产品，其功能是将各种形式的图像信息输入计算机。扫描仪的种类繁多，按不同的分类标准可以划分出多种不同的类型。

1. 按照用途分类

按照用途的不同，可以将其分为专用于各种图稿输入的通用型扫描仪和专用于特殊图像输入的专用型扫描仪两种类别（如条码扫描器、卡片阅读机等），如图 4-31 所示。

第二代，专用人体扫描仪，俗称“裸检”

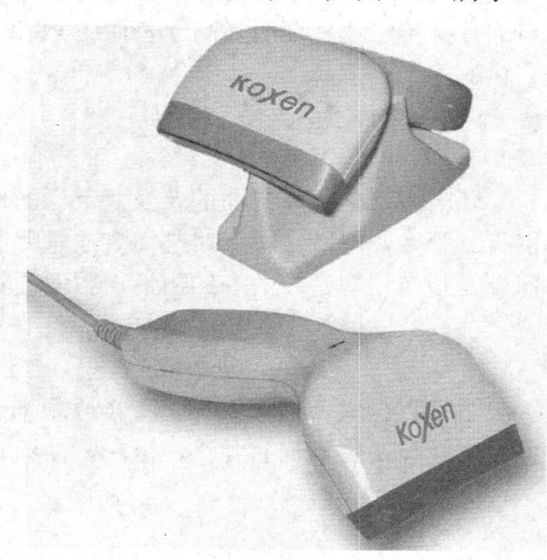

通用条码扫描器

图 4-31 扫描器用途不同

2. 扫描图像分类

根据扫描图像的幅面大小可以将扫描仪分为小幅面的手持式扫描仪、中等幅面的台式扫描仪和大幅面的工程图扫描仪 3 种类型。

其中，手持式扫描仪的扫描幅面最小，但却拥有体积小、重量轻、携带方便等优点，如图 4-32 所示。

提 示

手持式扫描仪的扫描精度相对较低，因此扫描质量与台式扫描仪和工程图扫描仪相比都有较大的差距。

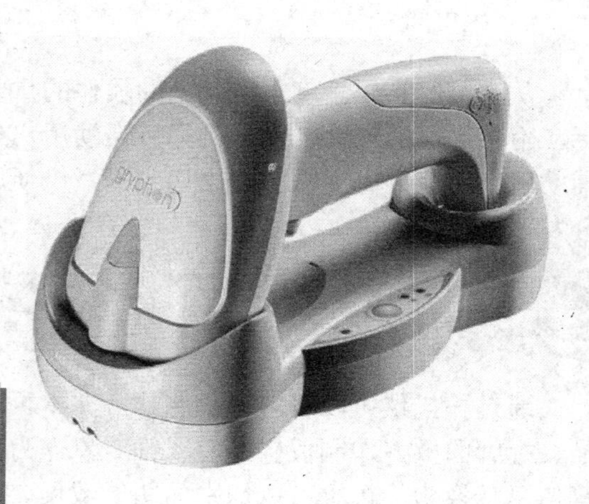

图 4-32 手持式扫描仪

相比之下，台式扫描仪的用途最广、功

能最强，种类也最多，其扫描尺寸通常为A4或A3幅面，如图4-33所示。

至于工程图扫描仪，则是这3种扫描仪中扫描幅面最大、体积也最大的类型，如图4-34所示。与前两种扫描仪相比，工程图扫描仪的扫描对象主要是测绘、勘探等方面的大型图纸。此外，在地理系统工程等方面也会用到扫描幅面较大的工程图扫描仪。

图4-33 A4幅面的台式扫描仪

3．按照扫描方式进行分类

根据图像扫描方式的不同，还可将扫描仪分为激光式扫描仪、平板式扫描仪和馈纸式扫描仪3种类型。

❑ **激光式扫描仪**

激光式扫描仪是一种能够测量物体三维尺寸的新型仪器，主要用在工业生产领域检测产品的尺寸与形状，如图4-35所示。与普通的扫描仪相比，激光式扫描仪具有准确、快速且操作简单等优点。

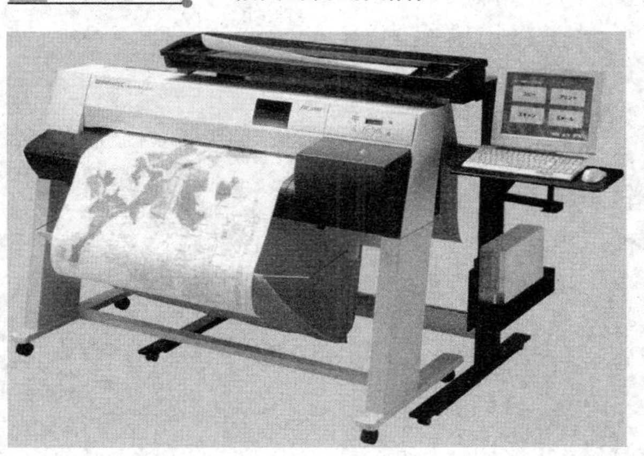

图4-34 工程图扫描仪

❑ **平板式扫描仪**

平板式扫描仪是扫描仪设备的代表产品，平常能够见到及使用的也都是平板式扫描仪。与其他类型的产品相比，平板式扫描仪具有适用面广、使用方便、性能优越、扫描质量好且价格低廉等优点。

❑ **馈纸式扫描仪**

馈纸式扫描仪（滚筒式扫描仪）通常应用于大幅面扫描领域内，以解决平板式扫描仪在扫描大面积图稿时设备过大的问题。事实上，应用于CAD、工程图纸等领域的工程图扫描仪所采用的大都是馈纸式走纸方式，如图4-36所示。

与普通平板式扫描仪相比，馈纸式扫描仪具有体积小、扫描速度快、可连续不间断扫描等优点。

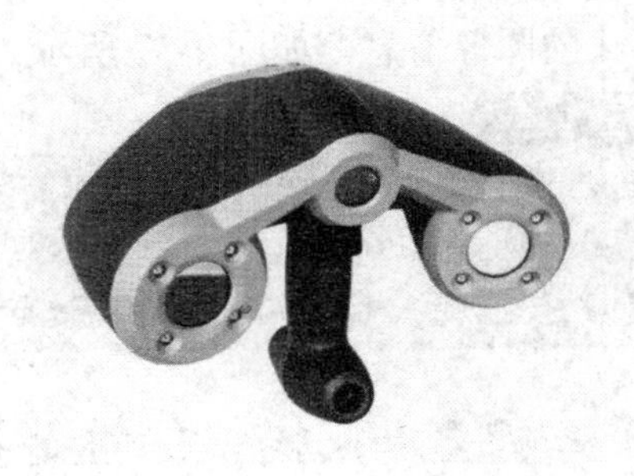

图4-35 手持式激光式扫描仪

4．按照成像方式进行分类

按照扫描仪成像方式的不同，还可将其分为CCD

扫描仪、CMOS 扫描仪和 CIS 扫描仪 3 种类型。

其中，前两种扫描仪分别依靠内部的 CCD（电荷耦合器）或 CMOS（互补金属氧化物半导体）将光学信息转换为电信号，从而实现图像介质数字化的目的。相比之下，CIS 扫描仪则是一种以“接触式图像传感器”为核心的成像系统，具有结构简单、成本低廉、轻巧实用等优点。不过，CIS 扫描仪对扫描稿的厚度和平整度要求较为严格，且成像质量较前两种扫描仪要差。

图 4-36 小型馈纸式扫描仪

4.3.2 扫描仪的工作原理

目前，常见的平板式扫描仪通常都由光源、光学透镜、扫描模组、模拟/数字转换电路和塑料外壳构成。在扫描图稿的过程中，光源会首先将光线照射至图像上，而光学透镜则会在将反射光汇聚在扫描模组上后，由扫描模组内的光电转换器件根据反射光的强弱将其转换为强度不同的模拟电信号。

接下来，模拟/数字转换电路将模拟电信号转换为“0”和“1”组成的数字信息，并在由专门的扫描软件对数据进行处理后还原为数字化的图像信息，如图 4-37 所示。

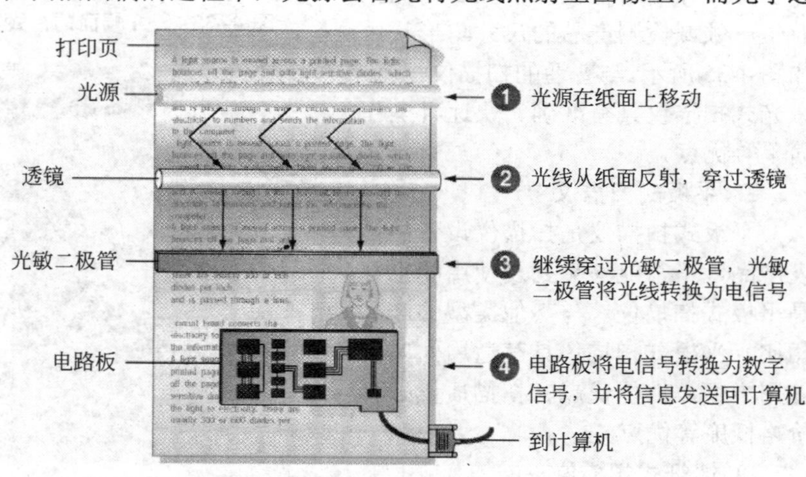

图 4-37 平板式扫描仪的工作原理

注 意

当扫描稿是菲林软片或照片底片等透明材料时，由于光线会透过扫描材料，因此扫描模组会由于收集不到足够的反射光线而无法完成工作。此时，用户只需利用一种被称为透射适配器（TMA）的装置对扫描稿进行光源补偿后，扫描仪即可正常地完成工作。

4.3.3 扫描仪的性能指标

现阶段，人们主要从图像的扫描精度、灰度层次、色彩范围、扫描速度，以及所支持的最大幅面等方面来衡量扫描仪的性能。接下来，本节便将对这些性能指标进行简单的介绍。

❑ **分辨率**

分辨率是衡量扫描仪性能的最主要指标，其含义是指扫描图像每英寸长度上所含有像素点的个数，单位为dpi（dots per inch）。简单地说，dpi值越大，所得到扫描图像内的像素点越多，对图像细节的表现能力越强，扫描图像的品质越好。

但在实际应用中，并不是分辨率越大越好。因为对于扫描稿来说，其本身的图像质量是有限的，当扫描仪的分辨率大于某一特定值时，即使是提高扫描分辨率也无法提高所得图像的质量。

❑ **灰度级**

该指标决定了扫描仪所能区分的亮度层次范围。简单地说，级数越多扫描仪所能分辨图像亮度的范围越大、层次越丰富，不同图像亮度间的过渡越自然。目前，多数扫描仪已经能够识别出256级的灰度，而这已经比肉眼所能分辨出的层次还要多。

❑ **色彩位数**

该指标用于记录图像文件在表示每个像素点的颜色时所使用的数据位数，以bit为单位。就实际应用来看，色彩位数越多，图像内红、绿、蓝每个通道所能划分的层次也就越多，将其结合后可以产生的颜色数量也就越多，图像文件内各颜色间的过渡也就越真实、自然。以色彩位数为24bit的扫描仪为例，其能够产生的数量为2^{24}=16.67M种。

❑ **扫描幅面**

扫描幅面即扫描稿的尺寸大小，目前常见的扫描幅面主要有A4、A3、A0等，但对于馈纸式扫描仪来说，在扫描稿宽度合适的情况下，其长度不会受到限制。

❑ **扫描速度**

扫描速度决定了扫描仪完成一次扫描任务所花费的时间，是表示扫描仪工作效率的一项重要指标。不过，由于扫描速度会受到分辨率、色彩位数、灰度级、扫描幅面等各种因素的影响，因此该指标通常用指定分辨率和图像尺寸下的扫描时间来表示。

4.3.4 选购扫描仪

在选购计算机外部设备时，一般情况下都是通过对比技术指标的方式来挑选产品的。然而，在多款扫描仪的价格和技术指标相差不大的情况下，往往会使用户难以作出选择。此时，在选购扫描仪时便应注意以下几点。

1. 外观

在各类商品极大地丰富，用户拥有充分选择空间的情况下，除了内在的性能和质量以外，外观便成为影响用户作出选购决定时至关重要的因素。对于IT类产品来说，除了工作的效用之外，还能够起到装点的作用，因此产品的外观是否新颖、时尚更是用户购买产品时的一个重要考虑因素。

2. 噪声的大小

无论是在家庭中，还是在办公室中，噪声都会令人感到心烦意乱。但是，由于机械传动的原因，扫描仪在工作时又会不可避免地产生一些声音。就目前情况来说，虽说扫描仪所发出的声音还没有达到令人难以忍受的地步，但在性能和价格相差不大的情况下一款安静的产品能够减小噪音对工作和生活带来的干扰。

3．配套软件

与鼠标、键盘等普通设备不同的是，扫描仪的配套软件对于扫描仪性能的发挥起着至关重要的作用。功能强大的软件不但可以大幅度地提高文字识别率和图像品质，而且还可以让扫描仪具备更加丰富的功能。

因此在选购扫描仪时，一定要了解扫描仪的配套软件，并尽可能地实际操作一番，从而了解实际效果。

4．技术支持和售后的服务

技术支持和售后服务的质量决定了产品附加值的多少，而对于计算机类产品来说，技术支持和售后服务不仅体现在维修方面，对产品使用方法的电话指导也极其重要。当然，不同厂商所提供的技术支持和售后服务也是不同的，如全国免费电话支持、保修期免费上门，以及分布广泛的维修点等。

4.4 麦克风

麦克风又称话筒，它是将声音信号转换为电信号的电声转换器件，由 Microphone 翻译而来。麦克风的种类很多，现在应用最广的是电动动圈式和驻极体电容式两大类。

4.4.1 麦克风的结构及其工作原理

麦克风出现于 19 世纪末，其目的是为了改进当时的最新发明——电话。在此后的时间里，科学家们开发出了大量的麦克风技术，并以此发展出动圈式、电容式和驻极体式等多种麦克风技术。

1．动圈式麦克风

这是目前最为常见的麦克风类型，主要由振动膜片、音圈、磁铁等部件组成，如图 4-38 所示。

工作时，膜片在声波带动下前后颤动，从而带动音圈在磁场中作出切割磁力线的动作。根据电磁感应原理，此时的线圈两端便会产生感应电流，实现声电转换。

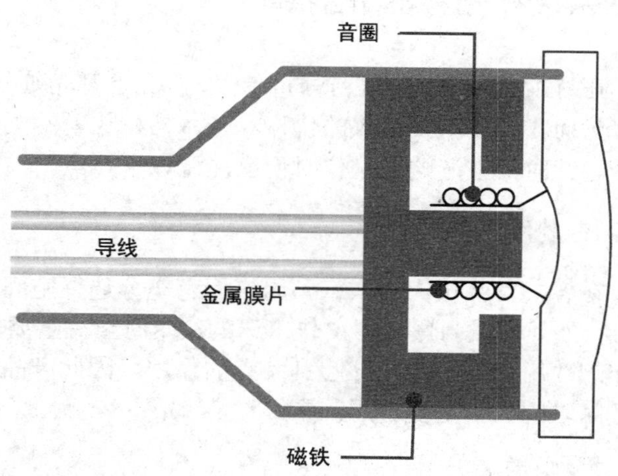

图 4-38 动圈式麦克风结构示意图

动圈式麦克风的特点是结构简单、稳定可靠、固有噪声小且使用方便，因此被广泛用于语音广播和扩声系统中。不过，由于机械构造的原因，动圈式麦克风对瞬时信号不是特别敏感，其灵敏度较低，且频率范围较窄，因此在还原高频信号时的精细度和准确度稍差。

2. 电容式麦克风

电容式麦克风依靠电容量的变化进行工作，主要由电源、负载电阻，以及一块叫做刚性极板的金属薄片和张贴在极板上的导电振膜所组成，如图 4-39 所示。其中，振膜和极板的结构便是一个简单的电容器。

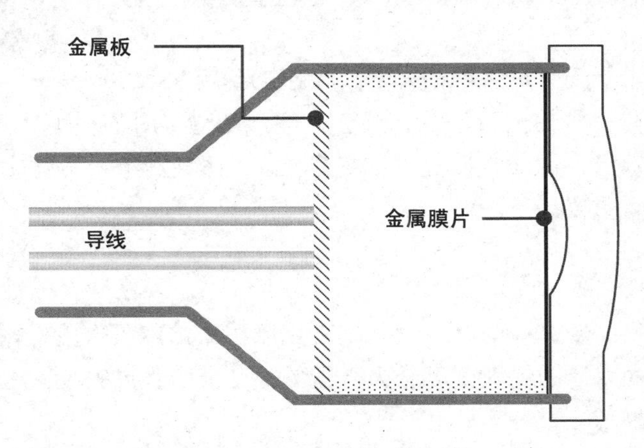

图 4-39 电容式麦克风结构示意图

工作时，当膜片随声波而发生振动时，膜片与极板间的电容量发生变化，从而影响极板上的电荷。这样一来，电路中的电流也会随即出现变化，并导致负载电阻上出现相应的电压输出，从而完成声电转换。

与动圈式麦克风相比，电容式麦克风的频率范围宽、灵敏度高、失真小、音质好，但结构复杂、成本较高，因此多用于高质量的广播、录音等领域，如图 4-40 所示。

图 4-40 电容式麦克风

3. 驻极体麦克风

这种麦克风的工作原理和电容式麦克风相同，不同之处在于它采用的是一种聚四氟乙烯材料作为振动膜片。该材料在经特殊处理后表面会永久地驻有极化电荷，从而取代了电容式麦克风的极板，因此又称驻极体电容式麦克风。

与其他类型的麦克风相比，驻极体麦克风具有体积小、性能优越、使用方便等优点，因此得到了广泛的推广。

4. 无线麦克风

无线麦克风是一种由微型驻极体电容式麦克风、调频电路和电源三部分组成的微型扩音系统。在实际使用中，无线麦克风在完成声电转换后需要借助调频电路向外输送信号，因此还需要与接收机配套使用，如图 4-41 所示。

与传统有线式麦克风相比，无线麦克风的优点在于移动时不会受到线缆的限制，使用较为灵活，且发射功率小，因此在教室、舞台、电视摄制等方面得到了广泛应用。

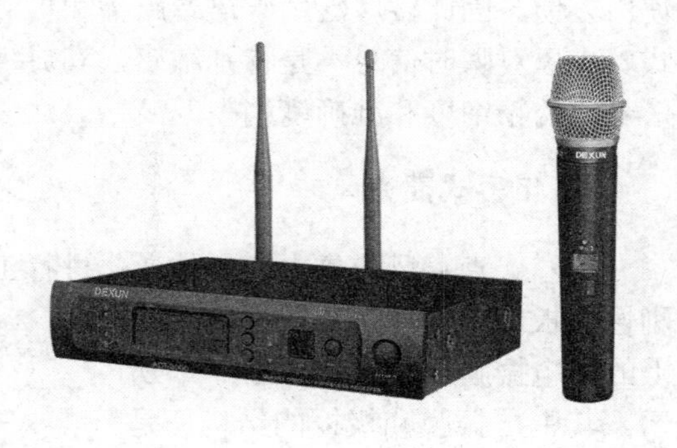

图 4-41 无线麦克风

4.4.2 麦克风的性能指标

麦克风性能的好坏不仅影响到所输入/声音信号的优劣，并且还会影响声音输出时的效果。因此，麦克风的各项性能指标显得尤为重要。

1．灵敏度

麦克风的灵敏度是指麦克风在一定声压作用下输出的信号电压，其单位为mV/Pa。麦克风的灵敏度可分为声压灵敏度及声强灵敏度。高阻抗麦克风的灵敏度常用分贝（dB）表示。

2．频率响应

频率响应是指麦克风灵敏度和频率间的关系，也就是频率特性。通常都希望麦克风灵敏度在全音频范围内保持不变，但实际上由于种种条件的影响无法做到这一点。普通麦克风的频率响应一般在100~10000Hz，质量好一点儿的为40~15000Hz。

3．输出阻抗

麦克风输出端的交流阻抗称为扬声器的输出阻抗，一般是在1kHz频率下测得的。输出阻抗分高阻和低阻，一般将输出阻抗小于2kΩ的称为低阻抗麦克风，而高阻抗麦克风的输出阻抗大都在10kΩ以上。

4．指向性

指向性是指麦克风灵敏度随声波入射方向而变化的特性。一般麦克风的指向性有3种类型：一是全指向性麦克风，即对来自四周的声波都有基本相同的灵敏度。二是单指向性麦克风，即麦克风的正面灵敏度比背面灵敏度高，并根据指向性特性曲线的形状不同又可分为心型、超心型及近超心型等。三是双向麦克风，即麦克风前后两面的灵敏度一样，两侧的灵敏度较低。

5．固有噪声

固有噪声是在没有外界声音、风振动及电磁场等干扰的环境下测麦克风的主要参数有灵敏度、频率响应、输出阻抗、指向性和固有噪声等。

4.5 摄像头

随着技术的发展和USB接口的普及，现今多数家用计算机都配备了摄像头，通过其内部电路直接把图像转换成数字信号传送到计算机上，并可通过网络进行远距离视频对话，被广泛地运用于视频聊天、视频会议、远程医疗及实时监控等方面。

4.5.1 摄像头的性能指标

网络摄像头简称WEBCAM（英文全称为web camera），它以小巧的外观和较好的图像效果吸引用户，如图4-42所示。

摄像头的品牌、型号众多，不同宣传资料上的性能参数也各不相同，使得用户往往无从下手。那么，对于一款小小的摄像头来说，真正影响其效果的性能指标到底有哪些呢？

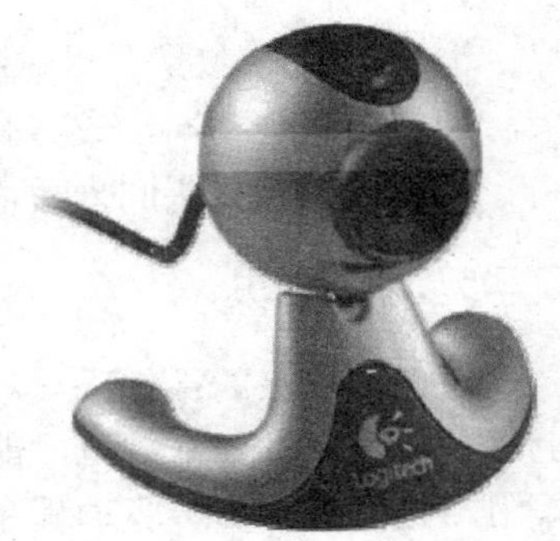

图4-42 摄像头

1. 感光元件

当前摄像头领域中主要就是CCD和CMOS两种器件。CCD具有成像灵敏度高、抗振动、体积小等优点，但价格较贵。CMOS(Complementary Metal Oxide Semiconductor)具有价格低、响应速度快、功耗低（相对CCD而言）等优点。市售摄像头基本上都是CMOS摄像头。

CCD 和 CMOS 在制造上的主要区别是 CCD 是集成在半导体单晶材料上的，而CMOS是集成在被称作金属氧化物的半导体材料上，工作原理没有本质的区别。

CCD的感光度是CMOS的3~10倍，在相同像素下CCD的成像通透性、明锐度都很好，色彩还原、曝光基本准确。而CMOS的产品往往通透性一般，由于自身物理特性的原因，CMOS的成像质量和CCD还是有一定距离的。

2. 分辨率

分辨率（Resolution）是指画面的解析度，摄像头每次采集图像的像素点数（Pixels）对于摄像头一般是直接与传感器的像元数对应。

通常所看到的分辨率都是以乘法形式表现的，比如1024×768，即像素值为80万像素，其中的1024表示屏幕上水平方向显示的点数，768表示垂直方向的点数。现在市场上有30万、80万、130万、300万、500万、800万像素等多种档次的摄像头。

注 意

需要说明的是，个别摄像头的标称像素值是插值像素值，而非真实的光学像素。所谓插值像素值，是指在真实像素周围通过计算的方法增加一些像素，将图片拉大，并没有真正提高图像的质量。

3. 帧速率

帧速率（Frame Rate）是指摄像头在1s内所能传输图像的数量，通常用fps表示。帧速率的数值越大，所传输的图像就越连贯，用户看到的影像也就越流畅。在实际应用中，帧速率至少要达到24fps人的眼睛才不会察觉到明显的停顿。

目前，主流摄像头的最大帧速率大都为30fps，也有能够达到60fps的摄像头产品，但较高的帧速率会造成数据量的增多，因此对数据接口的传输速度也有一定要求。

4. 镜头和焦距

镜头在摄像头中的地位相当于人的眼睛，拍摄的影像是否明亮清晰往往就取决于镜头的好坏。

镜头的成本在整个摄像头中占了很大的比例，所以两款相同像素相同功能的摄像头，采用的镜头不同，成本有可能相差很大。

大部分摄像头买回来后需要自己调一下焦距，这样才能得到清晰的图像效果。

5. 即插即用

现在市场上的摄像头一般都是USB接口，摄像头供电可以直接从主板USB接口供电，且符合USB 2.0规范，能够满足高清晰的视频图像传输要求，同时大多数支持即插即用，无需另外安装驱动程序和重新启动计算机。

提 示

严格地说，无驱摄像头并不是真正不需要驱动程序，只是驱动程序不需要用户动手安装，更加人性化而已。它实质上是利用了USB视频设备标准协议（USB Video Class，UVC），按照微软规定的统一接口方案进行设计，统一了设备的驱动程序，从而实现操作系统自动安装摄像头驱动程序的目的。

提 示

另外还有像素深度(Pixel Depth)、曝光方式(Exposure)、快门速度(Shutter)、像元尺寸(Pixel Size)、光谱响应特性(Spectral Range)、感光区靶面尺寸等性能参数，这里不再给予介绍。

4.5.2 摄像头的选购

但由于目前市场上摄像头的品牌众多，产品性能也是参差不齐，因此在购买摄像头时需要注意以下几个问题。

1. 确定像素值和最大帧率

视频捕获能力是选择摄像头时需要重点关注的问题之一，通常只有达到30fps时的捕获效果才能够非常流畅。随着计算机性能和网络环境的提升，高清视频传输也变得越来越流畅，在条件许可的情况下，尽量采用高像素值及高帧率的摄像头。

2. 选择外观

对于众多消费者而言，网络摄像头的外观设计风格、所搭配的计算机种类，以及与桌面空间的整体颜色协调度都能对最终的选择起到较大的引导作用。

诚然，一款拥有出彩漂亮外观的网络摄像头往往令众人一见钟情进而流连忘返，如果购买者再仔细推敲下所钟爱的摄像头的其他技术参数，或者基于强大品牌的引导，那基本上消费者就不会再对其他的网络摄像头多看一眼了。

3. 镜头的选择

尽量选择玻璃镀膜镜头，以期获得较好的成像质量，适应不同的使用环境。用户在选购摄像头时还要注意询问商家所选产品是否提供手动调焦功能。

4. 附加功能、附加软件

注意质保和一些附加功能，如驱动程序、附加软件是否齐备，摄像头是否内置麦克风、角度调节是否方便、底座固定装置是否合理、有无支持夜视功能，等等。

4.6 实验指导：使用麦克风录音

麦克风是目前人们捕捉声音、录取音频的主要工具，人们平常所听到的唱片、磁带都是通过麦克风配置其他录音设备得到的。其实，在将麦克风连接在计算机上后，用户只需借助于 Windows XP 自带的录音机程序即可方便地录取音频，接下来便将对其方法进行介绍。

1. 实验目的

- ❑ 调节麦克风音量。
- ❑ 选择录音效果。
- ❑ 保存音频文件。

2. 实验步骤

1 将麦克风接头插入主机对应接口后，执行【开始】|【程序】|【附件】|【娱乐】|【录音机】命令，打开录音机程序主界面，如图 4-43 所示。

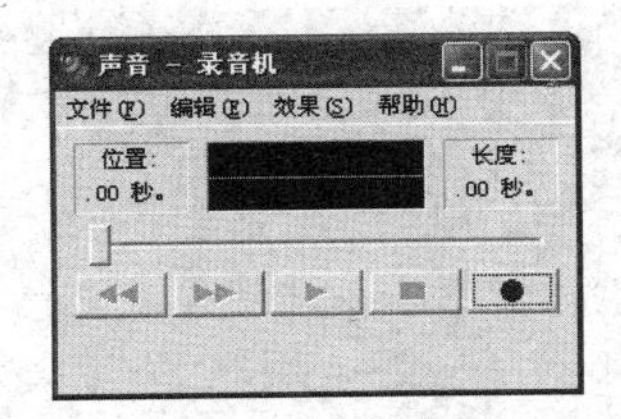

图 4-43 录音机主界面

2 执行【编辑】|【音频属性】命令，并在弹出对话框中的【录音】选项组中单击【音量】按钮，如图 4-44 所示。

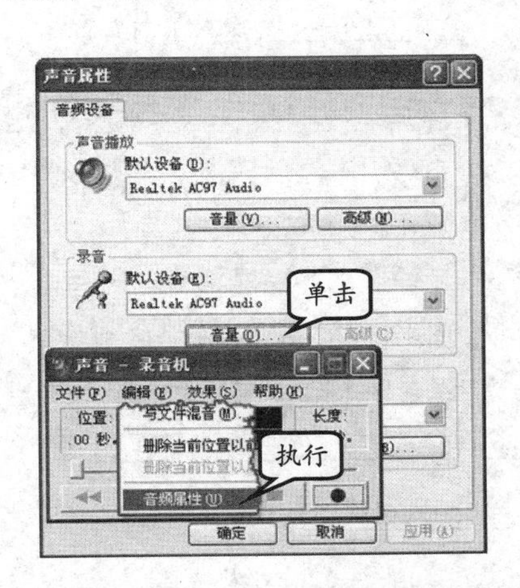

图 4-44 【声音属性】对话框

3 在弹出的【录音控制】对话框中执行【选项】|【属性】命令，如图 4-45 所示。

4 在【属性】对话框中启用【麦克风】复选框，并单击【确定】按钮，如图 4-46 所示。

5 在弹出的【录音控制】对话框中将麦克风音量调至最大，并关闭该窗口，如图 4-47

所示。

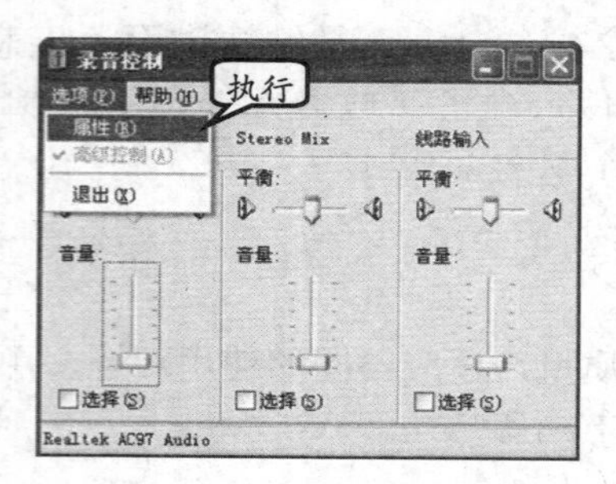

图 4-45　【录音控制】对话框

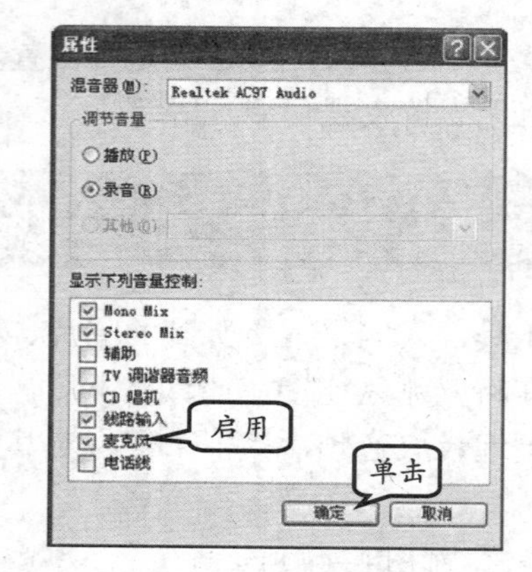

图 4-46　设置录音属性

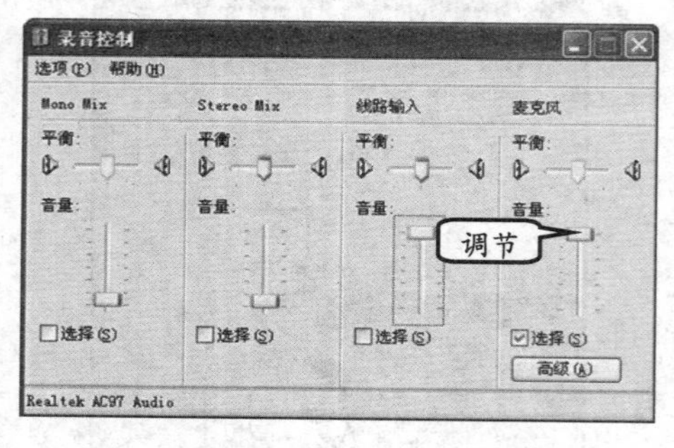

图 4-47　调节麦克风音量

6　在【声音-录音机】对话框中单击【录音】按钮开始录音，如图 4-48 所示。

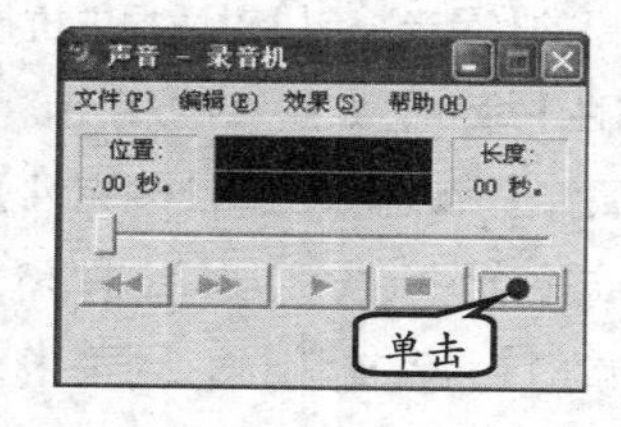

图 4-48　开始录音

7　录音完成后，单击【停止】按钮，如图 4-49 所示。

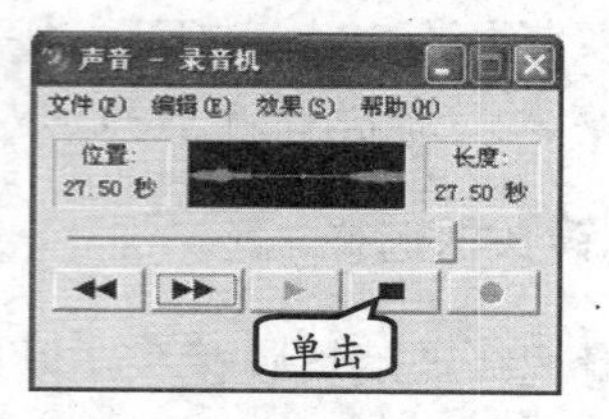

图 4-49　结束录音

8　在【声音-录音机】对话框中执行【效果】|【加大音量】命令，如图 4-50 所示。

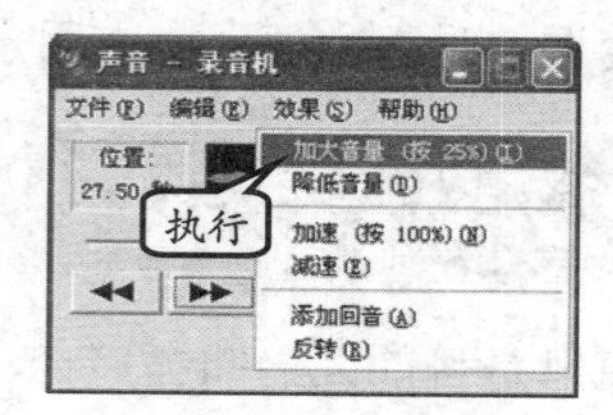

图 4-50　选择效果

9　单击菜单栏中【文件】选项，并执行【保存】命令保存文件，如图 4-51 所示。

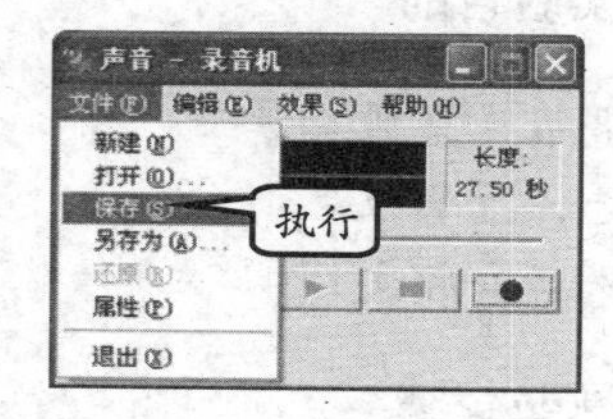

图 4-51　保存文件

10　在弹出的【另存为】对话框中，设置文件保存路径及输入文件名，并单击【保存】按钮，如图 4-52 所示。

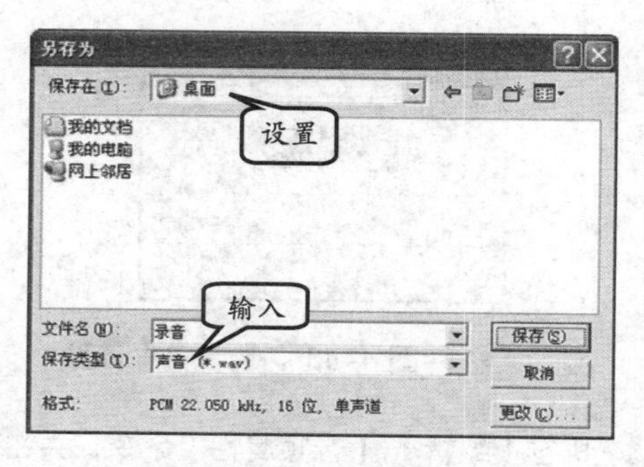

图 4-52　设置保存路径及文件名

4.7 实验指导：调整鼠标设置

鼠标是日常操作计算机时使用最为频繁的设备之一，合理地设置鼠标不仅能给使用者良好的使用感受，还能在一定程度上提高工作效率。接下来介绍调整鼠标设置的方法。

1. 实验目的

- ❑ 设置指针外观。
- ❑ 设置指针移动效果。
- ❑ 设置滑轮一次滚动行数。

2. 实验步骤

1 执行【开始】|【设置】|【控制面板】命令。在【控制面板】窗口中双击【鼠标】图标，如图 4-53 所示。

图 4-53　双击【鼠标】图标

2 在弹出对话框的【鼠标键】选项卡中启用【鼠标键配置】选项组内的【切换主要和次要的按钮】复选框，如图 4-54 所示。

3 选择【指针】选项卡，单击【方案】下拉按钮，并在弹出的列表中选择【Windows 标准（大）（系统方案）】选项，如图 4-55 所示。

提　示

在选择鼠标指针方案后，用户还可以在自定义列表中选择自己喜欢的指针外观，及是否启用指针阴影等设置。

4 选择【指针选项】选项卡，启用【可见性】选项组内的【显示指针踪迹】复选框，并移动滑块设置其长短，如图 4-56 所示。

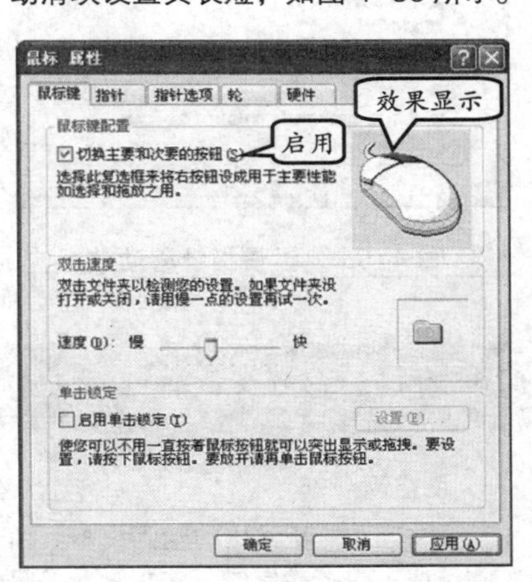

图 4-54　设置鼠标键

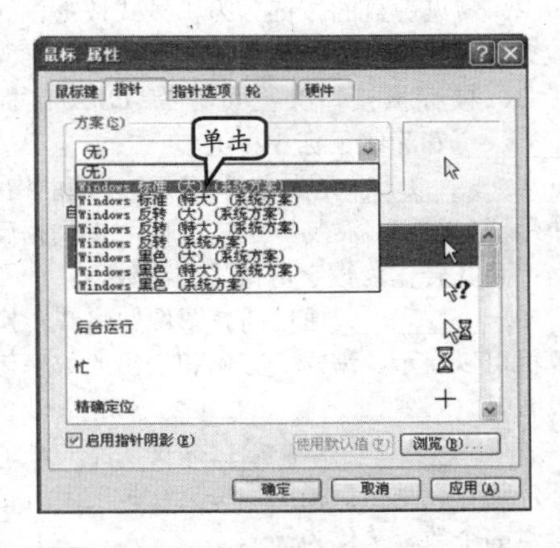

图 4-55　设置指针外观

提　示

可见性可显示鼠标指针移动的轨迹，设置移动和可见性可改变鼠标指针移动的灵活程度和视觉效果。

5 选择【轮】选项卡，在【滚动】选项组内设置【一次滚动下列行数】为 5，如图 4-57

所示。

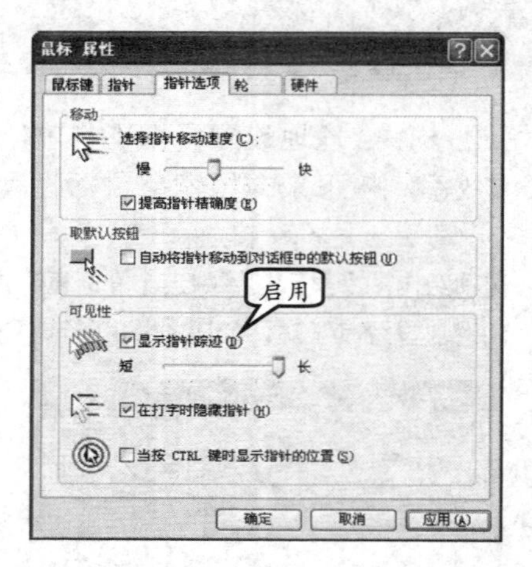

图 4-56 设置指针移动效果

图 4-57 设置滑轮一次滚动行数

6 单击【应用】按钮，并单击【确定】按钮，完成设置。

4.8 思考与练习

一、填空题

1. __________是常用的输入设备，由一组开关矩阵组成，包括数字键、字母键、符号键、功能键及控制键等。

2. 常见键盘的按键分为机械式按键、导电橡胶式按键、薄膜式按键和__________4 种类型。

3. 鼠标按接口类型可分为 PS/2 鼠标、__________和无线鼠标 3 种类型。

4. __________是光电鼠标的重要性能指标，简单地说，是指鼠标感应器在 1s 内所接收光反射信号并将其转化为数字电信号的次数。

5. __________通过捕获图像并将其转换为计算机可以显示、编辑、存储和输出的数字化输入设备。

6. __________是衡量扫描仪性能的最主要指标，其含义是指扫描图像每英寸长度上所含有像素点的个数，单位为 dpi。

7. __________手写板主要由两层电阻薄膜组成，其上层电阻薄膜可变形，而下层则是由一层固定的电阻薄膜所构成的，两层间利用空气进行隔离。

8. 电磁压感式手写板的特点是较为灵敏，且手感较好，但对__________的要求较高。

9. __________是目前最为常见的麦克风类型，主要由振动膜片、音圈、磁铁等部件组成。

10. 色彩位数反映了摄像头能正确记录色调的多少，色彩位数值越__________，越能真实地还原景物亮部及暗部的细节。

11. 摄像头所用的成像感光器件只有两种类型，一种是__________，另一种则是 CMOS。

二、选择题

1. 在下列设备中，不属于输入设备的是__________。

   A. 键盘
   B. 显示器
   C. 鼠标
   D. 扫描仪

2. 在键盘的结构中，__________是整个键盘的核心，主要由逻辑电路和控制电路所组成。

   A. 键盘外壳
   B. 电路板
   C. 键盘按键
   D. 三者都是

3. 在所有鼠标及具有类似功能的设备中，__________在笔记本计算机上用得最为普遍。

   A. 指点杆和触模板
   B. 滚轴鼠标
   C. 感应鼠标
   D. 四键鼠标

4. 目前在市面上大部分的扫描仪都属于__________扫描仪。

A. 手持式扫描仪

B. 滚筒式扫描仪

C. CIS 扫描仪

D. 平板式扫描仪

5. 灰度级表示图像的亮度层次范围，级数越多扫描仪图像亮度范围越大、层次越丰富，目前多数扫描仪的灰度可达到__________级。

A. 200

B. 255

C. 256

D. 300

6. 与其他类型的麦克风相比，__________具有体积小、性能优越、使用方便等优点，因此得到了广泛的推广。

A. 动圈式麦克风

B. 电容式麦克风

C. 驻极体麦克风

D. 无线麦克风

7. 目前市场上的摄像头多数采用__________接口，支持即插即用。

A. 串口

B. 1394 火线

C. USB 2.0

D. SATA

三、简答题

1. 简述键盘的工作原理。
2. 简述扫描仪的工作原理。
3. 简述扫描仪的性能指标。
4. 麦克风都有哪些类型，分别拥有怎样的结构？
5. 什么是无驱摄像头？它的实现原理是什么？

四、上机练习

修改键盘设置

一直以来，键盘都是日常应用计算机时使用最为频繁的输入设备之一，因此所用键盘是否符合用户的操作习惯在一定程度上影响着工作效率。

打开 Windows 操作系统内的控制面板后，双击【键盘】图标打开键盘设备程序。在弹出对话框的【速度】选项卡中即可对键盘的按键灵敏度和反应速度进行调整，如图 4-58 所示。

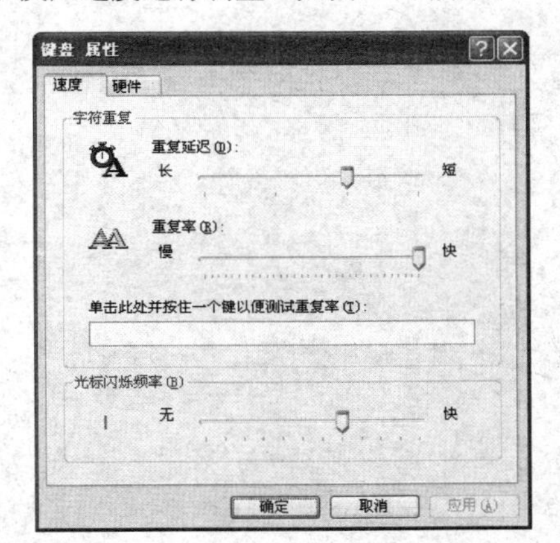

图 4-58 调整键盘设置

第 5 章

计算机输出设备

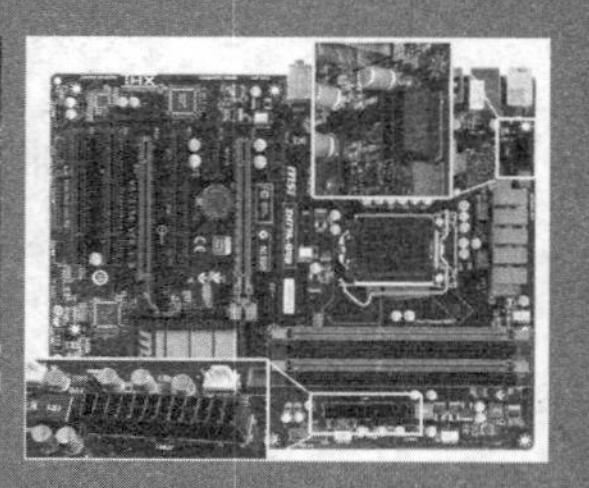

人与计算机之所以能够交互，除了输入设备可以将计算机的内容输入到计算机内之外，还可以将计算机中的内容通过输出设备输出来。

因此，输出设备也是计算机不可缺少的外边设备，而输出设备直接反应出人与计算机交互的过程。也可以将其内部的二进制信息转换为数字、字符、图形图像、声音等人们所能够识别的媒体信息供用户查看。

本章学习要点：

- 显卡
- 显示器
- 声卡
- 音箱
- 打印机

5.1 显卡

显卡是计算机处理和传输图像信号的重要部件。显卡可以将计算机内的各种数据转换为字符、图形及颜色等信息，并通过显示器呈现在用户面前，使用户能够直观地了解计算机的工作状态和处理结果。

5.1.1 显卡概述

显卡（Graphics Card，又称“显示适配器”或“图形卡”）是显示器与计算机主机间的桥梁，使用专门的总线接口与主板进行连接。通过不断接收和转换计算机传来的二进制图形数据，显卡能够将转换后的数据信号通过专用接口和线缆传输至显示器，使其生成各种美丽的画面，如图 5-1 所示。

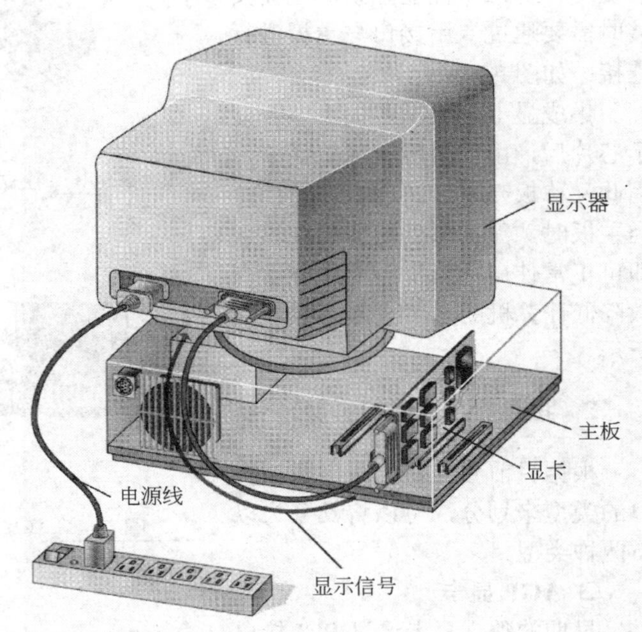

图 5-1 显卡与显示器

早在 1981 年，显卡只起到信号转换的作用，当时的 IBM 推出了两款分别配有单色（MDA，Monochrome Display Adapter）显卡和彩色（CGA，Color Graphic Adapter）图形显卡的个人计算机。

这两款计算机的出现标志着个人计算机显卡的诞生。此后，随着计算机硬件技术的发展，陆续出现了 EGA、VGA、SGVA 等多种显示标准的显卡产品。

显卡发展到现在，各种显卡产品都带有3D图形运算和图形加速功能，因此也被称为“图形加速卡”或“3D 加速卡”，如图 5-2 所示即为目前一款常见的显卡产品。

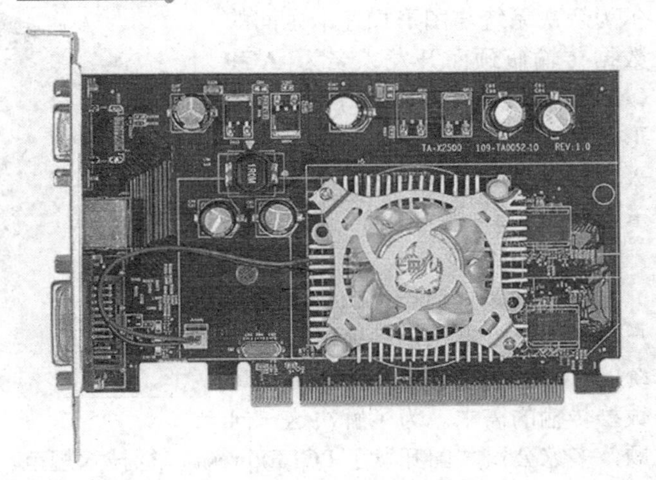

图 5-2 当前常见的显卡

5.1.2 显卡分类

显卡的发展速度极快，从 1981 年单色显卡的出现到现在各种图形加速卡的广泛应用，其类别多种多样，所采用的技术也各不相同。

1．按照显卡的构成形式划分

按照显卡构成形式的不同，可以将显卡分为独立显卡和集成显卡两种类型。其中，独立显卡是指那些以独立板卡形式出现在人们面前的显卡，特点是性能强劲，但在安装时需要通过专用接口与主板进行连接，如图 5-3 所示。

图 5-3　独立显卡

集成显卡则是指主板在整合显示芯片后，由主板所承载的显卡，因此又称板载显卡。用户在使用此类主板时，无需额外配备独立显卡即可正常使用计算机，因此能够有效降低计算机的购买成本，如图 5-4 所示。

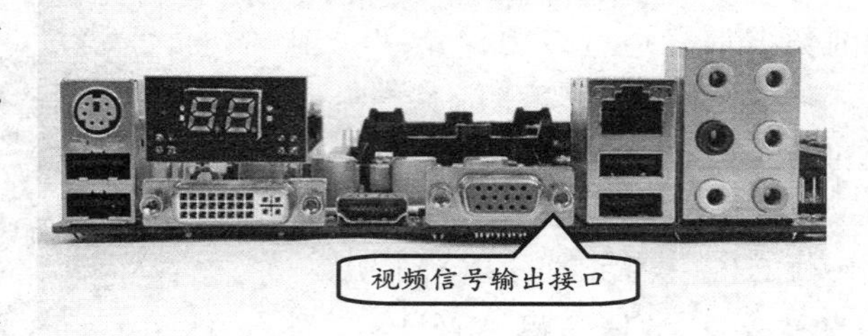

图 5-4　集成显卡功能的主板

2．按照显卡的接口类型划分

根据目前独立显卡所用数据接口的类型来划分，可以将其分为以下两种类型。

❑ AGP 显卡

早期的独立显卡通过 PCI 接口与主板进行数据交换的，随后英特尔为解决系统与图形加速卡之间的数据传输瓶颈而开发了名为 AGP（Accelerated Graphics Port，加速图形端口）的局部图形总线技术，而采用该接口的显卡便称为 AGP 显卡，如图 5-5 所示。

图 5-5　AGP 显卡

❑ PCI-E 显卡

随着图像处理技术的发展和用户对 3D 游戏需求的急速增长，传统的 AGP 接口已经无法满足大量数据传输的需求。为了解决这一问题，多家公司共同开发了 PCI Express 串行技术规范。

PCI Express 是在 PCI 基础上发展而来的一种新型总线技术，其接口分为 X1、X2、X4、X8、X12、X16 和 X32 多个不同的数据带宽标准。与传统 PCI 总线在单一时间周期内只能实现单向传输不同的是，PCI Express 采用了新型的双单工连接方式，即一个 PCI Express 通道由两个独立的单工连接组成，如图 5-6 所示。

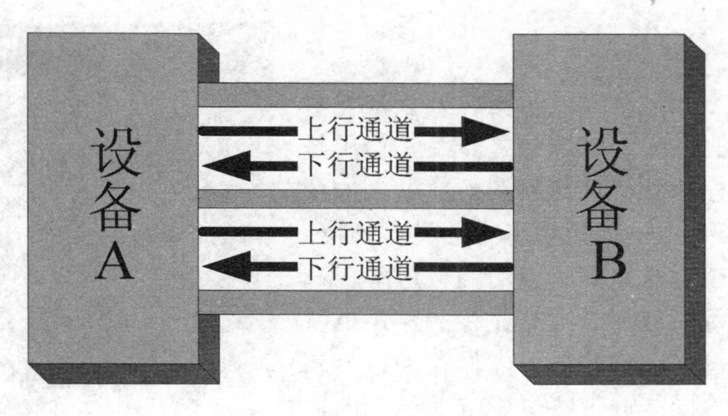

图 5-6 PCI Express 通道结构示意图

对于广大用户而言，PCI Express 接口带来的是显卡性能的大幅度提升。以常见的 PCI-E X16 显卡为例，其 4.8GBps 的数据传输率远高于 AGP 8X 显卡每秒 2.1GB 的数据流量，因此一经推出便很快占据市场，如图 5-7 所示。

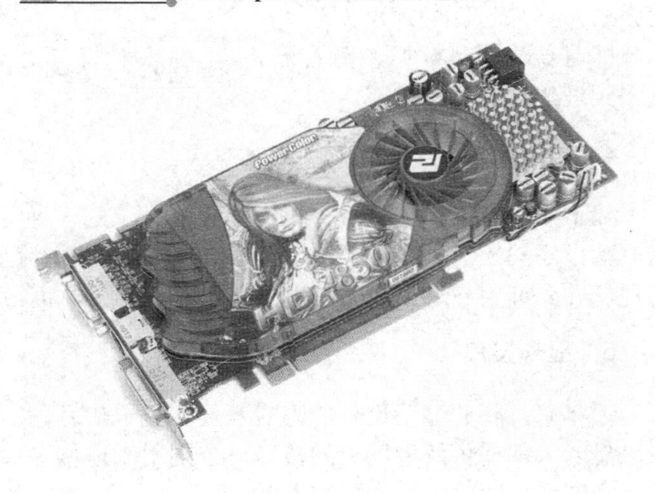

图 5-7 采用 PCI Express 接口的显卡

5.1.3 显卡的组成结构

显卡发展至今，其结构越来越复杂，共由显示芯片、显示内存、VGA BIOS、金手指等多个部分所组成。

1．显示芯片

显示芯片负责处理各种图形数据，是显卡的核心组成部分，其工作能力直接影响着显卡的性能，是划分显卡档次的主要依据，如图 5-8 所示。

图 5-8 显示芯片

2．RAMDAC

RAMDAC 即“随机存取内存数字/模拟转换器”（简称“数模转换器”），功能是将显存内的数字信号转换为能够用于显示的模拟信号。RAMDAC 的转换速度以 MHz 为单位，其转换速度越快，图像越稳定，在显示器上的刷新频率也就越高。

随着显卡生产技术的提高，RAMDAC 芯片早已集成到了显示芯片内，因此在现如今的显卡上已经看不到独立的 RAMDAC 芯片了。

3. 显存

显存（显示内存）也是显卡的重要组成部分之一，其作用是存储等待处理的图形数据，如图5-9所示即为显卡上的显存颗粒。显示器当前所使用的分辨率、刷新率越高，所需显存的容量也就越大。除此之外，显存的速度和数据传输带宽也影响着显卡的性能，因为无论显示芯片的功能如何强劲，如果显存的速度太慢，无法即时传送图形数据，仍然无法得到理想的显示效果。

图 5-9 显存芯片

4. 显卡 BIOS

显卡 BIOS（VGA BIOS）是固化在显卡上的一种特殊芯片，主要用于存放显示芯片和驱动程序的控制程序、产品标识等信息。目前，主流显卡的 VGA BIOS 大多采用 Flash 芯片，并允许用户通过专用程序对其进行改写，从而改善显卡性能。

5. 显卡接口

近年来，随着显示设备的不断发展，显卡信号输出接口的类型越来越丰富。目前，主流显卡大都提供两种以上的接口，分别用于连接多种不同类型的显像设备，支持多屏显示相同或不同的画面，如图5-10所示。

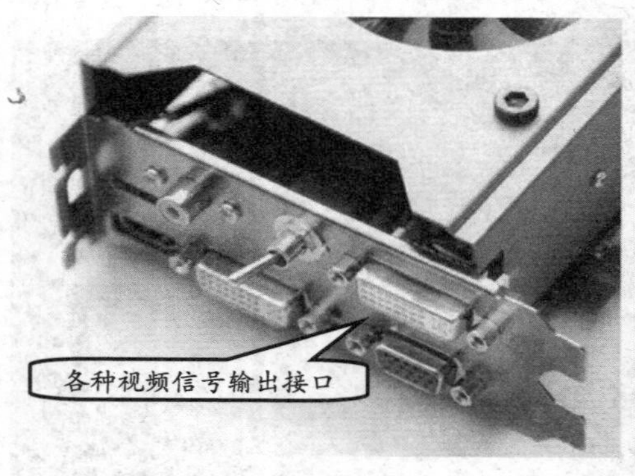

众多输出接口

Windows 7 下多屏设置

图 5-10 多屏显示

❑ D-SUB 接口

D-SUB 接口又称为 D 型 VGA 插座，这是一种三排梯形 15 孔的模拟信号输出接口，主要用于连接 CRT 显示器，如图5-11所示。

提 示

D-SUB接口被设计为梯形的原因是为了防止用户将其插反，计算机上的很多其他接口也都采用了类似的设计方式，如串行接口和并行接口等。

图 5-11 VGA 接口

❑ **DVI**

Digital Visual Interface（数字视频接口）用于输出数字信号，具有传输速度快、信号无损失，以及画面清晰等特点。该接口是目前很多LCD显示器采用的接口类型，因此也成为当前显卡的主流输出接口之一，如图 5-12 所示。

图 5-12 DVI

❑ **S-Video**

其英文全称为 Separate Video（二分量视频）接口，主要功能是将视频信号分开传送。它能够在 AV 接口的基础上将色度信号和亮度信号进行分离，再分别以不同的通道进行传输。该接口一般用于实现 TV-OUT 功能，即连接电视，如图 5-13 所示。

❑ **HDMI 接口**

HDMI 即 High Definition Multimedia Interface，中文称为"高清晰多媒体接口"，作用是连接高清电视。HDMI 的最高数据传输速率能够达到 10.2Gps，完全可以满足海量数据的高速传输。此外，HDMI 技术规范允许在一条数据线缆上同时传输高清视频和多声道音频数据，因此又被称为高清一线通，如图 5-14 所示。

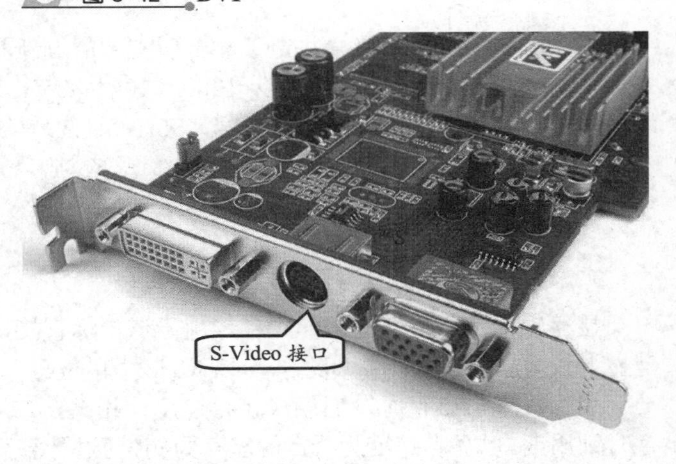

图 5-13 S-Video 接口

6. 总线接口

该部分俗称"金手指"，是显卡与主板连接的部分。根据显卡类型的不同，总线接口的样式也有一定差别。目前，主流显卡所采用的全都是 PCI-E 接口，如图 5-15 所示。

图 5-14 HDMI

图 5-15 显卡上的 PCI-E 接口

5.1.4 显卡技术指标

显卡是计算机硬件系统中较为复杂的部件之一，其性能指标相对也较多。下面将对其中较为重要的几项指标进行简单介绍。

1．显卡核心频率

显卡核心频率指显示芯片的工作频率，单位为 MHz，该指标决定了显示芯片处理图形数据的能力。不过，由于显卡的性能受到核心频率、显存、像素管线、像素填充率等多方面因素的影响。因此在显卡核心不同的情况下，核心频率的高低并不代表显卡性能的强弱。

2．RAMDAC 频率

RAMDAC 的频率直接决定了显卡所支持的刷新频率，以及所显现画面的稳定性，是影响显卡性能的重要指标。以 1280×1024@85Hz 的分辨率@刷新频率为例，所需 RAMDAC 的频率至少为 1280×1024×85Hz×1.334（带宽系数）≈141.74MHz。

目前，常见显卡的 RAMDAC 频率都已经达到 400MHz，完全可以满足用户的日常需求，所以通常不必为 RAMDAC 的频率而担心。

3．显存频率

显存频率是指显存的工作频率，由于该指标直接决定了显存带宽。因此，显存频率是显卡较为重要的技术指标之一，以 MHz 为单位。

显存频率与显存时钟周期（显存速度）相关，二者成倒数关系，即显存频率＝1/显存时钟周期。以显存速度为 2ns 的显存为例，通过计算可知其显存频率为 1/2ns=500MHz。

4．显存位宽

显存位宽是显存在单位时间内所能传输数据的位数，单位为 bit。显存位宽越大，数据的瞬时传输量也就越大，直接表现为显卡传输速率的增加。显存位宽的计算公式如下：

单颗显存位宽×显存颗数＝显存位宽

目前，市场上常见显卡的显存位宽大多为 256bit，中高端显卡的显存位宽一般为 448bit 或 512bit，而针对高端用户的顶级显卡已经达到了 896bit 甚至更大的显存位宽。

5. 显存带宽

显存带宽是指显示芯片与显存之间的数据传输速率，以 GBps 为单位。显存带宽是决定显卡性能和速度的重要因素之一，要得到高分辨率、高色深、高刷新率的 3D 画面，要求显卡具有较大的显存带宽，其计算公式如下：

显存带宽=显存工作频率×显存位宽/8

6. 3D API 技术

目前，显示芯片厂商及软件开发商都在根据 3D API 标准设计或开发相应的产品（显示芯片、三维图形处理软件、3D 游戏等）。因此，只有支持新版本 3D API 的显卡才能在新的应用环境内获得更好的 3D 显示效果。

提 示

3D API 是软件（应用程序或游戏）与显卡直接交流的接口，其作用是让编辑人员只需调用 3D API 内部程序即可启用显卡芯片强大的 3D 图形处理能力，而无须了解显卡的硬件特性，从而简化 3D 程序的设计难度，提高设计效率。

目前，应用较为广泛的 3D API 主要有以下两种。

- **DirectX**

DirectX 是微软为 Windows 平台量身定制的多媒体应用程序编辑环境，共由显示、声音、输入和网络四大部分组成，在 3D 图形方面的表现尤为出色。现如今，所有显卡都对 DirectX 提供良好的支持，其最新版本为 DirectX 11。

- **OpenGL**

OpenGL（Open Graphics Library，开放图形库接口）是计算机工业标准应用程序接口，常用于 CAD、虚拟场景、科学可视化程序和游戏开发。OpenGL 的发展一直处于一种较为迟缓的状态，每次升级时的新增技术相对较少，大多只是对之前版本的某些部分做出修改和完善。

5.1.5 多卡互联技术

随着用户需求的不断提高，即使是当今的顶级显卡也已无法满足某些高端应用的图形数据处理需求。为此，人们开始寻求一种能够快速提高图形数据处理能力的方法，多卡互联技术由此诞生。

1. 多卡互联技术概述

简单地说，多卡互联技术的原理是将多块显卡连接在一起后，共同处理图形数据，以此来提高显示系统的整体性能，其构成形式如图 5-16 所示。

2. 主流的多卡互联技术

目前，nVIDIA 公司和 AMD 公司都推出了自己的多卡互联技术，下面将对其分别进行介绍。

❑ **SLI 技术**

SLI（Scalable Link Interface，交错互连）是 nVIDIA 公司于 2005 年 6 月推出的一项多 GPU 并行处理技术。在该技术的支持下，两块显卡将通过连接子卡联系在一起，工作时各承担一部分图形处理任务，从而使计算机的图形处理性能得到近乎翻倍的提升，如图 5-17 所示即为 SLI 双卡互联时用到的连接子卡。目前，NVIDIA 推出了 2-Way SLI、3-Way SLI 和 Quad SLI 等多卡交错互联技术。

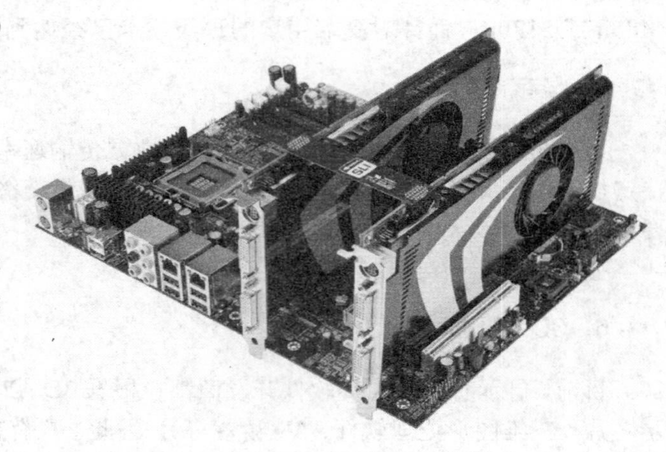

图 5-16 双卡互联技术的连接模型

提 示

在 nVIDIA 公司的 SLI 系统中，只有显示芯片内集成有 SLI 控制功能，且具备 SLI 互联接口的显卡才能够组建 SLI 多卡互联系统。

在 SLI 模式中，各块显卡的地位并不对等，而是一块显卡作为主卡(Master)，其他则作为副卡(Slave)。其中，主卡负责任务指派、渲染、后期合成、输出等运算和控制工作，副卡只是在接收来自主卡的任务并进行相应处理后，将运算结果传送回主卡。

图 5-17 SLI 连接子卡

提 示

SLI 技术最初源于 3dfx 公司，但该公司已经在与 nVIDIA 公司的竞争中被其收购。

❑ **CrossFire 技术**

CrossFire（交叉火力，简称“交火”技术）是 AMD 公司针对 SLI 技术而推出的多卡互联技术，其原理与 SLI 类似。不过，CrossFire 模式下的两块显卡通过显卡接口在机箱外部连接，不需要使用专门的双卡互联接口，如图 5-18 所示。

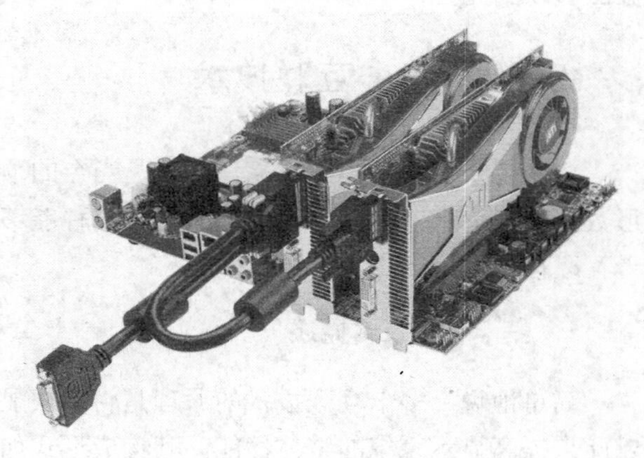

图 5-18 CrossFire 双卡互联模型

5.1.6 显卡的选购

在计算机的显示系统中，显卡的重要性要略高于显示器。因为显卡的性能及稳定性不好，很可能造成计算机长时间无法正常运行，所以在配置计算机时挑选一款优质的显卡便显得尤为重要。

1．选购目的

选购显卡时，首先要确定购买的用途，如对于一般办公用户来说，可以选择集成显卡或者低端的独立显卡；而对于玩游戏、制图或编辑视频的用户来说，则应选择性能较为强劲的中、高端显卡。

2．要与 CPU 配套

显卡与 CPU 是计算机硬件系统内最为重要的两块数据处理芯片，虽然各自所处理的数据类型不太相同，但在某些应用环境内需要两者互相协助才能够更好地完成任务。

因此，在购买显卡的同时还需要衡量 CPU 的性能，以免出现性能不均衡导致的资源浪费。

3．做工与用料

虽然显卡的生产厂商众多，但生产、研制显卡芯片的却只有两个公司，分别为 nVIDIA 或 AMD（ATI 被收购后划入 AMD 的图形部门）。

因此，同型号或同档次显卡之间的性能或质量差异多数情况下只能通过显卡用料与做工进行对比。

4．PCB 的质量

PCB（Printed Circuit Board，印刷电路板）由多层树脂材料粘合在一起所组成，内部采用铜箔走线，是电子产品的电路基板。典型的 PCB 板共分 4 层，最上和最下的两层为“信号层”，中间两层分别被称为“接地层”和“电源层”。

PCB 板的层数越多，整体的高频稳定性越好，但设计相对越困难，成本也更高。目前，中低端显卡一般采用 4~6 层 PCB 板，高端显卡则会采用 8 层甚至 10 层的 PCB 板。

5．金手指

金手指是显卡与主板连接的部分，对于显卡的供电及数据传输起着至关重要的作用。高品质显卡的金手指颜色呈金色发暗，从侧面看还具有一定厚度，而且边缘进行了打磨或切割，不会对插槽造成损伤。

5.2　显示器

显示器是用户与计算机进行交互时必不可少的重要设备，其功能是将来自显卡的电信号转化为人类可以识别的媒体信息。这样一来，用户便可通过文字、图形等方式查看计算机的运行状态及处理结果。

5.2.1 显示器的分类

早期的计算机没有任何显像设备，但随着用户的使用需求，以显示器为代表的显示设备逐渐产生并发展成为计算机的重要设备。目前，常见显示器可以根据以下标准分为多种类型。

1. 按尺寸划分

根据尺寸对显示器进行划分是最为直观、简洁的分类方法。目前市场上常见的显示器产品以 22″（英寸）为主。除此之外，还有 19″、24″及更大尺寸的显示器产品，如图 5-19 所示。

图 5-19 测量显示器尺寸

2. 按显像技术划分

随着计算机技术不同的发展，显示器也发生着翻天覆地的变化。尤其在成像技术上有很大的变化。

❑ **CRT 显示器**

CRT 显示器是一种使用阴极射线管（Cathode Ray Tube）的显示器，阴极射线管主要由 5 部分组成：电子枪（Electron Gun）、偏转线圈（Deflection coils）、荫罩（Shadow mask）、荧光粉层（Phosphor）及玻璃外壳，如图 5-20 所示。

图 5-20 CRT 显示器

此外，作为 CRT 显示器重要组成部分的显像管又分为柱面管和纯平管等类型。其中，柱面管从水平方向看呈曲线状，而在垂直方向则为平面，特点是亮度高、色彩艳丽饱满，代表产品是索尼公司的特丽珑（Trinitron）和三菱公司的钻石珑（Diamondtron）。

相比之下，纯平管在水平和垂直方向上均实现了真正的平面。由于该设计能够使人眼在观看屏幕时的聚焦范围增大，而失真反光则被减小到最低限度，因此看起来更加舒服和逼真。纯平管的代表产品有索尼平面珑、LG 未来窗、三星丹娜管，以及三菱纯平面钻石珑等。

❑ **LCD 显示器**

LCD 显示器即液晶显示器，优点是机身薄，占地小，辐射小，给人以一种健康产品的形象。但实际情况并非如此，使用液晶显示屏不一定可以保护到眼睛，这需要看各人使用计算机的习惯，如图 5-21 所示。

❑ **等离子显示器**

等离子显示器是一种利用气体放电促使荧光粉发光并进行成像的显示设备。与 CRT 显示器相比，等离子显示器具有屏幕分辨率大、超薄、色彩丰富和鲜艳等特点；与 LCD 显示器相比则具有对比度高、可视角度大和接口丰富等特点，如图 5-22 所示。

图 5-21 LCD 显示器

图 5-22 等离子显示器

等离子显示器的缺点在于生产成本较高，且耗电量较大。并且，由于等离子显示器更适于制作大尺寸的显示设备，因此多用于制造等离子电视。

提 示

等离子显示器的英文为 Plasma Display Panel （PDP），在为等离子显示器安装频道选台器等设备后，便可将其称之为等离子电视（Plasma TV）。

❑ LED 显示器

LED（即 light emitting diode，发光二极管的英文缩写，LED）是一种通过控制半导体发光二极管的显示方式来显示文字、图形、图像、动画、行情、视频、录像信号等各种信息的显示屏幕，如图 5-23 所示。目前，LED 显示已经成为主流显示器。

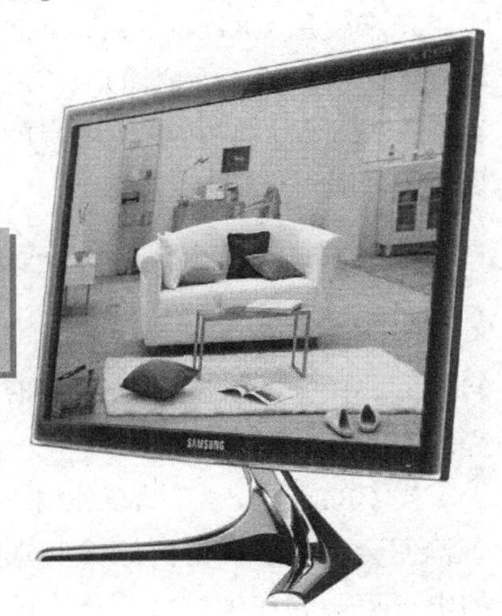

图 5-23 LED 液晶显示器

❑ 3D 显示器

3D 显示器一直被公认为显示技术发展的终极梦想，多年来有许多企业和研究机构从事这方面的研究。日本、欧美、韩国等发达国家和地区早于 20 世纪 80 年代就纷纷涉足立体显示技术的研发，于 20 世纪 90 年代开始陆续获得不同程度的研究成果，现已开发出需佩戴立体眼镜和不需佩戴立体眼镜的两大立体显示技术体系。

传统的 3D 电影在荧幕上有两组图像（来源于在拍摄时互成角度的两台摄影机），观众必须戴上偏光镜才能消除重影（让一只眼只看一组图像），形成视差（parallax），产生立体感，如图 5-24 所示。

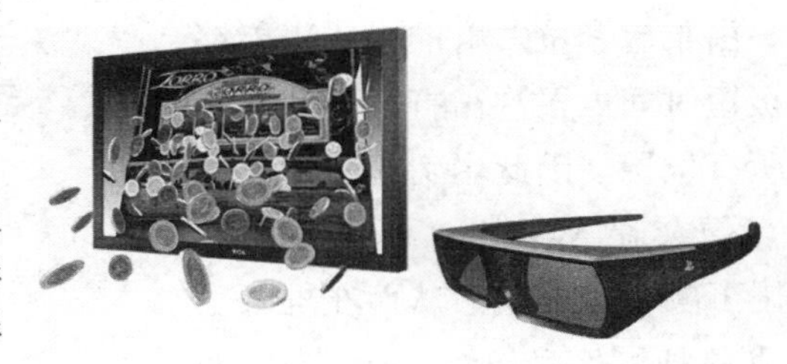

图 5-24 3D 显示器与立体眼镜

3. 按屏幕比例划分

屏幕比例是指显示器屏幕长与宽的比值。根据类型的不同，不同显示器的屏幕比例也都有所差别。例如，主流LED显示器的屏幕比例分为4:3、5:4、16:9和16:10这4种类型。

屏幕比例：4:3（普屏）

屏幕比例：5:4（普屏）

屏幕比例：16:9（宽屏）

屏幕比例：16:10（宽屏）

图5-25 不同比例的显示器

5.2.2 CRT显示器

目前，CRT显示器虽然已经退出了主流显示器市场，但仍然有不少用户在使用CRT显示器。下面简单介绍一下CRT显示器的工作原理和性能指标等内容，以便用户能够更好地了解CRT显示器。

1. CRT显示器的工作原理

CRT显示器主要由电子枪、偏转线圈、荫罩、荧光粉层和玻璃外壳这5大部分组成。

当CRT显示器开始工作时，电子枪便会不断射出经过聚焦和加速的电子束，并在偏转线圈产生的磁场作用下，通过荫罩从左至右、从上至下击打在玻璃外壳内部的荧光粉层上，从而形成光点，如图5-26所示。

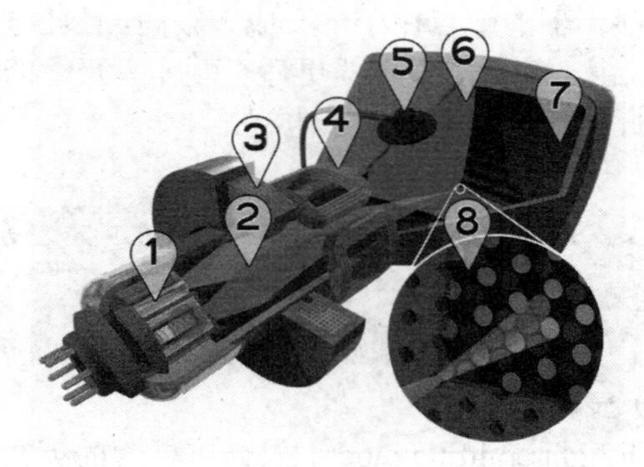

图5-26 CRT显示器工作示意图

①电子枪；②电子束；③聚焦线圈；④偏向线圈；⑤阳极接点
⑥电子束遮罩用于分隔颜色区域；⑦萤光幕分别涂有红绿蓝3种萤光剂；⑧彩色萤光幕内侧的放大图

由于电子枪发射的电子束能够在极短时间内多次击打荧光粉层内的所有位置，因此由荧光粉发出的光点便会在人眼的“视觉残留”作用下融合在一起，从而在屏幕上形成各种图案和文字，如图5-27所示。

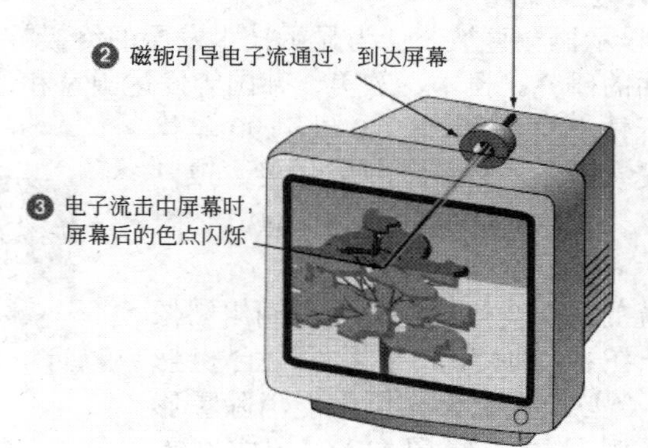

图5-27 CRT显示器成像示意图

2. CRT显示器的主要参数

由于CRT显示器的亮度和对比度较高，并且在显示图像时能够提供较为鲜艳、清晰的画面，因此仍然是很多图形用户的首选显示器类型。下面来了解一下 CRT 显示器的部分性能指标。

❑ **点距**

点距（Dot Size）是指显示器屏幕上两个相同颜色发光点之间的距离，也就是阴极射线管（CRT）内的两个相邻同色荧光点之间的最短距离，如图5-28所示。点距参数的意义在于，在屏幕大小相同的情况下，点距越小，所显示的图形就越为细腻、清晰。

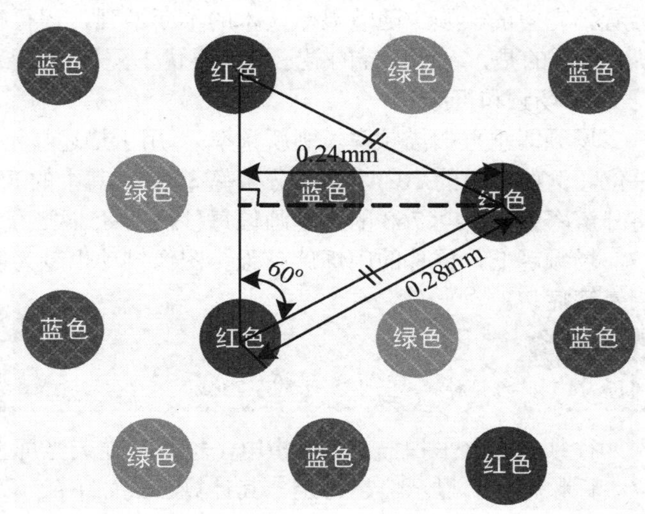

图5-28 点距示意图

❑ **像素和分辨率**

像素是组成图像的最小单位，分辨率则是指屏幕上像素的数目。例如，1024×768像素的分辨率是指在显示器屏幕的水平方向有1024个像素，而在垂直方向上有 768 个像素，其像素总量为1024×768=786432。

可以看出，显示器所支持的分辨率越大，需要的像素数量就越多，但产生的显示效果也会越好。

图5-29 逐行扫描方式

❑ **扫描方式**

扫描方式分为逐行扫描和隔行扫描两种类型。

其中，逐行扫描的CRT显示器在工作时会采用依次扫描每行像素的方法来显示图像，如图5-29所示。

隔行扫描则是指电子枪在扫描一幅图像时，首先扫描图像的奇数行，当图像内所有的奇数行全部扫描完成后，再使用相同方法逐次扫描偶数行的图像显示技术，如图5-30所示。

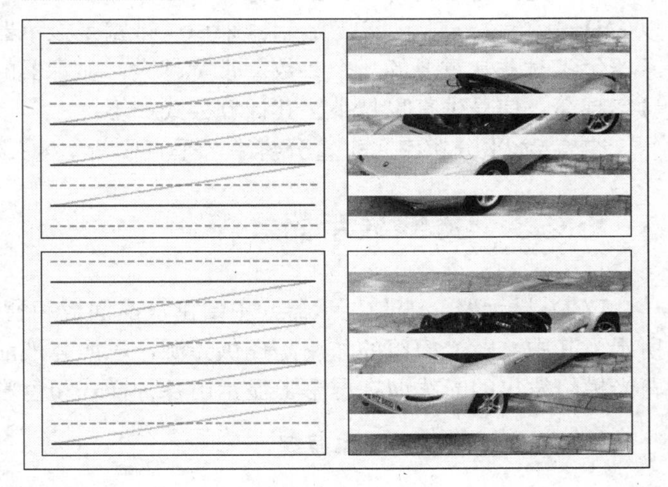

图5-30 隔行扫描示意图

早期由于技术的原因，使用逐行扫描播放图像时的时间消耗较长，因此荧光粉在发光至衰减的过程中会造成人眼的视觉闪烁感。在不得已的情况下，只好采用一种折衷的方法，即隔行扫描。由于视觉滞留效应，人眼并不会注意到图像每次只显示一半，而是会看到完整的一帧。随着显示技术的不断增强，逐行扫描会引起视觉不适的问题已经解决。重要的是，逐行扫描的显示质量要优于隔行扫描，因此隔行扫描技术已被逐渐淘汰。

❑ **场频和行频**

场频即垂直扫描频率（刷新频率），用于描述显示器每秒扫描屏幕的次数，以 Hz 为单位。例如常说的 1024×768 分辨率 85Hz，其中的 85Hz 指的便是场频，意为显示器会将分辨率为 1024×768 的屏幕画像每秒刷新 85 次。

场频越低，屏幕的闪烁感越强，图像抖动也越为明显，严重时还会伤害视力和引起头晕等症状。

提 示

CRT 显示器的刷新频率至少应设置为 70Hz，通常以 85Hz 以上为宜。

行频也称水平扫描率，是指电子枪每秒在荧光屏上扫描水平线的数量，以 kHz 为单位。行频越大，显示器越稳定，其计算公式如下：

行频=水平行数（即垂直分辨率）×场频

例如，在 1024×768 的分辨率下，当刷新频率为 85Hz 时（通常表述为 1024×768@85Hz），行频=768×85Hz≈65.3kHz。

注 意

显示器的行频是固定的，用户所能调整的只是分辨率和刷新频率。而且通过行频计算公式可得出如下结论，显示器的垂直分辨率越高，所能设置的刷新频率就越低；反之则越高。

❑ **带宽**

带宽是指电子枪每秒扫描的像素个数，即单位时间内所产生扫描线上的像素总和，以 MHz 为单位。对于 CRT 显示器来说，带宽是显示器工作性能的综合指标，是评判显示器优劣时非常重要的一个参数。带宽越大，显示器的响应速度越快，允许通过的信号频率越高，信号失真也越小，其计算公式如下：

带宽=水平分辨率×垂直分辨率×垂直刷新率×1.34

5.2.3 LCD 显示器

LCD 显示器（液晶显示器）主要由液晶面板和背光模组两大部分组成，如图 5-31 所示。其中，背光模组的作用是提供光源，以照亮液晶面板，而液晶面板则通过过滤由背光模组发出的光线而在屏幕上显示出各种样式和色彩的图案。

1. LCD 显示器的工作原理

LCD 显示器内部的液晶是一种介于固体和液体之间的物质，当两端加上电压时，液晶分子便会呈一定角度排列。此时，液晶分子通过反射和折射发光灯管产生的光线便可在屏幕上显示出相应的图像。

2. LCD 显示器的主要参数

LCD 显示器的成像原理与 CRT 显示器完全不同，这使得两者的性能指标也有很大的差别。接下来将对影响 LCD 显示器表现效果的几项重要指标进行讲解。

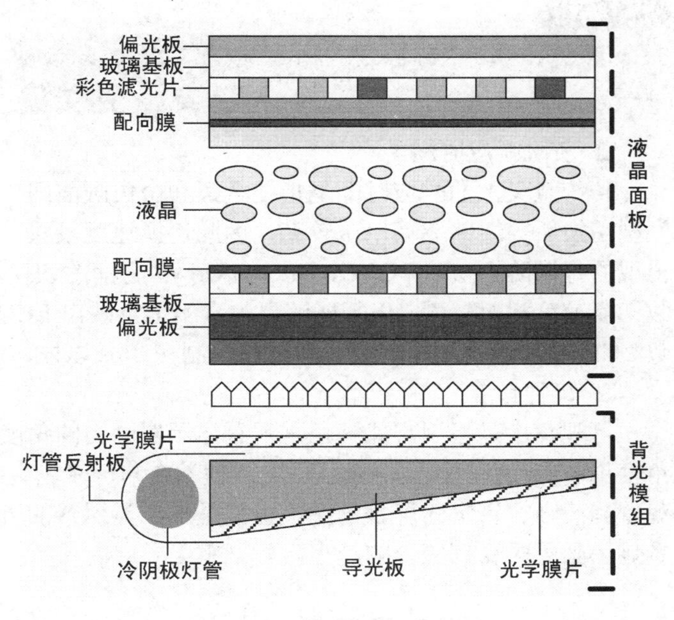

图 5-31 LCD 显示器结构示意图

❑ **点距**

在 LCD 显示器中，所谓点距是指同一像素中两个相同颜色磷光体之间的距离。点距越小，相同面积内的像素点便越多，显示画面也就越为细腻。

❑ **最大分辨率**

LCD 显示器的最大分辨率就是它的真实分辨率，也就是最佳分辨率。一旦所设置的分辨率小于真实的分辨率，将会有两种显示方式：一种是居中显示，其他没有用到的点不发光，保持黑暗背景，看起来画面是居中缩小的；另一种是扩展显示，这种方式使屏幕上的每一个像素都得到了利用，但由于像素比较容易发生扭曲，所以会对显示效果造成一定影响。

注 意

与 CRT 显示器可任意调节分辨率所不同的是，LCD 显示器只有工作在最佳分辨率时才能达到最好的显示效果，扩大或减小分辨率都会影响 LCD 显示器的画面表现效果。

❑ **亮度**

由于构造的原因，背光光源的亮度决定了 LCD 显示器的画面亮度与色彩饱和度。理论上来说，LCD 显示器的亮度越高越好，其测量单位为 cd/m^2（每平方米烛光），又称为 NIT 流明。通常情况下，只有当 LCD 显示器的亮度能够达到 200Nits 时才能表现出较好的画面。

❑ **对比度**

对比度是定义最大亮度值（全白）除以最小亮度值（全黑）的比值。一般情况下，对比度为 120:1 时就可以显示出生动、丰富的色彩（因为人眼可分辨的对比度约在 100:1 左右），当对比率达到 300:1 时便可以支持各阶度的颜色。

❑ **响应时间**

响应时间反映了 LCD 显示器各个像素点对输入信号的反应速度，即像素点由暗转明的速度，单位为 ms（毫秒）。响应时间越短，表示显示器性能越好，越不会出现“拖尾”现象。一般将响应时间分为上升时间（Rise time）和下降时间（Fall time）两个部分，表示时以两者之和为准。

提 示

"拖尾"是因 LCD 显示器内部液晶分子的调整速度较慢，从而造成 LCD 显示器屏幕留有残影的现象。

❑ 灰阶响应时间

传统意义上的响应时间是指在全黑和全白画面间进行切换所需要的时间，但由于该类型切换所需要的驱动电压较高，因此切换速度较快。然而在实际应用中，更多情况下出现的是灰阶到灰阶（GTG，Gray to Gray）之间的切换，这种切换需要的驱动电压较低，故切换速度相对较慢，但却能够更为真实地反映出 LCD 显示器的响应效果。目前，大多数 LCD 显示器的灰阶响应时间都已控制在 8ms 以内，高端产品则已经达到了 2ms。

❑ 可视角度

可视角度是指用户能够正常观看显示器画面的角度范围（最大为 180°）。以可视角度 160°为例，该数值表示用户即使站在与屏幕垂直线呈 80°夹角的位置上依然能够观看到清晰、正常的屏幕图像。也就是说，显示器的可视角度越大，用户在不同位置观看显示画面时受到的影响越小。

5.2.4 LED 显示器

LED 液晶显示器以其发光均匀、稳定高亮、更宽广色域、更宽大视角、更超薄纤巧、更节能环保、寿命更长的特点逐渐替代了旧的 LCD 液晶产品，更终结了 CRT 显示器。

1. LED 背光概述

LED 背光是指用 LED（发光二极管）作为液晶显示屏的背光源。和传统的 CCFL（冷阴极管）背光源相比，LED 具有低功耗、低发热量、亮度高、寿命长等特点，有望近年彻底取代传统背光系统。

在笔记本、显示器及电视机等产品中，原来一直在使用 CCFL（冷阴极荧光灯）背光源，2008 年推出第一款 LED 背光电视后，国内市场上 LED 背光电视产品也如雨后春笋般出现在市场中。

在电子工业中，背光是一种照明的形式，常被用于 LCD 显示上。背光式和前光式不同之处在于背光是从侧边或是背后照射的，而前光顾名思义则从前方照射。

光源可能是白炽灯泡、电光面板（ELP）、发光二极管、冷阴极管等。电光面板提供整个表面均匀的光，而其他的背光模组则使用散光器从不均匀的光源中提供均匀的光线。

LED 背光被用在小巧、廉价的 LCD 面板上。它的光通常是有颜色的，虽然白色背光已经越来越普遍了。电光面板经常被使用在大型显示上，这时均匀的背光是很重要的。

LED 液晶显示器以其发光均匀、稳定高亮、更宽广色域、更宽大视角、更超薄纤巧、更节能环保、寿命更长的特点逐渐替代了旧的 LCD 液晶产品，更终结了 CRT 显示器。

2. LED 液晶显示器结构

LED 液晶显示器并不是一个准确的叫法，其全称应该是 LED 背光源液晶显示器。它的结构和原理与 LCD 基本一致，所不同的是，LED 液晶显示器采用了 LED 背光光源做为发光体器件，具有发光均匀、低功耗、低发热量、亮度高、寿命长等特点，现在基本已全部取代传统背光系统，如图 5-32 所示。

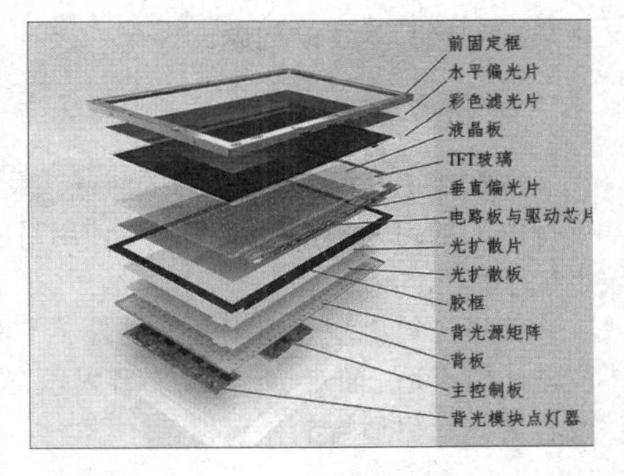

图 5-32 LED 液晶显示器结构原理

LED 背光是指用 LED 作为液晶显示屏的背光源，和传统的 CCFL 背光源相比，旧款液晶显示器的背光源都是 CCFL。它的原理近似于日光灯管，由于 CCFL 背光的灯管通常为条形或者 U 形，很容易出现发光不均匀的问题。

而 LED 背光由于原理的不同，而 LED 背光则是用于替代 CCFL 的一个新型背光源，由 LED 矩阵组成，其发光体分布均匀，根本不用担心发光不均匀的问题，很容易实现高亮度均匀发光，而且可以在寿命范围内实现稳定的亮度和色彩表现，具有更宽广的色域，实现更艳丽的色彩。它可以达到 100000:1 的超高对比度，清晰度更高，同时使得它更容易做到更加纤薄轻盈。

3. LED 液晶显示器的优点

LED 液晶技术是一种高级的液晶解决方案，它用 LED 代替了传统的 CCFL 液晶背光模组，具有以下优点。

❑ **超广色域**

LED 液晶显示器可以达到 105%的 NTSE 色域，色彩更鲜艳。具有超高对比度，清晰度更高，同时视角也更宽广。

❑ **寿命更长**

普通 CCFL 背光源的使用寿命为 50000h，而 LED 的使用寿命则大于 100 000h，每天开 10 h 的话可以使用 27 年。

❑ **环保性更好**

在以 CCLF 冷阴极荧光灯作为背光源的 LCD 中，其中不能缺少的一个主要元素就是汞，这也就是大家所熟悉的水银，而这种元素无疑是对人体有害的。

因此，众多液晶面板生产厂商都在无汞面板生产上投入了很多的精力，实现无汞化生产，通过了 ROHS 认证，无汞工艺不但使它无毒健康而且比其他产品更加环保、节能。而且 LED 光源没有任何射线产生，低电磁辐射、无汞可谓是绿色环保光源。

❑ **更高效节能**

LED 背光的显示器比 CCFL 背光的显示器更节能，以 21.6 英寸的显示器为例，LED 背光源液晶显示器功耗约比 CCFL 背光源显示器的降低 40%。

❑ **固态发光器件**

固态发光器件对环境的适应能力非常强，所以 LED 的使用温度范围广、低电压、耐冲击。

5.2.5 LED 显示器选购指南

如何从品牌众多、型号繁杂的液晶显示器市场内挑选到一款合适的产品却成为许多用户感到极其棘手的问题。

1．屏幕尺寸

在购买LED液晶显示器的时候，最先考虑面板的大小，也就是可视面积的大小。由于每个人的习惯不同，以及用户使用目的的不同，所以决定了选购的显示器屏幕尺寸大小也不尽相同。

如果计算机主要用于文字处理、上网、办公、学习等。那么，19英寸的液晶显示器应该比较合适。而对于游戏、影音娱乐、图形处理等用途的用户可以选择22英寸显示器，或者更大、更适合的显示器。

2．响应时间

目前，液晶显示器的最大卖点就是不断提升的响应时间，从最开始的25ms到如今的灰阶2ms，速度提升之快让人惊叹不已。响应时间决定了显示器每秒所能显示的画面帧数，通常当画面显示速度超过每秒25帧时，人眼会将快速变换的画面视为连续画面。

在播放DVD影片、玩CS等游戏时，要达到最佳的显示效果，需要画面显示速度在每秒60帧以上，响应时间越小，快速变化的画面所显示的效果越完美。

目前市场上主流液晶显示器的响应时间是8ms，性价比也相当高，高达每秒125帧的显示速度，日常学习、上网、影音娱乐、游戏等方面的要求也完全可以满足。

3．亮度/对比度

液晶是一种介于液体和晶体之间的物质，本身并不能发光，因此背光的亮度决定了它的亮度。

一般来说，液晶显示器的亮度越高，显示的色彩就越鲜艳，现实效果也就越好。液晶显示器中表示亮度的单位为cd/m^2（流明）。如果亮度过低，显示出来的颜色会偏暗，看久了就会觉得非常疲劳。

对比度是亮度的比值，也就是在暗室中，白色画面下的亮度除以黑色画面下的亮度。因此白色越亮、黑色越暗，对比度就越高，显示的画面就越清晰亮丽，色彩的层次感就越强。

一般液晶显示器的对比度为3000:1，一些较好的可达到动态对比度100万:1，而传统的CRT显示器可达到500:1。

对于经常用计算机玩游戏或做图形处理的用户来说，应该选择对比度较高的液晶显示器。对DVD大片情有独钟的用户，高亮度/高对比度的液晶显示器是最合适的选择。

当然也并不是亮度、对比度越高就越好，长时间观看高亮度的液晶屏，眼睛同样很容易疲劳，高亮度的液晶显示器还会造成灯管的过度损耗，影响使用寿命。

4．可视角度和色彩还原能力

由于液晶显示器的光线是透过液晶以接近垂直角度向前射出的，由此从其他角度来观察屏幕的时候并不会像看CRT显示器那样可以看得很清楚，而会看到明显的色彩失真，这就是可视角度大小所造成的。

具体来说，可视角度分为水平可视角度和垂直可视角度。在选择液晶显示器时，应尽量选择可视角度大的产品。目前，液晶显示器可使角度基本上在 140° 以上，这可以满足普通用户的需求。

目前，很多厂商都提出了 16.2M 及 16.7M 这两种色彩还原标准，而符合 16.7M 标准的液晶显示器拥有更强的色彩还原能力。

5．面板质量

液晶面板在生产过程中难免会出现一些不可修复的液晶亮点或暗点。其中，“亮点”指屏幕显示黑色时仍然发光的像素点，“暗点”则指不显示颜色的像素点。

由于它们的存在都会影响画面的显示效果，因此其数量越少越好。用户可以借助 Nokia Monitor Test 这个软件进行测试。除了“暗点”和“亮点”之外，还有始终显示单一颜色的“色点”。用户在挑选时最好将液晶显示器调整到全黑或者全白来进行鉴别。

6．接口类型

当前主流液晶显示器所用的接口主要有两种类型，分别为 DVI 和 HDMI。

DVI（Digital Video Interface，即数字视频接口）是基于 TMDS(Transition Minimized Differential Signaling，转换最小差分信号）技术来传输数字信号的，TMDS 运用先进的编码算法把 8bit 数据（R、G、B 中的每路基色信号）通过最小转换编码为 10bit 数据（包含行场同步信息、时钟信息、数据 DE、纠错等)，经过 DC 平衡后，采用差分信号传输数据。数字视频接口是一种国际开放的接口标准，在计算机、DVD、高清晰电视（HDTV）、高清晰投影仪等设备上有广泛的应用。

高清晰度多媒体接口（High Definition Multimedia Interface，HDMI）是一种数字化视频/音频接口技术，是适合影像传输的专用型数字化接口，其可同时传送音频和影音信号，最高数据传输速度为 5Gbps。同时无需在信号传送前进行数/模或者模/数转换。

7．认证标准

目前，3C 认证已经成为电子产品的必备认证标准，计算机当然也不例外。在 3C 认证已经成为电脑产品必须具备的“身份证”后，是否通过 TCO 认证对于显示器来说尤为重要。

8．特色功能

一些显示器集成了音箱、摄像头、麦克风、电视、USB 接口等功能，以提高吸引力和性价比，用户可以根据需要进行选择。

5.3 声卡

声卡是多媒体计算机的标志性设备，只有当计算机安装有声卡时，用户才能通过计算机欣赏到各种美妙的数字音乐，领略到多媒体音频的独特魅力。

5.3.1 声卡的发展

作为多媒体计算机的象征，声卡的历史远不如计算机系统中其他硬件来得长久。为了更为全面地认识声卡的技术特点和发展趋势，下面先带领大家来回顾一下声卡的发展历程。

1．从 PC 喇叭到 ADLIB 音乐卡

在还没有发明声卡的时候，计算机游戏是没有任何声音效果的。即使有，那也只是从计算机小喇叭里发出的“滴里搭拉”声。但即便如此，在那个时代这已经是令人惊奇的效果了，直到 ADLIB 声卡的诞生人们才享受到了真正悦耳的计算机音效，如图 5-33 所示。

ADLIB 声卡由英国 ADLIB AUDIO 公司研发，最早的产品于 1984 年推出。作为早期的声卡产品，ADLIB 声卡在技术和性能上存在着许多不足之处。例如，ADLIB 声卡只能提供音乐，而没有音效。

图 5-33　ADLIB（魔奇）声卡

2．Sound Blaster 系列——CREATIVE 时代的开始

Sound Blaster 声卡（声霸卡）是 CREATIVE（创新公司）在 20 世纪 80 年代后期推出的第一代声卡产品，其最明显的特点在于兼顾了音乐与音效的双重处理能力，如图 5-34 所示。虽然它仅拥有 8 位、单声道的采样率，在声音回放效果的精度上也较低，但它却使人们第一次在计算机上得到了音乐与音效的双重听觉享受，因此红极一时。

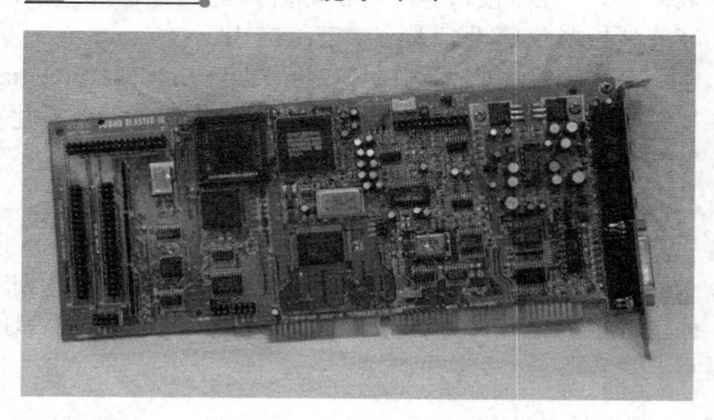

图 5-34　Sound Blaster 声卡

此后 CREATIVE 又推出了后续产品——Sound Blaster PRO，该产品增加了立体声功能，进一步加强了计算机的音频处理能力。因此 SB PRO 声卡在当时被编入了 MPC1 规格（第一代多媒体标准），成为众多音乐发烧友们的追逐对象。

不过，虽然 SB PRO 拥有立体声处理能力，但依然不能弥补采样损失所带来的缺憾，而随后 Sound Blaster 16 的推出则彻底改变了这一状况。这是第一款拥有 16 位采样精度的声卡，终于在计算机上实现了 CD 音质的信号录制和回放，将声卡的音频品质提高到了一个前所未有的高度。在此后相当长的时间里，Sound Blaster 16 一直是多媒体音频部分的新一代标准。

从 Sound Blaster 到 SB PRO，再到 SB 16，CREATIVE 逐渐确立了自己声卡霸主的

地位。期间技术的发展和成本的降低也使得声卡得以从一个高不可攀的奢侈品渐渐成为了普通多媒体计算机的标准配置。

3. SB AWE 系列声卡——MIDI 冲击波

当 Sound Blaster 系列声卡发展到 SB 16 时，已经形成非常成熟的产品体系。但是 SB 16 与 SB、SB PRO 一样，在 MIDI（电子合成器）方面都是采用 FM 合成技术，对于乐曲的合成效果比较单调乏味。到了 20 世纪 90 年代中期，一种名为“波表合成”的技术开始趋于流行，在试听效果上远远超越了 FM 合成。于是，CREATIVE 便在 1995 年适时推出了具有波表合成功能的 Sound Blaster Awe 32 声卡。

SB Awe 32 具有一个 32 复音的波表引擎，并集成了 1MB 容量的音色库，使其 MIDI 合成效果大大超越了以往所有的产品。但在不久以后，人们发现 Awe 32 的效果虽然与 FM 相比高出不少，但由于单色库过小这一主要原因，还是无法体现出 MIDI 的真正神韵。基于此，CREATIVE 又在 1997 年推出了 Sound Blaster Awe 64 系列，其中的 SB Awe 64 GOLD 由于拥有了 4MB 波表容量和 64 复音的支持，使 MIDI 效果达到了一个空前的高度。

4. PCI 声卡——新时代的开始

从 Sound Blaster 一直到 SB Awe 64 GOLD，声卡始终采用的是 ISA 接口形式。随着技术的进一步发展，ISA 接口过小的数据传输能力成为了声卡发展的瓶颈，PCI 声卡成为新的发展趋势。

PCI 声卡拥有较大的传输通道（ISA 为 8MBps，PCI 可达 133MBps），并可利用提升的数据宽带来实现三维音效和 DLS 技术，使得声卡的性能进一步得到提升。这样一来，便为用户欣赏具有震憾效果的立体音效打下了坚实的基础。

5. 多声道声卡的兴起

当时间行进到 1998 年时，CREATIVE 推出了基于 EMU10K1 芯片的 Live 系列声卡，并凭借该系列产品的出色表现再次站在了声卡领域的顶端。随后，DVD 的兴起使得 4 声道声卡已无法满足 DVD 播放的需要，拥有 5 个基本声道和 1 个低音声道的 6 声道声卡便应运而生，如图 5-35 所示。

图 5-35　5.1 声卡

在此后的发展过程中，CREATIVE 陆续推出了 Sound Blaster Audigy（Live.2）、Sound Blaster Audigy 2 等性能更为强劲的产品。随后，以 TerraTec（坦克）和 Realtek 为代表的厂商也加入了声卡市场的竞争。声卡的发展从此进入群雄逐鹿的“战国时代”，并一直持续至今。

5.3.2 声卡的类型

在声卡的发展过程中，根据所用数据接口的不同，陆续分化为板卡式、集成式和外置式 3 种类型，以应对不同的用户需求。

1. 板卡式

此类产品即独立式声卡，早期多采用 ISA 接口，随后出现了 PCI 接口的声卡，而如今的板卡式产品则多采用 PCI Express X1 接口，如图 5-36 所示。

图 5-36 PCI Express X1 接口声卡

2. 集成式

此类声卡因为被集成在主板上而得名，是硬件厂商为降低计算机成本开支而推出的产品，多用于那些对声音效果要求不高的用户。不过，随着集成声卡技术的不断进步，具有多声道、低 CPU 占有率等优势的集成声卡也相继出现，并逐渐占据了中、低端声卡市场的主导地位。现在基本上所有的主板都集成了声卡。

3. 外置式

外置声卡大都通过 USB 或 PCMCIA 接口与计算机进行连接，其优点在于使用方便，便于移动，因此多用于连接笔记本等便携式计算机，如图 5-37 所示。

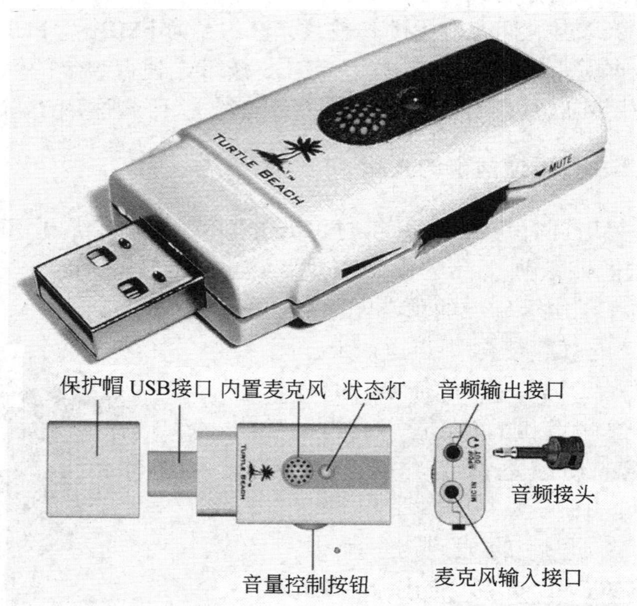

图 5-37 采用 USB 接口的外置式声卡

5.3.3 声卡的组成结构

作为多媒体计算机的重要组成部分，声卡担负着计算机中各种声音信息的运算和处理任务。从外形上来看与显卡类似，都是在一块 PCB 板卡上集成了众多的电子元器件，并通过金手指与主板进行连接。

1. DSP

DSP（Digital Signal Processor，数字信号处理器）相当于声卡的中央处理器，主要负责数字音频解码、3D 环绕音效等运算处理，如图 5-38 所示。DSP 采用 MIPS（Million Instructions Per Second，每秒百万条指令）为单位来标识运算速度，但其运算速度的快慢与声卡音质没有直接关系。

图 5-38 显卡中的 DSP

2. CODEC

CODEC（Coder/DECoder，编解码器）主要负责“数字-模拟”信号间的转换（DAC，Digital Analog Canvert）和“模拟-数字”信号间的转换（ADC，Analog Digital Canvert）。

由于 DSP 输出的信号是数字信号，而声卡最终要输出的却是模拟信号，因此其间的数模转换便成为必不可少的一个步骤。在实际应用中，如果说 DSP 决定了数字信号的质量，那么 CODEC 则决定了模拟输入/输出的好坏。

3. 晶体振扬器

晶体振扬器简称晶振，其作用在于产生原始的时钟频率，该频率在经过频率发生器的放大或缩小后便会成为计算机中各种不同的总线频率。

在声卡中，要实现对模拟信号 44.1kHz 或 48kHz 的采样，频率发生器就必须提供一个 44.1kHz 或 48kHz 的时钟频率。如果需要对这两种频率同时支持，声卡就需要配备两颗晶振。不过，娱乐级声卡为了降低成本，通常会采用 SRC（Sample Rate Convertor，采样率转换器）将输出采样率固定在 48kHz，因此会对音质产生一定的影响。

4. 总线接口

总线接口用于连接声卡和主板，主要负责两者间的数据传输。目前，常见独立声卡大都使用 PCI 总线接口与主板进行连接，也有部分产品采用了 PCI Express X1 接口。

5. 输入/输出接口

与显卡相比，声卡上的接口种类非常多，通常一块板卡上便包含多种不同类型的输入、输出接口。为了使用户能够更好地了解声卡，下面将对声卡上的各种常见接口进行简单介绍。

❑ **3.5mm 立体声接口**

俗称“小三芯”接口，是目前最常见的音频接口类型，特点是成本低廉，但在长时间使用后容易造成接触不良，因此不适合需要经常拔插的使用环境。不过，绝大部分声卡（包括集成声卡）都在使用此类接口，如图 5-39 所示。

❑ **6.35mm 接口**

该接口多用于专业设备之中，又叫做“大三芯”接口，优点是结构强度高、耐磨损，因此非常适合需要经常插拔音频接头的专业场合。此外，由于内部隔离措施比较好，因此该接口的抗干扰能力比3.5mm 接口要好，如图 5-40 所示。

图 5-39 **3.5mm 立体声接口**

❑ **RCA 接口**

RCA 接口是音箱设备上的常见接口之一，又叫同轴输出口，俗称“莲花口”。由于 RCA 接口属于单声道接口，因此进行立体声输出时需要两个接口，通常会使用两种颜色来区分不同声道，如图 5-41 所示。

图 5-40 **6.35mm 接口**

图 5-41 **RCA 接口**

❑ **1/4TRS 接口**

TRS 的含义是 Tip（signal）、Ring（signal）、Sleeve（ground），分别代表了该接口的 3 个接触点。1/4TRS 接口除了具有耐磨损的特点外，还具有高信噪比、抗干扰能力极强等特点，如图 5-42 所示。

❑ **MIDI 接口**

该接口专门用于连接 MIDI 键盘，从而实现 MIDI 音乐信号的直接传输。不过，很多游戏手柄也通过该接口与计算机进行连接，如图 5-43 所示。

与其他接口所不同的是，MIDI 接口还有一种圆形设计，其作用是连接 MIDI 音乐设备。

5.3.4 声卡的工作原理

当声卡通过麦克风捕获音频模拟信号时，会通过模数转换器（ADC）将声波振幅信号采样转换为数字信号后存储在计算机中。当需要重放这些声音时，声卡便会利用数模转换器（DAC）以同样的采样速率将其还原为模拟波形，并在将信号放大后送到扬声器发出声音，如图 5-44 所示。

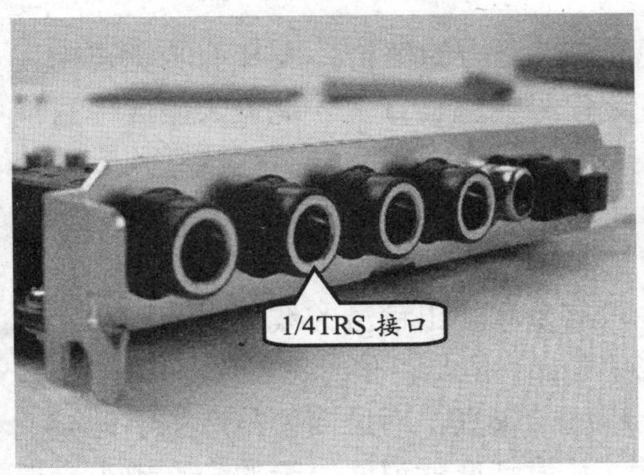

图 5-42 1/4TRS 接口

图 5-43 MIDI 接口

在上述过程中，声卡需要用到脉冲编码调制技术（PCM）来完成一系列的工作，而PCM 技术的两个要素则分别为采样速率和样本量。

❑ 采样速率

采样速率是 PCM 的第一要素。由于人类听力的范围大约是 20Hz 到 20kHz，因此激光唱盘（CD）采用了 44.1kHz 的采样速率，而这也是 MPC 标准的基本要求。

❑ 样本量

PCM 的第二个要素是样本量大小，该项目表示存储声音振幅的数据位数。样本量的大小决定了声音的动态范围，即记录与重放声音时，最高和最低之间相差的值。

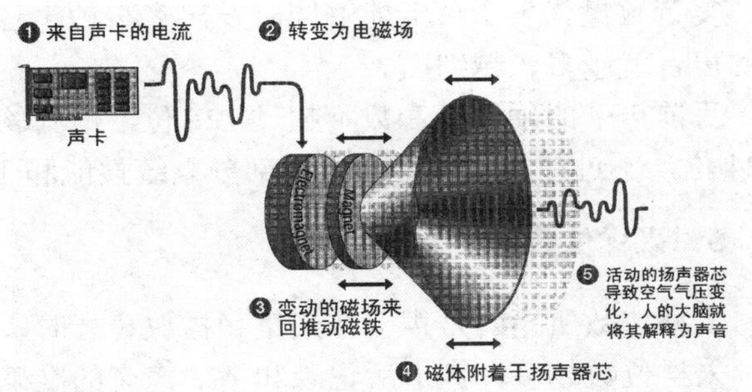

图 5-44 声卡工作流程示意图

5.3.5 声卡的技术指标

在评判一款声卡的优劣时，声卡的物理性能参数很重要，因为这些参数体现着声卡的总体音箱特征，直接影响着最终的播放效果。其中，影响主观听感的性能指标主要有以下几项。

1．信噪比

信噪比是声卡抑制噪音的能力，单位是分贝（dB），指有用信号的功率和噪音信号功率的比值。信噪比的值越高，说明声卡的滤波性能越好，普通 PCI 声卡的信噪比都在 90dB 以上，高端声卡甚至可以达到 120dB。更高的信噪比可以将噪音减少到最低限度，保证音色的纯正优美。

2．频率响应

频率响应是对声卡 D/A 与 A/D 转换器频率响应能力的评价。人耳的听觉范围在 20Hz~20kHz 之间。声卡只有对这个范围内的音频信号响应良好，才能最大限度地重现声音信号。

3．总谐波失真

总谐波失真是声卡的保真度，也就是声卡输入信号和输出信号的波形吻合程度，在波形完全吻合的理想状态下即可实现 100%的重现声音。但是，信号在经过 D/A（数、模转换）和非线性放大器之后，必然会出现不同程度的失真，而原因便是产生了谐波。总谐波失真便代表了失真的程度，单位也是分贝，数值越低就说明声卡的失真越小，性能也就越好。

4．复音数量

复音数量代表了声卡能够同时发出多少种声音。复音数越大，音色就越好，可以听到的声音就越多、越细腻。

目前声卡的硬件复音数不超过 128 位，但其软件复音数量可以很大，有的甚至达到 1024 位，不过在实现时都会牺牲部分系统性能和工作效率。

5．采样位数

采样位数所指的是声卡在采集和播放声音时所使用数字信号的二进制位数。一般来说，采样位数越多，声卡所记录和播放声音的准确度越高，因此该值能够在一定程度上反映数字声音信号对模拟信号描述的准确程度。

目前，声卡的采样位数有 8 位、12 位、16 位和 24 位多种类型。

提 示

通常所讲的 64 位声卡、128 位声卡并不是指其采样位数为 64 位或 128 位，而是指声卡所能播放的复音数量。

6．采样频率

计算机每秒采集声音样本的数量被称为采样频率。标准的采样频率有 3 种：11.025kHz（语音）、22.05kHz（音乐）、44.1kHz（高保真），有些高挡声卡能提供 5~48kHz 的连续采样频率。

采样频率越高，记录声音的波形就越准确，保真度就越高，但采样产生的数据量也越大，要求的存储空间也就越多。

7．波表合成方式及波表库容量

目前市场上 PCI 声卡采用的都是先进的 DLS 波表合成方式，其波表库容量通常是 2MB、4MB 或 8MB，某些高挡声卡可以扩展到 32MB。

8．多声道输出

早期的声卡只有单声道输出，后来发展到左右声道分离的立体声输出。随着 3D 环绕声效技术的不断发展和成熟，又陆续出现了多声道声卡。目前，常见的多声道输出主要有 2.1 声道、4.1 声道、5.1 声道、6.0 声道和 7.1 声道等多种形式。

5.3.6 声卡的选购

如今大多数的主板上都带有集成声卡，用户无须额外购买声卡即可欣赏数字音乐。不过对于音乐爱好者及高端游戏用户来说，要想聆听歌曲或游戏中的美妙旋律，便必须为计算机配备一块优秀的高质量声卡。

1．声道数量

声卡支持的声道越多，声音的定位效果就越好，在玩游戏（尤其是动作、飞行模拟类游戏）和看 DVD 时的声音效果就越逼真，更有“身临其境”的感觉。但要注意的是，并不是采用多声道 DSP 的声卡就能支持相应声道数量的音频输出，因为声卡所支持的声道数量还取决于 CODEC 芯片。为此，很多厂家通过 CODEC 所支持的声道数量来为产品划分等级。

2．MIDI 系统

声卡上的 MIDI 系统主要是指 MIDI 合成方式，目前主流声卡主要有 FM 合成和波表合成两种方法。FM 合成方式属于早期的 MIDI 合成技术，效果比较差；对于支持波表合成的声卡来说，波表容量大小、品牌与型号等因素都会影响 MIDI 的最终效果。

在目前主流的声卡芯片中，FM 合成方式主要存在于低端市场，中、高端普遍采用了波表合成方式。此外，目前还有软波表合成技术，其效果也不错，但是需要占用一定的 CPU 资源。

提 示

MIDI 文件只是记录下什么乐器在什么时候发出什么样的声响，而这个声响完全是根据声卡芯片来生成的，因此不同声卡的 MIDI 效果是完全不同的。

3．现声试听

声音的优劣是一种非常主观、个人化的感受，所以按照个人的聆听习惯和感受来挑选声卡便显得极其重要。也就是说，在选购声卡时必须在现场或专门用于演示的场所内进行试听，以确定声音的音质是否符合自己的聆听习惯。

5.4 音箱

音箱又称扬声器系统，是音箱系统中极为重要的一个环节，其作用类似于人的嗓门。随着数字音频技术的发展，音箱在很大程度上决定了音箱系统的好坏，接下来便将对其类型、性能指标等内容进行讲解。

5.4.1 常见音箱类型

音箱的分类方式多种多样，按照不同方式进行划分，其结果必然会有所差别。接下来，本节将按照几种常用的音箱分类方式对不同类型的音箱进行简单介绍。

1. 按用途分类

在音箱工程中，根据功能的不同可将音箱分为扩声音箱和监听音箱两大类。

❑ **扩声音箱**

由专业扩声音箱组成的音响系统多是大功率、宽频带、高声级的音箱系统。为了有效地控制其声场，高频单元一般都会采用号角式扬声器以增强声音指向性，因此在厅堂电声系统中非常适合使用此类音箱系统向听众播放声音。

扩声音箱的系统组成形式主要分两种：一种是组合式音箱，多是小型的扩声音箱，典型的是在箱体内安装一个15in中低频单元和一个号角式高音单元；另一种形式是各个频段分立，中低频采用音箱形式，高频采用驱动器配以指向性号角形式，如图5-45所示。

图 5-45 扩声音箱

❑ **监听音箱**

所谓监听音箱是供录音师、音控师监听节目用的音箱，特点是拥有较高的保真度和很好的动态特性。由于监听音箱不会对节目作任何修饰和夸张，因此能够真实地反映出音频信号的原始面貌，为此监听音箱也被认为是完全没有“个性”的音箱。

2. 按体积划分

体积是不同音箱间最为直观的分类方式。按照体积大小的不同，可以将音箱分为下面两种类型。

系统包括单声道、立体声、准立体声、四声道环绕、5.1 声道等。是指音箱体积较大，可直接放置于地面上的音箱。落地式音箱可安装口径较大的低音扬声器，特点是低音特性较好，频响范围宽，功率也较大。但是，由于此类音箱的扬声器数量较多，因此声像定位不是特别清晰。

书架式专业音箱的特点是体积较小，放音使用时需要单独将其架设起来，且距离地面有一定高度，如图5-46所示。由于书架式音箱的扬声器数量少，口径小，故声像定位往往比较准确，但存在功率不够大，低频效果不佳的缺点。

3．按声道划分

多声道音箱可以更好地还原声音的立体环绕效果。按照音箱声道的不同，可以将音箱分为2.0、2.1、4.1、5.1、7.1 声道音箱等。

图 5-46 书架式专业音箱

❑ **2.0、2.1 音箱系统**

其中 2 表示双声道环绕音箱的个数是两个，一般用 R 表示右声道，L 表示左声道，而 2.1 音箱系统中又多了一个专门设计的超低音声道，可以实现更好的低音效果表现。

❑ **4.1、5.1 音箱系统**

这两种音箱系统首先包括 4 点定位的四声道环绕，一般用 FR 代表前置右声道、FL 代表前置左声道、RR 代表后置右声道、RL 代表后置左声道；然后是一个超低音声道，即后面的.1；而 5.1 系统又比 4.1 多了一个前中置音箱。如图 5-47 即是一组 5.1 音箱系统实物照片，图 5-48 所示是 5.1 音箱系统在房间的摆放。

图 5-47 5.1 音箱系统

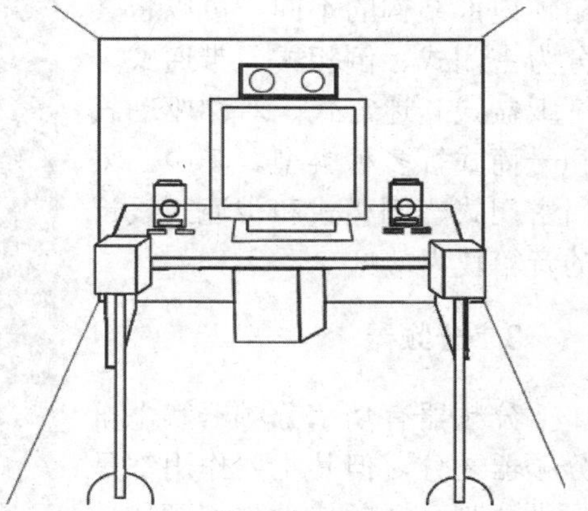

图 5-48 5.1 音箱系统在房间的放置

❑ **7.1 音箱系统**

这种音箱系统包括两个前置左右环绕、两个后置左右环绕、一个后中置环绕、两个侧中置音箱和一个超低音音箱，如图 5-49 所示。

图 5-49 7.1 音箱系统

5.4.2 音箱的组成结构

虽然音箱的种类繁多，但不论是哪种类型的音箱，从其组成结构上来看，大都由以下三部分所组成。

1. 扬声器

扬声器俗称喇叭，其性能决定着音箱的优劣，如图 5-50 所示。一般木制音箱和优质塑料音箱采用的都是二分频技术，即利用高、中音两个扬声器来实现整个频率范围内的声音回放；而 X.1（4.1、5.1 或 7.1）的卫星音箱采用的大都是全频带扬声器，即用一个喇叭来实现整个音域内的声音回放。

图 5-50　多媒体音箱所采用的扬声器

2. 箱体

箱体的作用是消除扬声器单元的声短路、抑制声共振，以及拓宽频响范围和减少失真。根据箱体内部结构的不同，可以将其分为密闭式、倒相式、带通式、空纸盆式、迷宫式、对称驱动式和号筒式等多种类型。其中，采用密闭式、倒相式和带通式设计的音箱较为常见。

图 5-51　分频器电路

3. 分频器

分频器有功率分频器和电子分频器之分，但其主要作用都是频带分割、幅频特性与相频特性校正，以及阻抗补偿与衰减等，如图 5-51 所示即为多媒体音箱内的分频器电路。

5.4.3 选购音箱

在当今的音箱市场中，成品音箱品牌众多，其质量参差不齐，价格也天差地别。下面便将对其进行简单介绍。

1. 音调自然平衡

优质音箱重放出的人声和器乐声能够尽可能地接近原声，并拥有精确的音调平衡。此外，用户听到的声音应平滑而无声染，并且没有明显的最强音和最弱音，此外中频段和高音也不应过于响亮或给人感觉放不开。

2. 声音特性

不同音箱间的声音特性千差万别，往往需要仔细聆听，并感受其声音效果。例如，低音应当紧凑、清晰，音调确切，不嗡嗡作响，不拖泥带水或含混不清；而作为音乐主要部分的中音频段则更为重要，人声和器乐声应自然、细腻，不能过响或发闷，当然也不能过亮或过轻；高音应开阔，有空气感和延伸性，并且无尖叫或衰落的现象。

3. 声染色

有些音箱具有"声染"或是声重放的缺陷，例如因箱体设计欠佳而出现的刺耳声、金属高音声、粗糙或不平滑的中音等。

5.5 打印机

打印机（Printer）是一种极其重要的计算机输出设备，用于将计算机处理结果打印在相关介质上。打印机的种类很多，按打印元件对纸是否有击打动作分为击打式打印机与非击打式打印机；按照工作方式分类分为点阵打印机、针式打印机、喷墨式打印机、激光打印机等类型。

5.5.1 针式打印机

针式打印机也称撞击式打印机，工作时通过打印机和纸张的物理接触来打印字符图形，如图 5-52 所示。

针式打印机中的打印头由多支金属撞针依次排列组成，当打印头在纸张和色带上行走时，指定撞针会在到达某个位置后弹射出来，并通过击打色带将色素点转印在打印介质上。在打印头内的所有撞针都完成这一工作后，便能够利用打印出的色素点砌成文字或图画，如图 5-53 所示。

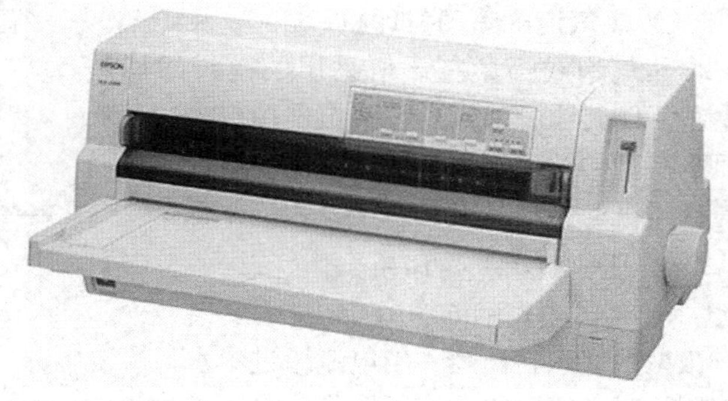

图 5-52 针式打印机

5.5.2 喷墨打印机

喷墨打印机通过将墨水喷洒到纸面上形成字符和图形，因此打印的精细程度取决于喷头在打印墨点时的密度和精确度。当采用每英寸上的墨点数量来衡量打印品质时，墨点的数量越多，打印出来的文字或者图像就越清晰、越精确，如图 5-54 所示即为一台彩色喷墨打印机。

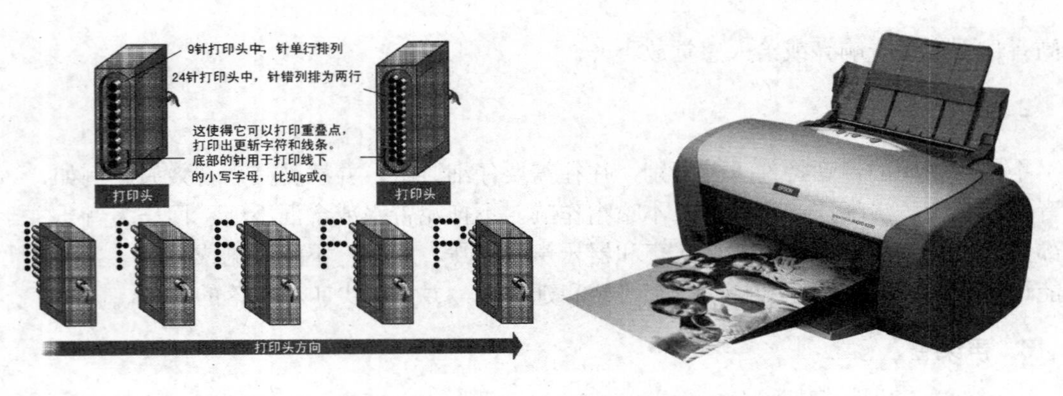

图 5-53 针式打印机成像示意图

图 5-54 喷墨打印机

1. 喷墨打印机工作原理

当打印机喷头（一种包含数百个墨水喷嘴的设备）快速扫过打印纸时，其表面的喷嘴便会喷出无数小墨滴，从而组成图像中的像素，如图 5-55 所示。

2. 喷墨打印头的类型

根据喷墨打印头的不同，喷墨打印机大致可分为热气泡式（Thermal Bubble）喷墨打印机和压电式（Piezoelectric）喷墨打印机两种类型。

❑ 热气泡式喷墨打印机

热气泡式喷墨打印机采用的是瞬间加热墨水，使其达到沸点后将其挤出墨水喷头，从而落在打印纸上形成图像的方式。热气泡式喷墨打印机的优点是喷头密度高、成本低。

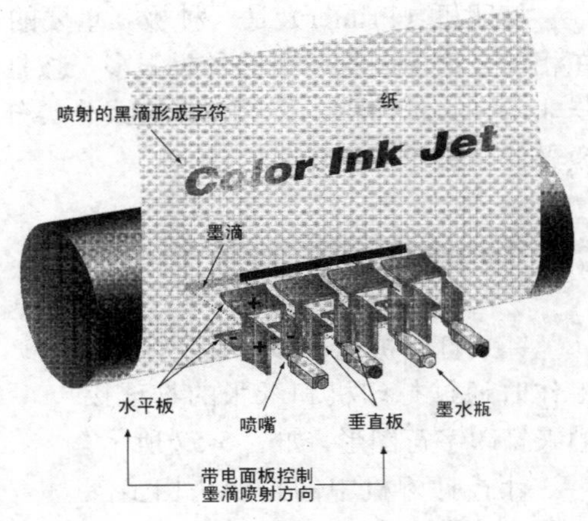

图 5-55 喷墨打印机的成像

❑ 压电式喷墨打印机

压电式喷墨打印机的喷嘴内安装有微型的墨水挤压器。当电流通过墨水挤压器时，便会驱动挤压器将墨水从喷头内挤出，从而在打印纸上形成图像。

5.5.3 激光打印机

激光打印机作为一种非击打式打印机，具有输出速度快、分辨率高、运转费用低等优点，其外形如图 5-56 所示。

图 5-56 激光打印机

当计算机通过电缆向激光打印机

发送打印数据时，打印机会将接收到的数据暂存在缓存内，并在接收到一段完整数据后，由打印机处理器驱动各个部件，完成整个打印工作，如图 5-57 所示。

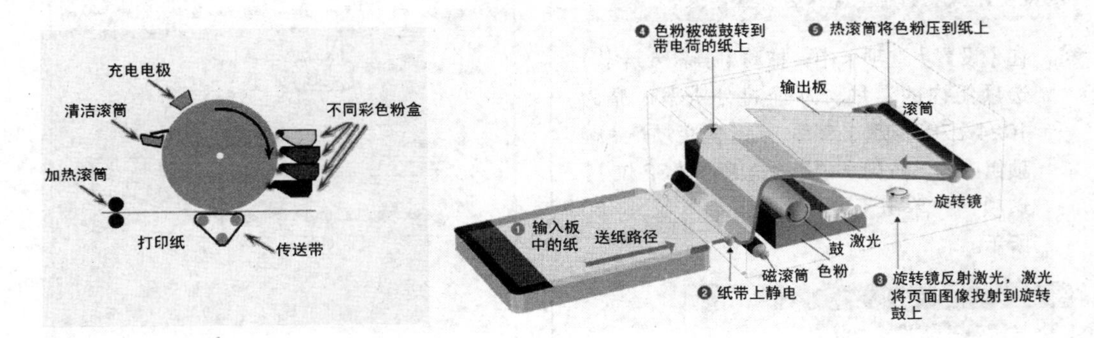

图 5-57 激光打印机工作流程示意图

5.6 实验指导：优化显示设置

显示器是人与计算机沟通最直接的设备之一，合理的优化显示设置不仅能提高计算机的性能，更能减小屏幕辐射对身体造成的伤害。为此，下面来介绍优化显示设置的方法。

1. 实验目的

- 设置桌面背景。
- 调整屏幕分辨率。
- 设置屏幕刷新频率。

2. 实验步骤

1 在【控制面板】中双击【显示】图标后，打开【显示 属性】对话框，如图 5-58 所示。

图 5-58 【显示 属性】对话框

技 巧

右击桌面空白处，执行【属性】命令，也可打开【显示 属性】对话框。

2 在【桌面】选项卡的【背景】列表中选择 Windows XP 选项，完成后单击【应用】按钮，如图 5-59 所示。

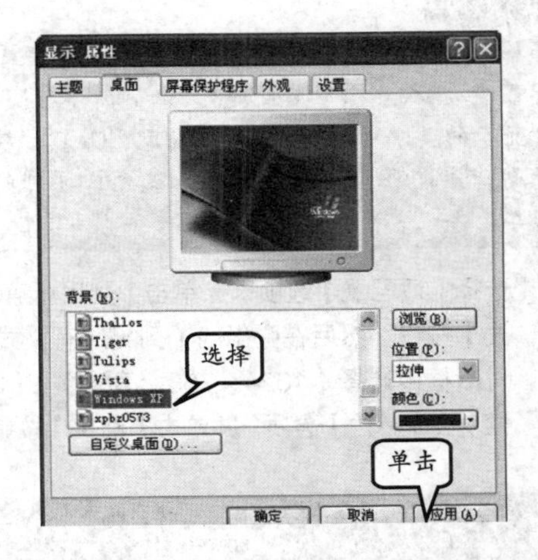

图 5-59 设置桌面背景

提 示

单击【浏览】按钮后，可在弹出的对话框内选择当前计算机中的图片作为背景图像。

3 在【设置】选项卡中，拖动【屏幕分辨率】选项组内的滑块，从而将分辨率调整为1024×768像素。然后，在【颜色质量】选项组内的下拉列表中选择【最高（32位）】选项，并单击【应用】按钮，如图5-60所示。

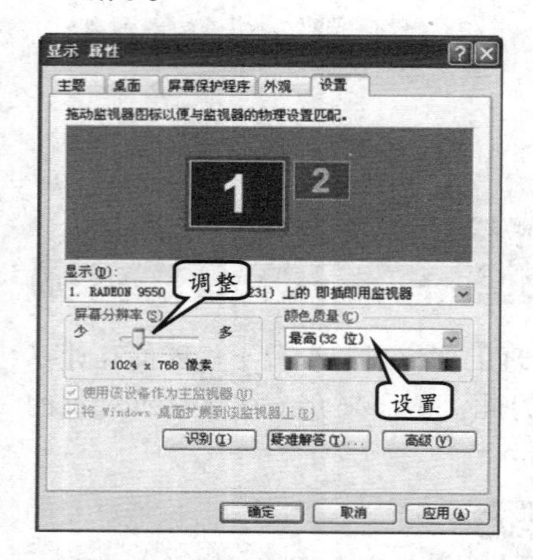

图5-60 调整屏幕分辨率及颜色质量

4 单击【高级】按钮，在弹出的对话框中选择【监视器】选项卡。然后单击【屏幕刷新频率】下拉按钮，选择【75赫兹】选项，并单击【应用】按钮，如图5-61所示。

提 示

屏幕刷新频率决定了每秒钟显示器显示整个屏幕的次数，刷新率越高越好；但刷新率越高，对显卡的要求也越高。选择与适配器兼容的较低刷新率即可，切勿超出显示器允许的刷新频率。

5 选择【适配器】选项卡，单击【列出所有模式】按钮。然后在弹出的【列出所有模式】对话框中选择【1024×768，真彩色，（32位），75赫兹】选项，并单击【确定】按钮，如图5-62所示。

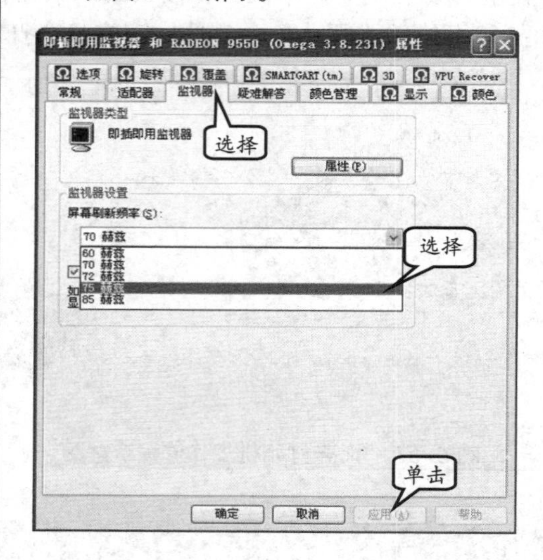

图5-61 设置屏幕刷新频率

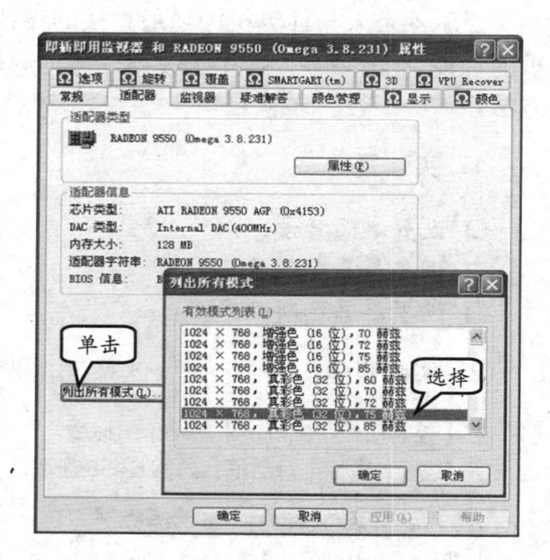

图5-62 设置适配器

提 示

在【列出所有模式】对话框中列出了当前显卡所支持的所有图形分辨率和刷新频率，此时便可从相应的模式列表内查找与当前显示器兼容的模式。

5.7 实验指导：添加网络打印机

打印机是日常工作中经常要使用的打印设备，而通过网络共享打印机则可实现多个用户共同使用一台打印机，达到充分利用网络资源，节省开销的目的。为此，下面将对添加网络打印机的方法进行讲解。

1. 实验目的

- ❑ 了解添加打印机向导步骤。
- ❑ 指定打印机。
- ❑ 设置默认打印机。

2. 实验步骤

1 执行【开始】|【设置】|【打印机和传真】命令，打开【打印机和传真】窗口，如图5-63所示。

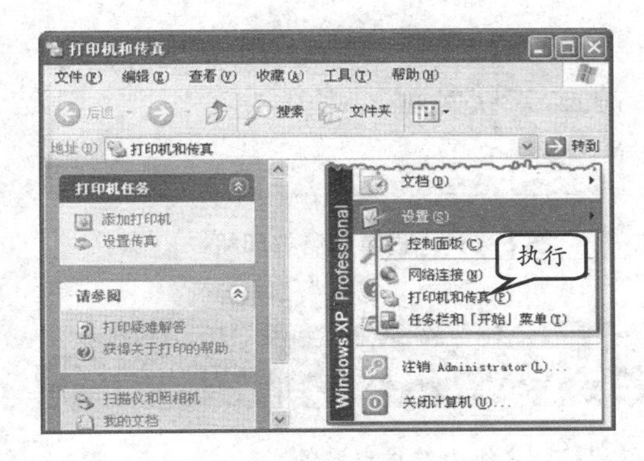

图5-63 【打印机和传真】窗口

2 单击窗口左侧【打印机任务】选项组中的【添加打印机】选项，并在弹出的【添加打印机向导】对话框中单击【下一步】按钮，如图5-64所示。

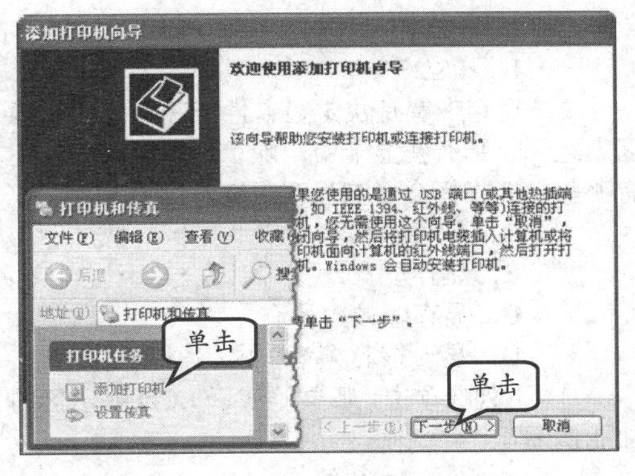

图5-64 添加打印机

3 在弹出的【本地或网络打印机】界面中启用【网络打印机或连接到其他计算机的打印机】单选按钮，并单击【下一步】按钮，如图5-65所示。

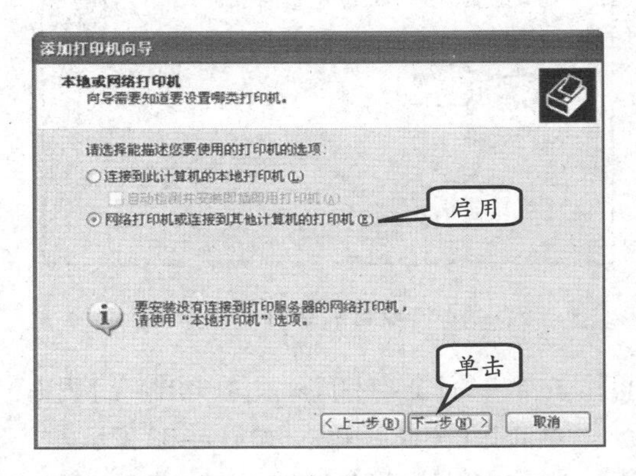

图5-65 启用网络打印机

4 在【指定打印机】界面中启用【连接到这台打印机（或者浏览打印机，选择这个选项并单击“下一步”）】单选按钮，并输入打印机名称。完成后单击【下一步】按钮，如图5-66所示。

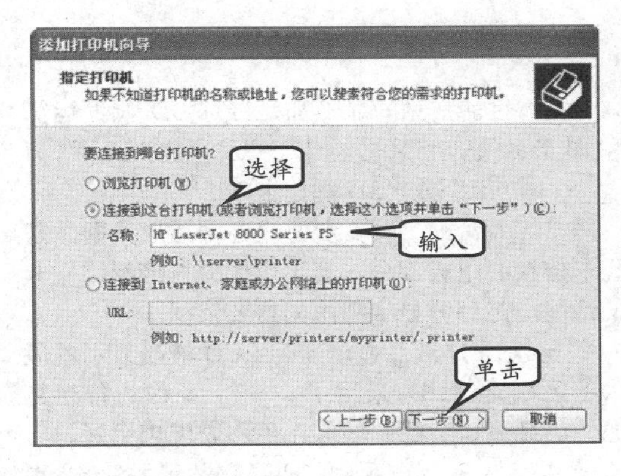

图5-66 指定打印机

提 示

若希望在工作组中查找打印机，可启用【浏览打印机】单选按钮，在弹出的【浏览打印机】界面中选择或直接输入打印机名称；此外也可以启用【连接到 Internet、家庭或办公网络上的打印机（O):】单选按钮，并输入打印机地址。

5 在弹出的【默认打印机】界面中启用【是】单选按钮，并单击【下一步】按钮，如图5-67所示。

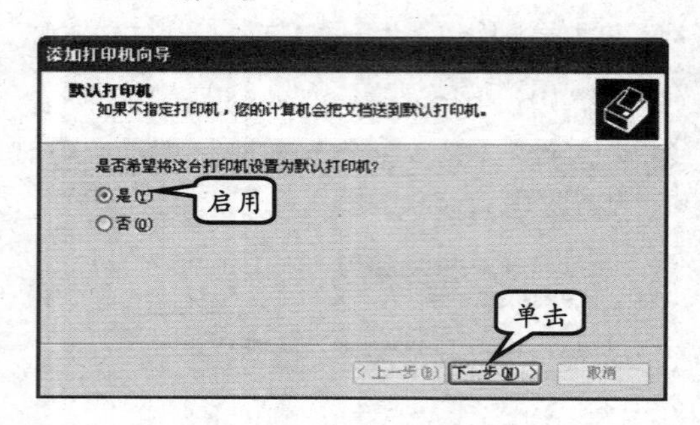

图 5-67 设置默认打印机

6 在弹出的【正在完成添加打印机向导】界面中单击【完成】按钮，如图5-68所示。

7 在【打印机和传真】窗口中可查看到刚添加的网络打印机图标，如图5-69所示。

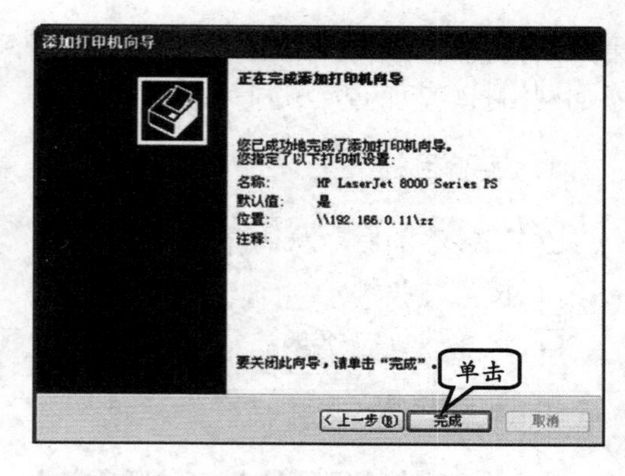

图 5-68 添加打印机完成

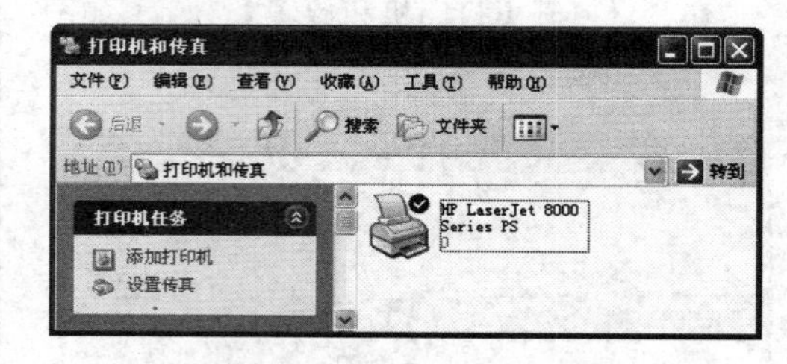

图 5-69 查看网络打印机

5.8 思考与练习

一、填空题

1. 目前常见的显卡都是带有3D画面运算和图形加速功能的显卡产品，因此也称为“________”或“3D加速卡”。

2. ________负责处理各种图形数据，是显卡的核心组成部分，其工作能力直接影响显卡的性能，是划分显卡档次的重要依据。

3. LED液晶显示器与LCD液晶显示器最大的区别是LED采用了________作为背光光源，更纤薄、节能、环保，色彩表现也更好。

4. ________反映了LCD显示器各个像素点对输入信号反应的速度，即像素点由暗转明的速度，单位为ms（毫秒）。

5. RCA接口是在音箱上常见的接口之一，又叫________接口，俗称“莲花口”。

6. 声卡主要由声音处理芯片、功率放大器、________、输入/输出端口、MIDI接口、CD音频连接器等部分组成。

7. 常见音箱主要由________、箱体和分频器三部分组成。

8. ________是将计算机的运行结果或中间结果打印在纸上的输出设备。

二、选择题

1. 下列哪些接口不属于连接显示器的接口？________。

A. VGA
B. DVI
C. HDMI
D. PS/2

2. 显存带宽是决定显卡性能和速度的重要因素之一。那么在显卡中，除了显存频率外，还有哪些性能指标会影响显存带宽？________。

A. 显存容量
B. 显存位宽
C. 显存颗粒数量
D. 显卡核芯频率

3. 下列选项中，哪些不属于LCD显示器的性能指标？________。

A. 最大分辨率
B. 响应时间
C. 亮度
D. 扫描方式

4. ＿＿＿＿＿也称水平扫描率，它是指 CRT 电子枪每秒钟在荧光屏上扫描水平线的数量，以 kHz 为单位。

A. 场频

B. 刷新率

C. 行频

D. 带宽

5. ＿＿＿＿＿是声卡的保真度，也就是声卡的输入信号和输出信号的波形吻合程度。

A. 失真度

B. 总谐波失真

C. 复音数量

D. 灵敏度

6. 目前声卡上最常见的接口是＿＿＿＿＿。

A. RCA 接口

B. 3.5mm 立体声接口

C. 6.35mm 接口

D. 1/4TRS 接口

7. 激光打印机属于以下哪种打印机类型？＿＿＿＿＿。

A. 非击打式打印机

B. 单色打印机

C. 通用打印机

D. 印表机

三、简答题

1. 显卡的组成结构是什么？
2. 简述 LCD 显示器的工作原理。
3. 简述 LED 显示器的优点。
4. 声卡上常见的接口都有哪几种类型？其特点分别是什么？
5. 常见打印机都分有哪几种类型？

四、上机练习

1. 检测显示器质量

Nokia Monitor Test 是一款由 NOKIA 公司出品的专业显示器测试软件，功能全面，包括了测试显示器亮度、对比度、色纯、聚焦、水波纹、抖动、可读性等重要显示效果的功能。使用时，只需启动该软件，显示器屏幕便将全屏显示图 5-70 所示内容，在单击相应的功能按钮后，即可测试显示器的各项性能。

2. 启动显卡图标应用程序

当用户需要调整显示器参数时，除了可利用显示器自带的调节按钮外，还可利用显卡提供的程序进行调整。不过，由于此类图标通常不会直接显示在任务栏的通知区域内，因此还需要用户特意启用该图标。

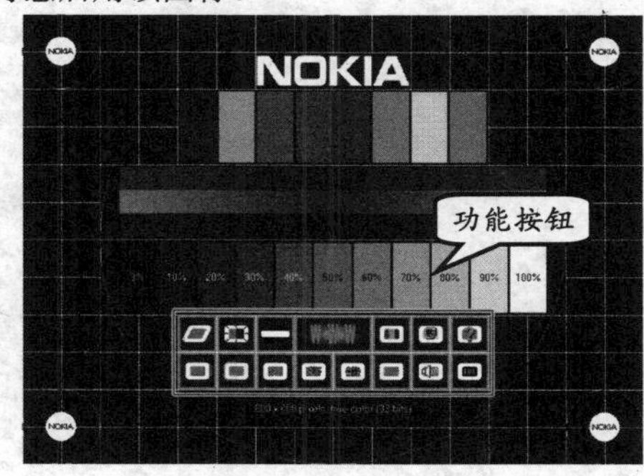

图 5-70 Nokia Monitor Test 主界面

首先，右击桌面空白处，执行【属性】命令，并在【显示 属性】对话框的【设置】选项卡中单击【高级】按钮，如图 5-71 所示。

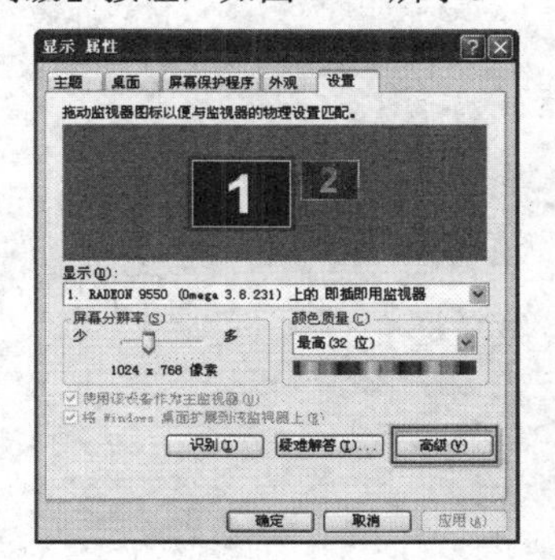

图 5-71 【显示 属性】对话框

然后，选择弹出对话框内的【选项】选项卡，并启用【启动 ATI 任务栏图标应用程序】和【在任务栏上显示 ATI 图标】复选框，如图 5-72 所示。

图 5-72 启动程序图标

第 6 章

计算机组装

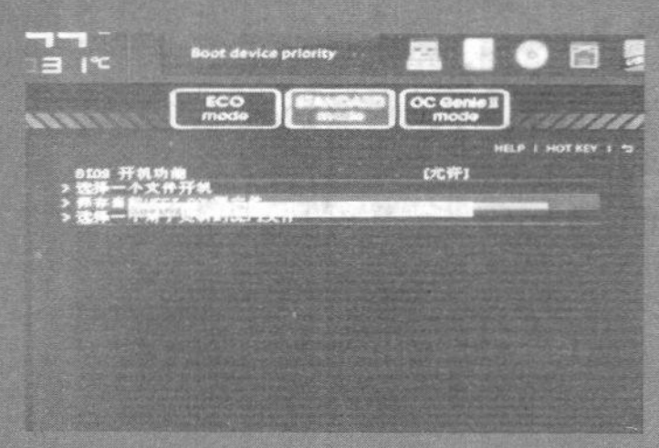

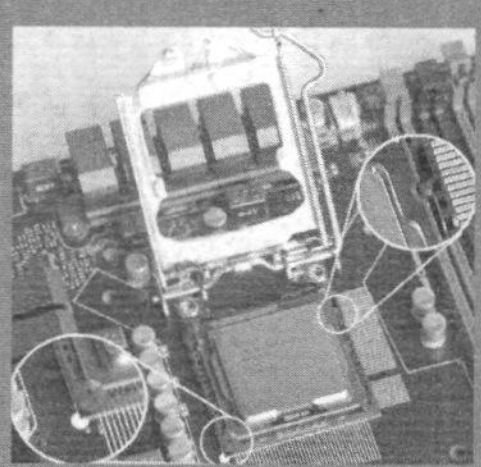

在前面的几章中已经详细学习了计算机硬件的相关知识，包括了计算机各部件的硬件结构、接口、性能参数，以及选购方法等内容。

而面临一堆的计算机配件，如何将它们组装成一台可以使用的计算机呢？这就需要用户对计算机组装有所了解。

本章将通过演示组装计算机的完整流程来介绍各个计算机配件的连接方式，以及将它们组装在一起的方法和其他相关知识。

本章学习要点：

- 了解和定制攒机方案
- 认识组装计算机所需工具
- 了解组装计算机的注意事项
- 计算机的硬件组装

6.1 了解DIY攒机

攒机和人们所熟知的DIY（Do It Yourself）属于同一概念，意思都是自己动手组装计算机。根据“攒机”的字面意思，可以将其理解为将计算机配件一件一件攒起来组装为一台完整计算机的过程。

6.1.1 攒机前要做的事情

与直接购买品牌机相比，攒机应遵循实用、稳定、性价比高、美观的原则。这是因为，计算机毕竟不同于一般家用电器，其具有技术含量高，更新换代快，软件资源丰富，自己动手空间大等特点。因此，在正式攒机前必须做好以下几项准备工作。

❑ **确定所需功能**

攒机以前必须先想清楚使用计算机的目的，有哪些具体的功能要求。在此时，配件的哪些功能是必须满足的，哪些功能是能满足即可的，一定要有针对性。只有这样才能从众多厂商铺天盖地的广告中脱离出来，避免被其误导。

❑ **确定预算**

在明确了具体的功能需求后，便需要考虑整台计算机的购买预算了，具体价位因个人的经济承受能力不同必然会有所变化。但无论怎样，用户心中都要有一个明确的价格底线，这样才能保证在装机过程中不被商家所左右。

❑ **了解配件兼容性**

计算机配件间的兼容性主要体现在两方面，一方面配件接口是否匹配，另一方面则是配件之间是否存在冲突。

其中，配件接口是否匹配方面的问题比较容易解决，用户只需在购买前查阅相关资料即可了解各个配件的接口及相对应配件的具体情况。

例如，CPU与主板间的接口兼容，主要由于Intel与AMD两家厂商所生产CPU的接口完全不同，因此当前市场内的任何一款主板都不可能同时支持两家的CPU产品。

此外即使是同一品牌的CPU产品，不同时期、不同系列CPU的接口也会有所差别，这时即便是支持相应品牌CPU的产品，也要看其芯片组支持的CPU型号具体有哪些，才能保证不会造成所购买CPU与主板不匹配的情况。

至于如何避免不同配件间因硬件冲突而引起的蓝屏、重启等不兼容问题，目前还没有很好的解决办法。为此，只能在鱼龙混杂的硬件市场中，通过多听、多看、多问的方法来了解所需信息。并且，尽可能选择一些大厂产品，以及推向市场有一定时间而比较成熟的产品，以保证整机有较强的稳定性。

❑ **环保问题**

计算机中的很多部件都存在辐射问题，如主板、电源、显卡等。解决此类问题的最好方法就是选择一款辐射屏蔽能力优越的机箱。

此外，如果不是特别需要，建议不要选择高功耗产品，因为此类产品既耗电、发热量大，噪音通常也较大。

❑ **整体协调性**

所谓整体协调性，主要针对功能和性能而言。一方面是不要追求盲目的高端配置；第二是只需留出适当的升级空间即可。这是因为，IT 产品的更新换代速度极快，升级范围也很有限，有时候所谓的升级也只是凭空一说而已。

❑ **不盲目相信评测数据**

如今的评测多如牛毛，令人目不暇接。对于用户来说，数值差距可能根本感觉不到两者计算机性能的差别，但却有可能配件之间的价格相差甚远。因此，对于评测数据，可以拿来参考，但绝对不要作为选择的依据。

❑ **实际装机**

这个要求用户在认准配置和价格后就必须坚持到底，不再更改。如果自己不是很专业，则要找一个懂技术、靠得住的人，任商家说得天花乱坠，只要配件不变。

而且在整个装机过程中，一定要有人验货并全程跟踪，并在各项测试都没有问题，以及开票、写清具体配置的保修卡等后，才能付款。

6.1.2 攒机方案

在拟定配置方案时，需要掌握注意两个问题：一是计算机的用途，如办公、制图、三维动画，还是游戏等；二是配置这台计算机预计金额。而配置方案中的硬件主要有十几件，如 CPU、主板、内存、硬盘、显卡、声卡、显示器、电源、机箱、光驱等。下面来了解一下详细的配置过程。

1. 确定 CPU

CPU 是计算机的核心部件，所以在攒机方案中也是首要考虑的产品。因为 CPU 决定了计算机档次。例如，配置办公或者家庭计算机，则不需要选择太高端的 CPU。

在选择 CPU 时，也要考虑到 CPU 的品牌，有 Intel 和 AMD 两家，各有优势。而一般选择 Intel 产品，但相对 AMD 产品来说，配置下来的价位稍微有点高。例如，对于家庭用户，一般只是上网、处理办公文档，可以选择 AMD 速龙 II X2 250 型号的 CPU，如图 6-1 所示。如果是游戏玩家，则需要选择性能更高的 CPU，如 AMD Phenom II X4-955 的四核 CPU。

图 6-1 速龙 II X2 250

2. 确定主板

确定 CPU 之后，就应该确定配套的主板。主板品牌、品种非常多，许多用户选择时往往犹豫不定。其实，选择主板比较简单，原则就是根据市场的具体情况，选择比较热销的大厂、名牌的主流产品。

其次，再确定主板是否支持所选 CPU 的类型，如 CPU 的品牌、CPU 接口类型。因此，根据 AMD 的 CPU 类型，则选择支持 AMD 品牌的主板。例如，选择速龙 II X2 250 型的接口为 Socket AM3，其针脚为 938pin，所以用户需要选择 Socket AM3 插槽的主板。

再次，在选择主板时，也需要考虑到主板后继升级，可以选择集成显卡的主板或者不集成显卡的主板。如果对用制图或者略微偏中上等机器，则可以选择不集成显卡的主板，如选择“微星 770-C45”型号的主板，如图 6-2 所示。并且，该主板还支持 Phenom II 系列 CPU，可以预备以后升级 CPU 使用。

图 6-2 微星 770-C45

3. 选购内存

选择 CPU 和主板后，就需要选择内存了。其实，内存的类型及型号要根据主板参数来决定。例如，“微星 770-C45”主板支持双通道 DDR3 1600(OC)/1333/1066/800 内存，最大可以支持 16GB 容量。

然后，可以根据市场的具体情况，选择比较热销的大厂、名牌的主流产品，如选择“金士顿 DDR3 1333”的内存，其容量为 4GB，如图 6-3 所示。

图 6-3 金士顿 DDR3 1333 内存

4. 选购硬盘

选择硬盘较其他硬件来说相对简单。用户只需根据自己的需求选择相对容量够用的硬盘。目前，市场上主流硬盘容量为 500GB 及 1TB，其品牌多为“希捷”、“西部数据”产品，其接口为 SATA II 类型，如图 6-4 所示。

图 6-4 硬盘

5. 选择显卡

因为“微星 770-C45”型号的主板不集成显卡，所以用户还需要再选择一款相应配置的显卡。而在选择显卡时，可以根据用户需要来确定，如一般制图所使用的计算机可以选择略低端的显卡；如用于玩游戏可选择高端的显卡。

在选择显卡时，需要用户注意主板所支持的插槽类型，以及显卡的显存容量。例如，在该主板中，支持的显卡插槽类型为 PCI-E 2.0 16X。用户可以选择“影驰 GTX560SE 黑将版”，其“总线接口”为 PCI Express 2.0 16X，容量为 1GB，如图 6-5 所示。

6．选择声卡、网卡及光驱

在配置过程中，选择硬件后，则其他部分硬件不需考虑太多。例如，该主板集成了“Realtek ALC888S 8 声道音效芯片”，所以不需要再选择独立声卡。

主板还集成了“板载 Realtek 8111DL 千兆网卡”。至于光驱，用户可以根据需要选择 DVD 光驱或者刻录光驱，如图 6-6 所示。

图 6-5 影驰 GTX560SE 黑将版

图 6-6 光驱

7．确定显示器

对家庭用户一般都喜欢选择液晶显示器，因为它有诸多的优势，如图 6-7 所示。特别是随着液晶显示器价格的下降，LED 背光液晶显示器已经占据了市场的绝对优势。或者说，LED 背光液晶显示器已经成为当前显示器市场上的主流产品。

图 6-7 显示器

8．确定机箱与电源

在选购机箱时，可以选择一般 38℃机箱标准，如图 6-8 所示。

而电源可以选购较好品牌，例如，用户可以选择“长城双动力静音 400（BTX-400SEL-P4）”类型的电源，如图 6-9 所示。

图 6-8 机箱

图 6-9 电源

综上所述内容，用户不难了解到，在撰写配置方案时主要确定 CPU、主板、内存、显卡等主要核心部件。而其余硬件设备则根据用户需要来选择，并且其兼容性问题不会影响太大。

6.1.3 攒机方案参考

撰写一套合理的攒机方案并没有想象中那样简单，因为此项工作既要求用户拥有丰富的硬件知识，还要求熟悉市场行情。只有这样才能从数量众多的配件市场挑选出最为实用、合适的产品。在本节中将通过对 3 种不同攒机方案的介绍让用户熟悉针对不同应用时的攒机要点。

1. 家用娱乐型方案

家庭用户对计算机性能和功能的要求不是太高，通常只要能够满足打字、简单的处理图片、浏览网页、视频聊天、听 MP3、看电影等普通的日常应用即可。此外，家庭娱乐用计算机还应该能够满足普通网络游戏对计算机硬件的需求。

❑ 配置思路

这类用户对产品成本要求尽可能控制，一般推荐选用定位低端、性价比较高的产品。比如，如果用户只是用于上网，或玩一些普通的 2D/3D 类游戏，则主流的整合主板即可满足需求。

这样一来便可适当地将资金分配至其他配件，如选购尺寸稍大点的液晶显示器等。当然，多数情况下还应为此类配置保留一定的升级空间，详细清单如表 6-1 所示。

表 6-1 家用娱乐型计算机配置清单

配件	品牌型号	备注
CPU	AMD Athlon II X2 250（盒）	
主板	技嘉 GA-78LMT-S2P(rev.5.0)	
内存	金士顿 2GB DDR3 1333	
硬盘	希捷 500GB 7200.11 32M（串口/盒）	
显示器	LG W2353V	
显卡		集成 AMD 760G 显示核心
声卡		板载 Realtek ALC889A 8 声道音效芯片
网卡		板载 Realtek 8111E 千兆网卡
光驱	先锋 DVD-230D	
键鼠	罗技 无影手 EX90	
机箱	华硕 TT-67	带电源
耳麦/音箱	麦博 M-200 十周年纪念版	

❑ 配置点评

技嘉采用了 AMD 760G 芯片组的主板，提供了 D-SUB、DVI 等常规视频输出接口，再搭配支持全高清分辨率的 LG W2353V 与 8 声道声卡后，能够为用户提供令人震撼的视听盛宴。在关闭部分特效后，所集成的显卡可流畅运行大部分的主流 3D 游戏，而无线键鼠套装让用户彻底摆脱线缆束缚。

❑ 升级建议

如果用户对超频感兴趣，可以将 CPU 换为 AthlonII X4 640，价格相差不是很大，却可以获得不错的性能。

在音频输出方面，将“麦博 M-200 十周年纪念版”更换为“创新 Inspire T7900”，可以充分发挥 8 声道声卡的能力，从而为用户提供一套真正的 6.1 音箱系统。

2．商用办公型

对于办公用户来说，系统的稳定性和安全性才是其关注重点，当然计算机的整体性能也要能够保证当前主流办公软件的流畅运行。除此之外，由于办公用户需要长时间面对显示器，因此对显示器的使用舒适度也有较高要求。

❑ 配置思路

虽然办公用户只是使用计算机处理文档，但在同时多个文档的情况下，对内存的需求也较大。

因此，在当前内存价格较低的情况下，为计算机配置大容量内存是一个低投入提升整机性能的好方法，详细配置清单如表 6-2 所示。

表 6-2　商用办公型计算机配置清单

配件	品牌型号	备　注
CPU	Intel 酷睿 i3 2120（盒）	
主板	华硕 P8H61-M LE	
内存	威刚 2GB DDR3 1333	×2
硬盘	西部数据 绿盘 WD5000AADS	SATA II /7200rpm/32MB 缓存
显示器	三星 943NW	
显卡		CPU 融合显示核心
声卡		板载 Realtek ALC887　6.1 声道声卡
网卡		板载 Realtek RTL8111E 千兆网络控制芯片
光驱	三星 TS-H662A	
键鼠	微软 极动套装（黑色版）	
机箱	富士康 超狐 TSAA720	
电源	航嘉 冷静王钻石 2.3 版本	

❑ 配置点评

“Intel 酷睿 i3 2120”型号的 CPU 虽然是当前较为廉价的双核心处理器，但却并不表示其性能低下。“三星 943NW”显示器的分辨率虽然只有 19 英寸，但 1440×900 的分辨率却非常适合办公用户使用。

此外，“华硕 P8H61-M LE”主板提供了 10 个 USB 2.0 接口，这使得主机能够同时与打印机、扫描仪等众多 OA 办公设备相连。

❑ 升级建议

本套系统基本已经趋于完善，当然用户可在适当添加费用后，将硬盘更换为 1TB 容量的“西数 WD1001FALS”，或者 2TB 容量的“西数 WD20EADS”。

3．疯狂游戏型

对于大多数游戏发烧友来说，只有在全屏幕下开启全部画面特效才能够让其大呼过瘾。此外，游戏音效也十分重要，因为除了能够在FPS游戏中听声辨位之外，良好的音效还可营造更加真实的游戏氛围。

❑ 配置思路

此类配置要求较强的处理器性能，显卡也要足够强悍，主板作为融合两者的基础也要相配套。如果要在高分辨率下开启全屏幕抗锯齿，大容量显存是非常有必要的。

同时，大容量内存作为基本要求也是必备的。在资金充足的情况下，包括提供接近真实体验的游戏外设、大尺寸高分辨率的液晶显示器等产品一样都不能少，具体配置清单如表6-3所示。

表6-3 疯狂游戏型计算机配置清单

配件	品牌型号	备注
CPU	Intel 酷睿i7 920（盒）	
主板	微星 X58 Pro-E	
内存	金士顿 HyperX 6GB DDR3 1600（三通道套装）	
硬盘	希捷 1TB 7200.12 32M SATA	×2
显示器	飞利浦 190CW9	
显卡	影驰 GTX260+ 1792M	
声卡	德国坦克 HiFier Serenade（小夜曲）	
网卡		板载 Realtek RTL8111C 千兆网络控制芯片
光驱	三星 TS-H352D	
键鼠	Razer Aurantia 橘仓金蛛	
机箱	酷冷至尊 开拓者极致散热版	
电源	ENERMAX 环保尖兵80+	功率500W
音箱	惠威 杜希S400	

❑ 配置点评

为了满足游戏对高性能计算机的需求，该方案选择了四核心八线程的“i7 920”CPU与“微星X58 Pro-E”主板，以及“金士顿HyperX 1600MHz 6GB三通道DDR3”内存进行套装组合。

然后，在配置拥有1792MB 1ns GDDR3显存的“影驰GTX260+”显示卡后，能够轻松应付当前市面上的所有主流游戏。在利用板载RAID芯片组建RAID 0后，还可马上提升存储系统的整体性能。当然，也可以选择一块SSD硬盘作为系统盘，以获得极速体验。

❑ 升级建议

19英寸的显示器对于游戏用户来说是最为适当的尺寸，也可以更换为“飞利浦230E1HSB”显示器，即可尽享1920×1080P的高清视频。

6.2 装机准备工作

组装计算机是一项细致而严谨的工作，要求用户不仅有扎实的基础知识，还要有极强的动手能力。除此之外，在组装计算机之前还需要作好充足的准备工作。

6.2.1 必备工具

“工欲善其事，必先利其器”，一套顺手的安装工具可以让用户的装机过程事半功倍。那么，在组装计算机前必须准备哪些工具呢？下面便将对此进行简单的讲解。

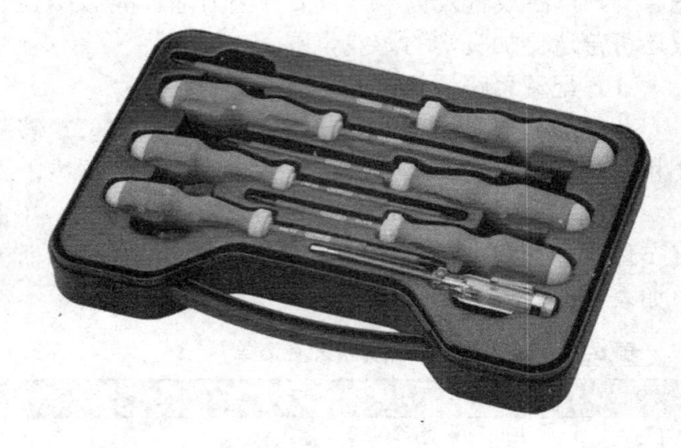

图 6-10 螺丝刀

1. 螺丝刀

螺丝刀（又称“螺丝起子”，或“改锥”）是安装和拆卸螺丝钉的专用工具，建议用户准备一把十字螺丝刀和一把一字螺丝刀（又称“平口螺丝刀”），如图 6-10 所示。

十字螺丝刀应带有磁性，这样便可以吸住螺丝钉，从而便于安装和拆卸螺丝钉。一字螺丝刀的作用是拆卸产品包装盒或包装封条等，一般不经常使用。

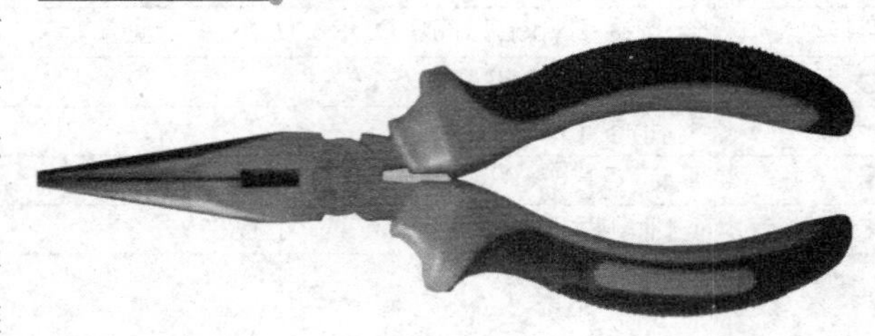

图 6-11 尖嘴钳

2. 尖嘴钳

准备尖嘴钳的目的是拆卸机箱上的各种挡板或挡片，以免机箱上的各种金属挡板划伤皮肤，如图 6-11 所示。

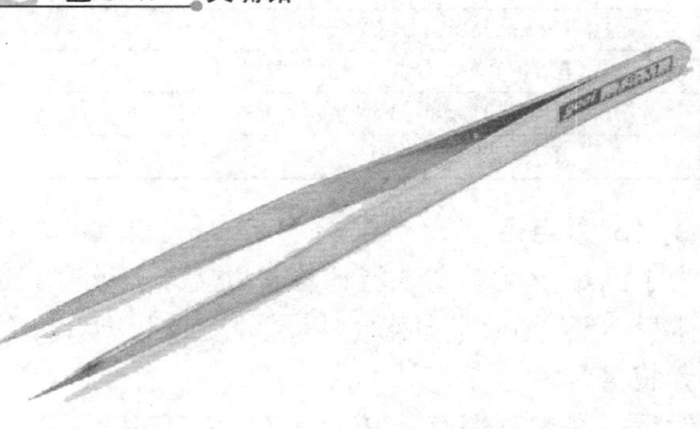

图 6-12 镊子

3. 镊子

镊子主要用于夹取螺丝钉、跳线帽和其他的一些小零件，如图 6-12 所示。

提 示

主板或其他板卡上常会有一些 2 根或 3 根金属针组成的针式开关结构，它们被称为“跳线”。而跳线帽便是安装在这些跳线上的专用连接器，其作用是连接相邻的两根金属针，以实现某一功能。一般情况下，用户无须关心计算机板卡上的各种跳线，但在必要时用户可以通过调整跳线帽来实现某种特殊功能（例如清除主板 CMOS 内保存的数据）。

4. 导热硅脂

导热硅脂（或散热膏）是安装 CPU 时必不可少的用品，其功能是填充 CPU 与散热器间的缝隙，帮助 CPU 更好地进行散热。因此，在组装计算机前需要准备一些优质的导热硅脂（或散热膏），如图 6-13 所示。

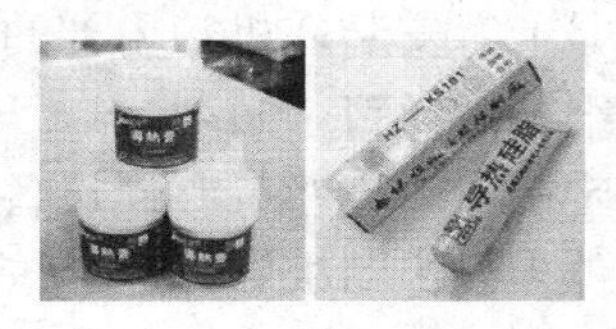

图 6-13　导热硅脂和散热膏

6.2.2　辅助工具

除了上面介绍的装机必备工具以外，在组装计算机的过程中往往还会用到一些辅助工具。如果在事先能够准备好这些物品，会使整个装机过程更为顺利。

❑ 排型电源插座

计算机硬件系统有多个设备都需要直接与市电进行连接，因此需要准备万用多孔型插座一个，以便在测试计算机时使用，如图 6-14 所示。

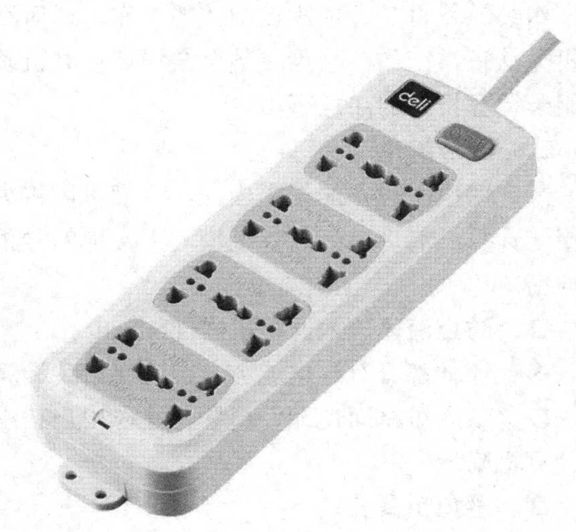

图 6-14　电源排插

❑ 器皿

在拆卸和组装计算机的过程中会用到许多螺丝钉及其他体积较小的零件，为了防止这些东西丢失，用一个小型器皿将它们盛放在一起是个不错的方法。

6.2.3　机箱内的配件

每个新购买的机箱内都会带有一个小小的塑料包，里面装有组装计算机时需要用到的各种螺丝钉，如图 6-15 所示。

各个螺丝钉的作用如下。

❑ 铜柱

铜柱安装在机箱底板上，主要用于固定主板。部分机箱在出厂时就已经将铜柱安装在了底板上，并按照常用主板的结构添加了不同的使用提示。

❑ 粗牙螺丝钉

粗牙螺丝钉主要用于固定机箱两侧的面板和电源，部分板卡也需要使用粗牙螺丝钉进行固定。

图 6-15　组装计算机时用到的各种螺丝钉

❑ 细牙螺丝钉（长型）

长型细牙螺丝钉主要用于固

定声卡、显卡等安装在机箱内部的各种板卡配件。

❑ **细牙螺丝钉（短型）**

在固定硬盘、光驱等存储设备时，必须使用较短的细牙螺丝钉，以避免损伤硬盘、光驱等配件内的电路板。

6.2.4 装机注意事项

组装计算机是一项比较细致的工作，任何不当或错误的操作都有可能使组装好的计算机无法正常工作，严重时甚至会损坏计算机硬件。因此，在装机前还需要简单了解一下组装计算机时的注意事项。

❑ **释放静电**

静电对电子设备的伤害极大，它们可以将集成电路内部击穿造成设备损坏。因此，在组装计算机前，最好用手触摸一下接地的导体或通过洗手的方式来释放身体所携带的静电荷。

❑ **防止液体流入计算机内部**

多数液体都具有导电能力，因此在组装计算机的过程中必须防止液体进入计算机内部，以免造成短路而使配件损坏。建议用户在组装计算机时不要将水、饮料等液体摆放在计算机附近。

❑ **避免粗暴安装**

必须遵照正确的安装方法来组装各配件，对于不懂或不熟悉的地方一定要在仔细阅读说明书后再进行安装。严禁强行安装，以免因用力不当而造成配件损坏。

此外，对于安装后位置有偏差的设备不要强行使用螺丝钉固定，以免引起板卡变形，严重时还会发生断裂或接触不良等问题。

❑ **检查零件**

将所有配件从盒子内取出后，按照安装顺序排好，并查看说明书是否有特殊安装需求。

6.3 安装机箱内的配件

计算机的主要部件大都安装在机箱内部，其重要性不言而喻。因此，主机内各配件安装方法的正确与否决定了组装完成后的计算机是否能够正常使用。在下面的内容中，首先介绍主机及其内部配件的安装方法。

6.3.1 机箱与电源的安装

机箱和电源的安装主要是对机箱进行拆封，并将电源安装在机箱内。从目前计算机配件市场的情况来看，虽然品牌、型号众多，但机箱的内部构造却大致相同，只是箱体的材质及外形略有不同而已。如图 6-16 所示为一款“鑫谷雷诺”超级玩家机箱。

提 示

为了将 CPU 的温度控制在一个能够保证其稳定工作的范围内，Intel 曾提出了一个机箱散热规范（CAG，Chassis Air Guide）。该规范要求在 35° 的室温下，机箱的整体散热能力必须保证处理器上方一定区域内的平均空气温度保持在 38° 左右或者更低。因此，按照 Intel CAG 规范进行生产，并符合 CAG 规范要求的机箱便被通俗的称为 38° 机箱。

目前，前置 USB 接口、音频输出和麦克风接口（即音频输入接口）已经成为机箱的标准配置之一。只不过不同机箱上前置接口的位置会有所区别。

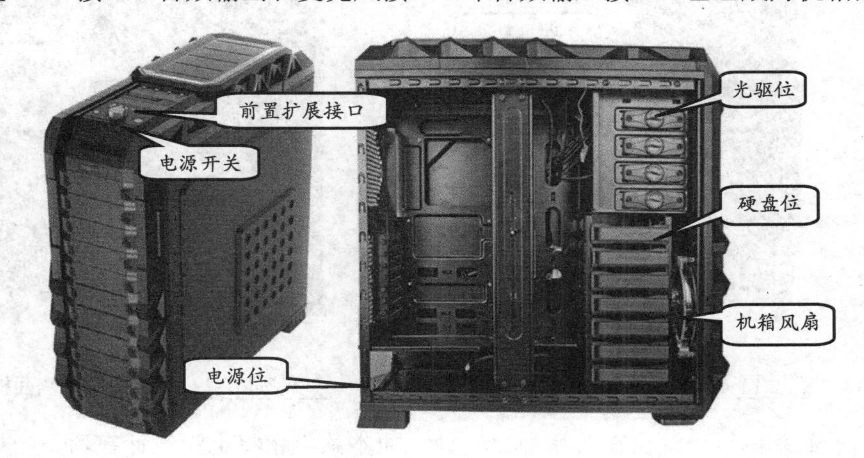

图 6-16 "鑫谷雷诺"超级玩家机箱

另外，随着 USB 3.0、eSATA 3.0 的普及，这两种接口越来越多地出现在了机箱前面板或顶部。例如，本机箱便采用了前置顶部接口设计，如图 6-17 所示。而也有部分机箱会将前置接口设计在机箱侧面。

图 6-17 安排在机箱侧面的前置接口

在对机箱前面板有了一定认识后，来看一下机箱背面的情况。转过机箱后，可以看到其背面除了留出 I/O 接口和电源的位置外，还留出了一个布满散热孔的区域，以增强机箱内的空气流通，如图 6-18 所示。对于有经验的用户来说，在机箱背面稍加观察后便可以大致评定机箱的优劣，如高质量机箱所采用的板材较厚，且全都进行了卷边处理，以免机箱钢板划伤用户。

提 示

机箱背面的散热孔除了能够加快机箱内部与外界间的空气流通外，用户还可以在风扇位加装一个机箱风扇，从而更好地解决机箱内部的散热问题。

现如今，机箱上的免工具拆卸螺丝钉可以让用户轻松将其拧下，这使得拆卸机箱较之前要容易许多。在拧下机箱背面的4颗免工具螺丝钉后，向后拉动机箱侧面板即可打开机箱，如图6-19所示。完成后，使用相同方法卸下另一侧的机箱面板。

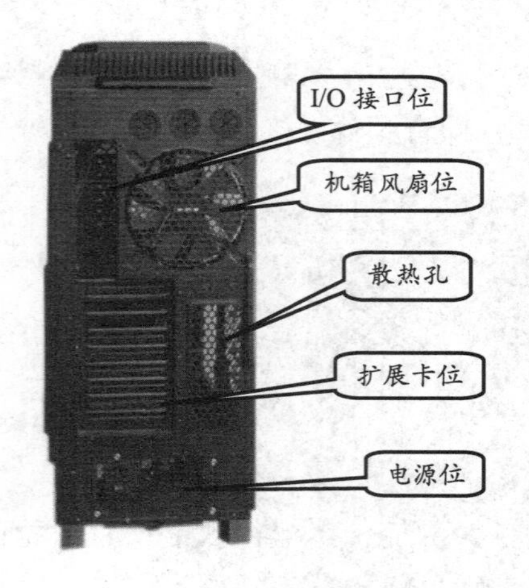

图 6-18 机箱背面

图 6-19 卸下机箱侧面板

多数机箱电源位在机箱后上角处，而本款机箱将电源设计在后下角处，更便于机箱走线及散热。放平机箱后将电源摆放至机箱后下角的电源位处，如图6-20所示。

接下来，先拧上一颗粗牙螺丝钉（无须拧紧），然后依次拧上其他的 3 颗螺丝钉，然后再将其逐一拧紧，如图6-21所示。

图 6-20 摆放电源

图 6-21 固定电源

提 示

在将电源放入机箱时，要注意电源放入的方向。部分电源拥有两个风扇或排风口，在安装此类电源时应将其中的一个风扇或排风口朝向主板。

6.3.2 CPU与内存条的安装

在组装计算机时，通常都会在将主板安装至机箱之前直接将CPU和内存安装在主板上。这样一来便可以避免在主板安装好后，由于机箱内狭窄的空间而影响 CPU 和内存的安装。

在正式安装 CPU 前，先来认识一下所用主板上的 CPU 插座，如图 6-22 所示。可以看出，这款主板采用了 Intel 公司推出的 LGA1155 的 T 型 CPU 插座，对应 CPU 也采用了 LGA1155 的触点式设计，跟 AMD 公司及以往的 Socket 插座相比，最大优势在于不用再去担心针脚折断的问题，但对 CPU 的插座要求更高。

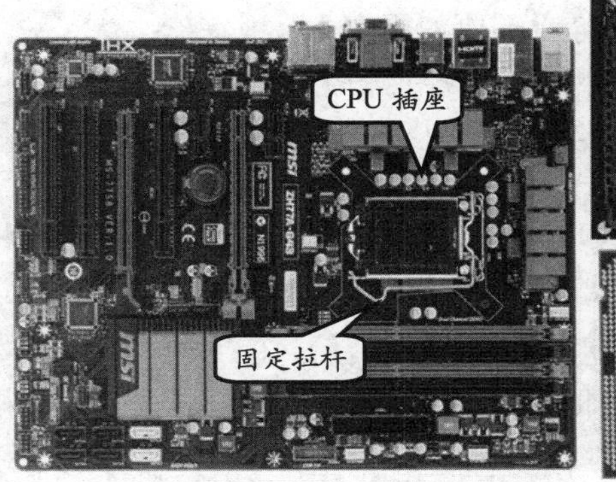

图 6-22 CPU 和 CPU 插座

在安装 CPU 之前要先打开插座，如用适当的力向下微压固定 CPU 的压杆，同时用力往外推压杆，使其脱离固定卡扣，然后轻轻向上掀起，与主板呈过 90° 夹角，如图 6-23 所示。

接下来，将固定处理器的压盖轻轻提起，并一手扶住压盖，另一只手将上面的插座保护盖卸下，即可看到完全裸露的 LGA1155 插座，如图 6-24 所示。

图 6-23 掀起压杆

图 6-24 LGA1155 插座

注 意

将 CPU 插座上的保护盖拆下后，应该注意保留保存，方便日后主板出现问题送修时安装于 CPU 插座上进行保护。

在安装处理器时需要特别注意。大家可以仔细观察，在 CPU 处理器的一角上有一个三角形的标识，另外仔细观察主板上的 CPU 插座，同样会发现一个三角形的标识。

在安装时，处理器上印有三角标识的那个角要与主板上印有三角标识的那个角对齐，然后慢慢地将处理器轻压到位。如果方向不对，则无法将 CPU 安装到全部位，甚至压坏 CPU 针脚，所以在安装时要特别地注意。

插槽采用了防呆式的设计，CPU 只有在方向正确的情况下才能放入，绝对不要使用蛮力。现在可以看到，插槽上下在左侧 1/4 处各有一个小小的塑料突起物，它们就是确定 CPU 安装方向的关键，注意 CPU 两侧的小缺口，将其对准插槽上的突起放下，CPU 即可准确嵌入插槽。

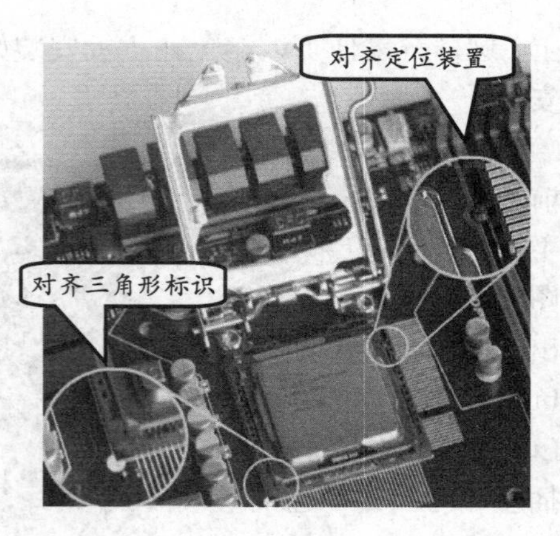

图 6-25 对齐三角形标识及卡沟

对齐 CPU 与插座上的三角形标识及两边的定位沟后，将 CPU 放至插座内，正确安装后，CPU 的绿色基板应保证和插槽顶端平齐，并确认针脚已经全部对齐插座触点，如图 6-25 所示。

轻轻将 CPU 压盖放下，按住，然后小心将固定拉杆往下压。同时观察，保证压盖前部滑入定位扣下，然后用力将固定拉杆压回原来的位置固定到位，即可完成 CPU 的安装，如图 6-26 所示。

图 6-26 CPU 安装到位

接下来，在 CPU 表面挤上少许导热硅脂，并将其涂抹均匀，将 CPU 散热器放置在支撑底座的范围内，4 个角上的固定塑料角对准主板上的 4 个插孔，如图 6-27 所示。

注 意

导热硅脂并不具有很好的散热效果，其作用只是填补 CPU 与散热片之间的空隙，便于散热风扇与 CPU 间的热传导。因此，不能涂抹太多的导热硅脂，只须薄薄一层覆盖至 CPU 表面即可。

按下 CPU 散热器 4 个角上的 4 个塑料扣钉，并按塑料钉顶部指示旋转 90°，将塑料钉扣紧锁死，以防脱落，如图 6-28 所示。

图 6-27 放置 CPU 散热器

图 6-28 旋紧塑料扣钉

完成上述操作后，检查CPU散热器是否牢固。然后将CPU风扇的电源接头插在CPU插座附近的3针电源插座上，如图6-29所示。

完成CPU及其散热器的安装后，便可以安装计算机内的另一重要配件——内存。首先需要掰开内存插槽两端的卡扣，可以发现内存插槽中间凸起的隔断将整个插槽分为长短不一的两段，以防止用户将内存插反，如图6-30所示。

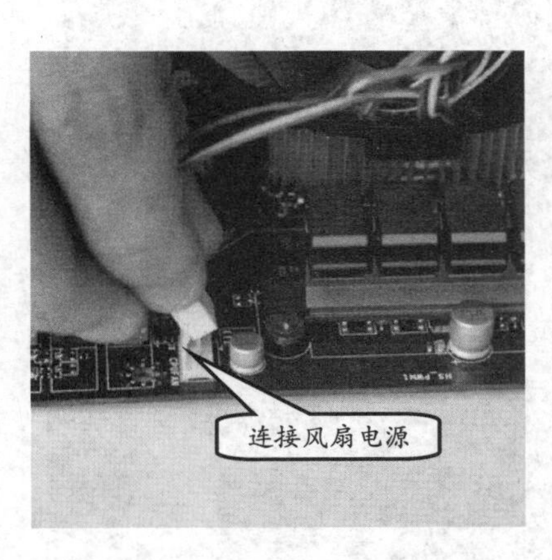

图6-29 连接CPU风扇电源

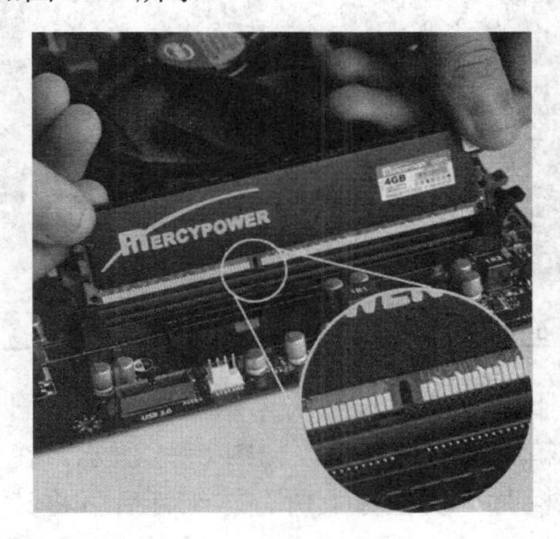

图6-30 安装内存条

在安装内存时，将内存条金手指处的凹槽对准内存插槽中的凸起隔断后，向下轻压内存，并合拢插槽两侧的卡扣，即可将内存条牢固地安装在内存插槽中，如图6-31所示。

6.3.3 安装主板

主板的安装主要是将其固定在机箱内部。安装时，需要先将机箱背面I/O接口区域的接口挡片拆下，并换上主板盒内的接口挡片。完成这一工作后，观察主板螺丝孔的位置，然后在机箱内的相应位置处安装铜柱，并将其拧紧，如图6-32所示。

图6-31 卡紧内存

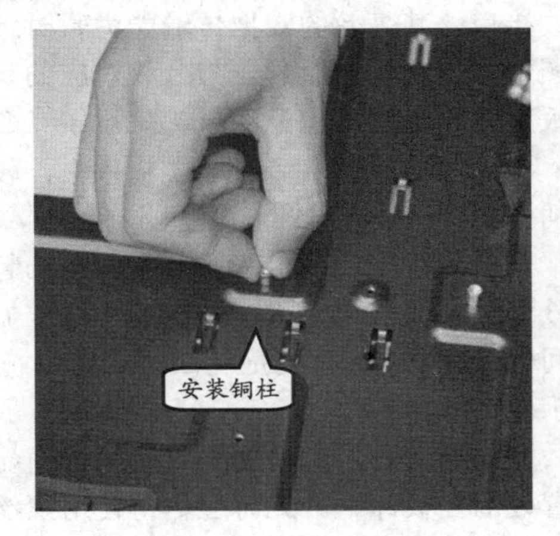

图6-32 在机箱内安装铜柱

固定好铜柱后，将安装有CPU和内存的主板放入机箱中，如图6-33所示。

然后调整主板的位置，以便将主板上的I/O接口与机箱背面挡板上的接口空位对齐，如图6-34所示。

图6-33 将主板放入机箱中

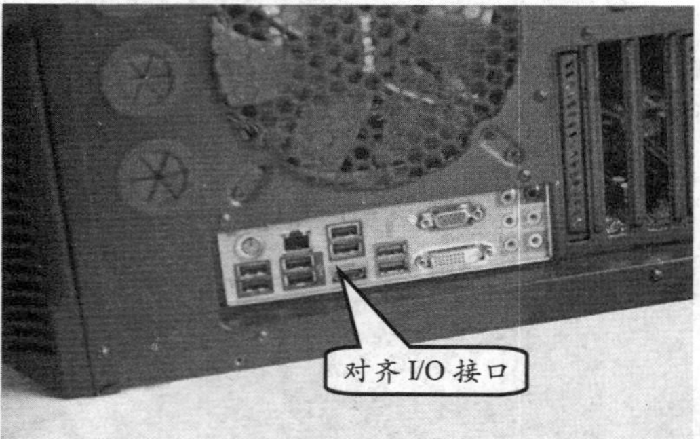

图6-34 将主板端口与机箱挡板对齐

接下来，使用长型细牙螺丝钉将主板固定在机箱底部的铜柱上，如图6-35所示。在固定主板时，要在拧上所有螺丝钉后再将其依次拧紧。

图6-35 固定主板

注　意

螺丝钉应拧到松紧适中的程度，太紧容易使主板变形，造成永久性损伤；太松则有可能致使螺丝钉脱落，造成短路、烧毁计算机等。

6.3.4 安装显卡

目前，主流显卡已全部采用了PCI-E 16X总线接口，其高效的数据传输能力暂时缓解了图形数据的传输瓶颈。与之相对应的是，主板上的显卡插槽也已经全部采用了PCI-E 16X插槽。该插槽大致位于主板中央，较其他插槽要长一些，如图6-36所示。

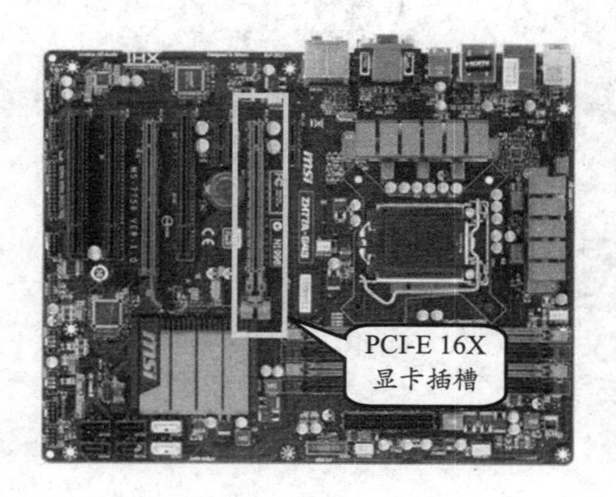

图6-36 显卡插槽

可以看到，PCI-E 16X插槽被一个凸起隔断分为长短不一的两段，而PCI-E 16X显卡中间也有一个与之相对应的凹槽，如图6-37所示。

安装显卡时，需要首先将机箱背面显卡位置处的挡板卸下。此时应尽量使用螺丝刀或尖嘴钳进行拆卸，避免挡板划伤皮肤。接下来，将显卡金手指处的凹槽对准显卡插槽处的凸起隔断，并向下轻压显卡，使显卡金手指全部插入显卡插槽内，如图6-38所示。

图 6-37 PCI-E 16X 显卡

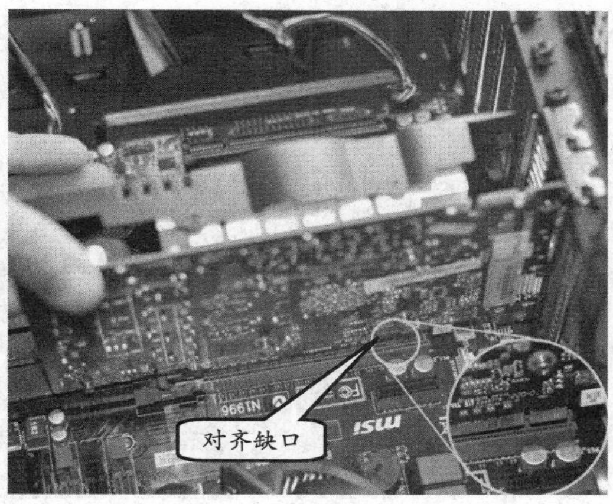

图 6-38 安装显卡

将显卡插入插槽内后，轻轻晃动显卡，查看是否安装到位。然后将显卡挡板上的定位孔对准机箱上的螺丝孔，并使用长型细牙螺丝钉固定显卡，最后将 6 针显卡电源线接到显卡电源接口上，如图 6-39 所示。

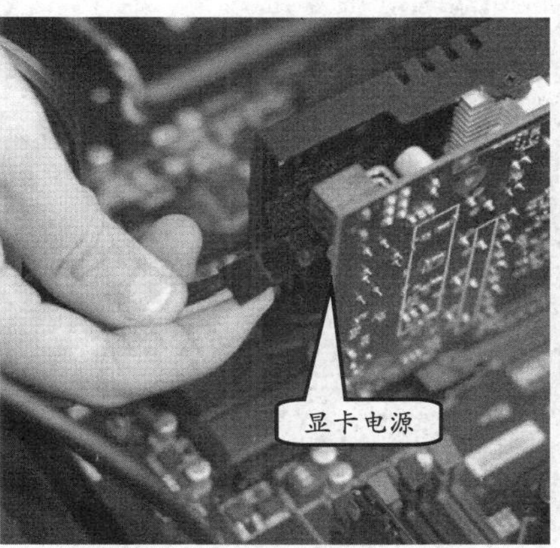

图 6-39 连接显卡电源线

至此，完成显卡的安装。接下来，使用相同方法安装声卡、网卡等设备。

提 示

目前市场上的常见主板大都集成了声卡、网卡等设备，因此很多时候用户无须再为计算机安装独立的声卡或网卡了。

6.3.5 光驱与硬盘的安装

光驱和硬盘都是计算机系统中极其重要的外部存储设备，如果没有这些设备，用户将无法获取各种多媒体光盘上的信息，也很难长时间存储大量的数据。

光驱安装在机箱上半部的 5.25 英寸驱动器托架内，安装前还需要拆除机箱前面板上的一个光驱挡板，以便将光驱从前面板上的缺口处放入机箱内部，如图 6-40 所示。

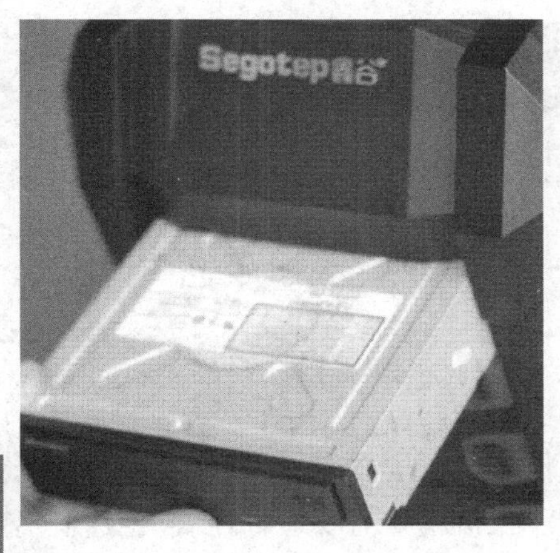

图 6-40 将光驱放入机箱

注 意

由于光驱体积较大，从内部将其放入时会受到电源的阻挡，因此只能从机箱前面板的缺口处推入机箱内部。

将光驱放至合适位置后，使用短型细牙螺丝

钉将其固定。有些机箱采用了免工具设计，使用较为巧妙的卡扣设计，安装和拆卸都非常方便，如图 6-41 所示。

提 示

在拧紧光驱两侧螺丝钉的过程中，应按照对角方向分多次将螺丝钉拧紧，避免光驱因两侧受力不均匀而造成设备变形，甚至损坏光驱等情况的发生。

图 6-41 卡扣固定光驱

硬盘的安装过程全部在机箱内部进行，这与安装光驱的方法略有不同。在安装时，应先将用于固定硬盘的托架拆下来，然后将含有电路板的一面朝下，用正确的方法将硬盘装入硬盘托架，如图 6-42 所示。

然后将其推入机箱下半部分的 3.5 英寸驱动器托架上，向里推听到“咔”的响声，即完成固定，如图 6-43 所示。

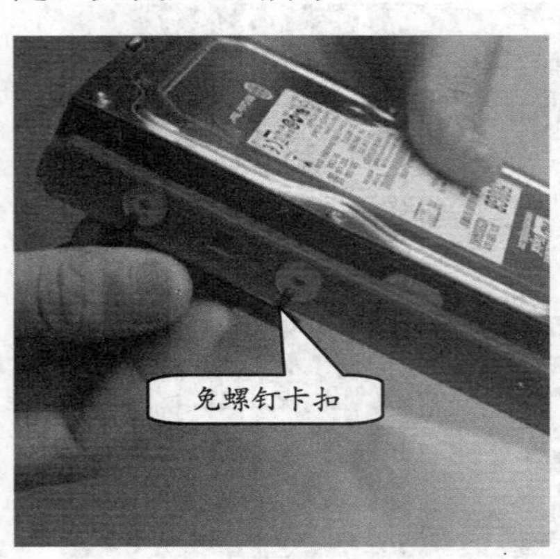

图 6-42 将硬盘装入硬盘架

图 6-43 将硬盘放入驱动器托架

提 示

如果用户需要安装多个光驱或硬盘，重复上述操作即可。不过，安装时需要避免两个设备之间的距离过近，以免影响设备散热。

6.3.6 连接各种线缆

之前的安装过程已经将主机内的各种设备安装在了机箱内部。不过，组装主机的过程还并未结束，因为还没有将机箱内的设备连接起来，有的设备仅仅是固定在了机箱中，还称不上真正意义上的安装。

在机箱中需要进行连线的线缆主要分为以下几种类型。

- ❑ **数据线** 光驱和硬盘与主板进行数据传输时的串口线缆或并口扁平线缆。
- ❑ **电源线** 从电源处引出，为主板、光驱和硬盘提供电力的电源线。
- ❑ **信号线** 主机与机箱上的指示灯、机箱喇叭和开关进行连接时的线缆，以及前置USB接口线缆与前置音频接口线缆等。

1. 安装主板与CPU电源线

随着CPU性能的不断提升，CPU的耗电量也在持续不断地增长，早期依靠主板为CPU输送电量的方式已经无法满足目前CPU的用电需求。而如今的主板上都具有两个电源插座，一个是双排24针的长方形主板电源插座，专门为内存、显卡、声卡等设备进行供电，另一个则是只负责为CPU进行供电的双排8针正方式插座，如图6-44所示。

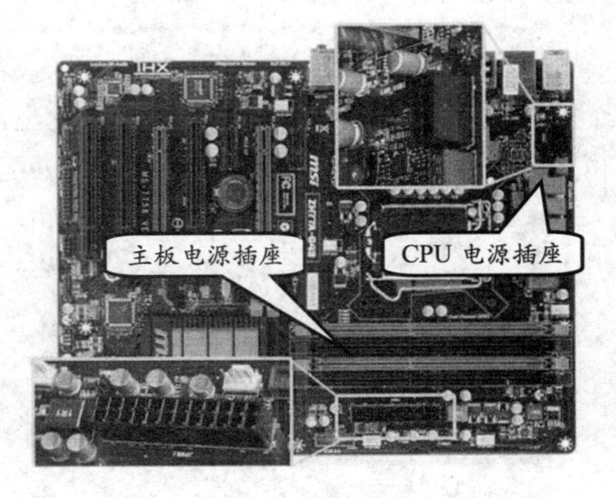

图6-44 主板电源插座

在了解主板电源插座与CPU电源插座的样式后，再来看一下相应电源接头的样子。

目前，市场上常见电源所提供的电源接头共有6种样式，分别为双排24针长方形接头、双排8针正方形接头、双排6针方形接头、SATA串口设备专用电源接头、单排大4针电源接头和单排小4针电源接头，如图6-45所示。

图6-45 电源上的各种接头

其中，前4种电源接头是目前所有电源上都有的接头类型，分别用于为主板、CPU、显卡，以及采用SATA电源接口的硬盘或光驱进行供电；单排大4针电源接头为采用IDE电源接口的硬盘或光驱进行供电；单排小4针电源接头则用于为软驱进行供电，但随着软驱的淘汰，配备该接头的电源也越来越少。

仔细观察电源接头后可以发现，主板电源接头的一侧设计有一个塑料卡，其作用是与主板电源插座上的突起卡合后固定电源插头，防止电源插头脱落。

因此，在安装主板电源时，要在捏住电源插头上的塑料卡后将电源插头上的塑料卡对准电源插座上的突起。然后平稳地下压电源插头，当听见“咔”的声音时，说明电源插头已经安装到位，如图6-46所示。

注 意

部分电源上的主板电源插头采用了20+4针的设计，因此在安装此类电源插头时除了要安装较大的双排20针长方形电源插头外，务必要将另外的双排4针正方形电源插头（不是CPU电源插头）安装在主板电源插座上的空余位置上。

安装好主板电源接头后，从主机电源上找到双排8针的方形电源插头（也可以是两个双排4针的方形电源插头）。可以看出，该插头的一侧也有一个起固定作用的塑料卡。将电源插头上的塑料卡对准插座上的突起后，将插头按压到位即可，如图6-47所示。

图6-46 安装主板电源

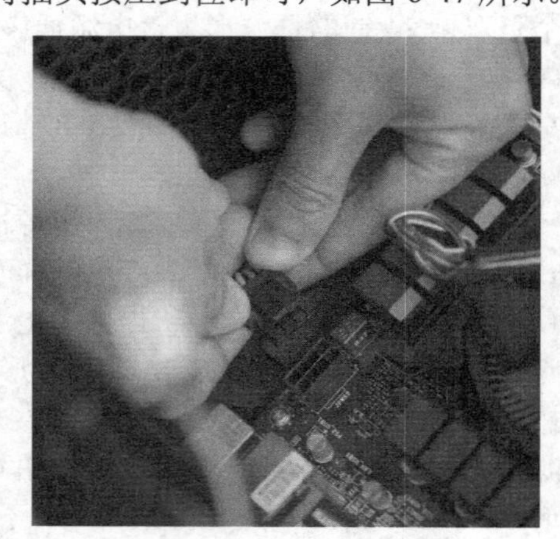

图6-47 安装CPU电源

2．安装光驱、硬盘的电源线与数据线

目前，市场上光驱和硬盘上的数据接口基本上都是SATA接口，它的数据线较窄，其接头内部采用了“L”型防插错设计，如图6-48所示。

先将光驱和硬盘的SATA数据线一端插到主板上，注意数据线的“L”型缺口跟主板上插头方向要一致，如图6-49所示。

图6-48 SATA数据线

图6-49 将SATA数据线插到主板上

理顺光驱的电源线和数据线，然后将数据线另一头插到光驱的数据接口上，并将光驱电源线插好，这样就完成了光驱的安装连接，如图 6-50 所示。

按照类似的方法为 SATA 硬盘连接电源线与数据线，如图 6-51 所示。

图 6-50　连接光驱电源线和数据线

图 6-51　连接硬盘电源线与数据线

有些旧款电脑上 SATA 电源线接头只提供了一个，可能不够用，这时就要用到电源转接头，将一个单排大 4 针的电源接头转换为 SATA 专用电源接头，如图 6-52 所示。

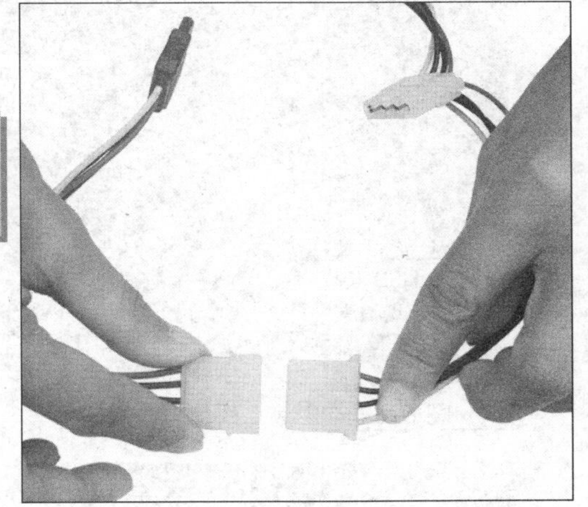

图 6-52　安装电源转接头

提　示

SATA 接口的防呆设计可以有效防止接反电源线或数据线，只要仔细观察，细心操作，一般不会接反接错，注意不可用蛮力。

3．连接信号线

由于机箱上的信号线接头大都较小，主板上与之对应的信号线插座也都较小，加上机箱内的安装空间有限，因此稍有不慎便会插错位置。重要的是，如今机箱附带的各种信号线不仅数量众多，而且种类也大不相同，这使得连接信号线成为很多用户在组装计算机时比较头疼的事情之一。

需要特别注意的是，有些信号线是有正负极性的，不可接反，否则不能正常使用，如电源指示灯不会亮等，也可能会带来一些严重后果，如 USB 线序错误会烧坏设备等，在连接时要注意仔细阅读主板说明书，看清接头上的标识。

不过，在了解到各种信号线的名称及其含义后，连接信号线也将不再是一件困难的事情。

其实，如今机箱内各种信号线的名称早已统一，并且从接头的名称便可轻松了解到它们的作用，如图 6-53 所示。

在了解到信号线接头的含义后，再来看一看主板上与之对应的信号线插座，其位置如图 6-54 所示。

接下来只需要根据信号线接头所标识的含义将它们插在各种对应的信号线插座上即可，这些信号线包括电源开关键信号线、复位启动信号线（如图 6-55 所示）、电源指示灯信号线、硬盘指示灯信号线、前置 USB 数据线（如图 6-56 所示）、前置音频信号线（如图 6-57 所示）等。

图 6-53 信号线接头

较新款的机箱都提供了 USB 3.0 前置接口，可以连接到主板上的 USB 3.0 接口上，方便享用其高速传输特性。其接口采用蓝色标识，并且主板上的接口跟一般的 USB 接口也不一样，并且采用了防呆式设计，以防止接反，如图 6-58 所示。

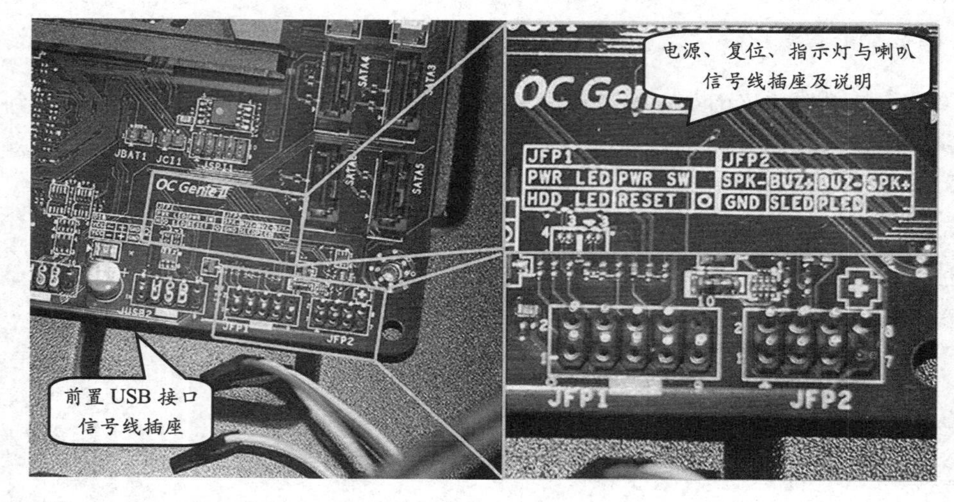

图 6-54 主板上的信号线插座

图 6-55 连接 RESET 复位按钮信号线

图 6-56 连接前置 USB 数据线

图 6-57 前置音频线插座

图 6-58 连接 USB 3.0 数据线

到这里，主机内各种设备与线缆的连接就全部结束了。接下来便可以安装机箱的侧面板了。

6.3.7 安装机箱侧面板

侧面板俗称机箱盖，因此这一过程又常被称为“盖上机箱盖”。实际上，为机箱安装和拆卸侧面板的操作方法正好相反，下面来看一下侧面板的安装方法。

首先平放机箱后，将侧面板平置于机箱上，并使侧面板上的挂钩落入机箱上的挂钩孔内。然后向机箱前面板方向轻推侧面板，当侧面板四周没有空隙后即表明侧面板已安装到位，如图 6-59 所示。

注 意

安装时应分清两块侧面板在机箱上的位置，带有 CPU 风扇导风管的为机箱左侧的面板（前面板面向用户时），另一块为右侧的面板。

在使用相同方法将另一块侧面板安装到位后，使用螺丝钉将它们牢牢固定在机箱上，如图 6-60 所示。

图 6-59 安装机箱侧面板

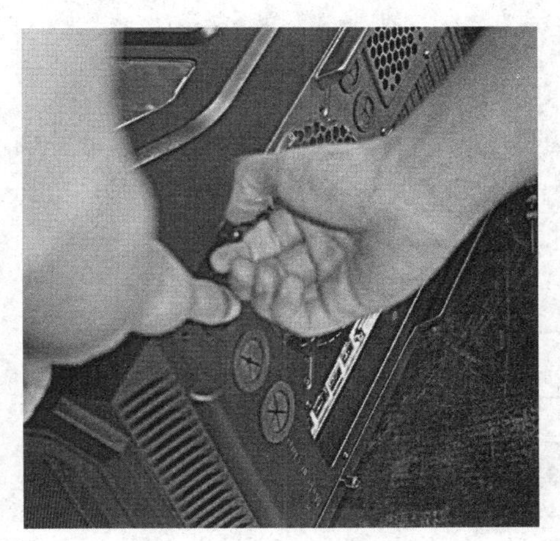

图 6-60 固定机箱面板

提 示

理论上，主机内部的各种设备和线缆在全部安装或连接完成后便可盖上机箱盖。但是，为了组装结束后进行检测时便于解决发现的问题，建议此时先不要安装侧面板，待测试结束并排除所有问题后再安装两侧的面板。

6.4 主机与其他设备的连接

进行到这里，最为复杂的主机已经组装完成了，接下来只需将主机与显示器、鼠标、键盘等外部设备进行连接后，组装计算机的过程便可宣告完成了。下面将对常见外部设备与主机的连接方法进行讲解。

6.4.1 连接显示器

显示器不仅决定了用户所能看到的显示效果，还直接关系着用户的用眼健康。正因为如此，LCD 显示器以其无闪烁、无辐射的健康理念，成为人们选购显示器时的不二准则。

在连接液晶显示器与主机前，需要先将液晶显示器组装在一起。目前，常见液晶显示器大都分为屏幕、底座和连接两部分的颈管组成，每个部件上都有与相邻部件进行连接的锁扣或卡子。安装时，只需将底座与颈管上的锁扣对齐后，将两者挤压在一起，并将颈管上的卡式连接头插入屏幕上的卡槽内即可，如图 6-61 所示。

接下来，将液晶显示器附带 VGA 数据线的一端插入显示器背面的 VGA 插座内，另一端插入主机背面的 VGA 插座中，并拧紧 VAG 插头两旁的旋钮，如图 6-62 所示。

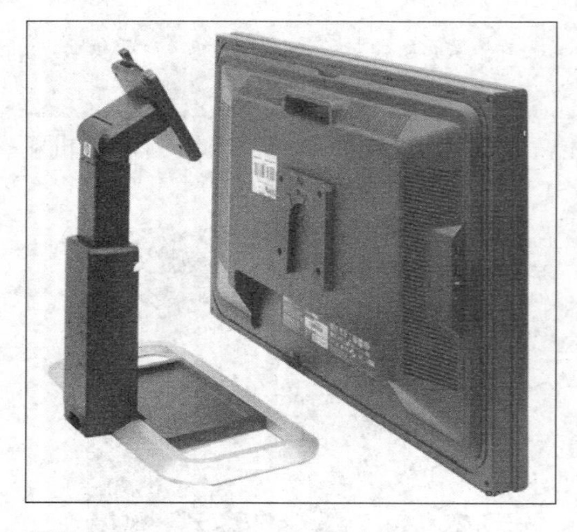

图 6-61 组装液晶显示器

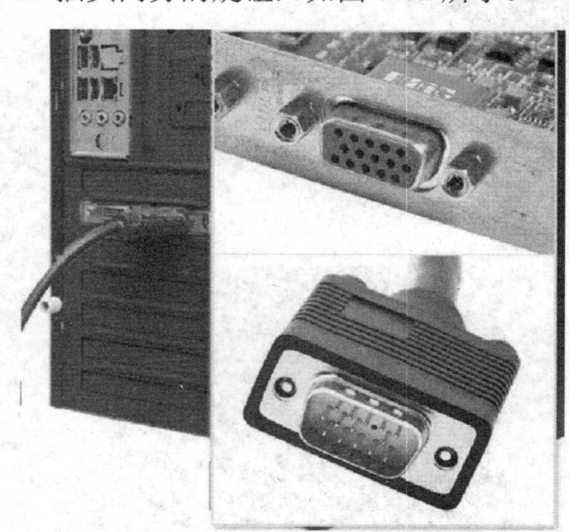

图 6-62 连接显示器信号线

注 意

VGA 数据线的接头采用了梯形的防插错设计，安装时需要注意插头的方式。

最后，取出显示器电源线，将一端插到显示器后面的电源插孔上，另一端插到电源插座上即可。

6.4.2 连接键盘与鼠标

接下来要连接的是计算机中最为重要的两种输入设备——键盘和鼠标。目前，由于键盘和鼠标都采用了 PS/2 接口设计，因此使得初学者往往容易插错，以至于业界不得不在 PC 99 规范中用两种不同的颜色将其区别开来，如图 6-63 所示。

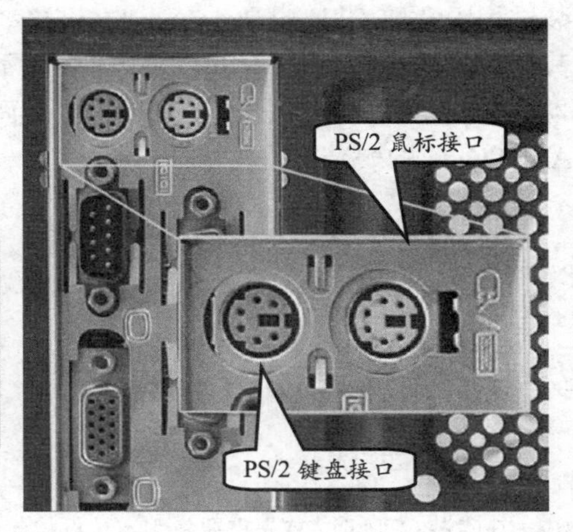

图 6-63 主机上的 PS/2 接口

技 巧

将主机平放后，上面绿色的 PS/2 接口为鼠标接口，下面蓝色的 PS/2 接口为键盘接口，俗称“上标下键”。如果主机平放后的两个 PS/2 接口为横向设计，则左侧为键盘接口，右侧为鼠标接口，不过这种设计较为少见。

连接键盘时，将键盘接头（即 PS/2 接头）内的定位柱对准主机背面相同颜色 PS/2 接口中的定位孔，并将接头轻轻推入接口内即可完成键盘与主机的连接。使用相同方法，将鼠标上的 PS/2 接头插入另一 PS/2 接口内，完成鼠标与键盘的连接。

注 意

由于鼠标和键盘的接头相同，因此在连接必须将两者分清。不过越来越多用户趋于使用 USB 接口的无线键盘、鼠标套装。

6.4.3 开机测试

每当计算机启动后，基本输入输出系统都会执行一次 POST 自检，这是一项检查显卡、CPU、内存、IDE 和 SATA 设备，以及其他重要部件能否正常工作的系统性测试。在这一检测过程中，如果硬件存在错误或异常情况，自检程序将会强制中断计算机的启动；如果一切正常，自检程序便会按照 BIOS 内的设置启动计算机。

针对 POST 自检程序的这一功能，完全可以借助该程序来确认之前所组装的计算机是否能够正常工作。不过，在此之前还需要用户复查每个配件的组装是否到位、连接是否正常，以减小出错的几率。当一切确认无误后，便可以为主机、显示器等设备接上电源，进行开机测试。

按下机箱上的 POWER 电源开关后，当看到电源指示灯亮起、硬盘指示灯闪动时，说明各个配件的电源连接无误；当显示器出现开机画面，并听到“滴”的一声时，说明硬件的连接已经完成，如图 6-64 所示。

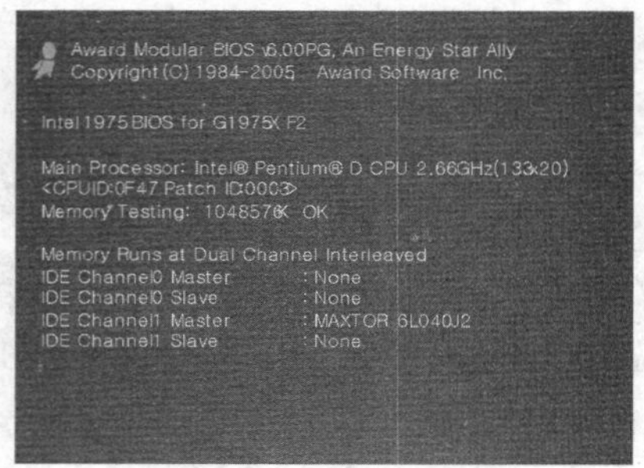

图 6-64 计算机自检画面

6.5 实验指导：安装 AMD CPU

目前，AMD 公司推出的 CPU 依然使用传统的 Socket 针脚式插座，由于针脚数目多，针脚纤细，安装过程中拿取 CPU 时要十分小心，以免将针脚弄弯。其安装方法也较 Intel 公司的 CPU 有所不同。为此，本例将演示 AMD CPU 的安装过程，从而使用户熟悉 AMD CPU 的安装方法。

1. 实验目的

- ❑ 了解 AMD CPU 接口。
- ❑ 学习 Socket 散热器安装方法。
- ❑ 掌握 AMD CPU 安装方法。

2. 实验步骤

1 在安装 CPU 时，首先需要将固定拉杆拉起，使其与插座之间呈约 90° 夹角，如图 6-65 所示。

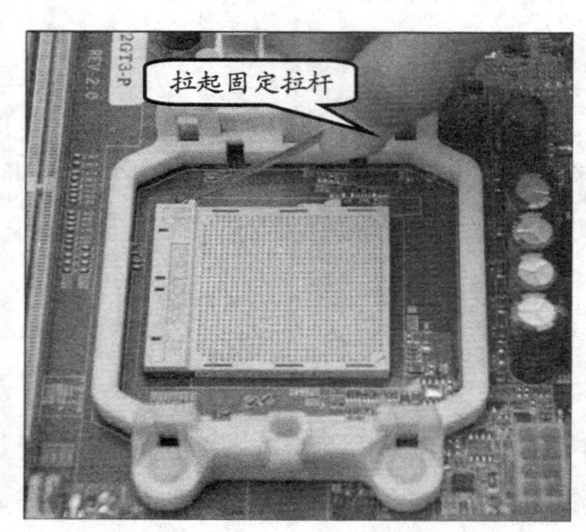

图 6-65 拉起固定拉杆

2 然后对齐 CPU 与插座上的三角形标识后，将 CPU 放至插座内，并确认针脚已经全部没入插孔内，如图 6-66 所示。

3 在将 CPU 完全放入插座，并将固定拉杆压回原来的位置后，即可完成 CPU 的安装，如图 6-67 所示。

4 接下来，在 CPU 表面挤上少许导热硅脂，并将其涂抹均匀，如图 6-68 所示。

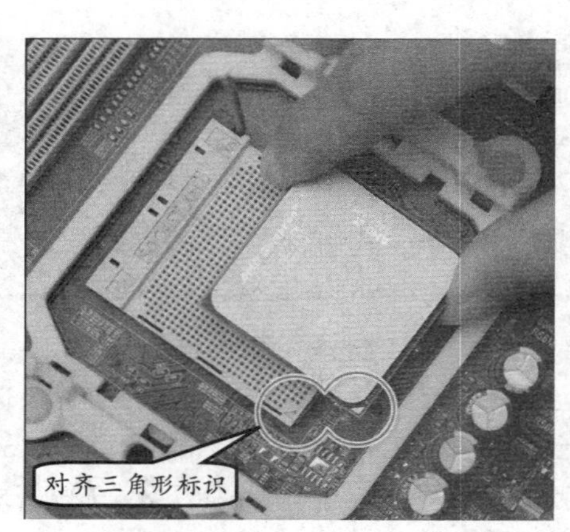

图 6-66 对齐 CPU 与插座上的三角形标识

图 6-67 将固定拉杆压回原位

5 涂好导热硅脂后，将 CPU 散热器放置在支撑底座的范围内，并将散热器固定卡扣的一端扣在支撑底座上，如图 6-69 所示。

6 然后，将散热器固定卡扣上带有把手的另一端扣在另一侧的支撑底座上，如图 6-70 所示。

图 6-68　在 CPU 表面涂抹导热硅脂

图 6-69　将卡扣搭在支撑底座上

图 6-70　将散热器固定卡扣安装到位

7 接下来，按顺时针方向旋转固定把手，锁紧散热器，如图 6-71 所示。

图 6-71　锁紧散热器

8 完成上述操作后，将 CPU 风扇的电源接头插在 CPU 插座附近的 3 针电源插座上即可，如图 6-72 所示。

图 6-72　连接 CPU 风扇电源

至此，完成 AMD CPU 的安装。

6.6　实验指导：连接主机与音箱

随着多媒体概念的不断普及，如今的家庭用户在购买计算机的同时都会选购一套音箱。因此，音箱与计算机的连接也成为目前组装计算机过程中必不可少的一个组成部分。为此，下面将对主机与音箱的连接方法进行介绍，以便用户在购买音箱后能够自行将其与计算机连接在一起。

1．实验目的

- 了解多媒体音箱。
- 熟悉音箱与音箱间的连接方法。
- 学习音箱与主机间的连接方法。

2．实验步骤

1 将卫星音箱上的音箱接头连接在主音箱背面的音频输出接口上，如图 6-73 所示。

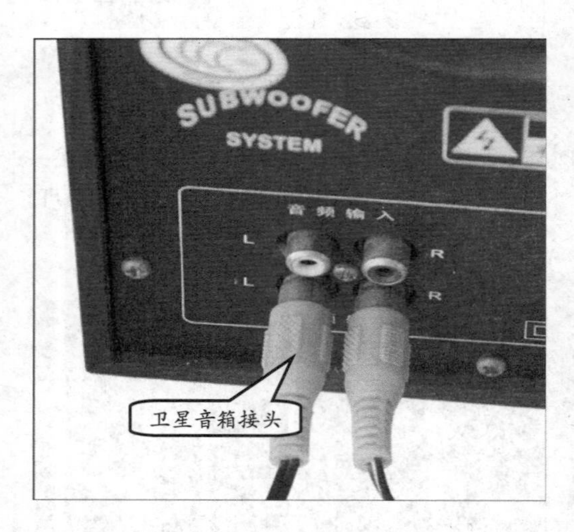

图 6-73　连接主音箱与卫星音箱

2 将音箱连接线的两个接头分别插在主音箱上的音频输入接口上，如图 6-74 所示。

3 将音频线另一侧的接头插入声卡的音频输出接口（粉绿色），完成音箱与计算机的连接，如图 6-75 所示。

4 为音箱接通电源后，即可开机测试音箱效果。

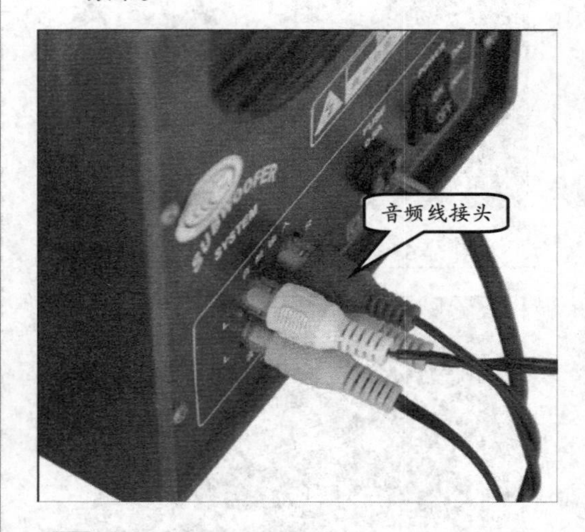

图 6-74　连接音频线

图 6-75　音箱与计算机的连接

6.7　思考与练习

一、填空题

1．攒机和人们所熟知的__________属于同一概念，意思都是自己动手组装计算机。

2．在装机前触摸接地导体或洗手是为了__________，以免造成设备损坏。

3．机箱散热规范要求在 35° 的室温下，机箱整体散热能力必须保证 CPU 上方一定区域内的平均空气温度保持在__________左右或者更低。

4. 在 CPU 表面涂抹__________的目的是为了填满 CPU 与散热器之间的缝隙。

5. 目前主流显卡所采用的都是__________总线接口。

6. __________安装在机箱上半部的 5.25 英寸驱动器托架内，安装前还需要拆除机箱前面板的挡板。

7. 目前，__________以其无闪烁、无辐射的健康理念成为人们选购显示器时的不二准则。

8. 将主机平放后，蓝紫色的 PS/2 接口为__________接口，草绿色的接口为__________接口，俗称“上标下键”。

二、选择题

1. 在组装计算机的过程中，不是必备工具的是__________。

A. 螺丝刀
B. 尖嘴钳
C. 镊子
D. 剪刀

2. 在装机时，用于固定机箱两侧面板与电源的是下列哪种类型螺丝钉？__________。

A. 铜柱
B. 粗牙螺丝钉
C. 细牙螺丝钉（长型）
D. 细牙螺丝钉（短型）

3. 按照 Intel 机箱散热规范（CAG，Chassis Air Guide）规范进行生产，并符合该规范要求的机箱被用户统称为__________。

A. 38° 机箱
B. CAG 机箱
C. Intel 机箱
D. 标准机箱

4. 目前市场上的很多主板都集成了__________和__________，这样不仅降低了计算机的整体成本，还简化了计算机组装过程。

A. 声卡、电视卡
B. 存储卡、网上
C. 声卡、网卡
D. 电视卡、显卡

5. 为了防止安装时出现错误，SATA 数据线的接头内采用了__________的防插错设计。

A. 分段式
B. U 型
C. D 型
D. L 型

6. 在下面的线缆标识中，表示电源开关的是__________。

A. POWER LED
B. RESET SW
C. POWER SW
D. H.D.D LED

7. 按照 PC 99 规范，键盘用 PS/2 接口的颜色应该为__________。

A. 绿色
B. 蓝色
C. 黄色
D. 红色

8. POST 自检的目的是__________。

A. 检测计算机配件能否正常工作
B. 检测计算机配件是否完整
C. 检测计算机配置情况
D. 检测计算机配置是否发生变化

三、简答题

1. 简述 CPU 安装流程与方法。

2. 简述各种信号线缆的名称与作用。

3. 简述开机测试的步骤，以及部分常见问题的解决方法。

4. 简述整个计算机的组装流程。

四、上机练习

评判配置单的优劣

当用户在各地的计算机配件市场内准备装机时，经销商或其销售人员都会热心地帮助用户组织配置单。然而为了追求利润的最大化，销售人员通常会将一些并不适合用户使用的配件添加至配置单内。为此，必须要能够根据使用需求，从配置单内挑选出不合理的配件。

例如，表 6-4 所示为计算机配件经销商为用户推荐的一套用于欣赏高清电影的攒机方案，所要做的便是替换和修改某些不合理甚至错误的配件，从而降低整套配置的价格，提高其性价比。

表 6-4 高清影音型计算机配置清单

配件	品牌型号	备注
CPU	AMD 速龙 II X2 245	
主板	七彩虹 C.A780G D3 V14	
内存	金士顿 2GB DDR3 1333	
硬盘	希捷 500GB 7200.12 16M（串口/散）	
显示器	明基 G2220HD	
显卡		集成 ATI Radeon HD3200 显示核心
声卡		集成 Realtek ALC 883 8 声道音效声片
网卡		板载千兆网卡
光驱	明基 DVD-ROM	
键鼠	清华普天 光电套装	
机箱	动力火车 绝尘侠 X3	
电源	航嘉 冷静王 标准版	
音箱	山水山音 32D	

第 7 章

设置 BIOS 及功能介绍

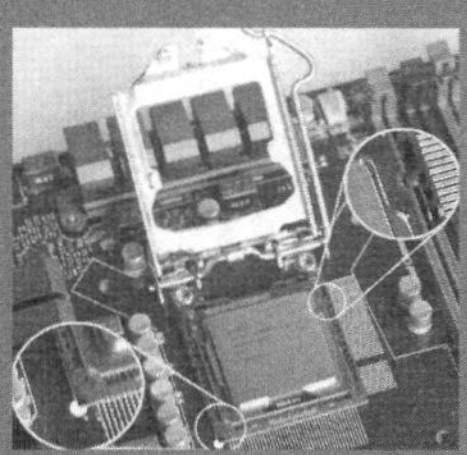

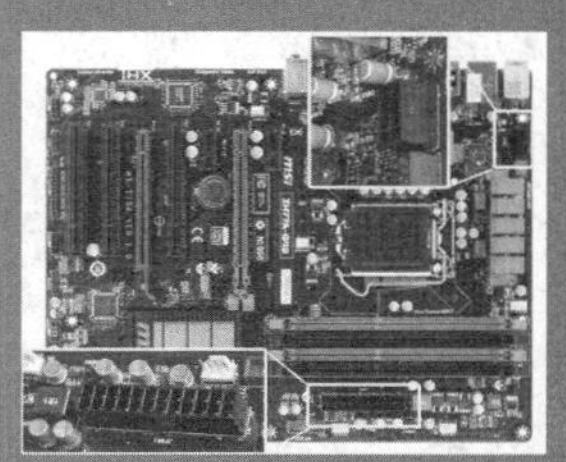

BIOS 一直为计算机提供最底层的、最直接的硬件设置和控制。通过 BIOS 程序对控制系统启动的某些重要参数进行调整，如更改计算机的启动顺序，以便通过光盘安装操作系统等。

另外，因 BIOS 参数不正确，很有可能导致计算机硬件产生冲突，或者造成系统无法正常运行，或者某硬件不能使用等多种情况。

因此，了解并能够正确配置 BIOS 对于从事计算机组装与维修、维护方面的用户来说很重要。

本章学习要点：

- 传统 BISO
- UEFI BIOS 概述
- BIOS 基本设置
- BIOS 超频设置
- BIOS 节能设置
- UEFI 其他工具

7.1 传统 BIOS 回顾

BIOS（Basic Input Output System，基本输入输出系统）全称为 ROM-BIOS，意为“只读存储器基本输入输出系统”。其实，BIOS 是主板上一组固化在 ROM 芯片内的程序，保存着计算机的基本输入输出程序、系统设置信息、开机上电自检程序和系统启动自举程序。

7.1.1 计算机自检流程

BIOS 主要由自诊断程序、CMOS 设置程序、系统自举装载程序，以及主要 I/O 设备的驱动程序和终端服务等信息组成，其功能分为自检及初始化程序、硬件中断处理和程序服务请求三部分。

❑ 自检及初始化程序

该部分又称加电自检（Power On Self Test，POST），作用是在为硬件接通电源后检测 CPU、内存、主板、显卡等设备的健康状况，以确定计算机能否正常运行。

如果发现问题，分两种情况处理：严重故障停机，不给出任何提示或信号；非严重故障则给出屏幕提示或声音报警信号，等待用户处理。

如果未发现问题，则将硬件设置为备用状态，然后启动操作系统，把对电脑的控制权交给用户，其流程如图 7-1 所示。

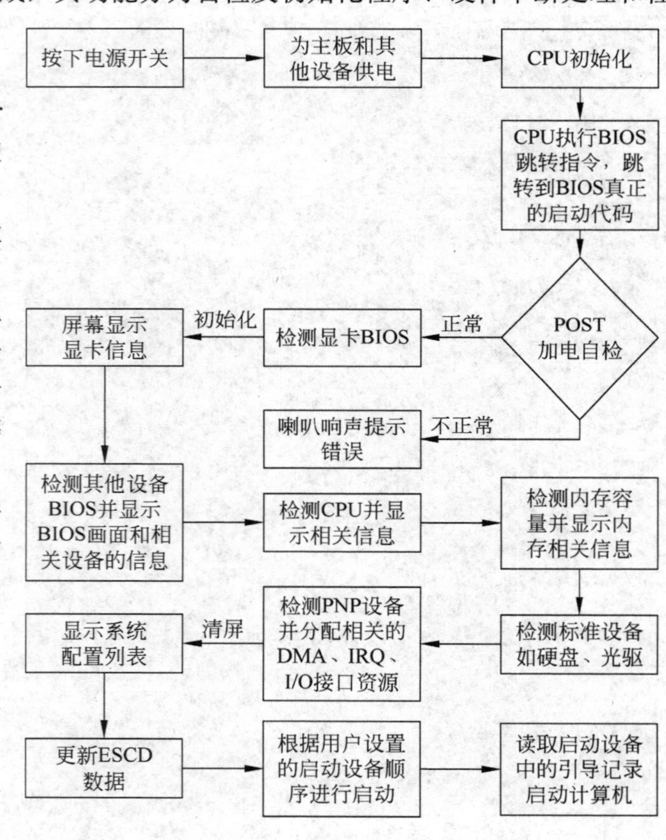

图 7-1 计算机加电自检流程

❑ 硬件中断

计算机开机的时候，BIOS 会告诉 CPU 等硬件设备的中断号，操作时输入使用某个硬件的命令后，它就会根据中断号使用相应的硬件来完成命令的工作，最后根据其中断号跳回原来的状态。

❑ 程序服务请求

程序服务请求主要为应用程序和操作系统服务，其功能是让程序能够脱离具体硬件进行操作。待程序发出硬件操作请求后，硬件中断处理便会进行计算机硬件方面的相关操作，并最终达成用户的操作目的。

7.1.2 BIOS 的分类

台式计算机所使用的 BIOS 程序根据制造厂商的不同分为 AWARD BIOS、AMI BIOS 和 PHOENIX BIOS 三大类型，此外还有一些品牌机特有的 BIOS 程序，如 IBM 等。不过，由于 PHOENIX 公司和 AWARD 公司已经合并，因此新型主板上的 BIOS 基本上只有 Phoenix-Award 和 AMI 两家提供商。

1．AWARD BIOS

AWARD BIOS 是由 Award Software 公司开发的 BIOS 产品，特点是功能完善，支持众多新硬件。AWARD BIOS 的选项大都采用双栏的形式进行排列，其界面的排列形式非常具有亲和力，如图 7-2 所示。

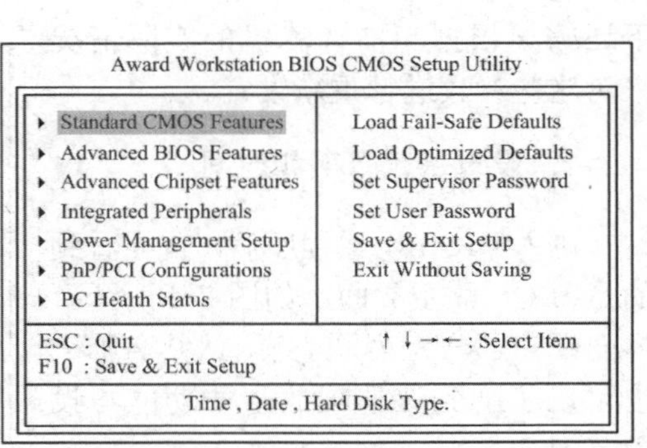

图 7-2 AWARD BIOS 界面示意图

2．AMI BIOS

AMI BIOS 是 AMI 公司出品的 BIOS 系统软件，开发于 20 世纪 80 年代中期，曾广泛应用于 286、386 时代的主板，特点是对各种软、硬件的适应性较好，如图 7-3 所示。

图 7-3 AMI BIOS 界面示意图

7.1.3 进入 BIOS 的方法

根据主板的不同，进入 BIOS 的方法也会有所差别。不过，通常进入 BIOS 设置程序的方法有以下 3 种。

1．开机启动时按热键

在开机时按特定热键可以进入 BIOS 设置程序，但不同主板在进入 BIOS 设置程序时的按键会略有不同。例如，AMI BIOS 多通过按 Delete 键或 Esc 键进入设置程序，而 AWARD BIOS 则多通过按 Delete 键或 Ctrl+Alt+Esc 组合键进入设置程序。另外有个别品牌电脑特别是笔记本电脑在开机时按 F1 或 F2 键进入 BIOS。

2．使用系统提供的软件

目前，很多主板都提供了在 DOS 下进入 BIOS 设置程序，并可调整 BIOS 程序参数的专用工具。

3．通过可读写 CMOS 的应用软件

部分应用程序，如 QAPLUS 提供了对 CMOS 的读、写、修改功能，通过它们可以对一些基本系统配置进行修改。

7.1.4 传统 BIOS 设置

CMOS 是主板上的一块存储芯片，其内部含有 BIOS 设置程序所用到的各种配置参数和部分硬件信息。

主板在出厂时会将一个针对大多数硬件都适用的参数固化在 BIOS 芯片内，该值被称为默认值或缺省值。由于默认值并不一定适合用户所使用的计算机，因此在很多情况下还需要根据当前计算机的实际情况来对这些参数进行重新设置。

1．设置系统日期和时间

进入 BIOS 设置程序后，首先看到的是 BIOS 的主界面，如图 7-4 所示。界面中间部分为菜单选项，从其名称上也可以了解到该选项的主要功能与设置范围。

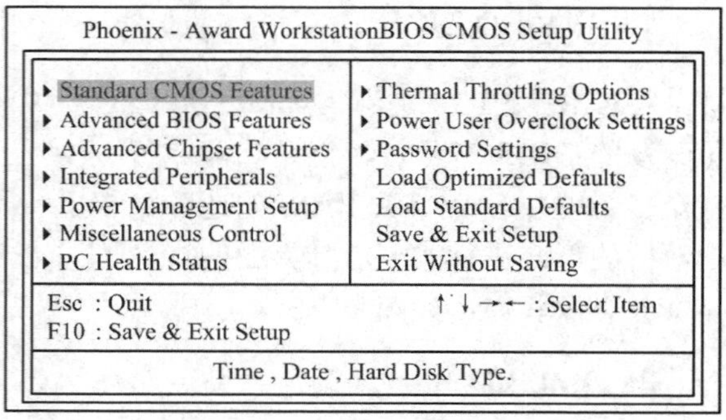

Phoenix - Award WorkstationBIOS CMOS Setup Utility

▸ Standard CMOS Features	▸ Thermal Throttling Options
▸ Advanced BIOS Features	▸ Power User Overclock Settings
▸ Advanced Chipset Features	▸ Password Settings
▸ Integrated Peripherals	Load Optimized Defaults
▸ Power Management Setup	Load Standard Defaults
▸ Miscellaneous Control	Save & Exit Setup
▸ PC Health Status	Exit Without Saving

Esc : Quit　　↑↓→← : Select Item
F10 : Save & Exit Setup

Time , Date , Hard Disk Type.

图 7-4　Phoenix - Award BIOS 界面示意图

其中，左侧带有三角形标记的选项包含有子菜单，选择这些选项并按 Enter 键即可进入相应的子菜单。菜单选项的下方则为操作说明区，作用是为用户提供操作帮助和简单的操作说明。目前，AWARD BIOS 的常用快捷键有以下几种，如表 7-1 所示。

表 7-1　AWARD BIOS 的常用功能键

功　能　键	描　　述
↑（上）	用于移动到上一个项目
↓（下）	用于移动到下一个项目
←（左）	用于移动到左边的项目
→（右）	用于移动到右边的项目
Esc	用于退出当前设置界面
Page Up	用于改变设定状态，或增加数值内容
Page Down	用于改变设定状态，或减少数值内容
Enter	用于进入当前选择设置项的次级菜单界面
F1	用于显示当前设定的相关说明
F5	用于将当前设置项的参数设置恢复为前一次的参数设置
F6	用于将当前设置项的参数设置为系统安全默认值
F7	用于将当前设置项的参数设置为系统最佳默认值
F10	保存 BIOS 设定值并退出 BIOS 程序

移动光标到 Standard CMOS Features 选项上，按 Enter 键，即可进入 Standard CMOS Features 基本选项。

Standard CMOS Features 选项主要用于设置系统日期和时间、软驱、IDE/SATA 设备的种类及参数，以便顺利启动计算机。

移动光标到日期或时间项目（如年份）上，如图 7-5 所示，按 Page Up 或 Page Down 键即可进行调整设置，也可以直接输入数字进行调整。采取相同的操作方法，可以完成对日期（月：日：年）和时间（时：分：秒）其他部分的调整。

Phoenix - Award WorkstationBIOS CMOS Setup Utility
Standard CMOS Features

		Item Help
Date (mm : dd : yy)	Thu , Apr 23 2009	
Time (hh : mm : ss)	15 : 14 : 48	
▸ IDE Channel 0 Master	ST380011A	Menu Level ▸
▸ IDE Channel 0 Slave	None	Press [Enter] to enter Next page for detail hard drive Settings .
▸ IDE Channel 1 Master	None	
▸ IDE Channel 1 Slave	None	
▸ SATA Channel 1	None	
▸ SATA Channel 2	None	
Drive A	None	
Halt On	All , But keyboard	
Base Memory	640K	
Extended Memory	1014784K	
Total Memory	1015808K	

↑ ↓ → ←: Move Enter : Select +/-/PU/PD : Value F10 : Save ESC : Exit F1 : General Help
F5 : Previous Values F6 : Optimized Defaults F7 : Standard Defaults

图 7–5 Standard CMOS Features 选项界面

2．设置系统启动顺序

在主界面移动光标至 Advanced CMOS Features 选项上，按 Enter 键，进入 Advanced CMOS Features 项目设置界面。该界面内的各个选项主要用于调整计算机启动顺序，以及某些硬件在启动计算机后的工作状态。

如果要指定系统从 USB 硬盘上引导，需要移动光标到 First Boot Device [Hard Disk] 选项上，并按 Enter 键，弹出可供选择的引导设备列表，移动光标到相应设备名称上面，按 Enter 键即可改变设置，如图 7-6 所示。

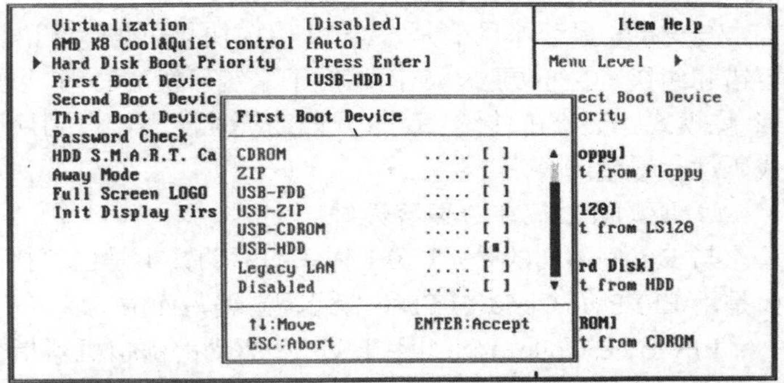

图 7–6 设置第一引导设备为“USB-HDD”

7.2 UEFI BIOS 设置

目前，全新的 UEFI（Unified Extensible Firmware Interface，统一的可扩展固件接口）可以让计算机跳出传统 BIOS 的 128KB 限制，以支持更多的设备和更大的硬盘，使用方式也更加灵活方便。

7.2.1 UEFI BIOS 概述

传统的 BIOS 就是 Basic Input/Output System，翻成中文是“基本输入/输出系统”，是一种所谓的 Firmware，即“固件”，负责在开机时做硬件启动和检测等工作，并且担任操作系统控制硬件时的中介角色。

然而，那些都是过去 DOS 时代的事情，自从 Windows NT 出现，Linux 开始崭露头角后，这些操作系统已将过去需要通过 BIOS 完成的硬件控制程序放在操作系统中完成，不再需要调用 BIOS 功能。

新型 UEFI 是一种详细描述全新类型接口的标准。这种接口用于操作系统自动从预启动的操作环境加载到一种操作系统上，从而使开机程序化繁为简，节省时间。其图形化的硬件设置界面主要目的是为了提供一组在操作系统加载之前（操作系统启动前）在所有平台上一致的、正确指定的启动服务。

UEFI 是属于一个称作 Unified EFI Form 的国际组织，贡献者有 Intel、Microsoft、AMI 等几个大厂，属于开放源代码对象（Open Source），目前版本为 2.1。

目前，许多计算机厂商已经开始使用 UEFI 功能，并预计 UEFI 机型的销售从 2011 年开始将逐渐占主导地位。

1. UEFI BIOS 的特点

与传统 BIOS 相比，最大的几个特点在于以下方面。

❑ **易于实现、容错和纠错特性更强**

与 BIOS 显著不同的是，UEFI 用模块化思想、C 语言设计，比 BIOS 更易于实现，容错和纠错特性也更强，从而缩短了系统研发的时间。更加重要的是，它运行于 32 位或 64 位模式，突破了传统 16 位代码的寻址能力，达到处理器的最大寻址，克服了 BIOS 代码运行缓慢的弊端。

❑ **驱动开发简单、兼容性好**

与 BIOS 不同的是，UEFI 体系的驱动并不是由直接运行在 CPU 上的代码组成的，而是用 EFI Byte Code（EFI 字节代码）编写而成的。

EFI Byte Code 是一组用于 UEFI 驱动的虚拟机器指令，必须在 UEFI 驱动运行环境下被解释运行，由此保证了充分的向下兼容性。这种基于解释引擎的执行机制还大大降低了 UEFI 驱动编写的复杂门槛，所有的计算机部件提供商都可以参与。

❑ **高分辨率的彩色图形环境、支持鼠标操作**

UEFI 将让枯燥的字符界面成为历史！UEFI 内置图形驱动功能，可以提供一个高分辨率的彩色图形环境，用户进入后能用鼠标单击调整配置，一切就像操作 Windows 系统下的应用软件一样简单，BIOS 将不再是高手才能玩转的工具。

❑ **强大的可扩展性，方便第三方开发**

UEFI 将使用模块化设计，它在逻辑上分为硬件控制与 OS（操作系统）软件管理两部分，硬件控制为所有 UEFI 版本所共有，而操作系统软件管理其实是一个可编程的开放接口。

借助这个接口，主板厂商可以实现各种丰富的功能。比如，熟悉的各种备份及诊断功能可通过 UEFI 加以实现，主板或固件厂商可以将它们作为自身产品的一大卖点。UEFI 也提供了强大的联网功能，其他用户可以对你的主机进行可靠地远程故障诊断，而这一切并不需要进入操作系统。

2. UEFI 启动过程

目前，UEFI 主要由 UEFI 初始化模块、UEFI 驱动执行环境、UEFI 驱动程序、兼容性支持模块、UEFI 高层应用和 GUID 磁盘分区组成。

UEFI 初始化模块和驱动执行环境通常被集成在一个只读存储器中，就好比如今的 BIOS 固化程序一样。UEFI 初始化程序在系统开机的时候最先得到执行，它负责最初的 CPU、北桥、南桥及存储器的初始化工作，当这部分设备就绪后，紧接着它就载入 UEFI 驱动执行环境（Driver Execution Environment，DXE）。

当 DXE 被载入时，系统就可以加载硬件设备的 UEFI 驱动程序了。DXE 使用了枚举的方式加载各种总线及设备驱动，UEFI 驱动程序可以放置于系统的任何位置，只要保证它可以按顺序被正确枚举。

借助这一点，把众多设备的驱动放置在磁盘的 UEFI 专用分区中，当系统正确加载这个磁盘后，这些驱动就可以被读取并应用了。在这个特性的作用下，即使新设备再多，UEFI 也可以轻松地支持，由此克服了传统 BIOS 受空间限制的情形。UEFI 能支持网络设备并轻松联网，原因就在于此。

值得注意的是，一种突破传统 MBR（主引导记录）磁盘分区结构限制的 GUID（全局唯一标志符）磁盘分区系统将在 UEFI 规范中被引入。MBR 结构磁盘只允许存在 4 个主分区，而这种新结构却不受限制，分区类型也改由 GUID 来表示。在众多的分区类型中，UEFI 系统分区用来存放驱动和应用程序，而且当该分区的驱动程序遭到破坏时，还可以使用简单方法加以恢复。

以微软和 Intel 为首的 IT 企业正在逐步实施 BIOS 淘汰计划，苹果新型的 Mac 计算机就率先采用了 UEFI 技术，华硕推出了“EZ UEFI BIOS”，技嘉展示了特别的“3D UEFI BIOS”，微星开发出了“CLICK UEFI BIOS”，未来的 BIOS 将是一个百花争艳的各具个性的时代。

由于 UEFI 高度的开放、易扩展特性，使得 UEFI BIOS 界面越来越个性化，并成为各家主板等厂商的一个亮点。

7.2.2 CLICK BIOS II 界面

用户通过 CLICK BIOS II 可以改变 BIOS 设置，检测 CPU 温度，选择设备启动优先权，并且查看系统信息，如 CPU 名称、DRAM 容量、操作系统版本和 BIOS 版本。

用户可以从备份中导入数据资料，也可以与朋友分享导出数据资料。通过 CLICK BIOS II 连接 Internet，用户可以在自己的系统中浏览网页，检查 E-mail 和使用 LIVE Update 来更新 BIOS。

计算机接通并启动电源后，会开始 POST 加电自检过程，当屏幕上出现“Press DEL to enter Setup Menu，F11 to enter Boot Menu…”信息时，按 Delete 键即可进入 CLICK BIOS II 界面，如图 7-7 所示。

在 CLICK BIOS II 主界面中包含有语言选择按钮、温度监测区、系统信息区、启动设备优先权栏、模式选择区、BIOS 菜单区、工具菜单区、选项设置区等。

- **语言选择按钮** 单击右上角的 Language 选择区，弹出【语言】列表。然后在该列表中可以选择自己熟悉的语言，如选择“简体中文”选项，如图 7-8 所示。此时，整个 UEFI 界面将以中文显示。

图 7-7 CLICK BIOS II 主界面

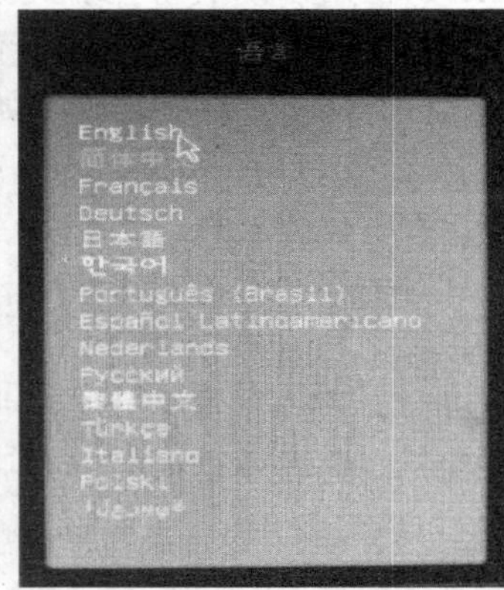

图 7-8 选择【简体中文】选项

- **温度监测区** 这个区域显示了处理器和主板的温度信息。
- **系统信息区** 这个区域显示了系统时间、日期、CPU 名称和频率、DRAM 容量和频率、BIOS 的版本等。
- **启动设备优先权栏** 在这里显示了启动设备启动系统的优先顺序，高亮的图片表示设备是可用的，可以通过用鼠标拖动设备图标的方法来调整启动设备优先权。
- **模式选择区** 可以快速选择导入节能模式、标准模式或易超频模式。
- **BIOS 菜单区** 本版本的菜单区包括了 SETTING 选项用于指定芯片组功能，启动设备的设置等；OC 选项包含频率和电压调整设置，适合超频率爱好者进行超频使用，以更大限度地挖掘计算机的潜能；ECO 选项包含了有关节能的一些设置；BROWSER 选项用来启动 MSI Winki 进行网页浏览（需要安装 MSI Winki）；UTILITIES 包含了一些特殊工具，如 HDD Backup（硬盘备份）、Live Update（UEFI 升级）、M-Flash（BIOS 刷新）；SECURITY 选项包括了有关用户密码、设置密码、U 盘锁等一些有关安全的设置。

MSI 的 CLICK BIOS II 还提供了帮助功能，在设置过程中随时可以按 F1 键查看相关项目的帮助信息，按 Esc 键退出帮助。另外，用户还可以在 CLICK BIOS II 界面中分别用鼠标和键盘两种操作方法，如表 7-2 所示。

表 7-2 CLICK BIOS 基本操作

键盘热键	鼠标操作	功 能 描 述
↓↑→↓	移动鼠标	选择选项
Enter	单击、双击	选择图标、选项、区域
Esc	右击	从子菜单返回到上一级菜单或退出菜单
+		增加选项数值或更改选项值
−		减少选项数值或更改选项值
F1		帮助
F4		CPU 规格
F5		进入 Memory-Z

续表

键盘热键	鼠标操作	功 能 描 述
F6		载入优化设置默认值
F10		保存更改并重新启动
F12		截图保存到 FAT/FAT32 USB 驱动中

7.2.3 SETTING 设置

单击 SETTING 按钮，并显示主板 BIOS 设置菜单。其中，在界面中将显示系统状态、高级、启动、保存并退出等选项，如图 7-9 所示。

图 7–9　主板设置主菜单

1．查看系统状态信息

双击【系统状态】选项即可查看系统状态信息，包括系统日期、时间、硬盘型号、CPU ID、BIOS 版本、BIOS 日期、物理内存大小、二级缓存和三级缓存大小等，如图 7-10 所示。

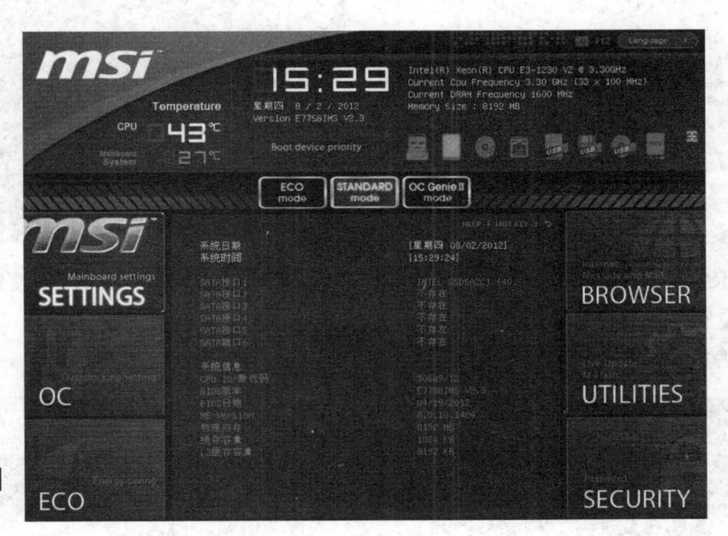

图 7–10　查看系统状态信息

2．更改 BIOS 基本设置

双击【高级】选项即可进入 BIOS 设备配置选项，它包括 11 个子选项，主要是设置南桥和主板整合设备的参数，比如 SATA 控制器、USB 控制器、声卡、网卡，还有 PCI 总线、ACPI、IO 芯片的设置等，如图 7-11 所示。

❑ **【PCI 子系统设置】选项**

双击【PCI 子系统设置】选项可进行 PCIE GEN3 和 PCI 延迟时间的设置。

启用 PCI GEN3 设置可以保证支持 PCIE 3.0 的高端显卡获得高达 32GBps 的数据吞吐率；PCI 延迟时间控制每个 PCI 设备可以掌控总线多长时间，直到被另一个接管，当设置为较高的值时，每个 PCI

设备可以有更长的时间处理数据传输。

❑【ACPI 设置】选项

双击【ACPI 设置】选项后有下面两项设置内容。

一是【ACPI 睡眠状态设置】选项，用来设置 ACPI 功能的节能模式，其中的 S1（POS）是一种低能耗休眠模式，只关闭显示，在该模式下不会存在系统上下文丢失的情况。S3（STR）也是一种低能耗休眠模式，只保持内存有+5V SB 供电，其余都停止供电。

二是【电源 LED 灯】选项，指在节能休眠模式下电源指示灯的状态，有【闪烁】和【双色】两种状态，电源指示灯状态设置与机箱的指示灯配置有关，需要参看说明书有关指示灯的连接。

图 7-11　BIOS 设备配置选项

❑【整合周边设备】选项

双击【整合周边设备】选项可以对主板整合的设备包括集成网卡、硬盘控制器、板载声卡等进行相关设置，如图 7-12 所示。

图 7-12　设置整合周边设备

例如，在【板载网卡设置】栏中包含有板载网卡、网卡 ROM 启动、网络堆栈；在【SATA 设置】选项中可以对 SATA 模式、RAID 模式进行设置。

提　示

这个选项非常重要，如果已经安装或者正要安装的系统（例如 Windows XP）原先不支持 SATA，那么需要在这里修改为【IDE 模式】才能够正确地识别硬盘并安装；如果在安装 Win7/Win8 时，安装系统盘自带 SATA 驱动的话，这里一般可以设置成【AHCI 模式】；如果正常使用情况下无缘无故地修改这里的模式的话，必然引起蓝屏。

在【音效配置】选项中可以设置是否启用板载【HD 音效控制器】选项，默认为【允许】，即启用。

在 HPET【高精度事件定时器配置】选项中采用系统默认值【允许】。

提 示

HPET 是 Intel 制定的用以代替传统的 8254（PIT）中断定时器与 RTC 定时器的新定时器。这是一个安全的选项，即使你的硬件不支持 HPET 也不会造成问题，因为它会自动用 8254 替换。

❑【集成显示配置】选项

双击【集成显卡配置】选项可以对集成显卡进行设置，如图 7-13 所示。

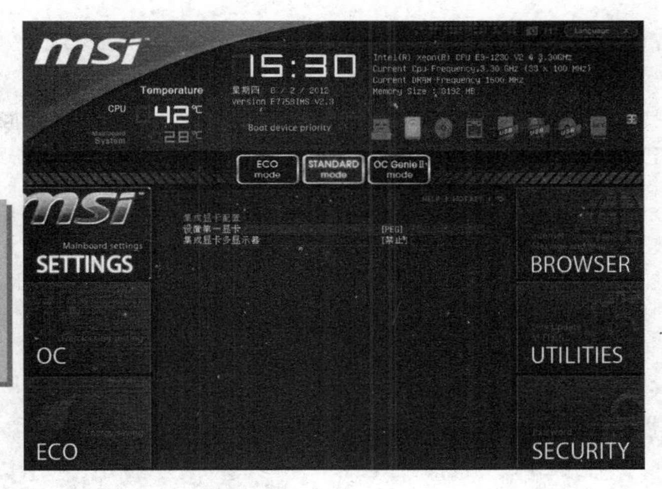

图 7-13 集成显卡设置

在【设置第一显卡】选项中有 IGD 和 PEG 两个选项。IGD 表示 CPU 内部整合 GPU 显卡；PEG 表示 PCIE 独立显卡，其默认值为 PEG。

在【集成显卡多显示器】选项中，用于设置集成显卡的多显示器支持可以设置为【允许】或【禁止】，默认值为【禁止】。

❑【USB 设置】选项

双击【USB 设置】选项可以对 USB 设备进行配置，并查看本机已连接上的 USB 设备。一般需要设置【USB 控制器】和【传统 USB 支持】为【允许】，如图 7-14 所示。

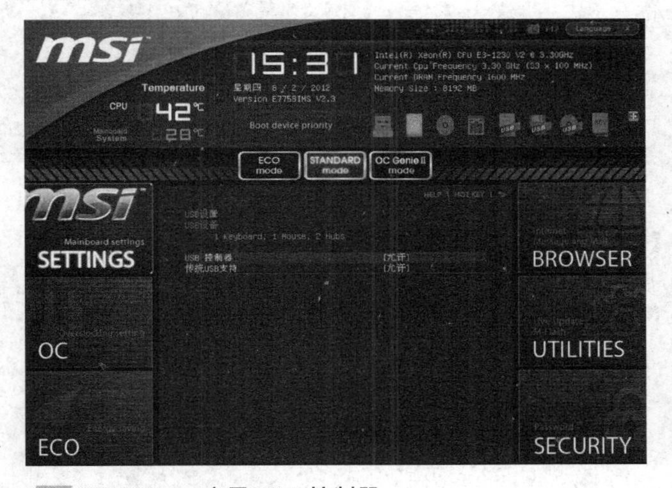

图 7-14 启用 USB 控制器

❑【超级 IO 配置】选项

双击【超级 IO 配置】选项，进行串口和并口两项内容的设置，如图 7-15 所示。

图 7-15 超级 I/O 设置

在【串口 0 配置】选项中可以设置 Serial（COM）Port0 选项，即是否启用串口，一般设置为【允许】；而 Serial（COM）Port0 Setting 选项可以设置为 Auto（自动）、若干 IO 地址、中断号等。这选项是避免地址、中断冲突。

在【平行（LPT）端口配置】选项中包含设置项：Parallel（LPT）Port 项，用来设置是否启用并行接口，默认是【允许】；Parallel（LPT）Port Setting 项，用来进行并口中断号和 I/O 地址的分配，一般设置为 Auto；Device Mode 项表示设备模式，如 SPP Mode、ECP Mode、ECP & EPP 1.9 Mode 和 Printer Mode 值，默认设置为 Printer Mode 值，即打印机模式。

❑【硬件监控】选项

双击【硬件监控】选项可以设置硬件监控方面的选项，包括查看 CPU 和机箱内温度、CPU 和机箱内风扇转速等，如图 7-16 所示。

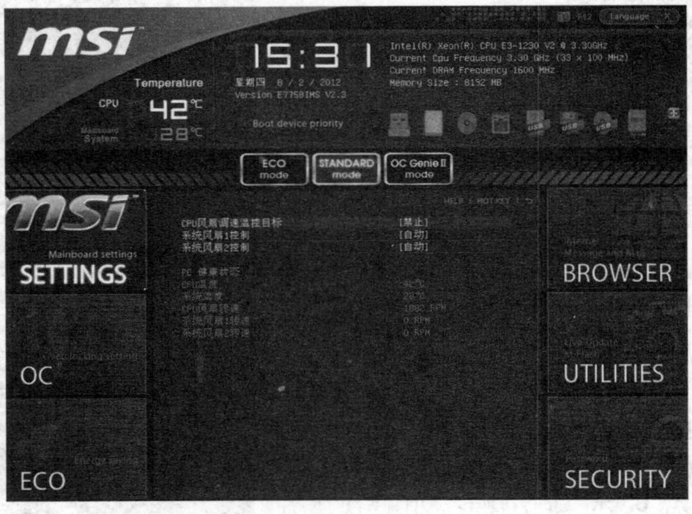

图 7-16 硬件监控

在【CPU 风扇调速温控目标】选项中可以设置 CPU 智能风扇，默认为【禁止】值。

如果开启 CPU 智能风扇，首先要设置目标温度，目标温度就是 CPU 的温度，从 40℃到 70℃。

而【系统风扇 1 控制】和【系统风扇 2 控制】选项可以控制两组系统风扇的转速，如【自动】、50%、75%、100%等值，默认为【自动】值。

❑ Intel(R)Smart Connect Configuration 选项

该选项表示英特尔智能连接技术，开启这项技术，智能连接允许 Intel 的 WiFi，以及 NIC 网卡在系统睡眠或者休眠的时候始终连接网络，使用这项技术需要配置 SSD 盘，默认为【禁止】值。

❑【电源管理设置】选项

双击【电源管理设置】选项可以设置电源管理选项，其中包含有 EuP 2013 项和【AC 电源掉电再来电的状态】项内容，如图 7-17 所示。

图 7-17 电源管理

在 EuP 2013 项，用户可以设置【允许】或者【禁止】值，并开启及关闭开机加电时间是否略微延迟等功能。

提 示

EuP 2013 是欧盟新的节能标准，要求计算机在待机状态时功耗降低到欧盟的要求。

【AC 电源掉电再来电状态】项用于设置 AC 电源断电后再来电时系统的状态，如包含有 Power Off、Power On 和 Last State 三种情况。

其中，Power Off 值表示电源恢复时，系统维持关机状态，需按电源键才能重新启动系统，也是默认值；Power On 值表示电源恢复时，系统自动重新启动；Last State 值表示电源恢复时，系统将恢复至断电前的状态。

❑【唤醒事件设置】选项

双击【唤醒事件设置】选项可以设置唤醒事件选项，如图 7-18 所示。

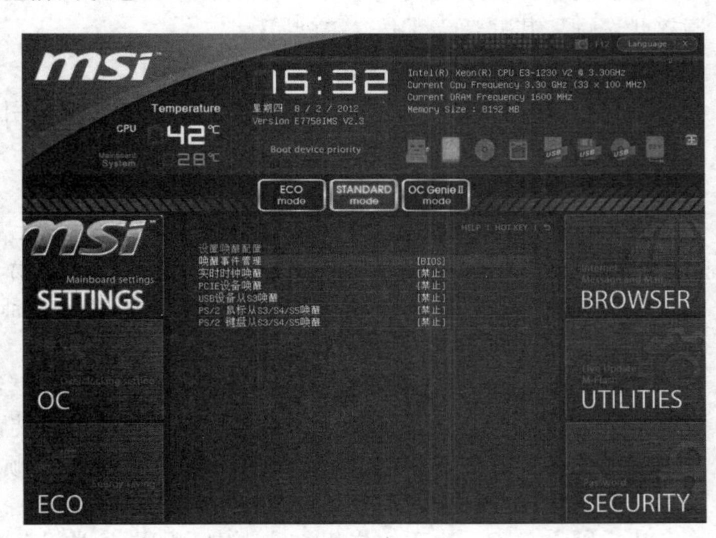

图 7-18　唤醒事件设置

在【ACPI 状态】项中设置 S3 休眠后，可以在这里设置唤醒事件了。而在该选项中包含以下各项内容。

【唤醒事件管理】项用于设置唤醒事件管理权，如 BIOS 或者 OS 值，默认设置为 BIOS 值。如果设置为 OS 值，则由操作系统进行控制。如果为 BIOS 值，则唤醒事件由 BIOS 设置管理，则该项下面的更多项被激活，根据需要进行相关设置。

其中，【实时时钟唤醒】值默认为【禁止】。但是，如果设置为【开启】，则弹出时间设置菜单，需要设置唤醒时间信息。

在【PCIE 设备唤醒】项、【USB 设备从 S3 唤醒】项、【PS/2 鼠标从 S3/S4/S5 唤醒】项和【PS/2 键盘从 S3/S4/S5 唤醒】项中，分别表示是否启用 PCIE、USB、鼠标、键盘等相应设备唤醒功能，其默认为【禁止】。

图 7-19　开机选项设置

3. 开机选项设置

双击【启动】菜单可以进入【开机配置】设置界面，在这里可以设置开机商标、PCI-ROM、引导设备顺序、硬盘 BIOS 优先权、UEFI BIOS 优先权等，如图 7-19 所示。

❑【全屏幕商标显示】选项

【全屏幕商标显示】选项用于设置开机时是否显示主板全屏幕商标，默认为【允许】。

❑【PCI ROM 优先权】选项

【PCI ROM 优先权】选项用于设置是以传统 ROM 启动还是以 UEFI 方式启动。当然，用户需要明白除非系统安装了多个硬盘并且分别用了 GPT、MBR 不同方式安装才需要调整此选项，其默认为【传统 ROM】。

❑【启动选项优先级】选项

【启动选项优先级】选项用于设置可启动设备类型的引导优先顺序。该选项可以看作是引导设备类别或系统固定优先级别顺序，而设置选项一般为计算机所识别出来的设备类别，如图中共列出了 9 项启动装置类别可顺序枚举。

例如，在【1st 开机装置】项中设置第一启动设备，目前设置是 USB Key 值。但是，用户可以双击该值内容，并弹出下拉列表，并从中选择第一启动设备，其中，列表中值包含有 USB Key、硬盘、CD/DVD、Network、USB-Hard Disk、【USB 软盘】、BEV 和【UEFI 外壳】等。

当然，在【2nd 开机装置】~【9th 开机装置】项中，其设置方法相同。而当【1st 开机装置】项中所选择设备启动失败后，将依次从【2nd 开机装置】项中选择设备继续启动。

这里的设置顺序将和 UEFI BIOS 主界面中的【启动顺序优先权栏】所列顺序一致。

❑【硬盘 BIOS 启动优先权】选项

在【硬盘 BIOS 启动优先权】选项中，即硬盘类设备 BIOS 引导技术规范优先权，如果计算机上安装了多块可引导硬盘，则可以双击该选项，并在弹出的列表中指定引导顺序。

提 示

只有当计算机上安装了多块硬盘时，才需要在这里对此项内容进行设置。由于这台计算机上只安装了一块硬盘，所以只有一个设备名称（如 SATA Intel SSD 硬盘）内容。如果安装有多块硬盘，则会以 1st Boot、2nd Boot、3rd Boot、…顺序给列出来，双击各项后面的名称，即可弹出列表，并调整其顺序。

提 示

所谓的 BIOS 启动优先权,就是 BIOS Boot Specification，简单地说就是 BIOS 中初始程序加载（IPL）设备的方法，在这里分类排序以确定硬盘类设备的引导顺序，如果优先级最高的设备引导失败，则转入列表中的下一个设备，直至引导成功，这也就使同时接驳多个不同的引导设备成为可能。

❑【UEFI 引导优先权】选项

在【UEFI 引导优先权】选项中可以设置启动设备的优先权。这与前面所介绍的 BIOS 优先权功能相功。

提 示

如果计算机上安装了光驱，则会显示 CD/DVD ROM Drive BBS Priorities 选项。如果安装了可引导 U 盘，则也显示 USB Floppy Drive BBS Priorities 选项，以此类推。

4．保存与退出

双击【保存并退出】选项可以进入与保存、恢复、加载 BIOS 设置有关选项的设置界面，如图 7-20 所示。

❑【撤销改变并退出】选项

双击【撤销改变并退出】选项，用于放弃本次所作的更改，并退出 UEFI BIOS 设置。当然，此时将弹出提示信息框，并确认用户是否要退出 BIOS 设置。

❑【储存变更并重新启动】选项

在【储存变更并重新启动】选项中，设置完成后，并保存本次所做的修改，然后重新启动机器。

图 7-20 保存与退出

❑【保存选项】选项

在【保存选项】选项中，用户可以设置 3 项内容。例如，【保存改变】选项用于即时保存对 BIOS 所做的更改；【撤消改变】选项用于放弃对 BIOS 设置所做的更改；而【恢复默认值】选项用于恢复 BIOS 的原始设置。

❑【更改启动顺序】选项

【更改启动顺序】选项用于选择指定的设备后，立刻重新启动计算机，并以选定的设备作为引导。

提 示

如果需要从 U 盘启动安装操作系统的话，一定要先插上 U 盘，Boot Override 列表中才会出现该设备选项并被使用。

7.2.4 OC（超频）超频设置

双击主界面左侧的 OC 按钮，进入超频设置界面，如图 7-21 所示。该界面提供了丰富的有关 CPU、内存、内建显示核心的频率、电压等具体参数的超频选项设置项等。

图 7-21 超频设置界面

OC 即“Over Clock”，即超频，它通过人为的方式将 CPU、显卡等硬件的工作频率提高，让它们在高于其额定的频率状态下稳定工作，从而提高计算机的性能。

超频会带来设备负荷的增加、发热量的增加、稳定性的降低等，超频失败的话，还有可能造成硬件的损坏等，所以作为新手，应尽量避免盲目超频。

1. 当前 CPU 频率

在【当前 CPU 频率】选项中显示了目前 CPU 的频率信息。

2. 当前内存频率

在【当前内存频率】选项中显示了目前内存的频率信息。

3. CPU 基频

在【CPU 基频】选项中显示了用于调节 CPU 的基本频率，单位是 10kHz。因此，这里显示的 10000 代表着 10000×10kHz。即英特尔 SNB/IVY 核心的处理器的外频是 100MHz。

它会联动 PCIE 频率和内存频率，而且可超频的空间非常小，可作微小的调整，一般不建议改动。可以通过小键盘上的【+】和【-】来更改，每按一下【+】增加 10kHz，每按一下【-】减少 10kHz。

4.【调整 CPU 倍频】选项

在【调整 CPU 倍频】选项中可以更改 CPU 的倍频。对于 IVY Bridge（处理器）超频主要靠超倍频，英特尔推出的 IVY Bridge（处理器）有锁倍频和开放倍频两种，锁倍频的处理器一般也能超倍频；开放倍频的倍频设置仅受处理器的体质限制。

5. 当前 CPU 频率

在【当前 CPU 频率】选项中可以查看超频后的 CPU 实际远行频率。

6.【在 OS 中调整 CPU 倍频】选项

【在 OS 中调整 CPU 倍频】选项用于设置是否允许在操作系统里调整 CPU 倍频。如果该项设置为【允许】值后，在 OS（操作系统）里调倍频还需要通过微星的 Control Center 软件设置，默认为【禁止】。

7.【内部 PLL 过电压】选项

【内部 PLL 过电压】选项用于设置处理器内的 PLL 加压，一般不是超频特别高的话不用打开。

提　示

PLL 叫做倍频器，顾名思义它可以把频率翻倍，如果利用它把外部 12MHz 晶振倍频 4 倍的话，系统就可以工作在 48MHz 时钟频率下。

8. EIST 选项

在 EIST 选项用于设置是否启用智能降频技术。如果该选项设置为【允许】，则即使没有大功率散热器散热，也不用担心长时间使用计算机会不稳定，而且更加节能。

提　示

EIST 全称为“Enhanced Intel SpeedStep Technology”。它能够根据不同的系统工作量自动调节处理器的电压和频率，以减少耗电量和发热量。它需要安装处理器及有操作系统的支持，且将电源管理方案设置为“最少电源管理”。

9.【加速模式】选项

【加速模式】选项用于设置是否启用英特尔睿频技术。

提　示

英特尔睿频技术是根据 CPU 的实际作业情况提升核心的频率，比如一个核心作业就可以提高这个核心的频率，加速作业进程。智能加速技术提升的频率要看几个核心在运作，运作的核心越少，提升的频率越高。

10.【增强加速】选项

【增强加速】选项用于设置是否启用增强的睿频加速技术。

11.【一秒超频按钮】选项

【一秒超频按钮】选项用于设置是否启用主板上的 OC GENIE（超频精灵）按钮。当 BIOS 开启这个功能后，开机时单击【超频精灵】按钮，开机后就超频。即使开启这个选项，不单击按钮，自动超频也不会生效的，这是微星特有的技术。

12.【我的一键超频】选项

【我的一键超频】选项用于保存用户自定义的超频设置，可以设置为 Default 或者 Customize，默认设置是 Default。

如果选择 Default（默认）值，则表示使用微星默认的超频参数；如果选择 Customize 值，则增加 My OC Genie Option（我的超频精灵选项）二级菜单，双击进入可以依次对各种超频参数进行设置。

13.【内存基本时钟】选项

该选项即内存的基本频率，也称内存的参照频率，用于定义内存的基本时钟频率。例如，该选项可以设置为 Auto、200MHz 和 266MHz 等值。其中，Auto 值表示与 CPU 的基本频率同步。

14.【内存频率】选项

单击【内存频率】选项，并在弹出的【内存频率】对话框中选择内存频率。微星采用直观的频率数值，省去了计算的麻烦。

15.【当前内存频率】

在【当前内存频率】选项中可以查看内存超频后实际的运行频率。

16.【扩展内存预设技术】选项

【扩展内存预设技术】选项用于设置内存 XMP 选项，只有使用 XMP 内存时才显示该项设置，其默认设置是【禁止】。如果内存支持 XMP 选项内容，则在手动调节内存时不必打开。

提　示

XMP 是 Extreme Memory Profile 的缩写，是 Intel 在 2007 年 9 月提出的内存认证标准，只适用于 DDR3。通过了英特尔 XMP 认证的内存，SPD 中有两个或更多频率设定档案，只要在主板中启用这些预设的 XMP 档案，即可将内存条自动超频到 1600 或更高值（根据档案设定而定）。

提　示

XMP 是英特尔提出的一种内存超频模式，就是把内存的超频频率和参数设置以文件的方式存在内存条的 SPD 模块中。BIOS 启动 XMP 就是直接从 SPD 中读取超频设置参数设置内存和 CPU 的频率。

17.【DRAM 时序模式】选项

【DRAM 时序模式】选项用于设置内存时序调整模式。当选择 Auto 值时，系统会自动侦测 SPD 或者 XMP 时序；当选择 Link 值时，则可以两个通道一起调整；当选择 Unlink 值时，则是分别对单一通道调整时序。

提　示

SPD 是 Serial Presence Detect 的缩写，中文意思是模组存在的串行检测。SPD 的时序信息由模组生产商根据所使用的内存芯片的特点编写并写入至 EEPROM，主要用途就是协助北桥芯片精确调整内存的物理/时序参数，以达到最佳的使用效果。

如选择 Link 或者 Unlink 值后，则该选项下面的【高级内存配置】选项将被激活。用户可以双击该选项进入设置选项，对内存时序进行详细的配置。

18.【扩展频谱】选项

【扩展频谱】选项用于设置扩展频谱。在没有遇到电磁干扰问题时，应将此类项目的值全部设为 Disabled，这样可以优化系统性能，提高系统稳定性；如果遇到电磁干扰问题，则应设为 Enabled，以便减少电磁干扰。

在将处理器超频时，最好将该项设置为 Disabled。因为即使是微小的峰值飘移也会引起时钟的短暂突发，这样会导致超频后的处理器被锁死。

提　示

扩展频谱（Spread Spectrum）技术是一种常用的无线通信技术，简称展频技术。当主板上的时钟发生器工作时，脉冲的峰值会产生电磁干扰（EMI），展频技术可以降低脉冲发生器所产生的电磁干扰。

19.【CPU 核心电压】选项

该选项用于微调 CPU 的核心电压，如参数可为 Auto 值，或者设置电压为 0.800~1.800V 值范围内，其默认为 Auto 值。

调整 CPU 核心电压时，可以平衡对 CPU 超频带来的掉压现象，保证超频后的 CPU 能够正常运行。当然，这也会使 CPU 发热量增大，可能会牺牲 CPU 超频后的稳定性，一般不要超过 1.400V。

20. 当前 CPU 核心电压

【当前 CPU 核心电压】选项用来显示当前 CPU 运行的核心电压状态。

21.【内存电压】选项

该选项用于调整内存的电压，其值可以设置为 Auto，或者设置电压在 0.95~1.95V 值范围内。

DDR3 的标准电压是 1.5V，有些内存在超频时适当提高电压会稳定一些。如果内存超频后进系统为蓝屏，则可以提高电压值试试。DDR3 内存一般不要超过 1.65V，并且不要长期给内存加太高的电压。

图 7-22 显示 CPU 技术参数

22. 当前内存电压

在【当前内存电压】选项中可以显示当前内存运行电压状态。

23.【超频预置文件】选项

在该选项中可以将超频的 BIOS 设置保存为一个预置文件，保存在 UEFI BIOS 甚至 U 盘等存储设备上可以随时加载，方便用户使用不同配置。

24. CPU 规格

【CPU 规格】选项用于查看 CPU 的技术规格和 CPU 支持的技术信息。双击该项可进入查看技术规格界面，如图 7-22 所示。

而在该界面中再双击【CPU 技术支持】选项，可以查看更详细的 CPU 所支持的指令集等技术信息，也可用于指导进行 CPU 和内容超频的相关设置，如图 7-23 所示。

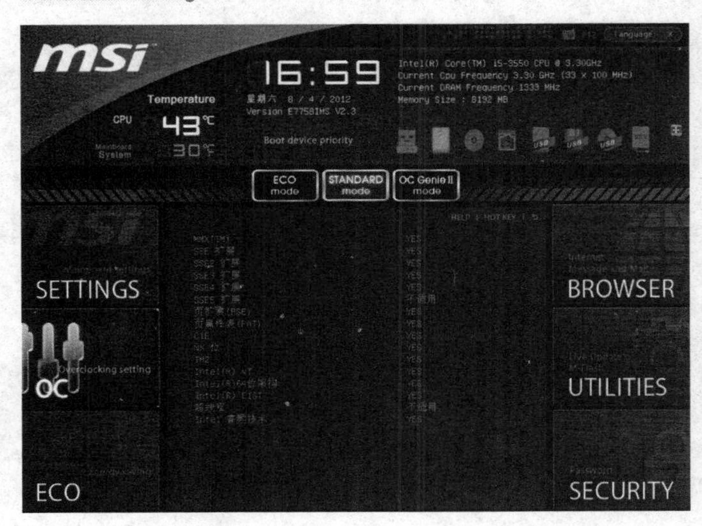

图 7-23 查看 CPU 技术支持规范

25. Memoy-Z 选项

在 Memoy-Z 选项中显示主板上内存的规格详细信息。双击该选项，并查看安装内存的 4 个内存槽情况（如果只使用两个内存槽，则只显示所使用的内存槽选项）。

用户还可以双击 DIMM1 Memory SPD ~DIMM4 Memory SPD 内存槽选项，并显示所记录在 SPD 中的具体规格信息。

26.【CPU 特征】选项

该选项用来完成选择活跃处理器内核数、启用虚拟化技术、过速保护、睿频限制、倍频限制等特征设置，如图 7-24 所示。

图 7-24　CPU Features 设置

❑【激活处理器核心】选项

该选项用于设置活跃处理器核心数目。对于多核处理器来说，可以设置使用的核心数，如 6 个核心的处理器可以设置启用 3 个等。例如，在该选项后面的参数中包含有 All、2、3、4 等值，其默认为 All 值，表示“全部”核心数。

❑【CPU ID 最大限制】选项

该选项用于为旧有操作系统限制列出的处理器速度。CPU ID 指令是 Intel IA32 架构下获得 CPU 信息的汇编指令，其默认为【禁止】。

> **提　示**
>
> CPU ID 是 CPU 的信息，包括了 CPU 的型号、处理器系列、高速缓存、时钟速度、制造厂、晶体管数、针脚类型、封装尺寸等信息。

❑【执行禁止位】选项

“执行禁止位”也称“扩展禁止位”，当打开此功能后可以阻止某些恶意的“缓冲区溢出”攻击系统的情况，其默认为【允许】。

> **提　示**
>
> Execute Disable Bit 是 Intel 在新一代处理器中引入的一项功能，开启该功能后可以防止病毒、蠕虫、木马等程序利用溢出、无限扩大等手法去破坏系统内存并取得系统的控制权，当然这需要操作系统的配合才行。

❑【Intel 虚拟化技术】选项

在该选项中，当打开此功能后，将允许系统作为多个虚拟系统工作。虚拟化技术可以让一台计算机工作起来就像多台计算机并行运行，从而使得在一部计算机内同时运行多个操作系统成为可能。该选项默认值为【允许】。

❑【Intel I/O 虚拟化技术】选项

该选项用来设置是否启用英特尔 VT-D 技术，其默认值为【允许】。

提　示

英特尔 VT 具体包括分别针对处理器、芯片组、网络的 VT-X、VT-D 和 VT-C 技术。英特尔 VT-D 通过减少 VMM（虚拟机监视器）参与管理 I/O 流量的需求，这不但加速了数据传输，而且消除了大部分的性能开销。这是通过使 VMM 将特定 I/O 设备安全分配给特定客户操作系统来实现的。

❑【电源技术】选项

该选项用于配置是否启用 Intel Dynamic Power 节电技术模式。其参数值包含有【禁止】、【能效】和【定制】3 个选项。其默认值为【能效】，并需要操作系统支持。

❑【C1E 支持】选项

该选项主要用来节能，并减少空闲时 CPU 的能耗，其参数包含【禁止】和【允许】值。

提　示

C1E 的全称是 C1E enhanced halt stat，由操作系统 HLT 命令触发，通过调节倍频降低处理器的主频。同时还可以降低电压，从而最大限度地节能，这是 C0 状态下的节能。

❑【过速保护】选项

该选项主要用于超频过度保护。该功能可以监视当前的 CPU 频率和它的能耗。如果它超过一定水平，处理器自动降低它的时钟频率。

❑ Intel C-State 选项

该选项是一种电源管理状态。开启该功能后，当 CPU 空闲时，该技术有效地减少处理器供电，进入深度休眠状态以达到节能的目的。

❑【封装 C 状态限制】选项

该选项用于开启或关闭英特尔 C（C-State）状态限制。C-State 是 ACPI 定义的处理器的电源状态。处理器电源状态被设计为 C0、C1、C2、C3、…、Cn，等等。其中，C0 表示电源状态是活跃状态，即 CPU 执行指令。而 C1 至 Cn 之间都是处理器睡眠状态。即和 C0 状态相比，处理器消耗更少的能源并且释放更少的热量。

但在这睡眠状态下，处理器都有一个恢复到 C0 的唤醒时间，不同的 C-State 要耗费不同的唤醒时间。

❑【长周期电力限制（W）】选项

该选项用来调整长时间的 TDP 电源限制，从功耗角度设定 TDP，其单位是 W。用户可以设置功耗的大小，如想超频可以解除 TDP 限制。

提　示

TDP 的英文全称是“Thermal Design Power”，中文直译是“散热设计功耗”，主要是提供给计算机系统厂商、散热片/风扇厂商，以及机箱厂商等进行系统设计时使用的。

❑【长周期维护（s）】选项

该选项用来调整长时间 TDP 电源限制的维持时间，从时间角度设定 TDP。也就是说设置在当前功耗下运作的时间，设置单位为 s。

❑【短周期电力限制（W）】选项

该选项用来调整短时间的 TDP 持续时间的电源限制。也就是设置 Turbo Boost 可以在短时间内超出 TDP 限制，但是不能超过这个功耗。

在【第一平台电流值】和【第二平台电流值】选项中，用于设置 CPU 内整合显卡的 TDP 功耗限制。

在【第一平台 Turbo 功耗限制（W）】和【第二平台 Turbo 功耗限制（W）】选项中，用于设置 CPU 内整合显卡的 Turbo TDP 功耗限制，设置范围在 0~6W 之间。

在【单核心倍率限制】、【双核心倍率限制】、【三核心倍率限制】和【四核心倍率限制】选项中，用于设置单核心、双核心、三核心、四核心等工作时的倍频限制。该设置是 CPU 的睿频技术，可以修改睿频的目标频率，参与工作的核心数量越少，睿频的频率就越高。

7.2.5 ECO（节能）设置

在主界面中，双击右下角的 ECO 按钮，进入相关节能选项的查看与设置内容界面，如图 7-25 所示。

1. EuP 2013 选项

该选项用于启用对欧盟节能标准 2013 规范的支持。开启 EUP 2013 可能导致开机加电时间略微延迟，默认值为【允许】。

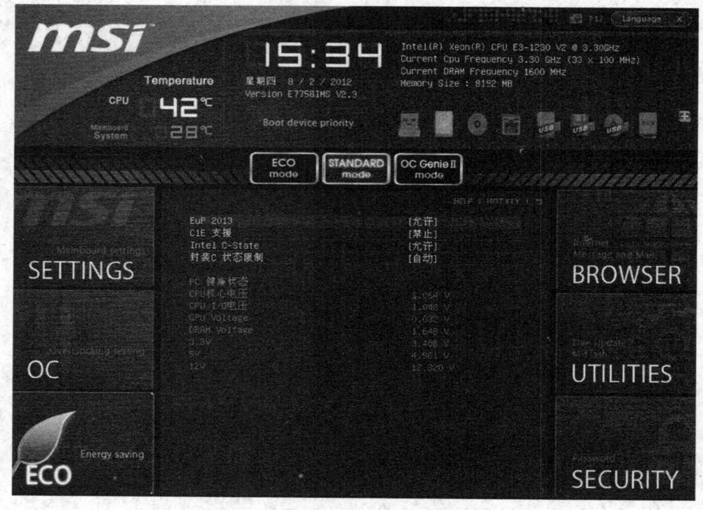

图 7-25 CPU 技术规范参数设置

2.【CIE 支援】选项

该选项用于设置对 CIE 规范的支持。而 C1E 的全称是 C1E enhanced halt stat，即由操作系统触发。通过调节倍频降低处理器的主频，同时还可以降低电压。

3. Intel C-State 选项

该选项可以开启对 Intel 深度节能技术的支持，在 CPU 待机时自动切换到深度休眠状态以达到节能目的。但是，该功能对内存规格要求较高。

4.【封装 C 状态限制】选项

该选项可以通过之前介绍的超频设置来进行了解。

5.【PC 健康状态】选项

该选项主要反映出一个计算机健康状态，列出了当前 CPU 核心电压、CPU IO 电压、

GPU 核心电压、内存工作电压等信息。

7.2.6 SECURITY 设置

在主界面中，单击 SECURITY 按钮，进入安全设置界面，如图 7-26 所示。而该界面中，主要对 BIOS 的管理员密码、U 盘开机锁、机箱入侵设置及制作 U 盘开机锁等进行设置。

图 7-26 SECURITY 安全选项

1.【管理员密码】选项

双击该选项，在弹出的对话框中可以设置或更改管理员密码。该选项主要是为了防止其他人取得 BIOS 的全部控制权限而设置的。

设置完成后，会在选项下面多出 3 个选项。

❑【用户密码】选项

该选项为一般用户提供 BIOS 进入与查看的权限，以及开机时必须输入密码取得继续操作的权限。

❑【用户权限级别】选项

该选项设置一般用户访问 BIOS 的级别，可设置为【不能访问】值，表示用户不能进入 BIOS；设置为【仅能浏览】值，表示用户只能浏览 BIOS 设置项；设置为【有限访问】值，用户只能设置部分 BIOS 项目，比如日期、时间等；设置为【全权访问】值，表示用户可以全权访问 BIOS，可以作所有的设置。

❑【密码检验】选项

该选项设置开机后在哪里验证密码，设置参数为 BIOS 或 System 值。其中，BIOS 值指开机进 BIOS 时需要输入密码验证；System 值指是开机进 BIOS 或者开机进系统时都需要输入密码验证。

2.【U 盘开机锁】选项

在 U-Key 选项中，允许用户用 U 盘保存开机密码，开机时必须插入 U 盘，否则不能开机，可设置参数为【禁止】或者【允许】值。当设置为【允许】值后，下面的【在_制作 U-key】选项将被激活，可以设置开机密码，并通过【在_制作 U-Key】选项将 U 盘制作成开机密钥 U 盘。

3.【机箱入侵设置】选项

在该选项中可进入机箱入侵设置界面，并设置【机箱入侵设置】选项参数为【禁止】、【允许】或者【复位】值。

提　示

机箱入侵就是打开机箱侧面板，该功能的机箱是在侧面板卡槽处有一个微动开关，打开侧面板时这个开关断开，盖上侧面板时开关闭合，这个开关有两条线连接到主板的 JCI1 插座，将这项功能设置为【允许】后生效，开启侧面板就会报警，而且不能开机，必须盖上侧面板并在 BIOS 里把入侵日志文件清除一下才可以继续正常使用，所以没有这个功能机箱的不要设置为【允许】值。

7.2.7　CLICK BIOS II 其他功能介绍

由于 UEFI 的开放模块化设计，强大的可扩展特性，使得主板厂商或固件厂商在其上进行进一步的开发变得容易，可以实现丰富的功能。下面就介绍一下微星在这款主板上的一些实用工具。

1．Winki 上网浏览

Winki 是微星设计的一种独特在线环境，用户通过 BIOS 设置就可以立即上网，并打开自己的个人电脑，不需要等待一个操作系统来启动。Winki 包括系统设置、网页浏览、网上聊天/即时信息、网上电话（ VoIP ）和快速的照片浏览等服务功能。

微星主板附送的驱动光盘里整合了 Winki，可以选择直接从光盘启动 Winki，也可将 Winki 安装到 U 盘或硬盘后使用，有些型号的主板直接附送了一个可插在 USB 接口上的设备代替 U 盘功能，并已安装好 Winki 工具，方便使用。

在主界面中单击 BROWSER 按钮，首先出现提示信息“请在 Windows 下用 MSI 驱动光盘安装 Winki，然后就可以使用 BROWSER”，如图 7-27 所示。

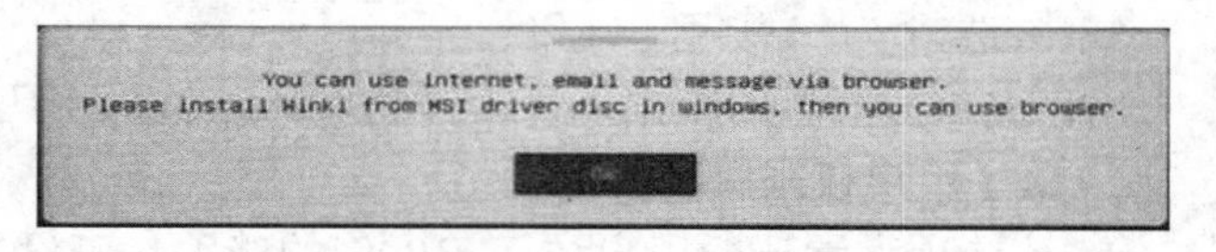

图 7-27　提示信息

目前，这个功能是从光盘启动的。单击 OK 按钮，出现如图 7-28 所示界面，选择 Winki，start with Winki Installer…选项，即可启动该功能。

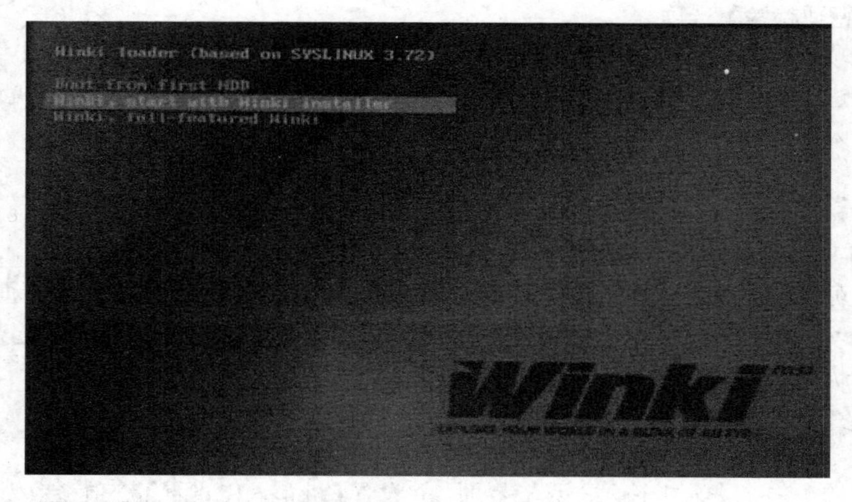

图 7-28　选择从光盘启动 Winki

启动后，首先会要求用户配置网络参数，以使 Winki 能够接入互联网络，如图 7-29 所示。

可以通过配置以太网络、无线网络、移动频带、宽带拨号等方式接入网络，如图 7-30、图 7-31 所示。

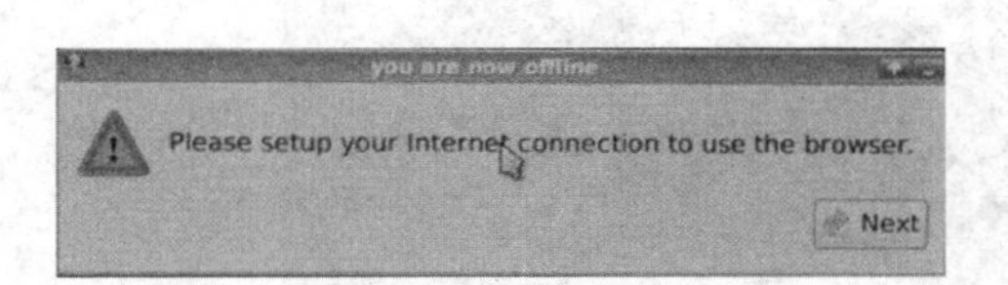

图 7-29 提示配置网络

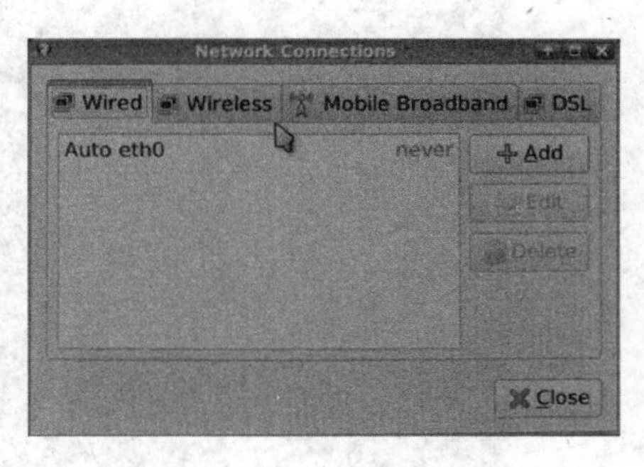

图 7-30 选择上网方式

配置正确的网络参数，启动 Winki 后的界面如图 7-32 所示。

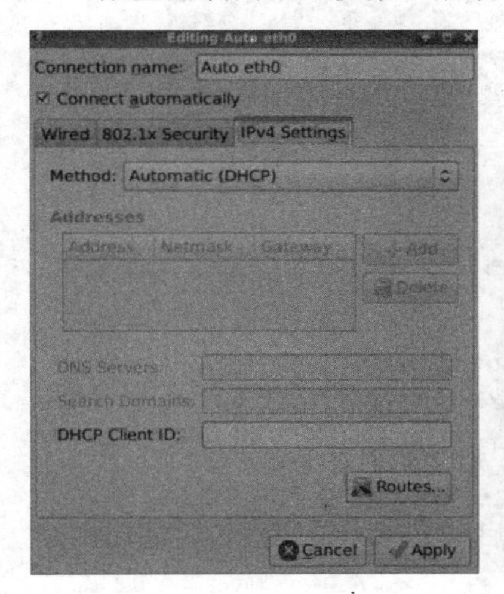

图 7-31 配置网络参数

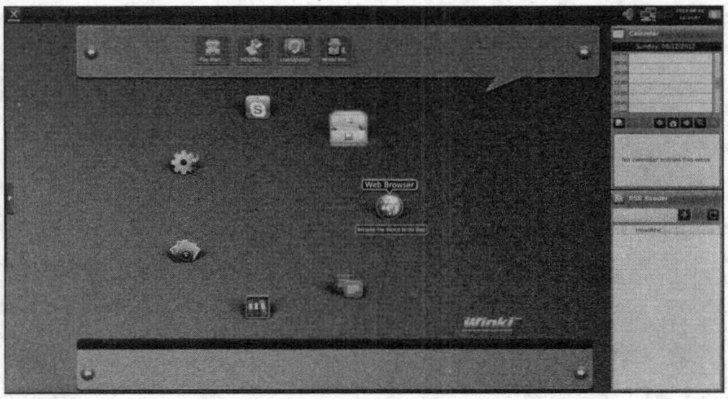

图 7-32 **Winki** 主界面

通过 Winki 可以进行系统设置、网页浏览、网上聊天/即时信息、网上电话（VoIP）和快速的照片浏览操作。

2. HDD-BACKUP（硬盘备份）

微星的硬盘备份功能可以实现将硬盘备份到镜像文件及从镜像文件中恢复到硬盘功能。使用该功能需要启动 Winki 来完成。在备份成镜像文件时可以选择将备份文件分割成 4.3GB、2GB、700MB 或 650MB 大小的文件，以方便制作成光盘保存。

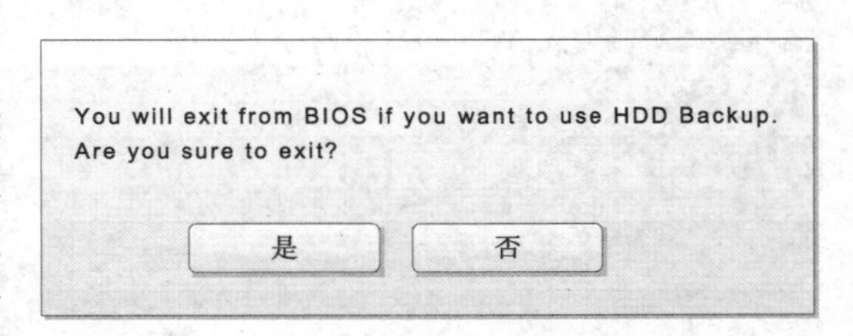

图 7-33 提示进入 **HDD Backup**

在 BIOS UTILITIES 菜单中单击 HDD-BACKUP 按钮，UEFI 提示即将退出 BIOS 启动 HDD Backup，单击【是】按钮，如图 7-33 所示。

启动过程中会提示选择语言，选择【简体中文】选项并启动成功后的界面如图 7-34 所示。

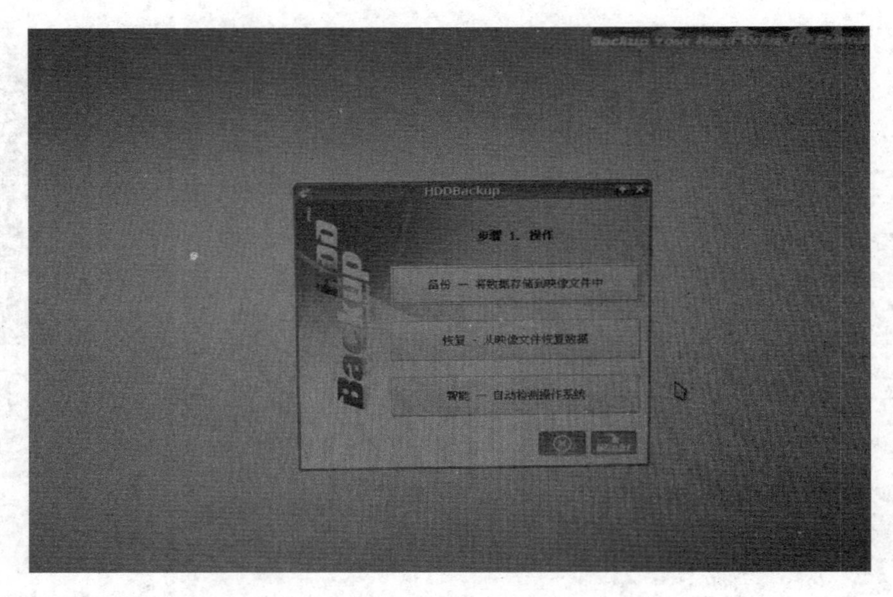

图 7-34 **HDD Backup 简体中文界面**

利用 HDD Backup 可以完成硬盘备份和恢复等操作。

3. Live Update

通过 Live Update 可以实现在进入操作系统之前连接 Internet 自动更新 BIOS（使用本功能需要有微星 Winki 工具的支持，需要确保 Winki 已正确安装或者把主板驱动程序光盘放入光驱）。

在 BIOS UTILITIES 菜单中单击 Live Update 按钮，启动 Live Update 工具，如图 7-35 所示。

如果有必要，需要单击【设置】按钮进行必要设置。

单击【下一步】按钮，Live Update 将自动检测 BIOS 版本并下载相关文件，如图 7-36 所示。

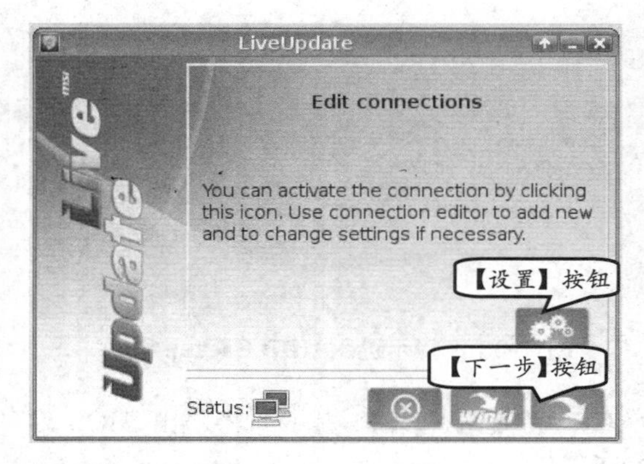

图 7-35 **Live Update 界面**

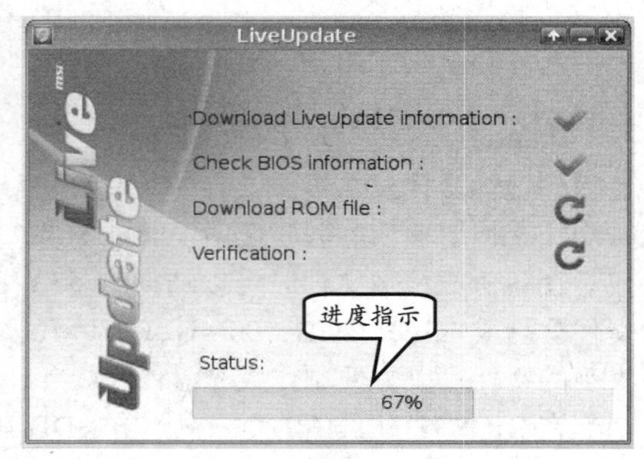

图 7-36 **正在下载 ROM**

单击【确认】按钮进行 BIOS 更新，如图 7-37 所示。

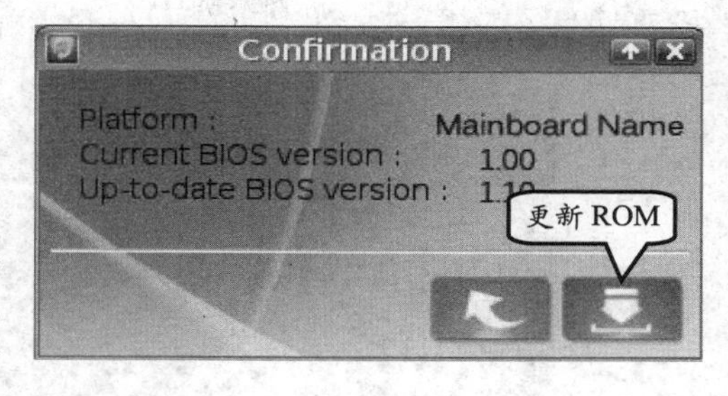

图 7-37　更新 BIOS

4．M-Flash

M-Flash 是微星独有的使用 U 盘保存 BIOS 副本，用 U 盘更新 BIOS 和从 U 盘里的 BIOS 启动等三项功能总称。可以通过单击主界面 UTILITIES 按钮找到该项，单击它即可进入它的界面，如图 7-38 所示。

❑ **从 U 盘 BIOS 开机功能**

M-Flash 有一项设置，就是【BIOS 开机功能】，设置项有【禁止】和【允许】。

如果要从 U 盘 BIOS 启动，需要先把带有 BIOS 的 U 盘插入 USB 口，开机进入 BIOS 的 M-Flash 选项将【BIOS 开机功能】设置为【允许】。

图 7-38　M-Flash 界面

然后单击【选择一个文件开机】选项，弹出 U 盘列表，这里电脑上只插了一只 U 盘，直接回车，弹出 Select BIOS to Boot 对话框，选择开机 BIOS 文件，如图 7-39 所示。

选择需要开机 BIOS 文件（E7750IMS.230）后回车就可以从 U 盘 BIOS 启动了。

启动过程中会出现一些警告信息，意思是主板上的 BIOS 和 U 盘里的 BIOS 设置不一致，如果进入到 BIOS 设置，看到的不是真实的 BIOS 设置，请不要擅自修改，按任意键继续。

如果不能正确启动，清除 CMOS 并关闭从 U 盘启动 BIOS。

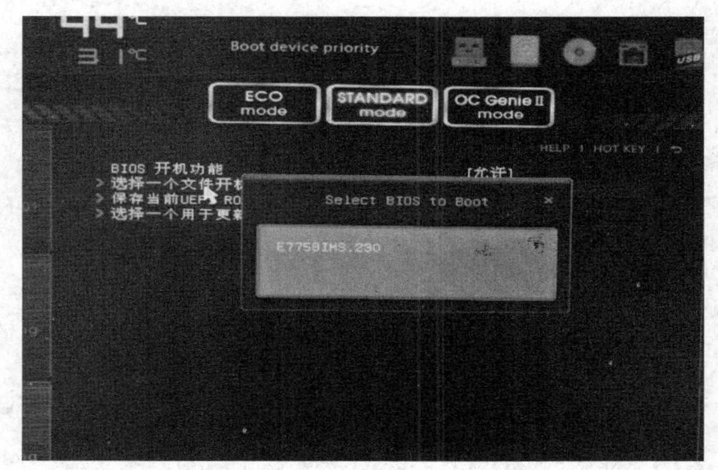

图 7-39　选择开机 BIOS 文件

❑ **保存 BIOS 到 U 盘**

选择【保存当前 UEFI BIOS 设置到文件】选项，回车显示检测到的 U 盘信息，选择 U 盘回车，指定文件名，再回车开始保存，如图 7-40 所示。

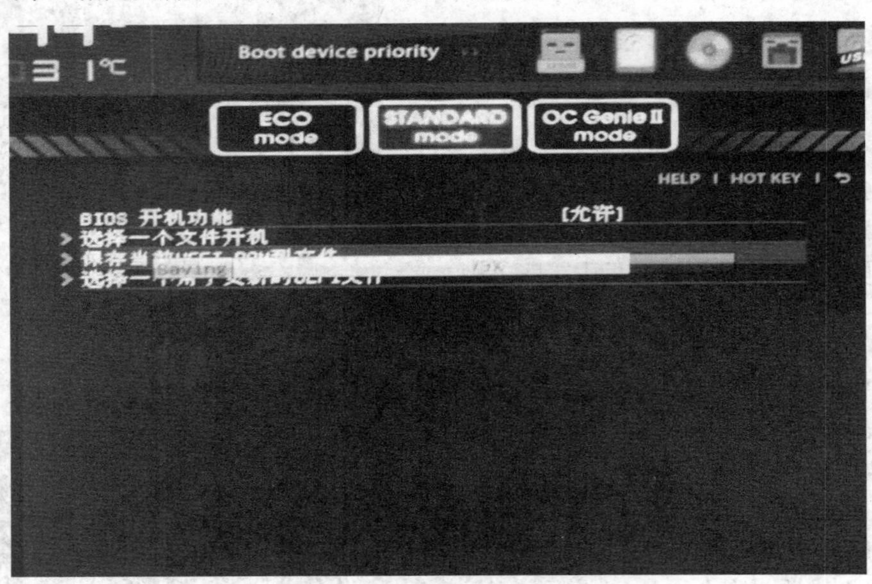

图 7-40 保存 BIOS 到 U 盘

❑ 用 U 盘的 BIOS 更新设置

选择【选择一个用于更新的 UEFI 文件】选项，回车显示检测到的 U 盘，选择 U 盘回车打开，选择 UEFI 文件回车开始更新。

7.3 实验指导：设置 BIOS 密码

为计算机设置启动密码可有效防止非授权用户在未经许可的情况下使用计算机，从而达到增强系统安全性的目的。接下来，本节便将介绍在 BIOS 中设置计算机启动密码的方法。

1. 实验目的

❑ 了解选项意义。

❑ 设置密码。

❑ 了解退出方法。

2. 实验步骤

1 启动计算机，按 Delete 键进入 BIOS 设置界面后，通过方向键【→】移动光标，选择 Security 选项卡，如图 7-41 所示。

2 通过方向键【↑】移动光标，选择 Set User Password 选项，并按 Enter 键，如图 7-42 所示。

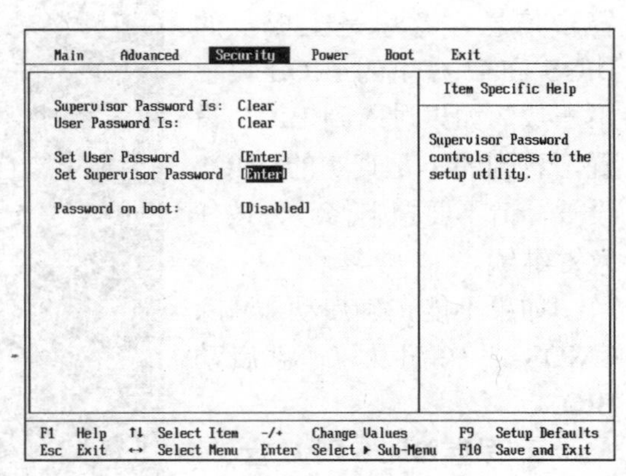

图 7-41 选择 Security 选项卡

3 在弹出的 Set User Password 对话框中输入密码，如图 7-43 所示。然后，按 Enter 键。

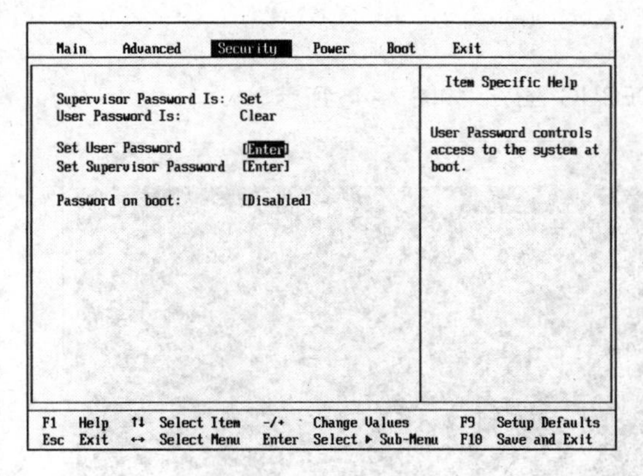

图 7-42 选择 Set User Password 选项

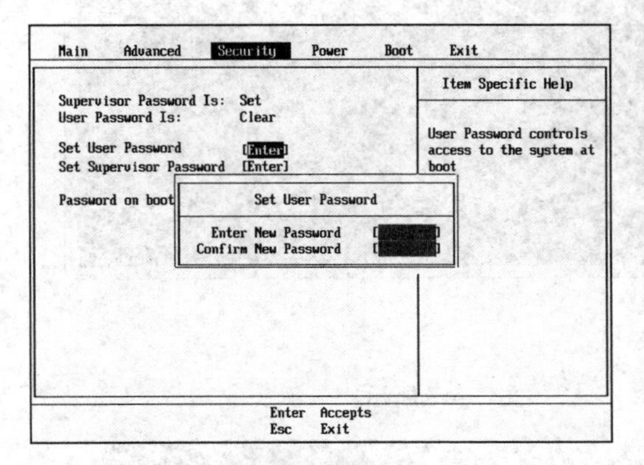

图 7-43 输入密码

4 通过方向键【→】移动光标，选择 Exit 选项，并按 Enter 键。然后在弹出的 Setup Confirmation 对话框中单击 Yes 按钮，并按 Enter 键，如图 7-44 所示。

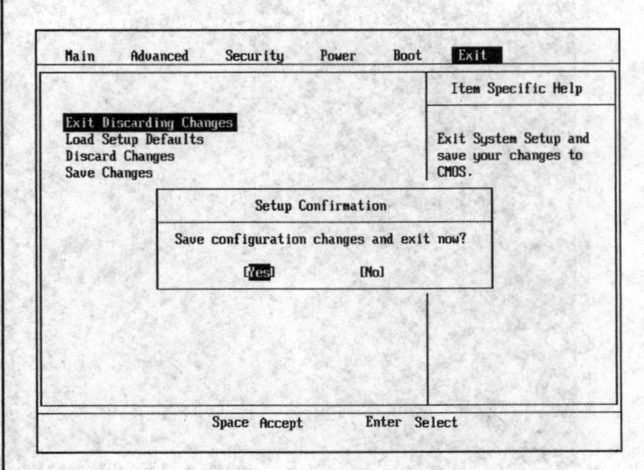

图 7-44 保存并退出 BIOS 设置

提 示

退出并保存设置时可直接按快捷键 F10，在弹出 Setup Confirmation 对话框后按 Enter 键即可。

5 用户再次启动计算机进入系统时就要输入密码才可登录。

7.4 实验指导：清除 BIOS 设置

在实际工作中经常遇到一些无法进入 BIOS 设置的情况，如忘记了 BIOS 密码、超频导致黑屏、BIOS 设置错误死机等，这时需要进行一下清除 BIOS 设置的操作。本实验就带大家来学习一下清除 BIOS 设置的方法。

1. 实验目的

- ❑ 掌握跳线法清除 BIOS 设置的方法。
- ❑ 掌握 DEBUG 清除 BIOS 设置的方法。
- ❑ 掌握断电法清除 BIOS 设置的方法。

2. 实验步骤

1 启动计算机，按 Delete 键进入 BIOS 设置界面后，按照实验指导 7.3 所述方法设置 BIOS 密码，允许使用系统但不允许进入 BIOS 更改设置。

2 保存更改并重新启动计算机，尝试不正确的密码，无法进入 BIOS 进行更改设置的操作。

3 启动计算机，执行【开始】|【所有程序】|【附件】|【命令提示符】命令，打开【命令提示符】

窗口。

4 在 DOS 提示符后输入 DEBUG 并回车，运行 DEBUG 程序，如图 7-45 所示。

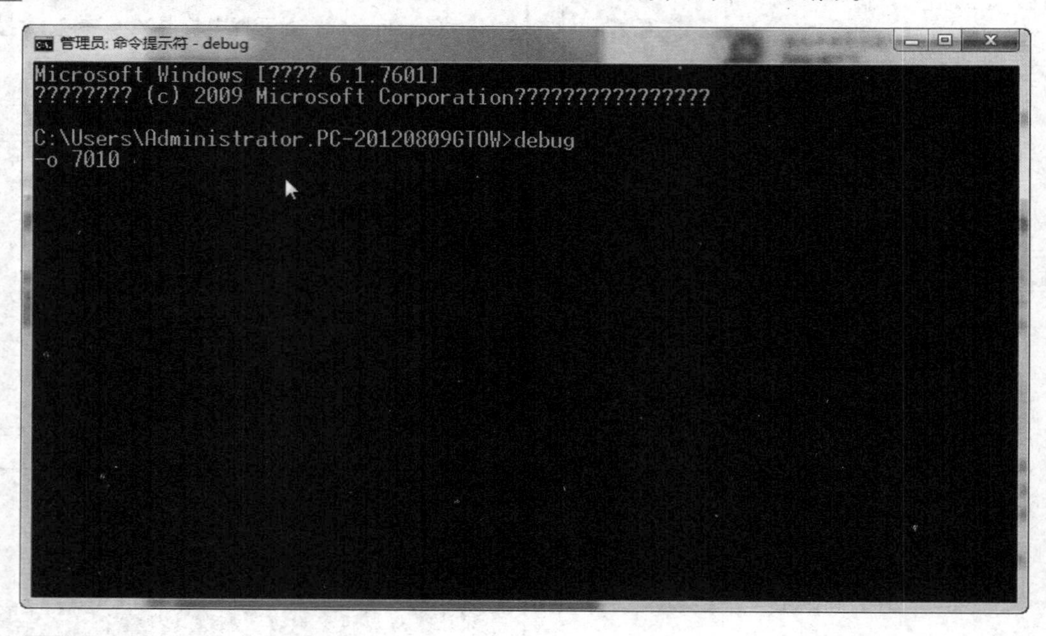

图 7-45 运行 Debug 程序

5 依次输入并执行如下命令行：

—O 70 10

—O 71 01

—Q

6 重启计算机，发现可以进入 BIOS 进行更改设置操作。

7 重新设置 BIOS 密码，并设置安全检查选项为 System，即不正确输入密码不能开机进入系统。

8 重新开机要求输入 BIOS 密码，输入不正确不能启动 Windows 操作系统。

9 清除身体上的静电（简单的方法：将手放在机箱或接地的地线上，即可清除身体静电；如有腕式静电环更好）；关闭计算机电源，打开机箱，在主板上找到 CMOS 清除跳线，其一般为一个三针跳线，在主板 BIOS 芯片或电池旁边，标有 CLEAR CMOS 标识，如图 7-46 所示。

将跳线帽小心拿下来插到另两针上停几秒钟，再插回原位，即可完成 CMOS 放电操作。也可以参照主板说明书查找这组跳线，如图 7-47 所示。

图 7-46 Clear CMOS 跳线

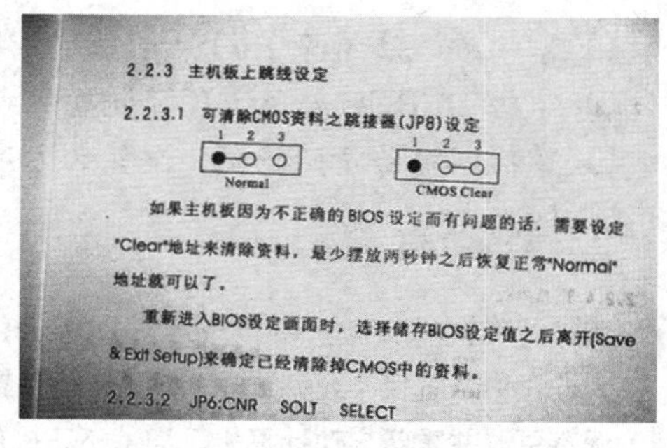

2.2.3 主机板上跳线设定

2.2.3.1 可清除CMOS资料之跳接器(JP8)设定

Normal　CMOS Clear

如果主机板因为不正确的 BIOS 设定而有问题的话，需要设定 "Clear"地址来清除资料，最少摆放两秒钟之后恢复正常"Normal"地址就可以了。

重新进入BIOS设定画面时，选择储存BIOS设定值之后离开(Save & Exit Setup)来确定已经清除掉CMOS中的资料。

2.2.3.2 JP6:CNR SOLT SELECT

图 7-47 CMOS 跳线说明

有些主板干脆将它设计成更方便的小按键，以方便超频爱好者使用这项功能，如图7-48所示。

图7-48 方便的按键设计

10 重新启动计算机，发现原来设置的BIOS密码没有了，CMOS放电成功。

11 个别小品牌主板为了节省成本，主板上没有设计Clear CMOS跳线，这时如果要进行放电操作，可以把主板上的电池抠下来，然后将电池插座的正负极用一个金属物品短接几秒钟，然后再把电池放上去，也可完成放电操作，只是稍微麻烦一些，如图7-49所示。

图7-49 CMOS电池

7.5 思考与练习

一、填空题

1. ＿＿＿＿＿是一组固化在计算机主板ROM芯片上的程序，保存着计算机最重要的基本输入输出程序、系统设置信息、开机通电自检程序和系统启动自检程序。

2. 在BIOS中设置【加速模式】为【允许】，即启用Intel＿＿＿＿＿技术。

3. BIOS芯片中主要存放＿＿＿＿＿、＿＿＿＿＿、系统自举装载程序、主要I/O设备的驱动程序和终端服务等信息。

4. ＿＿＿＿＿包括对CPU、内存、主板、CMOS存储器、串并口、显卡、硬盘、键盘、鼠标等进行测试。

5. ＿＿＿＿＿是指计算机主板上一块可读写的RAM芯片，存储计算机系统实时钟信息和硬件配置信息等，现在一般集成在南桥芯片中。

6. OC即"＿＿＿＿＿"，它通过人为的方式将CPU、显卡等硬件的工作频率提高，让它们在高于其额定的频率状态下稳定工作，从提高电脑的工作性能。

7. 进入BIOS设置程序通常有＿＿＿＿、＿＿＿＿和用可读写CMOS的应用软件3种方法。

8. 开机按热键进入BIOS的方法一般是在开机时立即按＿＿＿＿＿＿＿＿＿。

9. UEFI全称＿＿＿＿＿＿＿＿＿＿，是一种全新的固件规范。

二、选择题

1. BIOS紧密相关的3个概念是＿＿＿＿＿。

A. Firmware、RAM芯片和CMOS

B. Firmware、ROM芯片和CMOS

C. EPROM、RAM和CMOS

D. Flash ROM、RAM和CMOS

2. 下列哪项不属于进入BIOS程序的方法＿＿＿＿＿？

A. 启动计算机时按热键

B. 用系统提供的软件

C. 用一些可读写CMOS的应用软件

D. 开机后按 F1 键

3. 下面哪些项目不是用于设置节能项目的？________

A. EuP 2013　　B. CIE 支持

C. EIST　　D. CPUID

4. 下列选项中关于 MSI CLICK BIOS II 设置过程中常用功能键的描述错误的是________。

A. F1 键用来显示当前设定的相关说明

B. F5 键用于当前设置项的参数恢复到安全默认参数

C. F10 键保存 BIOS 设定值并退出程序

D. F6 键将当前设置项的参数恢复到最佳默认值

5. 下列选项中，不属 OC（超频设置）界面中的设置项的是________。

A. DRAM 时序模式

B. CPU 核心电压

C. 调整 CPU 倍频

D. PCI ROM 优先权

6. 在 BIOS 设置中，有许多项目的设置项有 Enable 和 Disable 两项，其中设置为 Enable 表示________。

A. 使设置项目生效

B. 禁止使用该项功能

C. 由操作系统选择

D. 由 BIOS 检测

三、简答题

1. 简述 BIOS 和 CMOS 的区别。
2. 简述 BIOS 的启动顺序。
3. 简述 UEFI BIOS 的特点。
4. 简述微星主板通过 Live Update 进行在线升级 BIOS 的操作过程。
5. 什么是机箱入侵检测？如何实现？

四、上机练习

在 Windows 操作环境内查看 BIOS 信息

DMIScope 是一款在 Windows 下修改和查看主板 BIOS dmi 信息的程序，利用该工具可查看和修改大部分主板的 BIOS 信息，其界面如图 7-50 所示。

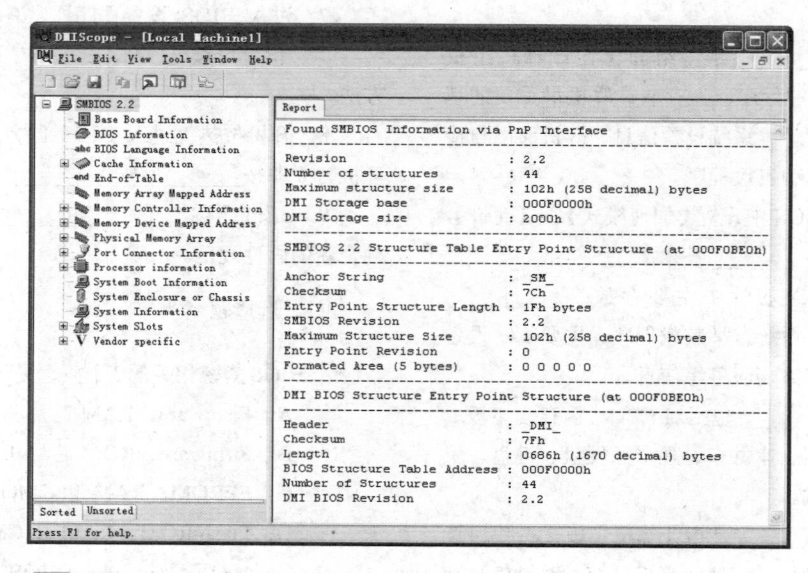

图 7-50 DMIScope 操作界面

第 8 章

安装 Windows 操作系统

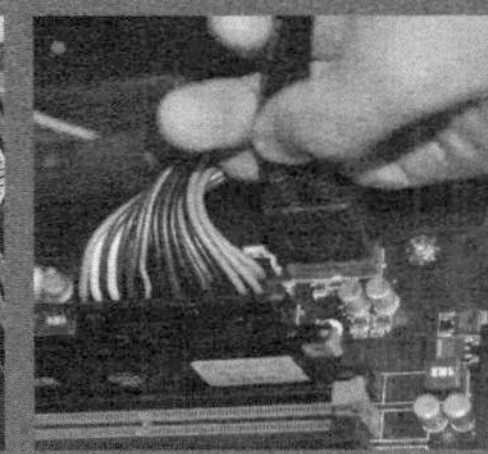

操作系统是计算机的灵魂，只有安装操作系统后，计算机才能够正常工作。当然安装操作系统也有着它自己的方法与方式，在安装操作系统之后还需要用户安装相应的驱动程序，以及应用软件等。

目前，安装操作系统相对比较简单了，用户不需要过多地了解安装的详细步骤，通过 GHOST 方式只需一键操作即可完成。

但对于新配置的计算机，用户还是需要对磁盘进行分区等操作，并且对于正版软件，用户也需要手动安装。

本章学习要点：

- 磁盘分区与格式化
- 安装操作系统
- 安装设备驱动程序

8.1 磁盘分区与格式化

硬盘在生产完成后，必须要经过低级格式化、分区和高级格式化（简称格式化）这3个处理步骤后，才能真正用于存储数据。

通常来说，硬盘的“低级格式化”操作由生产厂家来完成，其目的是为硬盘划定可用于存储数据的扇区与磁道，而计算机将以怎样的方式来利用这些磁道存储数据则由用户自行对硬盘进行的“分区”和“格式化”操作来决定。

8.1.1 FAT32 和 NTFS 磁盘分区

由于操作系统的不同，存在多种磁盘分区格式（文件系统）。其目的是按照操作系统的要求在目标磁盘上划分数据区域，以便操作系统正确存取数据。目前，Windows 操作系统主要使用以下两种文件系统。

❑ **FAT32**

该文件系统属于FAT系列文件系统，由于采用了32位的文件分配表，因此得名FAT32文件系统。

FAT32 文件系统适用范围广泛，磁盘空间利用率较之前的 FAT16 要高。目前，除了 Windows 系列操作系统支持这种文件系统外，Linux 的部分版本也对 FAT32 提供了有限支持（Linux 无法从 FAT32 分区进行启动）。

不过，这种文件系统的缺点也较为明显。首先是运行速度较之前的 FAT 系列文件系统要慢，其次 FAT32 所支持单个文件的体积也较小（不能大于 4GB）。这使得 FAT32 文件系统已经无法满足海量数据及大体积文件的存储需求。

❑ **NTFS**

NTFS 是微软公司为 Windows NT 操作系统所创建的一种新型文件系统，最大能够支持 64GB 的单个文件，但由于兼容性较差，所以使用范围较 FAT32 要小。

NTFS 文件系统的最大特点在于其出色的安全性和稳定性，在使用中不易产生文件碎片，能够极大地提高大容量硬盘的工作效率，对硬盘的空间利用及软件的运行速度都有好处。它能对用户的操作进行记录，通过对用户权限进行非常严格的限制，使每个用户只能按照系统赋予的权限进行操作，充分保护了网络系统与数据的安全。

8.1.2 划分磁盘分区

通常情况下，将每块硬盘（即硬盘实物）称为物理盘，将“磁盘 C:”、“磁盘 D:”等各类“磁盘驱动器”称为逻辑盘。逻辑盘是系统为控制和管理物理硬盘而建立的操作对象，一块物理盘可以设置为一块或多块逻辑盘进行使用。而分区操作的实质便是将物理盘划分为逻辑盘的过程。

磁盘分区工具很多，有古老的 FDISK，有专用工具 PQ（Power Quest Partition Magic）、PM（Paragon Magic）、DM（Disk Manager）、Disk Genius 等。一般操作系统本身也都自带了分区工具。

1. 分区前的准备工作

在创建分区前，用户需要首先规划分区的数量和容量，而这两项内容通常取决于硬盘的容量与用户的习惯。此外，还需要准备一张带有 Disk Genius 启动光盘或一个具有启动功能的 U 盘，并在 BIOS 内将计算机设置为从光驱启动或从 U 盘启动。

> **提 示**
>
> 这类 U 盘启动盘或光盘启动盘可以从网上下载相应的工具自己制作或刻制，也可从市场上选购制作好的启动光盘。

在完成上述准备工作后，再来了解一下分区的基础知识。通常，计算机内分区共有两种类型：一种是主分区，另一种是扩展分区。

两者间的差别在于前者能够引导操作系统，并且可以直接存储数据；后者不但无法直接引导操作系统，而且必须在其内划分逻辑驱动器后才能以逻辑驱动器的形式存储数据，相互之间的关系，如图 8-1 所示。

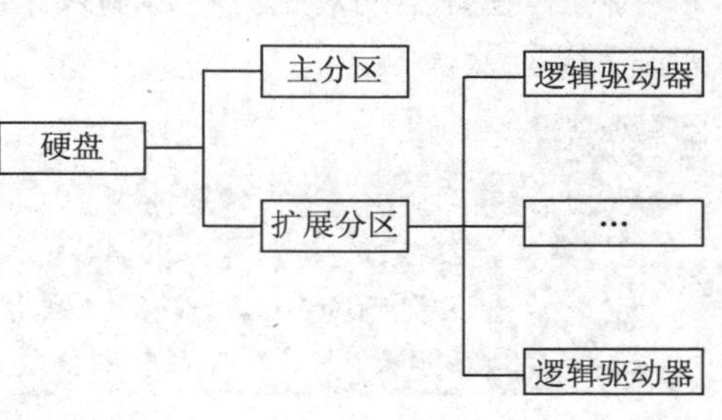

图 8-1 磁盘分区与逻辑驱动器的关系

磁盘分区后，必须经过格式化才能够正式使用，格式化后常见的磁盘格式有 Windows 系统使用的 FAT(FAT16)、FAT32、NTFS 及 Linux 系统使用的 ext2、ext3 等。

> **提 示**
>
> 在“我的电脑”中，“本地磁盘 C:”通常为主分区，而“本地磁盘 D:”、“本地磁盘 E:”等逻辑盘通常为逻辑驱动器，但从数据存储方面的使用感觉来说，它们之间并没有什么差别。

2. 划分磁盘分区

用于划分磁盘分区的程序较多，其操作方法也都不太相同。Disk Genius（diskgen、diskman）是一款图形界面的硬盘分区格式化软件（分 DOS 版和 Windows 版）。

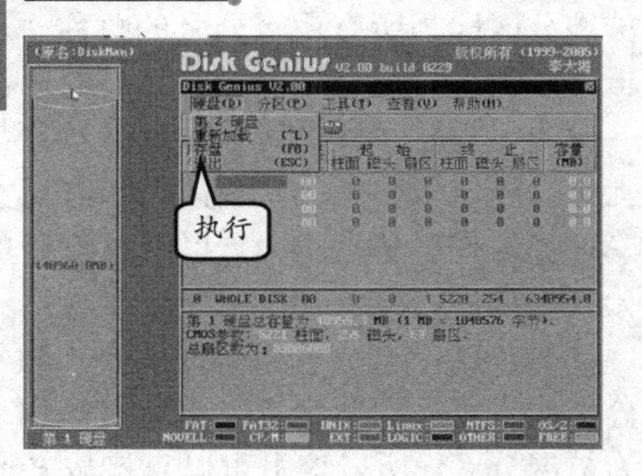

图 8-2 Disk Geniu 分区前界面图

在使用之前所准备的光盘或 U 盘启动计算机后，在图形界面下选择相应条目或在 DOS 提示符下输入“DSKGEN”，按 Enter 键启动 Disk Genius 磁盘分区程序。

图 8-2 所示即为 Disk Genius 2.0 DOS 版程序运行后所显示的界面。在图中可以看到右边是一个仿 Windows 的窗体，左边是一个柱状的硬盘空间显示条。

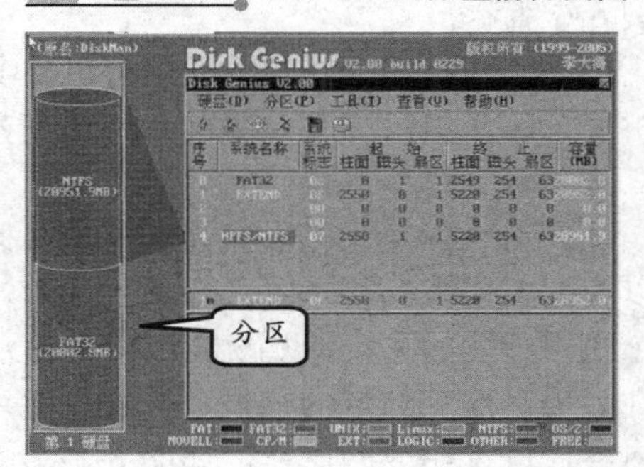

图 8-3 Disk Geniu 分区后界面

新硬盘都是没有分区的，在运行 Disk Genius 时会看到整个灰色的柱状硬盘空间，显示条表示硬盘上没有任何的分区，而分区完成之后的硬盘将会有类似于如图 8-3 所示的画面。

提　示

最新的 Disk Genius 版本是 3.8 版，可运行在 Windows 下，可以使用可启动 Windows PE 的系统光盘或 U 盘启动后远行该工具，使用更方便，功能更强大。

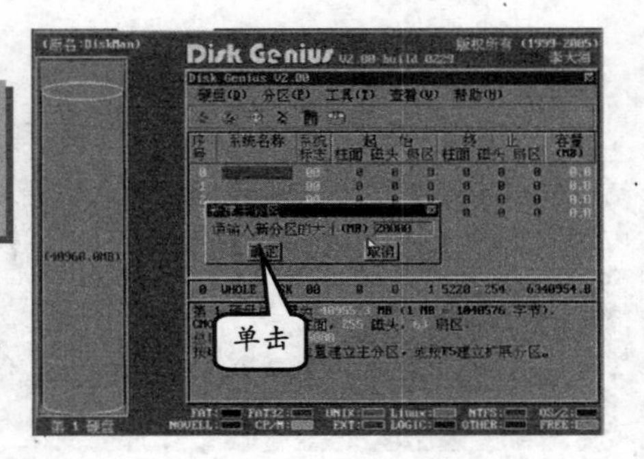

图 8-4　Disk Geniu 创建主分区

在主界面中，直接按 Enter 键，并按 Alt 键调出菜单，使用光标移动键选择【分区】菜单里面的【新建分区】选项，此时会要求输入主分区的大小。

一般来说主分区用于操作系统的安装，不宜分得太大。在用户创建过程中即可弹出提示框，并单击【否】按钮，软件将会提示手工输入分区大，如图 8-4 所示。

然后，在弹出的对话框中再输入系统标志内容，如图 8-5 所示。

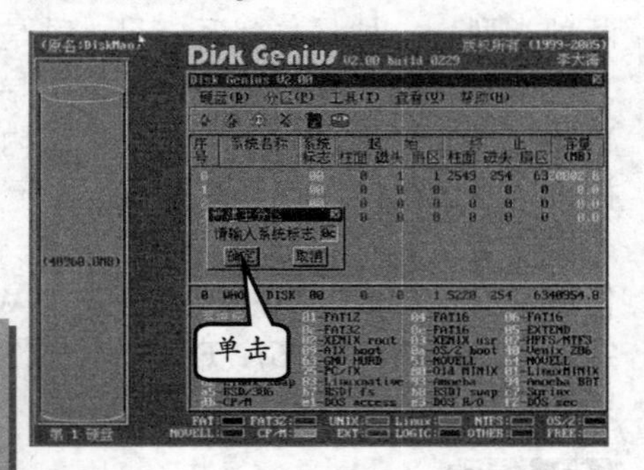

图 8-5　Disk Geniu 指定分区格式

提　示

确定之后软件会询问“是否建立 DOS FAT 分区”时，如果单击【是】按钮。那么，软件会根据刚刚填写的分区的大小进行设置，小于 600MB 时该分区将被自动设为 FAT16 格式，而大于 600MB 时分区则会自动设为 FAT32 格式。

在建立了主分区之后，就要接着建立扩展分区。而扩展分区即为所有逻辑分区的总称，也就是所有逻辑分区都在扩展分区中进行划分的。

首先，建立扩展分区，如在柱状硬盘空间显示条上单击选定未分配的灰色区域，然后按 F5 键或按 Alt 键选择菜单栏里“分区（P）”下的“新建扩展分区”选项。

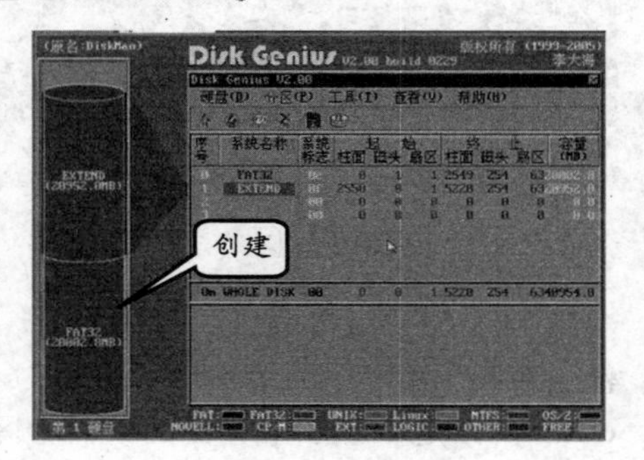

图 8-6　Disk Geniu 创建主分区

此时，Disk Geniu 会有提示要求输入新建的扩展分区的大小，通常情况下将所有的剩余空间都建立为扩展分区，所以这里可以直接按 Enter 键确定，如图 8-6 所示。

现在创建扩展分区上的逻辑分区，其方法是选择扩展分区，然后在菜单里面执行【新建分区】命令，或者是直接按 Enter 键。

此时，软件要求输入新建的逻辑分区的大小，可以根据实际情况写入一个合适的数值，建立的第一个逻辑分区的大小即【磁盘（D:)】的大小。然后，软件会提示建立分区的类型，并根据上述方法及提示内容，进行相应的操作，如图 8-27 所示。

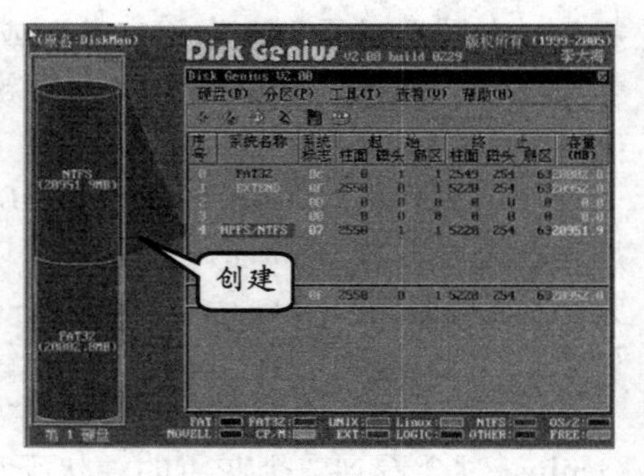

图 8-7　Disk Geniu 指定分区格式

当建立了第一个逻辑分区之后，如果有剩余的未分配扩展分区空间，那么可以按照建立第一个逻辑分区的方法在剩余的未分配扩展分区上继续建立逻辑分区，也可以继续创建其他分区，如磁盘（E:)、磁盘（F:）等。

提　示

主分区具有引导计算机获取启动文件位置的功能，所以一台计算机内至少应该有一个主分区（一般为 C:)。此外，每台计算机内最多有 4 个主分区，而只能有 1 个扩展分区，并且所有逻辑盘的数量不能超过 24 个。

3. 激活主分区

想要从硬盘引导系统就必须有主分区，并且必须被激活的主分区才能作为引导系统磁盘。要激活创建的主分区，首先移动光标到主分区上，并选择该分区。

然后，按 F7 键或选择【分区】菜单中的【激活（恢复)】选项，即可激活所选分区，其系统名称将会以红色表示。

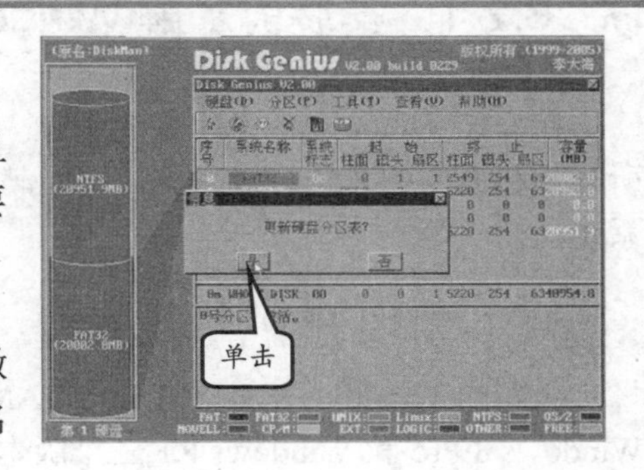

图 8-8　Disk Geniu 保存分区提示

提　示

只有主区分能够被激活，也只有激活后的主分区才能够引导计算机获取启动文件的位置。当硬盘内划分有多个主分区时，用户可以将其中的任意一个设置为活动分区。

4. 保存更改

整个分区的工作完成后，再选择【硬盘】菜单中的【存盘】选项就可以对分区所作的操作进行保存，如图 8-8 所示。然后，提示“更新磁盘分区表”信息，并单击【是】按钮。

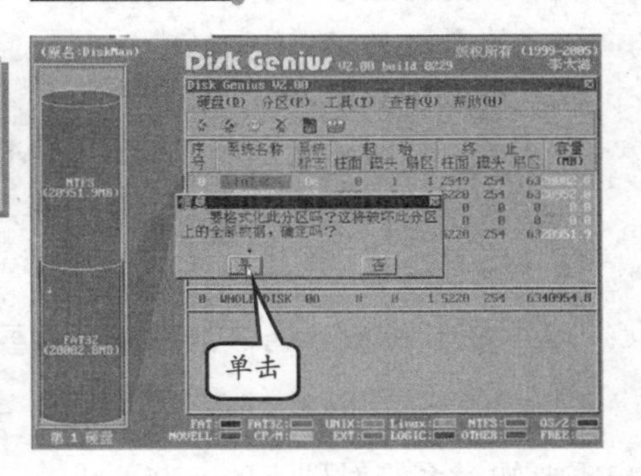

图 8-9　Disk Geniu 格式化分区提示

5. 格式化磁盘分区

先选择左侧代表磁盘分区的柱形块，然后执行【分区】|【格式化 FAT 分区】命令，弹出“要格式化此分区吗？这将破坏此分区上的全部数据，确定吗？”信息，并单击【是】按钮，如图 8-9 所示。

Disk Genius 在格式化完成后，会对磁盘分区进行检测。例如，格式化之后，则弹出“要执行磁盘表面检测吗？视磁盘速度不同，这一步可能需要几分钟的时间。”信息，单击【取消】按钮，如图 8-10 所示。

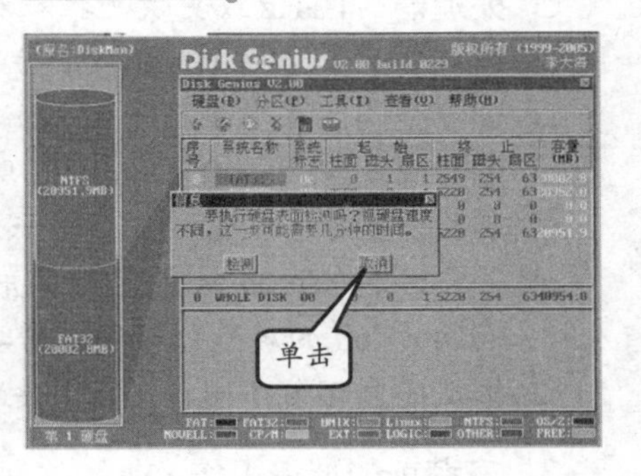

图 8-10　Disk Geniu 检测分区提示

提　示

Disk Geniu 暂时只提供了对 FAT16 分区和 FAT32 分区的格式化功能，对于其他分区格式需要在相应的系统下进行格式化操作。

8.2 安装 Windows 8 操作系统

Windows 8 是继 Windows 7 操作系统之后最新的 Windows 系列的操作系统，并且 Windows 8 操盘系统中增添了许多新的功能。

8.2.1 安装前了解 Windows 8 系统

在安装 Windows 8 操作系统之前，用户需要先来了解所安装的操作系统是否是自己所喜欢和需要的系统，该系统是否能满足工作、学习的需求，以及计算机硬件能否满足系统的需求等。

1．了解 Windows 8 版本

全新的 Windows 8 将支持 Intel、AMD 和 ARM 架构。Windows 8 将拥有 Windows 8、Windows 8 Pro 和 Windows RT 三个版本。

- **Windows 8** 是面向用户的基础版产品，拥有 Windows 8 的基础功能，主要用于消费者的 PC 产品。
- **Windows 8 Pro** 是一个添加了加密、虚拟化、计算机管理工具和域的产品。同时，它还带有一个 Windows Media Center 应用。
- **Windows RT** 是一个工作在 ARM 平台下的独立版本，大量平板设备将会安装这款系统。虽然同样采用 Metro 界面，但它们的应用程序兼容性将面临很大考验。

2．安装 Windows 8 的系统硬件要求

Windows 8 能够在支持 Windows 7 的相同硬件上平稳运行。但是，在安装之前，用户需要知道系统对硬盘的一些要求。

- **处理器** 1GHz 或更快，推荐 64 位双核以上等级处理器。
- **内存** 至少 1GB RAM（32 位）或 2 GB RAM（64 位），推荐超过 2GB 的内存。
- **硬盘空间** 至少 16GB（32 位）或 20GB（64 位），推荐 30GB 以上硬盘空间。
- **图形卡** Microsoft Direct X 9 图形设备或更高版本。
- 若要使用触控，需要支持多点触控的平板计算机或显示器。
- 若要访问 Windows 应用商店并下载和运行程序，需要有效的 Internet 连接及至少 1024 × 768 的屏幕分辨率；若要拖拽程序，需要至少 1366 × 768 的屏幕分辨率。
- 根据安装环境不同，可能需要配备 DVD-ROM 光驱或 U 盘，以便顺利完成安装。

3．安装前的准备工作

Windows 8 系统比较庞大，安装文件已经超过 2.5GB，需要放在一张 DVD 光盘上发售或通过网络下载安装。

Windows 8 有多种安装方式，可以从旧的 Windows 7 升级安装而来，也可以全新安装 Windows8；既可以从光盘安装，也可以从将光盘镜像解压到硬盘上然后从硬盘上安装。还可以写入 U 盘里，然后从 U 盘上安装。

8.2.2 从光盘安装 Windows 8 系统

当用户启动计算机时，将 Windows 8 安装光盘放入光驱中。并进入 BIOS 界面，设置指定计算机从光驱启动，重启计算机。

或者，在计算机启动时，指定从光驱启动，如启动时按 F12 或 F9 键，选择 CD-ROM Drive 选项，并从光驱启动，如图 8-11 所示。

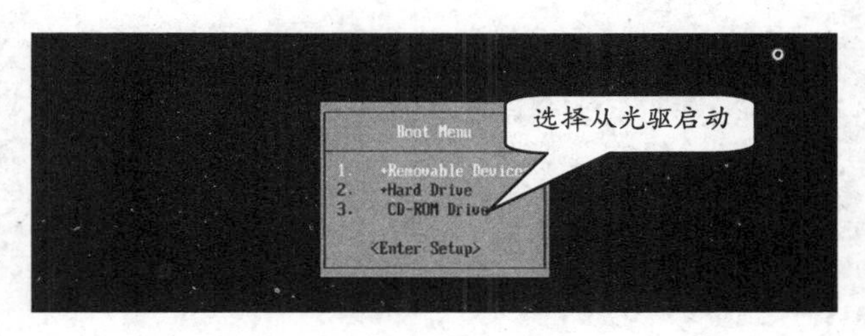

图 8-11 选择从光驱启动

此时，在界面中将提示“Press any key to boot from CD or DVD…”等信息，并按任意键，从光盘上启动 Windows 8 的安装程序，如图 8-12 所示。

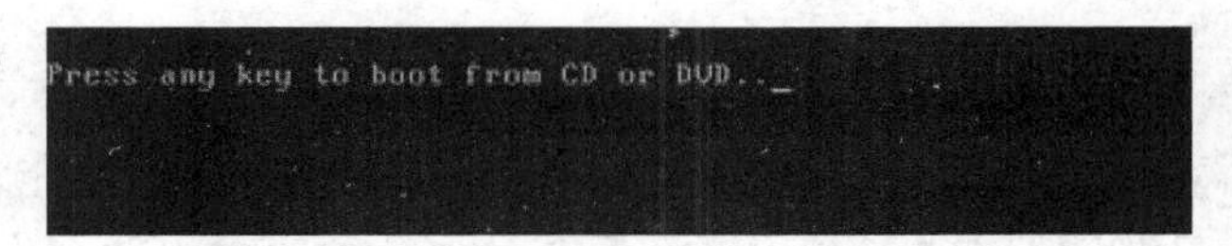

图 8-12 按任意键从光盘启动

接下来，计算机从光盘上读取基本安装程序，稍等便弹出语言选择对话框，并直接单击【下一步】按钮即可，如图 8-13 所示。

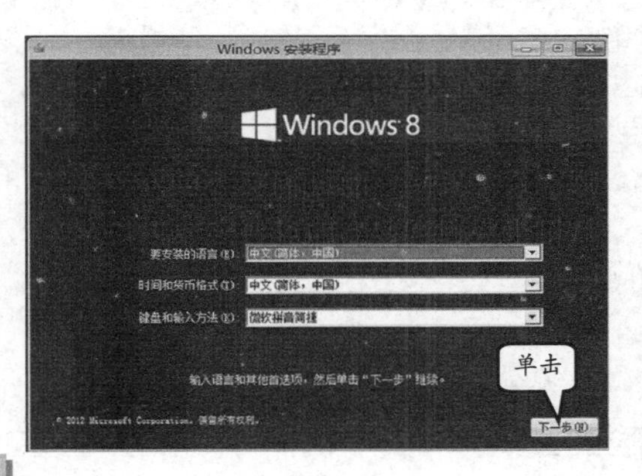

图 8-13 指定语言和货币选项

此时将弹出安装系统界面，并在中间位置显示【现在安装】按钮。例如，在该对话框中，直接单击该按钮，如图 8-14 所示。

图 8-14 现在安装操作系统

提 示

如果是对安装过的 Windows 8 进行修复处理，则直接单击左下角的【修复计算机】选项即可。

在弹出的【输入产品密钥以激活 Windows】对话框中，用户可以输入 25 位产品密钥内容，并单击【下一步】按钮，如图 8-15 所示。

在弹出的【许可条款】对话框中将显示安装该程序的条款内容，并启用【我接受许可条款】复选框，并单击【下一步】按钮，如图 8-16 所示。

接受条款后，将弹出【你想执行哪种类型的安装？】页面，并列出“升级”和“自定义”两种安装方式。此时，可以选择【自定义：仅安装 Windows（高级）】选项，并按 Enter 键，如图 8-17 所示。

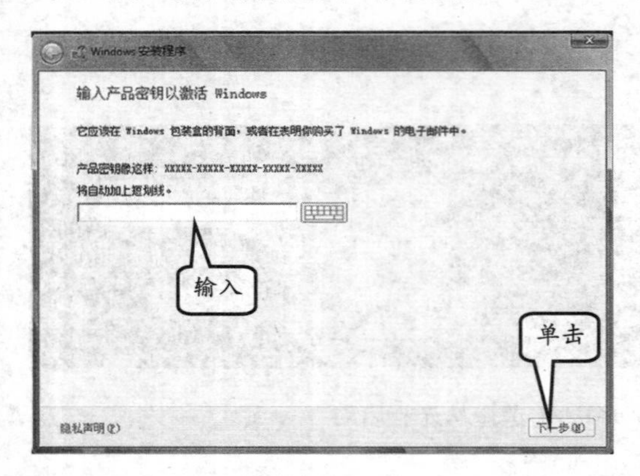

图 8-15　输入产品密钥

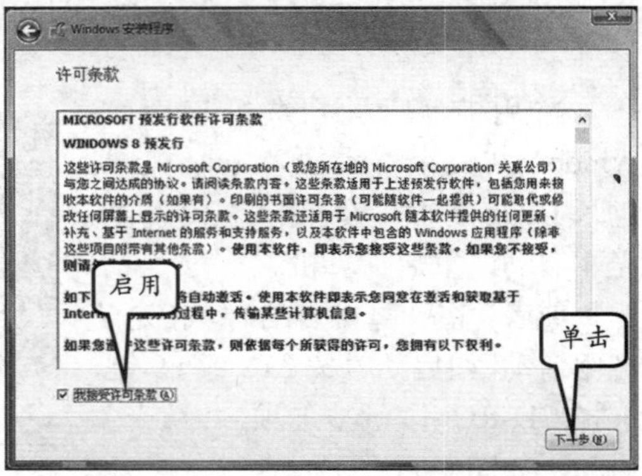

图 8-16　许可条款

如果用户还没有进行硬盘分区，则在安装操作系统时将显示一个未分配的硬盘。如图 8-18 所示，弹出【你想将 Windows 安装在哪里？】页面，并显示硬盘信息。

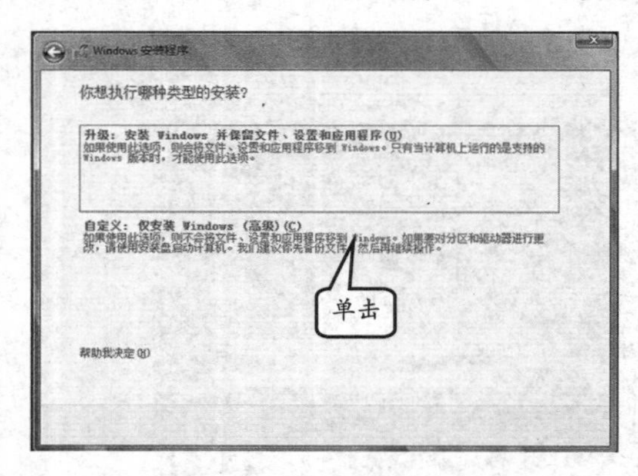

图 8-17　自定义全新安装

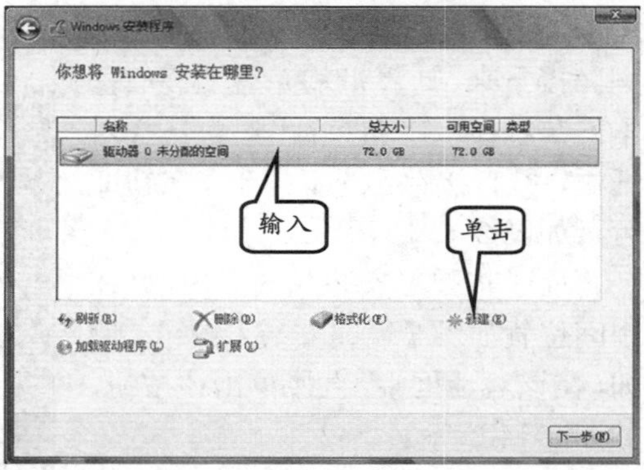

图 8-18　硬盘尚未分区

此时，可以单击【新建（E）】按钮，根据自己需求对硬盘进行逻辑分区操作。分区过程中，系统会给出提示“Windows 可能要为系统文件创建额外的分区”信息，并单击【确定】按钮即可。

提　示

Windows 独立出来的这一部分空间用来辅助安装过程顺利完成，同时保存引导启动项，这个保留的额外分区读取优先性高于 C:（启动盘），也就是说如果计算机受到干扰无法进入到桌面，那么系统至少可以保留出一部分文件让计算机进入到另外的一个界面中，使用户可能进行系统还原等基本操作。

分区操作完成后，可以对分区进行格式化操作，以保证 Windows 8 的顺利安装。此时，依次选择各个分区后，并单击【格式化】按钮，完成硬盘的格式化。

同样，在格式过程中，将弹出“此分区可能包含你的计算机制造商提供的重要文件或应用程序。如果格式化此分区，其中保存的所有数据都会丢失”提示信息，并单击【确定】按钮即可，如图 8-19 所示。

完成各个分区的格式化后，单击【下一步】按钮，进入文件复制与安装过程。用户只需耐心等待，系统依次完成“复制 Windows 文件”、“准备要安装的文件”、“安装功能”、“安装更新”等操作，然后计算机将重新启动，如图 8-20 所示。

当计算机重新启动后，首先将进行设备的检测，以及内置驱动安装过程，如图 8-21 所示。

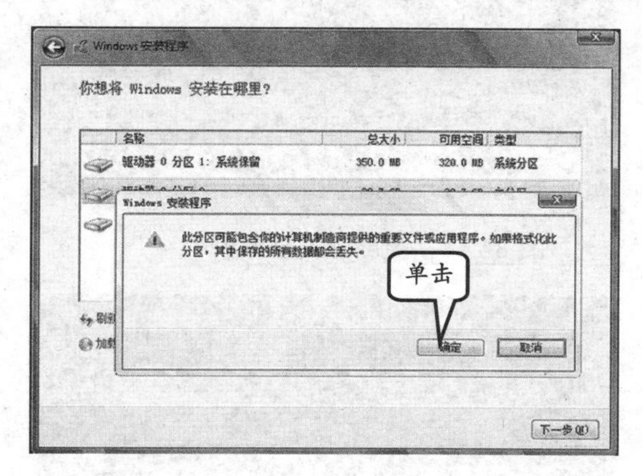

图 8-19　格式化磁盘分区警告

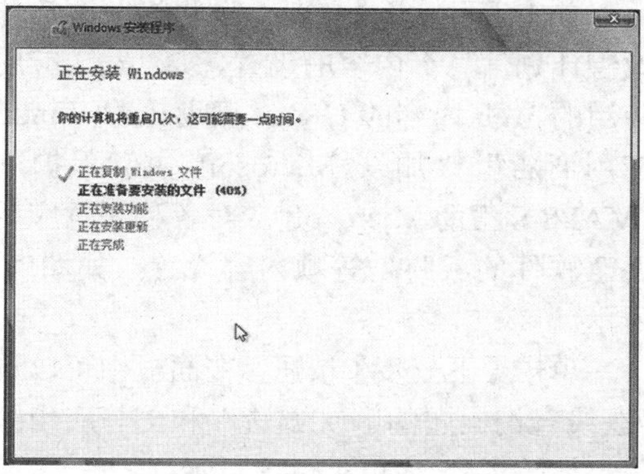

图 8-20　复制文件与基本安装

其次，执行进入 Windows 8 系统的一系列的设置过程，如首先要设置计算机名称，如图 8-22 所示。因为计算机名称不管是独立的计算机还是位于计算机局域网络中的计算机，都是非常重要的。

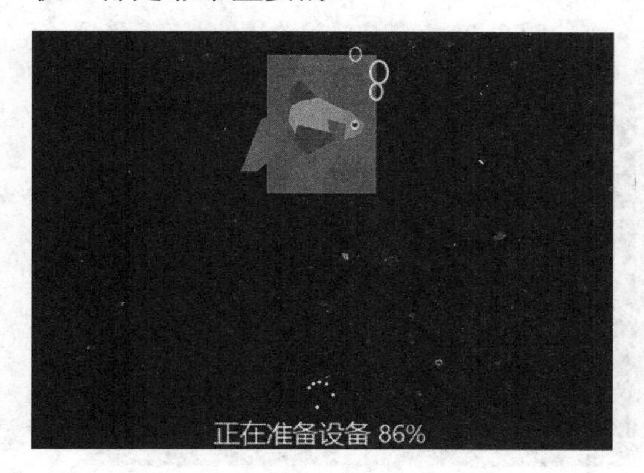

图 8-21　硬件检测与内置驱动安装

图 8-22　设置计算机名称

单击【下一步】按钮进行快速选项设置，用户可以单击【使用快速设置】或者【自定义】按钮来选择设置方式。如果单击【使用快速设置】按钮，则系统会根据内置的设置流程进行计算机配置操作，如图 8-23 所示。

而初次安装该系统，为了解整个安装过程，用户可以单击【自定义】按钮，以按照自己的要求进行各项设置。

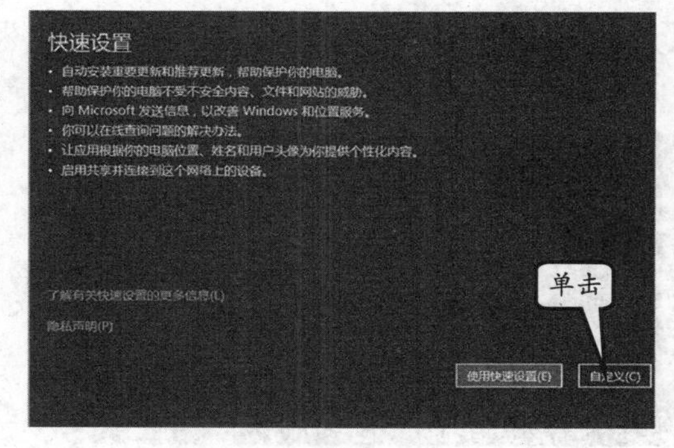

图 8-23　选择设置方式

单击【下一步】按钮，在弹出的【设置】面板中可以设置“Windows 更新”、“自动获取新设备的设备驱动程序”、“自动获取新设备的设备应用和信息”，以及“帮助保护你的电脑免受不安全内容、文件和网站的威胁”等相关内容，如图 8-24 所示。

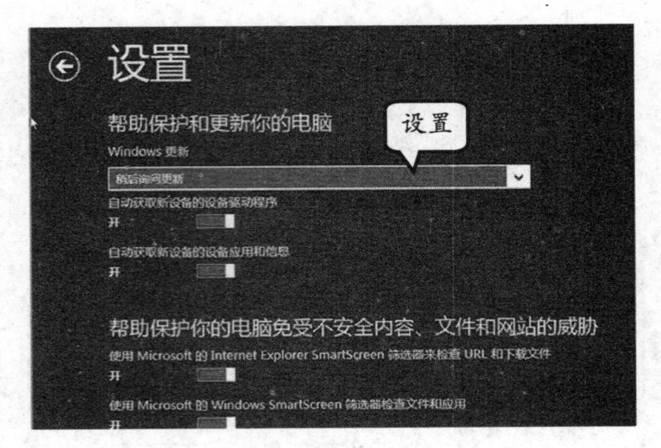

图 8-24 更新及安全选项

单击【下一步】按钮，则将进入客户体验改善计划信息等内容的设置，如“发送应用所使用的 Web 内容的 URL，帮助改善 Windows 应用商店”、“加入 Microsoft 主动保护服务（MAPS），帮助 Microsoft 应对各种恶意应用和恶意软件的威胁”等项内容设置，如图 8-25 所示。

图 8-25 客户体验改善计划信息选项

单击【下一步】按钮，在面板中可以设置“在线查询问题的解决方法”和“与应用共享信息”等内容，如图 8-26 所示。

单击【下一步】按钮，在【登录到电脑】面板中需要用户输入“电子邮件地址”等个人资料进行验证注册，以联络用户并帮助用户获得更多应用更新动态，如图 8-27 所示。

单击【下一步】按钮进行最后的整理，可能需要重启计算机，如图 8-28 所示。

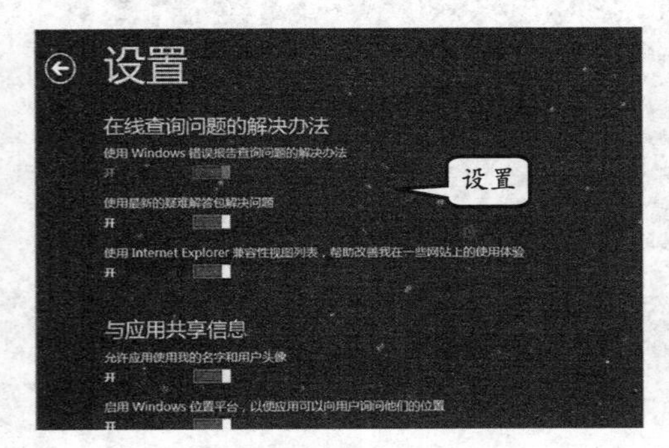

图 8-26 联网查询及应用分享选项

图 8-27 注册用户信息

当计算机重新启动后，即可显示 Windows 8 操作系统的登录界面。然后，单击用户图标，并输入登录密码，即可见到 Windows 8 全新的 Metro 界面，如图 8-29 所示。

图 8-28 最后的整理准备

图 8-29 Windows 8 的 Metro 界面

提 示

如果使用触摸屏设备，可以用手指触击屏幕，然后输入密码即可登录系统，Metro 屏幕上铺满了矩形的程序图标，屏幕可以左右拖动以显示更多内容。

拖动屏幕到【开始屏幕】分组，单击【显示桌面】图标，或者按 Ctrl+D 组合键，即可切换到 Windows 传统桌面状态，如图 8-30 所示。

图 8-30 Windows 8 的传统界面

8.3 安装驱动程序

驱动程序是一段能够让操作系统与硬件设备进行通信的程序代码，是一种能够直接工作在硬件设备上的软件，其作用是辅助操作系统使用并管理硬件设备。

8.3.1 了解驱动程序

简单地说，驱动程序（Device Driver，全称为“设备驱动程序”）是硬件设备与操作系统之间的桥梁，由它将硬件本身的功能告诉操作系统，同时将标准的操作系统指令转化为硬件设备专用的特殊指令，从而帮助操作系统完成用户的各项任务。

1. 驱动程序概述

从理论上讲，计算机内所有的硬件设备都要在安装驱动程序后才能正常工作。因为驱动程序提供了硬件到操作系统的一个接口以及协调二者之间的关系，所以驱动程序有如此重要的作用。

不过，大多数情况下并不需要安装所有硬件设备的驱动程序，如硬盘、显示器、光驱、键盘、鼠标等就不需要安装驱动程序，而显卡、声卡、扫描仪、摄像头、主板、磁盘、USB 接口等就需要安装驱动程序。

不同版本的操作系统对硬件设备的支持也是不同的，一般情况下版本越高所支持的硬件设备也越多，如 Windows XP 中不能直接识别的硬件，而在 Windows 8 中可能就不需要额外安装驱动程序。因为 Windows 8 中已经集成了较新硬件的驱动程序。

2. 不同版本的驱动程序

驱动程序可以界定为官方正式版、微软 WHQL 认证版、第三方驱动、发烧友修改版、Beta 测试版等之分。

❑ **官方正式版**

该驱动是指按照芯片厂商的设计研发出来的，经过反复测试、修正，最终通过官方渠道发布出来的正式版驱动程序，又称“公版驱动”。

通常官方正式版的发布方式包括官方网站发布及硬件产品附带光盘这两种方式。稳定性、兼容性好是官方正式版驱动最大的亮点，同时也是区别于发烧友修改版与测试版的显著特征。

❑ 微软 WHQL 认证版

WHQL（Windows Hardware Quality Labs，解释为“Windows 硬件质量实验室”）是微软对各硬件厂商驱动的一个认证，是为了测试驱动程序与操作系统的相容性及稳定性而制定的。

也就是说通过了 WHQL 认证的驱动程序与 Windows 系统基本上不存在兼容性的问题。

❑ 第三方驱动

一般是指硬件产品 OEM 厂商发布的基于官方驱动优化而成的驱动程序。第三方驱动拥有稳定性、兼容性好，基于官方正式版驱动优化并比官方正式版拥有更加完善的功能和更加强劲的整体性能的特性。

对于品牌机用户来说，首选驱动是第三方驱动；对于组装机用户来说，官方正式版驱动仍是首选。

❑ 发烧友修改版

该驱动最先是出现在显卡驱动上。发烧友修改版驱动是指经修改过的驱动程序，能够更大限度地发挥硬件的性能，但可能不能保证其兼容稳定性。

❑ Beta 测试版

该驱动是指处于测试阶段，还没有正式发布的驱动程序。这样的驱动往往存在稳定性不够、与系统的兼容性不够等 bug，但可以满足尝鲜猎新心理，尽早享用最新的设备和性能。

3．驱动的安装过程

安装驱动一般也有一个先后的顺序，这是为了保障驱动能够相互兼容。不按顺序安装很有可能导致某些软件安装失败，其安装的顺序如下所示。

第一步，安装操作系统。

首先应该装上操作系统，并对系统进行更新 Service Pack（SP）补丁。驱动程序直接面对的是操作系统与硬件，所以首先应该用 SP 补丁解决操作系统的兼容性问题。

第二步，安装主板驱动。

主板驱动主要用来开启主板芯片组内置功能及特性，主板驱动里一般是主板识别和管理硬盘的 SATA 驱动程序或一些接口驱动，如 PCI-E 驱动、USB 3.0 驱动等。

第三步，安装 DirectX 驱动。

DirectX（Direct eXtension，DX）是由微软公司创建的多媒体编程接口。由 C++编程语言实现，遵循 COM。目前，DirectX 的最新版本是 DirectX 11。

DirectX 加强 3D 图形和声音效果，并提供设计人员一个共同的硬件驱动标准，让游戏开发者不必为每一品牌的硬件写不同的驱动程序，也降低了用户安装及设置硬件的复杂度。

从字面意义上说，Direct 就是直接的意思，而后边的 X 则代表了很多的意思，从这一点上可以看出 DirectX 的出现就是为众多软件提供直接服务的。

第四步，这时再安装显卡、声卡、网卡、调制解调器等插在主板上的板卡类驱动。

第五步，最后就可以装打印机、扫描仪、读写机这些外设驱动。

这样的安装顺序就能使系统文件合理搭配，协同工作，充分发挥系统的整体性能。另外，显示器、键盘和鼠标等设备也是有专门的驱动程序的，特别是一些品牌比较好的产品。

8.3.2 获取驱动程序

要安装驱动程序，首先得要知道硬件的型号，只有这样才能对症下药，根据硬件型号来获取驱动程序，然后进行安装。假如所安装的硬件驱动程序与硬件型号不一致，硬件还是无法正常发挥其性能，或者所安装的驱动和硬件发生冲突，从而使得计算机无法正常运行。

1. 识别硬件型号

识别硬件型号通常有以下几种途径。

- **查看硬件说明书**

通过查看硬件的包装盒及说明书一般都能够查找到相应硬件型号的详细信息。这是一个最简单、快捷的方法。

- **观察硬件外观**

在一些硬件的外观上通常会印有自己的型号，如主板的PCB板上。如果没有，通过查看硬件上的芯片也可以看出该产品的型号，如显卡的核心芯片、主板的北桥芯片等。

- **通过开机自检画面**

通过开机自检画面同样可以看出硬件设备的型号。在开机时，计算机会自动检测各个硬件，然后显示出一些硬件信息，如电脑刚启动时显示的第一幅画面就包含有显卡的信息。

- **通过第三方软件检测识别**

在用户的硬件说明书找不到的情况下还可以采用第三方软件检测的方法来识别。这是一个比较简单和准确的方法。

通常都有许多检测硬件的软件，如优化大师、超级兔子、EVEREST、HWINFO、Cpu-Z等，这些软件的功能都非常的强大。

2. 获取驱动程序

目前，用户可以通过以下几种途径获取驱动程序。

- **使用操作系统提供的驱动程序**

操作系统本身附带了大量的通用驱动程序，用户在安装操作系统的过程中，安装程序会自动检测计算机内的硬件配置情况，并会在自带驱动库内找到相应驱动程序后自动进行安装。这便是在安装操作系统后很多硬件无须用户安装驱动程序也可直接使用的原因。

不过操作系统所附带的驱动程序毕竟数量有限，所以在系统附带的驱动程序无法满足用户需求时，便需要用户自己获取并安装驱动程序了。

- **使用硬件附带的驱动程序**

一般来说，每个硬件设备生产商都会针对自己硬件设备的特点开发专门的驱动程序，并在销售硬件设备的同时免费提供给用户。这些由设备厂商直接开发的驱动程序大都具有较强的针对性，其性能无疑比 Windows 附带的通用驱动程序要高一些。

❑ **通过网络下载**

随着网络的不断普及，硬件厂商开始将驱动程序放在 Internet 上供用户免费下载。与购买硬件时所赠送的驱动程序相比，Internet 上的驱动程序往往是最新的版本，其性能与稳定性大都较赠送的驱动程序要好。

因此，有条件的用户应经常下载这些最新版本的硬件驱动程序，以便在重新安装操作系统后能够迅速完成驱运程序的安装。特别值得一提的是，可以通过“驱动精灵”之类的专用工具进行驱动程序的下载与安装，简单方便。

8.3.3 安装驱动程序

根据提供驱动程序方式的不同，用户也需要采取不同的方式进行安装。一般来讲，主要有以下几种方式进行安装。

1. 通过可执行程序安装

这种方法适用于驱动程序的源文件本身就是后缀名为“.exe”的可执行文件时。这就使得软件程序的安装步骤越来越趋于简单化、傻瓜化，驱动程序的安装也不例外。

安装时，首先双击可执行程序，并在弹出的向导对话框中直接单击【下一步】按钮，直至在对话框中显示【完成】按钮，并单击该按钮即可完成驱动程序的安装。

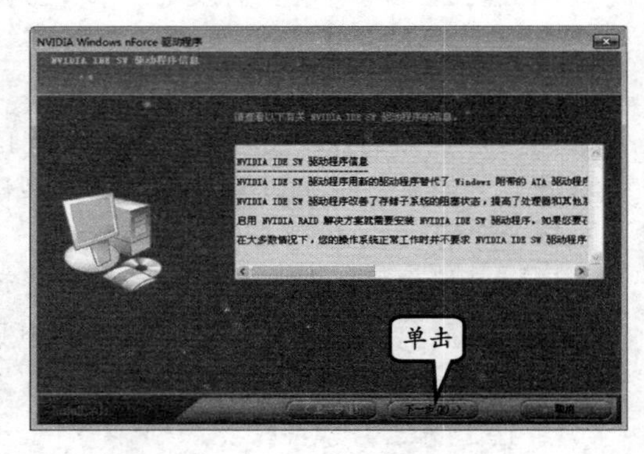

图 8-31 通过可执行程序安装驱动程序

如图 8-31 所示，即为 Windows 7 中的安装 NVIDIA 芯片主板驱动程序所弹出的安装向导对话框。

2. 通过设备管理器搜索安装

首先，在【设备管理器】窗口中找到驱动程序安装不正确的设备（其前面有一黄色小问号或感叹号图标的），如图 8-32 所示。

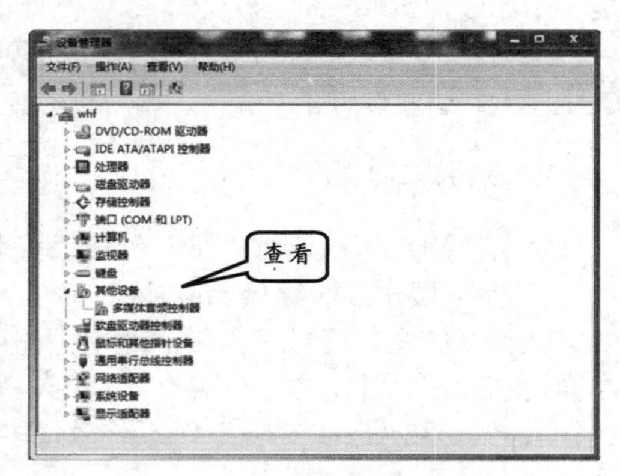

图 8-32 显示安装不正确的设备

右击该选项，并执行【更新驱动程序】或【安装驱动程序】命令。在弹出的【更新驱动程序软件】对话框的【浏览计算机以查找驱动程序软件】面板中单击【浏览】按钮，指定系统寻找驱动的路径，并启用【包含子文件夹】复选框，如图 8-33 所示。

然后，单击【下一步】按钮，系统开始寻找驱动，一般这样即可顺利完成安装，只要操作系统内置了设备驱动程序。

3. 第三方软件升级安装

通过“驱动精灵”之类的第三方软件进行硬件驱动检查与更新是最为方便快捷的驱动升级安装方式。

安装并启动软件后，首先进行驱动程序的检查，如果发现新的驱动程序存在，或者某硬件没有安装驱动程序，它会以列表的形式将所有可选驱动列出来，并给出版本说明。

用户单击【立即解决】按钮，并根据需要选择驱动下载安装，整个过程简单快捷，省去了用户识别硬件及查找驱动程序文件位置的麻烦。

如图 8-34 所示即是通过驱动精灵 2012 在 Windows XP 中升级安装驱动程序的方法。

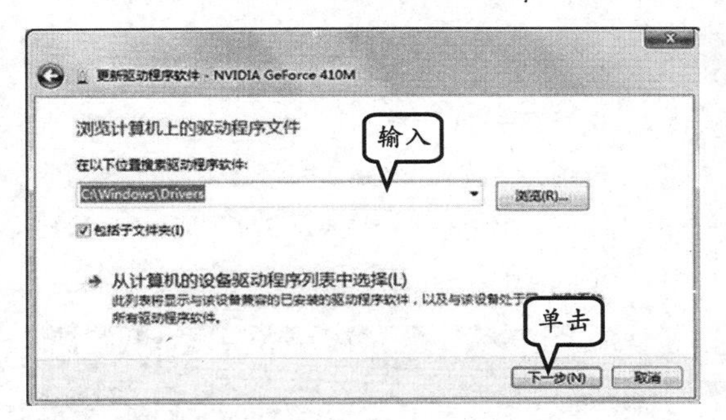

图 8-33 指定驱动路径

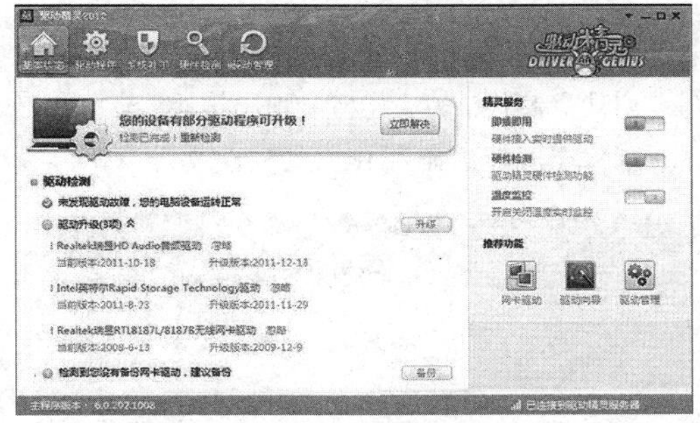

图 8-34 驱动精灵检测及升级驱动程序

8.4 实验指导：制作 WinPE 启动 U 盘

大白菜的 PE 系统整合了最全面的硬盘驱动、集成一键装机、硬盘数据恢复、密码破解等实用的程序，极其方便易用；并且大白菜超级 U 盘的启动区自动隐藏，防病毒破坏，剩余空间可正常使用，互不干扰。

1. 实验目的

- ❑ 制作启动 U 盘。
- ❑ 通过启动盘启动。

2. 实验步骤

1 下载“大白菜”程序后，将其解压到任意一个目录，双击 DBCUsb.exe 程序文件，插上 U 盘，如图 8-35 所示。

2 单击【一键制成 USB 启动盘】按钮，软件自动进行制作，如图 8-36 所示。当然制作前系统要提示一下风险，提醒备份 U 盘的数据。

图 8-35 启动软件

提 示

制作过程中有可能因为安装了 360 或者其他的安全软件提示而有文件风险，这是正常的，一定要设置为全部通过允许，不然制作不成功。

图 8-36　正在制作 U 盘

3 启动盘制作成功后，将会弹出提示“恭喜你，制作完成！”，如图 8-37 所示。

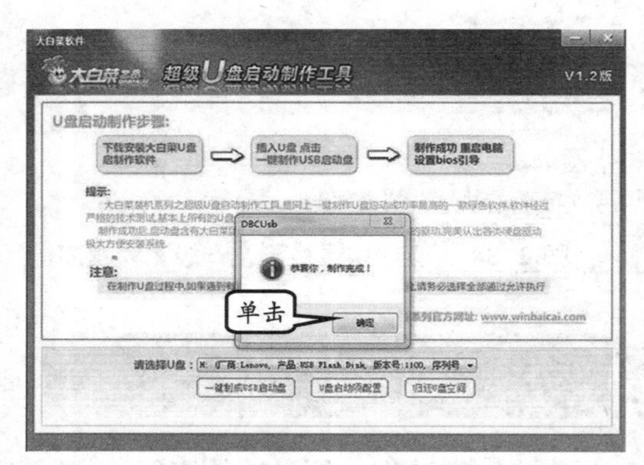

图 8-37　超级 U 盘制作成功

4 现在重新启动计算机（注意设置成从 U 盘启动），可以看到大白菜启动 U 盘的启动界面，如图 8-38 所示。

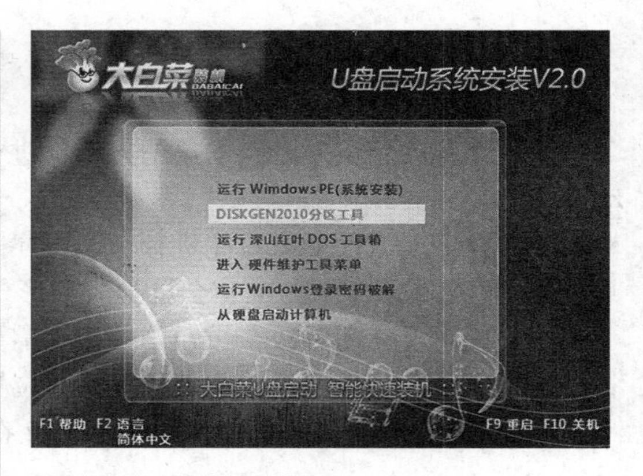

图 8-38　启动界面

5 选择第一个【运行 Windows PE（系统安装）】选项，并按 Enter 键，即可从 U 盘上启动成功 Windows PE，并显示 WinPE 界面，如图 8-39 所示。

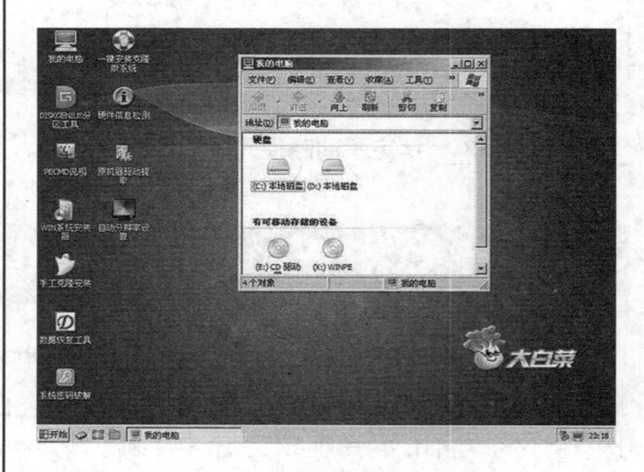

图 8-39　大白菜 Windows PE 界面

8.5　实验指导：安装 360 安全卫士

360 安全卫士是完全免费的安全类上网辅助工具软件，它拥有智能拦截查杀流行木马、清理恶评及系统插件、管理应用软件、360 杀毒、系统实时保护、修复系统漏洞等数个强劲功能。同时，还提供系统全面诊断、弹出插件免疫、清理使用痕迹以及系统还原等特定辅助功能，并且提供对系统的全面诊断报告，方便用户及时定位问题所在，真正为每一位用户提供全方位系统安全保护。

1．实验目的

- ❑ 安装与设置。
- ❑ 安装系统补丁。
- ❑ 部分软件的升级。

2．实验步骤

1 下载离线安装程序，并双击已经下载的 setup_8_6.0.exe 程序文件，启动安装程序。

2 在弹出的安装向导中，启用【已阅读并同意许可协议】复选框，并单击【立即安装】按钮，如图 8-40 所示。

图 8-40　立即安装 360

3　安装并立即启动 360 安全卫士后，即可进行系统的健康检查，并显示计算机体检分数，列出系统存在的问题。对存在安全隐患的问题以橙色或红色提示，提示用户进行更正，如图 8-41 所示。

图 8-41　体检结果

4　单击【木马查杀】按钮，则显示【快速扫描】、【全盘扫描】和【自定义扫描】按钮，用户通过单击这些按钮即可对计算机进行木马和病毒检查，如图 8-42 所示。

图 8-42　木马查杀功能

提　示

除此之外，软件还可以执行修复漏洞、清理恶评及系统插件、开启实时保护、修复 IE、设置升级方式、安装常用软件等各种操作。

5　在【360 安全卫士 8.7】窗口中单击【软件管家】按钮，弹出【软件管家】窗口。在该窗口中，从左侧单击【装机必备】按钮分类，然后在右侧找到【360 杀毒 3.1 正式版】选项，并单击后面的【下载】按钮，如图 8-43 所示。

下载完成后直接进入安装，安装完成后，迅速对系统进行全面杀毒扫描，清理系统里可能存在的病毒。

图 8-43　下载 360 杀毒软件

8.6　思考与练习

一、填空题

1. 一块崭新的硬盘必须经过低级格式化、________和高级格式化 3 个处理步骤后，计算机才能利用它们存储数据。

2. 对硬盘进行________操作的目的是划定

磁盘可供使用的扇区和磁道。

3. 在 FDISK 或 DiskGen 程序中创建分区和逻辑盘的顺序一般是首先创建主分区，然后创建扩展分区，最后在扩展分区内划分________。

4．________文件系统有一个缺点是分区能够存放的单个文件最大不能超过 4GB。

5．安装 Windows 8 操作系统有多种方法，常用的主要有________和通过网络下载安装两种方法。

6．________是直接工作在各种硬件设备上的软件，其作用是辅助操作系统使用并管理硬件设备。

7．目前常见的驱动程序主要有两种形式，一种是以安装程序方式出现的驱动程序软件包；另一种则直接以________的方式出现。

8．从 Windows 8 的 Metro 界面按________组合键即可切换到 Windows 传统桌面状态。

二、选择题

1．下面关于新硬盘的说法中，________项说法是正确的。

A．新硬盘在购买时一般都完成了分区

B．新硬盘在购买时一般都完成了高级格式化

C．新硬盘在第一次使用时必须进行低级格式化

D．新买的硬盘在第一次使用时必须进行分区和高级格式化

2．NTFS 是一种主要应用于________操作系统的文件系统，其最大的特点是出色的安全性和稳定性。

A．UNIX　　B．Linux

C．Windows NT　　D．SUN OS

3．下面关于 DiskGen 分区工具的说法中，________是错误的？

A．DiskGen 就是一款国产分区、格式化工具软件

B．DiskGen 中，FAT32 分区区域在柱状图上显示为蓝色

C．DiskGen 中，NTFS 分区区域在柱状图上显示为绿色

D．DiskGen 中，可以对已创建的分区进行格式化，但在格式化之前必须对分区信息进行保存操作

4．目前，Windows XP 主要使用的文件系统是 FAT32 文件系统和________文件系统。

A．NTFS　　B．WINFS

C．NFS　　D．EXT2

5．当操作系统无法为网卡自动安装驱动程序时，用户应使用下列哪种方法获取驱动程序？________

A．再次搜索操作系统自带的驱动程序库。

B．通过网络下载驱动程序。

C．使用网卡自带的驱动程序光盘（或软盘）。

D．购买驱动程序光盘。

6．在使用光盘安装 Windows 8 时，用户应该首先进行下列哪项操作？________

A．将光驱设置为第一启动设备。

B．关闭所有共享文件夹。

C．向网络管理员询问本机 IP 地址。

D．更改计算机名称。

三、简答题

1．简述使用 DiskGen 分区工具进行新磁盘分区的操作步骤。

2．简述驱动程序的作用是什么。

3．用户都可以通过哪些途径获取驱动程序？

四、上机练习

安装 Linux 操作系统

Linux 是一套允许用户免费使用和自由传播的类 UNIX 操作系统，是除微软 Windows 操作系统、苹果 Mac OS 之外的另一重要桌面操作系统。

目前，使用 Linux 操作系统的用户越来越多，很多软件公司也都推出了自己的 Linux 发行版。接下来，将以国内较为知名的 RedFlag Linux 为例，介绍 Linux 操作系统的安装方法。

首先，使用红旗 Linux 安装光盘启动计算机

后，在欢迎界面按 Enter 键安装图形模式，如图 8-44 所示。

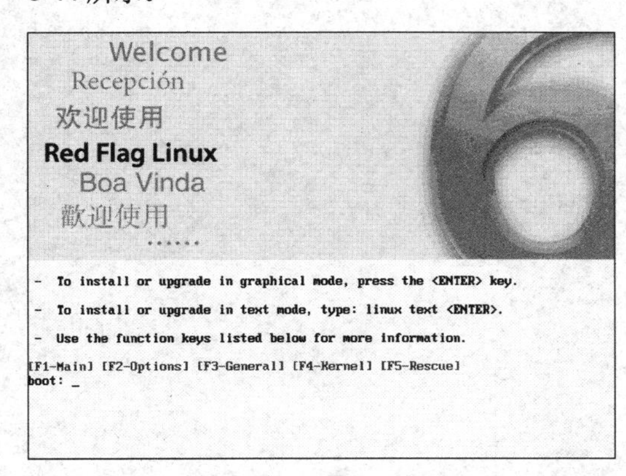

图 8-44 准备安装 RedFlag Linux

然后，RedFlag Linux 会依次进行“选择语言”、“磁盘分区”及其他安装操作，用户只需按照向导进行操作即可，如图 8-45 所示。

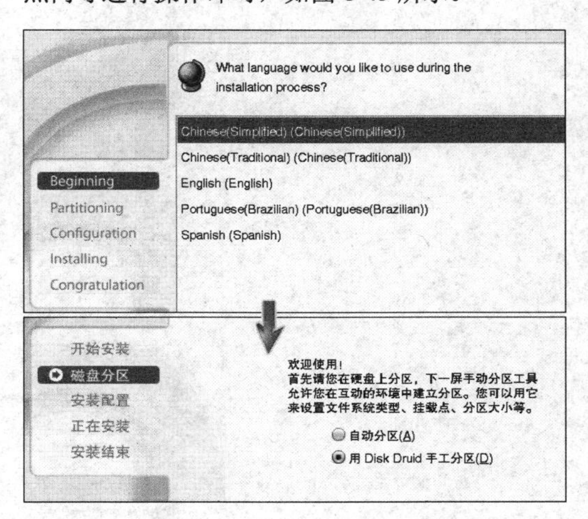

图 8-45 RedFlag Linux 的安装过程

第 9 章

计算机网络设备

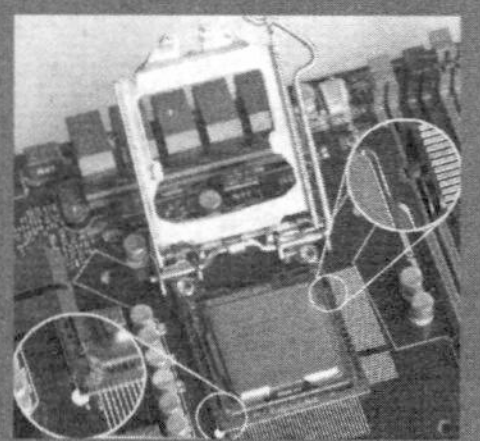

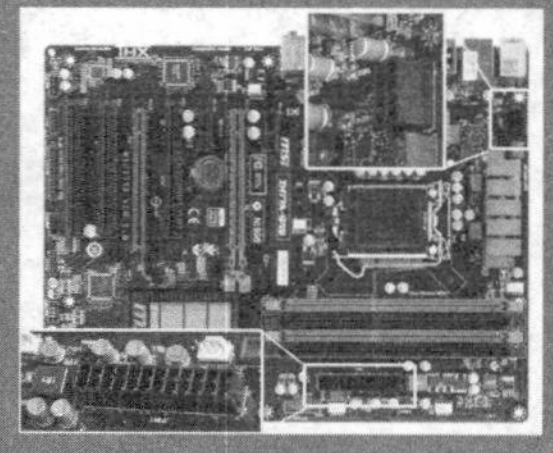

计算机出现之后不久，计算机网络的概念便在当时的计算机界流传开来。在通过各种线缆与通信设备的连接后，由多台计算机连接在一起的计算机网络由此诞生。

现如今，随着信息化社会的不断发展，计算机网络已经逐渐普及开来，并成为人们生活中的重要组成部分。

在本章中，将对计算机局域网中的各种通信介质和网络设备进行讲解，使用户能够了解常见的网络设备，并熟悉它们的各种类型、原理及选购方法。

本章学习要点：

- 网卡
- 双绞线
- 交换机
- 宽带路由器
- 无线网络设备

9.1 网卡

网卡（网络适配器，Network Interface Card，NIC）是局域网中基本的部件，是计算机接入网络时必需配置的硬件设备。无论是哪种类型的计算机网络，都要通过网卡才能实现数据通信。

9.1.1 网卡分类

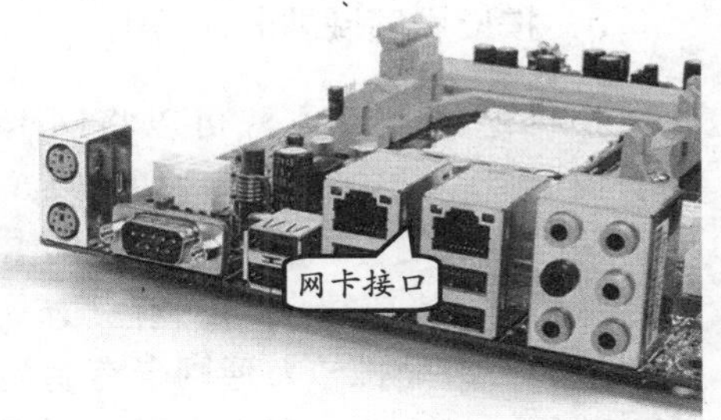

图 9-1 集成网卡

随着超大规模集成电路技术的不断提高，计算机配件一方面朝着更高性能的方向发展，另一方面则朝着高度整合的方向发展。

在这一趋势下，网卡逐渐演化为独立网卡和集成网卡两种不同形态。其中，集成网卡是指集成在主板上的网卡，特点是成本低廉，如图 9-1 所示；而独立网卡则拥有使用和维护都比较灵活的特点，且能够为用户提供更为稳定的网络连接服务，如图 9-2 所示。

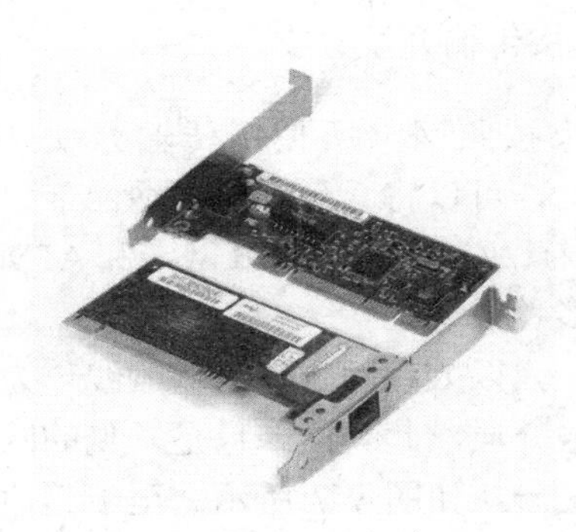
图 9-2 独立网卡

不过，单就技术、功能等方面而言，独立网卡与集成网卡却没有什么太大的不同，其分类方式也较为一致。

1. 按速率分类

目前，网卡所遵循的速率标准分为 100Mbps 自适应、10Mbps/100Mbps 自适应、10Mbps/100Mbps/1000Mbps 自适应这 3 种。其中，具备 100Mbps 速率的网卡虽然仍旧是目前市场上的主流产品，但随着人们对网速需求的增加，已开始逐步淡出市场，取而代之的则是连接速度更快的 1000Mbps 网卡。

提 示

在网卡的速率标准中，“自适应”的含义是指网卡能够工作在多种速率模式下，并且能够根据网络环境的不同自动调节工作速率，因此其网络环境兼容性较好。

2. 按总线接口类型划分

在独立网卡中，根据网卡与计算机连接时所采用总线接口的不同，可以将网卡分为 PCI 网卡、PCI Express 网卡、USB 网卡和 PCMCIA 网卡这 4 种类型。

其中，PCI 总线主要应用于 100Mbps 速率的网卡产品，而支持 1000Mbps 速率的网卡大都采用 PCI Express X1 接口与计算机进行连接，如图 9-3 所示。

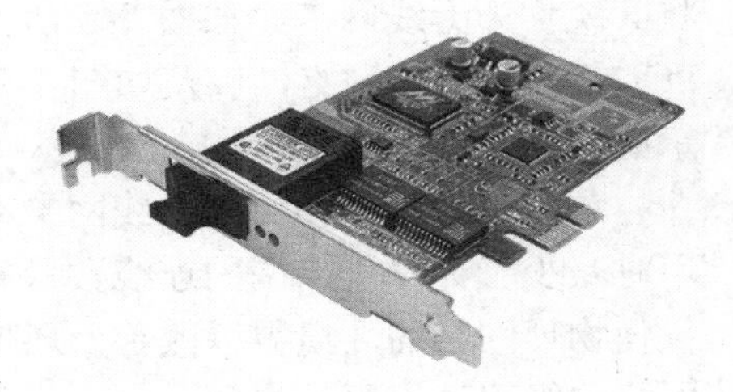
图 9-3 PCI Express 网卡

采用 USB 接口的网卡具有体积小巧、便于携带和安装，以及使用方便等特点，如图 9-4 所示。

至于 PCMCIA 网卡，则是专用于笔记本计算机的网卡类型，如图 9-5 所示。

图 9-4　USB 网卡

3．按应用领域划分

根据这一划分方法可以将网卡分为普通网卡和服务器网卡，如图 9-6 所示。两者之间的差别在于服务器网卡无论是从带宽、接口数量，还是在稳定性、纠错能力等方面都较普通网卡有明显提高。此外，很多服务器网卡还支持冗余备份、热插拔等功能。

图 9-5　PCMCIA 网卡

4．按传输介质分类

如果按照网卡所使用传输介质来划分的话，可以将其分为以太网网卡、BNC 网卡、AUI 网卡、FDDI 网卡和 ATM 网卡等多种类型。

其中，以太网网卡采用双绞线作为网络传输介质，此类网卡也是常见的网卡类型之一，如图 9-7 所示。至于其他几种接口类型的网卡，BNC 网卡采用较细的同轴电缆作为传输介质；AUI 网卡采用较粗的同轴电缆作为传输介质；FDDI 网卡采用的传输介质是光纤；ATM 网卡则采用光纤或双绞线作为传输介质。

图 9-6　拥有多个接口的服务器网卡

除了上述使用有线介质进行数据传输的网卡外，目前还有很多使用无线电波进行数据传输的网卡，多数情况下将其统称为无线网卡。如图 9-8 所示为 PCI 接口的无线网络，以及如图 9-9 所示的 USB 接口的无线网卡。

与有线类网卡相比，无线网卡在使用时减少了计算机周围的连线数量，不仅使物理网络的环境得以改善，还使得网络的组建变得更为方便。

图 9-7　集成网卡的 RJ-45 接口

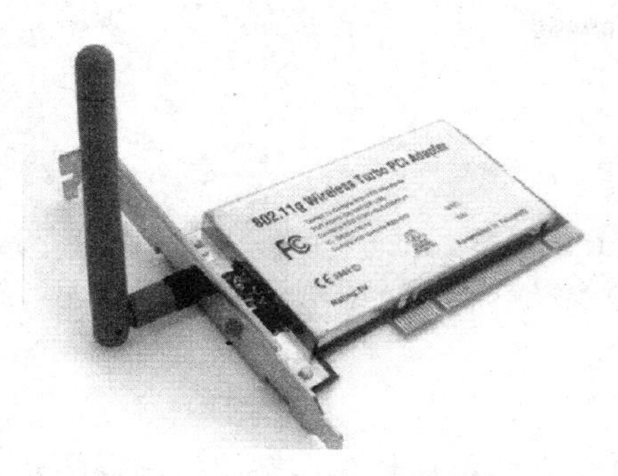

图 9-8　PCI 接口的无线网卡

图 9-9　USB 接口的无线网卡

9.1.2　网卡的工作方式

当计算机需要发送数据时，网卡将会持续侦听通信介质上的载波（载波由电压指示）情况，以确定信道是否被其他站点所占用。当发现通信介质无载波（空闲）时，便开始发送数据帧，同时继续侦听通信介质，以检测数据冲突。在该过程中，如果检测到冲突，便会立即停止本次发送，并向通信介质发送“阻塞”信号，以便告知其他站点已经发生冲突。在等待一定的时间后，重新尝试发送数据，如图 9-10 所示。

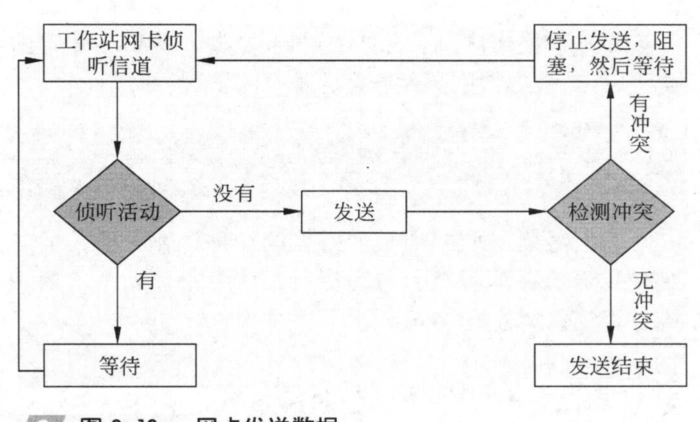

图 9-10　网卡发送数据

提　示

当网卡连续重发数据 16 次后仍发生冲突时，网卡便会宣告本次数据传输失败，并放弃发送。

计算机在接收数据时，网卡会浏览通信介质上传输的每个帧。在这一过程中，一旦发现目的地址为本机的完整数据帧，便会对其进行完整性校验，并在校验通过后对其进行本地处理。

提　示

长度小于 64B 的数据帧属于冲突碎片，网卡在接收到此类数据帧后会将其直接丢弃；但当数据帧的长度大于 1518B（超长帧，通常由错误的 LAN 驱动程序或干扰造成）或未能通过 CRC 校验时，网卡便会将其作为畸变帧对待。

9.1.3　网卡的选购

网卡虽然不是计算机中的主要配件，但却在计算机与网络通信中起着极其重要的作用。为此，下面将对挑选网卡的一些基本方法进行讲解，以便用户能够在品牌、规格繁多的网卡市场中购买到合适的产品。

1．选择恰当的品牌

购买时应选择信誉较好的名牌产品，如3COM、Intel、D-Link、TP-Link等。这是因为，大厂商的产品在质量上有保障，其售后服务也较普通品牌的产品要好。

2．材质及制作工艺

与其他所有电子产品一样，网卡的制作工艺也体现在材料质量、焊接质量等方面。在购买时，应查看网卡PCB板上的焊点是否均匀、干净，有无虚焊、脱焊等现象。

此外，由于网卡本身的体积较小，因此除电解、电容、高压瓷片电容外，其他阻容器件应全部采用SMT贴片式元件。这样一来不仅能够避免各电子器件之间的相互干扰，还能够改善整个板卡的散热效果。

3．选择网卡接口及速率

在选购网卡之前，应明确网卡类型、接口、传输速率及其他相关情况，以免出现所购买网卡无法使用或不能满足需求的情况。

9.2 双绞线

双绞线是局域网中最为常见的一种传输介质，尤其是在目前主流的以太局域网中，双绞线更是必不可少的布线材料。接下来，本节将对双绞线的组成、分类、规格及其连接方式等内容进行讲解。

9.2.1 双绞线的组成

所谓双绞线，实际是由两根绝缘铜导线相互缠绕而成的线对。在将4个双绞线对一同放入绝缘套管后，得到的便是计算机网络内常见的双绞线电缆，如图9-11所示。不过在多数情况下都将双绞线电缆简称为双绞线。

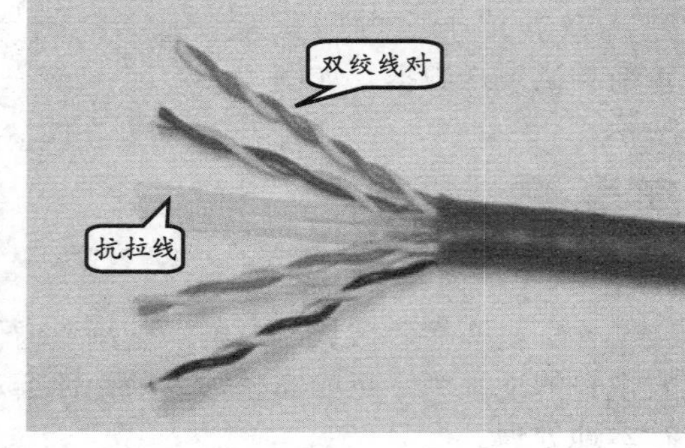

图9-11 双绞线

提 示

抗拉线不具备数据传导作用，只是双绞线内一条极为结实的纤维线，作用是在人们拉扯双绞线时防止双绞线变形、断裂。

与其他局域网通信介质相比，双绞线具有价格便宜、易于安装，且能够使用中继器来延长传输距离等优点，而缺点则是容易遭受物理伤害。

目前，局域网所用双绞线根据构造的不同，主要分为屏蔽双绞线（STP）（如图9-12所示）和非屏蔽双绞线（UTP）（如图9-13所示）两种类型，两者间的差别在于屏蔽双绞线在双绞线对的外侧还包有金属屏蔽层。

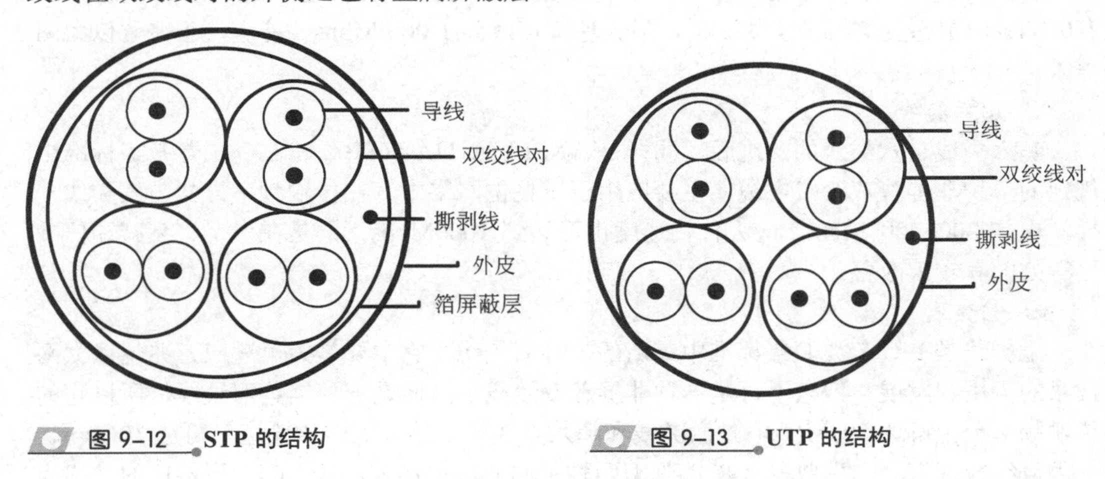

图 9-12 STP 的结构　　图 9-13 UTP 的结构

在屏蔽双绞线中，金属屏蔽层的作用是屏蔽外界的信号干扰，并产生与双绞线对所产生噪声相反的噪声，从而通过抵消噪声达到提高信号传输质量的目的。不过在实际应用中，环境噪声的级别与类型、屏蔽层的厚度与材料，以及屏蔽的对称性与一致性等因素都会影响屏蔽双绞线的最终屏蔽效果。

提　示

在实际组建局域网的过程中，所采用的大都是非屏蔽双绞线，因此在没有特殊说明双绞线类型的情况下，本文所讲的双绞线都是指非屏蔽双绞线。

9.2.2 双绞线的分类

早期的双绞线主要是使用同轴电缆进行连接的，只能提供较低的传输速率。随着网络设备不断升级及更新，双绞线也陆续出现了多种不同的规格。

❑ **五类双绞线**

在五类双绞线中，双绞线对的绕线密度较四类双绞线得到了提高，其外壳也采用了一种高质量绝缘材料。五类双绞线的这一改进增强了信号传输的稳定性，使其能够满足100Mbps 网络的数据传输需求，因此一度成为最为流行的网络传输介质。

❑ **超五类双绞线**

超五类非屏蔽双绞线是在对五类屏蔽双绞线的部分性能加以改善后出现的电缆，其近端串扰、衰减串扰比、回波损耗等方面的性能较五类屏蔽双绞线都有所提高，但其传输带宽仍为 100MHz。在结构上，超五类双绞线也是由 4 个绕线对和 1 条抗拉线所组成，颜色分别为白橙、橙、白绿、绿、白蓝、蓝、白棕和棕，其中裸铜线径为 0.51mm（线规为 24AWG），绝缘线径为 0.92mm，UTP 电缆直径为 5mm。

在实际应用中，虽然超五类非屏蔽双绞线在特殊设备的支持下也能够提供高达1000Mbps 的传输带宽，但多数情况下仍旧应用于 100Mbps 的快速以太网。

❑ **六类线**

六类线是 ANSI/EIA/TIA-568B.2 和 ISO 6 类/E 级标准中规定的一种非屏蔽双绞线电

缆，它也主要应用于百兆位快速以太网和千兆位以太网中。因为它的传输频率可达 200~250 MHz，是超五类线带宽的 2 倍，最大速度可达到 1 000 Mbps，能满足千兆位以太网需求。

❑ **超六类线**

超六类线是六类线的改进版，同样是 ANSI/EIA/TIA-568B.2 和 ISO 6 类/E 级标准中规定的一种非屏蔽双绞线电缆，主要应用于千兆位网络中。在传输频率方面与六类线一样，也是 200~250 MHz，最大传输速度也可达到 1000Mbps，只是在串扰、衰减和信噪比等方面有较大改善。

❑ **七类线**

七类线是 ISO 7 类/F 级标准中最新的一种双绞线，它主要是为了适应万兆位以太网技术的应用和发展。但它不再是一种非屏蔽双绞线了，而是一种屏蔽双绞线，所以它的传输频率至少可达 600MHz，是六类线和超六类线的 2 倍以上，传输速率可达 10Gbps。七类双绞线拥有“RJ”型和“非 RJ”型两种不同的接口形式，其“RJ”型接口的名称为 TERA 连接件。

提 示

TERA 连接件打破了传统 8 芯模块化 RJ 型接口设计，不仅使 7 类双绞线的传输带宽达到 1.2GHz（标准为 600MHz），还开创了全新的 1、2、4 对模块化形式。由于 TERA 的紧凑型设计及 1、2、4 对的模块化多种连接插头，一个单独的 7 类信道（4 对线）可以同时支持语音、数据和宽带视频多媒体等混合应用，使得在同一插座内即可管理多种应用，从而降低了高速局域网的建设成本。

9.2.3 连接水晶头

在局域网中，双绞线的两端都必须安装 RJ-45 连接器（俗称水晶头，如图 9-14 所示）才能完成线路连接任务。

其实，水晶头安装双绞线接头的制作标准有 EIA/TIA 568A 和 EIA/TIA 568B 两个国际标准，其线序排列方法如表 9-1 所示。

图 9-14 RJ-45 连接器

表 9-1 EIA/TIA 568A 和 EIA/TIA 568B 标准线序排列方法

标　　准	线序排列方法（从左至右）
EIA/TIA 568A	绿白、绿、橙白、蓝、蓝白、橙、棕白、棕
EIA/TIA 568B	橙白、橙、绿白、蓝、蓝白、绿、棕白、棕

在组建网络过程中，可使用两种不同方法制作出的双绞线来连接网络设备或计算机。根据双绞线制作方法的不同，得到的双绞线被分别称为直通线缆和交叉线缆。

❑ **直通线缆**

当双绞线两端接头都采用 EIA/TIA 568A 标准或 EIA/TIA 568B 标准来排列线序并制作时，得到的线缆便称为直通线缆。直通线缆主要用于计算机与网络设备或网络设备 UPLINK 口与普通口的连接，如图 9-15 所示。

❑ 交叉线缆

交叉线缆是双绞线两端分别采用EIA/TIA 568A和EIA/TIA 568B两种不同标准制作出的双绞线。此类线缆主要用于计算机与计算机、网络设备普通口与普通口之间的连接，如图9-16所示。

图 9-15 直通双绞线

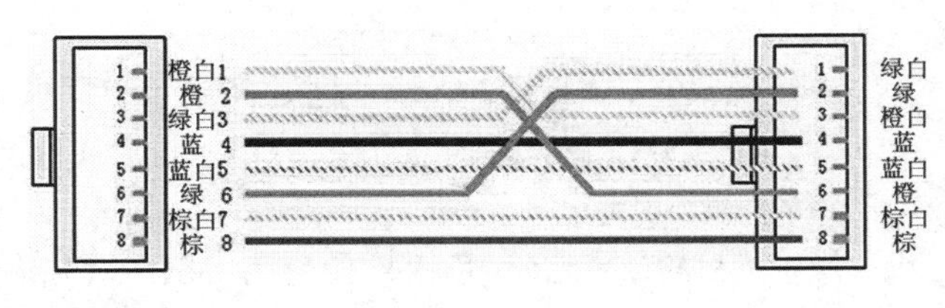

图 9-16 交叉双绞线

9.2.4 网线的选购

很多用户对网线选购不屑一顾，只知道网线是上网或联机所用的电缆。其实，网络质量好坏可能导致信号的串扰、传输过程中的电磁辐射和外部电磁干扰的影响。因此，在选购网络时，也需要考虑以下几个问题。

1．鉴别线缆种类

在网络市场中，网线的品牌及种多得数不尽。大多数用户选购网线的类型一般是超五类线。由于许多消费者对网线不太了解，所以一部分商家便将原来用于三类线的导线封装在印有五类双绞线字样的电缆中冒充五类线出售。三类双绞线在局域网中通常用作10Mbps以太网的数据与话音传输，满足IEEE 802.3 10Base-T的标准。

有些商家将五类线当成超五线来销售。虽然这种网线易于辨认，但不经易会被蒙混过去。

2．注意名品假货

从线的外观来看，五类双绞线采用质地较好并耐热、耐寒的硬胶作为外部表皮，使其在严酷的环境下不会出现断裂和褶皱。里面使用做工甚为扎实的八条铜线，而且反复弯曲不易折断，具有很强的韧性，但作为网线还要看它实际工作起来的表现才行。再看是否易弯曲，为了布线方便，一般双绞线需要弯曲起来比较容易。

3．看网线外部表皮

双绞线绝缘皮上一般都印有厂商产地、执行标准、产品类别、线长标识之类的字样。如五类线的标识是cat5，超五类线的标识是cat5e，而六类线的标识是cat6等。标识为小写字母，而非大写字母CAT5，常见的五类双绞线塑料包皮颜色为深灰色，外皮发亮。

9.3 ADSL Modem

ADSL是一种利用电话线路完成高速Internet连接的技术。ADSL Modem则是连接计算机与电话线路的中间设备，是用户能够使用ADSL技术接入互联网的重要设备。

9.3.1 ADSL 硬件结构

图 9-17 ADSL Modem

作为使用 ADSL Modem 连接 Internet 的必备硬件设备之一，下面从外部与内部两方面来介绍一下硬件结构。

1. 外部组成部分

从外观来看，ADSL Modem 包括有背部的背板接口、电源部分、复位孔和前面板的指示灯，如图 9-17 和图 9-18 所示。

其中，ADSL Modem 背板接口分为 DSL 接口和 LAN 接口两种。DSL 接口通过电话线与信号分离器相连接，LAN 接口通过双线线与计算机进行连接。

图 9-18 ADSL Modem 的指示灯

提 示

不同厂商生产的 ADSL Modem 的背板接口名称也有所差异。例如，也有部分 ADSL Modem 的背板接口名称分别为 Line（接电话线）和 Ethernet（接双绞线）。

ADSL Modem 背板上除了上面介绍的两种接口外，还包括电源接口、电源按钮和一个复位孔。通过该复位孔可以接触到 ADSL Modem 内部的复位按钮。

当用户错误地配置 ADSL Modem 内部参数造成网络通信异常时，只需通过复位孔按一下复位按钮即可将 ADSL Modem 的内部参数恢复至出厂时的默认值。

指示灯通常分布在 ADSL Modem 的正面，它们通过周期性的闪烁来表示自己的工作状态。大多数 ADSL Modem 共有 PWR、DIAG、LAN 和 DSL 四种指示灯。

- **PWR** 该灯为电源指示灯，ADSL Modem 接通电源并处于开机状态时此灯常亮。
- **DIAG** 此为诊断指示灯，ADSL Modem 自检时处于闪烁状态，自检完成后该灯即会熄灭。
- **LAN** 该灯为数据指示灯，平常情况下处于熄灭状态，当有数据通过时则会不停闪烁，闪烁速度越快表示数据流量越大。ADSL Modem 共有两个 LAN 指示灯，分别表示上行数据指标灯（RX）和下行数据指标灯（TX），部分生产厂商将两个 LAN 指示灯合为一个 DATA 指示灯，其功能不变。
- **DSL** 线路指示灯，ADSL Modem 在检测线路时该灯处于快闪状态，检测完成且线路正常时该灯为常亮状态，如果线路检测未通过则会处于慢闪状态。

2. 内部结构

ADSL Modem 内部主要为一块 PCB 电路板，ADSL Modem 的网络处理器、ROM 芯片、RAM 内存芯片、AFE 芯片和网络芯片及其他内部元件都集成在这块电路板上。

- **网络处理器** 这是 ADSL Modem 的主芯片，负责配置路由、服务管理等信息的控制。

- **ROM 芯片**　主要用于存储那些支持 ADSL Modem 工作的各种程序代码，具有可擦写性。也就是说，用户可以通过专用程序刷新其内部的 Firmware 固件，扩展 ADSL Modem 的功能或增强工作稳定性。
- **RAM 内存芯片**　用于保存 ADSL Modem 实时文件。内存的大小在一定程度上决定了 ADSL Modem 单位时间内处理数据的能力，是影响其性能的重要指标。
- **AFE（Analog Front End，前端模拟）芯片**　该芯片用于完成多媒体数字信号的编解码、数/模信号的相互转换、线路驱动及接收等功能。
- **网络芯片**　即以太网控制芯片，主要负责与计算机网卡之间的数据交换。

9.3.2 ADSL Modem 的类型

随着 ADSL 技术的不断发展，市场上已经开始出现多种不同类型的 ADSL Modem。按照 ADSL Modem 与计算机的连接方式可以将其分为以太网 ADSL Modem、USB ADSL Modem 和 PCI ADSL Modem 三种。

1. 以太网 ADSL Modem

这是通过以太网接口与计算机进行连接的 ADSL Modem，常见的 ADSL Modem 大都属于这种类型。这种 ADSL Modem 的性能最为强大，功能也较为丰富，有的还带有路由和桥接功能，其特点是安装与使用都非常简单，只要将各种线缆与其进行连接后即可开始工作，如图 9-19 所示。

图 9-19　以太网 ADSL Modem

2. USB ADSL Modem

这在以太网 ADSL Modem 的基础上增加了一个 USB 接口，用户可以选择使用以太网接口或 USB 接口与计算机进行连接的 ADSL Modem 类型。就内部结构、工作原理等方面来说，此类型的 ADSL Modem 与以太网 ADSL Modem 没有太大的差别。

3. PCI ADSL Modem

该类型属于内置式 ADSL Modem。相对于上面的两种外置式产品，该产品的安装稍微复杂一些，用户还需要打开计算机主机箱才能进行安装。

PCI ADSL Modem 大都只有一个电话线接口，线缆的连接较为简单，如图 9-20 所示。PCI ADSL Modem 的缺点是还需要安装相应的硬件驱动程序，但对于桌面空间比较紧张的用户来说，内置式 ADSL Modem 还是一种比

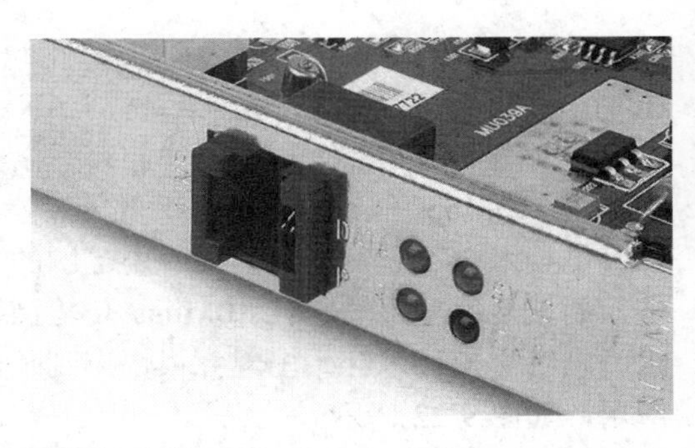

图 9-20　PCI ADSL Modem

较好的选择。

9.3.3 ADSL 的工作原理

在通过 ADSL 浏览 Internet 时，经过 ADSL Modem 编码的信号会在进入电话局后由局端 ADSL 设备首先对信号进行识别与分离。在经过分析后，如果是语音信号则传至电话程控交换机，进入电话网；如果是数字信号则直接接入 Internet，如图 9-21 所示。

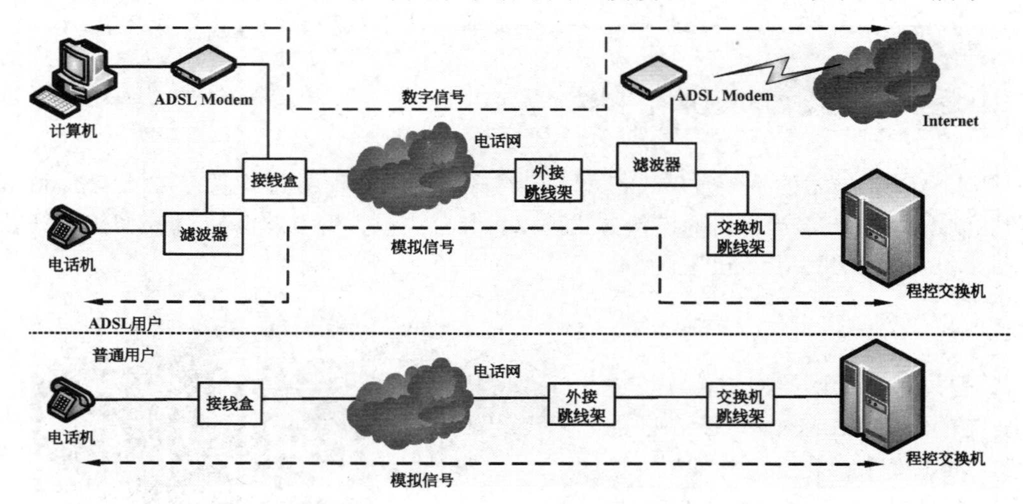

图 9-21 使用 ADSL 技术接入 Internet 和进行语音通话的示意图

9.4 局域网交换机

交换机是当前局域网内应用最为广泛的高性能集线设备，在计算机网络内起着连接多台计算机或其他网络设备的作用。交换（Switching）是按照通信两端传输信息的需要，用人工或设备自动完成的方法把要传输的信息送到符合要求的相应路由上的技术统称。

9.4.1 了解交换机

局域网中的交换机也叫做交换式 Hub(Switch Hub)。20 世纪 80 年代初期，第一代 LAN 技术开始应用时，即使是在上百个用户共享网络介质的环境下，10Mbps 似乎也是一个非凡的带宽。随着计算机技术的不断发展和网络应用范围的不断拓宽，局域网远远超出原有 10Mbps 传输网络的要求，网络交换技术开始出现并很快得到了广泛的应用，如图 9-22 所示。

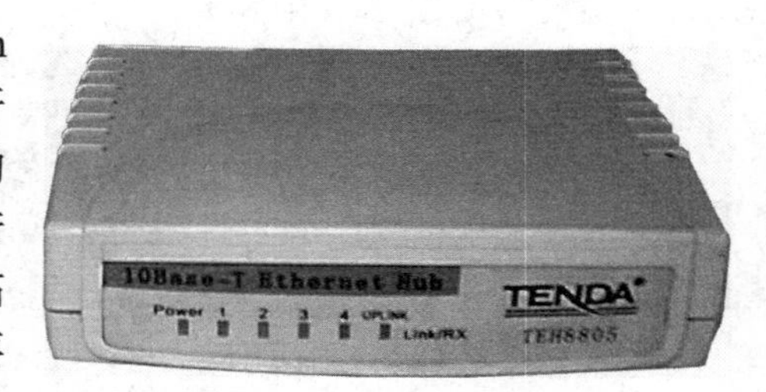

图 9-22 以太网集线器（10Mbps）

用集线器组成的网络称为共享式网络，而用交换机组成的网络称为交换式网络。共享式以太网存在的主要问题是所有用户共享带宽，每个用户的实际可用带宽随网络用户数的增加而递减。

这是因为当信息繁忙时，多个用户可能同时“争用”一个信道，而一个信道在某一时刻只允许一个用户占用，所以大量的用户经常处于监测等待状态，致使信号传输时产生抖动、停滞或失真，严重影响了网络的性能。

在交换式以太网中，交换机提供给每个用户专用的信息通道，除非两个源端口企图同时将信息发往同一个目的端口，否则多个源端口与目的端口之间可同时进行通信而不会发生冲突，如图9-23所示。

图 9-23 以太网交换机

交换机只是在工作方式上与集线器不同，其他的如连接方式、速度选择等与集线器基本相同，目前的交换机同样从速度上分为10/100Mbps、100Mbps和1000Mbps几种，所提供的端口数多为8口、16口和24口几种。交换机在局域网中主要用于连接工作站、Hub、服务器或用于分散式主干网。

9.4.2 交换机的功能

交换式局域网可向用户提供共享式局域网不能实现的一些功能，主要包括以下几个方面。

1. 隔离冲突域

在共享式以太网中，使用CSMA/CD算法来进行介质访问控制。如果两个或者更多站点同时检测到信道空闲而有帧准备发送，它们将发生冲突。一组竞争信道访问的站点称为冲突域。显然同一个冲突域中的站点竞争信道便会导致冲突和退避。而不同冲突域的站点不会竞争公共信道，它们则不会产生冲突。

在交换式局域网中，每个交换机端口就对应一个冲突域，端口就是冲突域终点，由于交换机具有交换功能，不同端口的站点之间不会产生冲突。如果每个端口只连接一台计算机站点，那么在任何一对站点之间都不会有冲突。若一个端口连接一个共享式局域网，那么在该端口的所有站点之间会产生冲突，但该端口的站点和交换机其他端口的站点之间将不会产生冲突。因此，交换机隔离了每个端口的冲突域。

2. 扩展距离、扩大联机数量

每个交换机端口可以连接一台计算机或者不同的局域网。因此，每个端口都可以连接不同的局域网，其下级交换机还可以再次连接局域网，所以扩展了局域网的连接距离。另外，用户还可以在不同的交换机中同时连接计算机，也扩大连接计算机的数量，如图9-24所示。

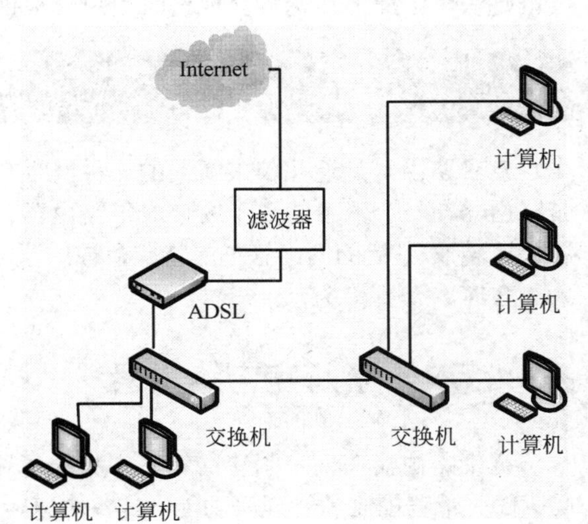

图 9-24 组网中的交换机

3. 数据率灵活

交换式局域网交换机的每个端口可以使用不同的数据率，所以可以不同数据率部署站点，非常灵活。

9.4.3 选购局域网交换机

如今，各网络产品公司纷纷推出不同功能、种类的交换机产品，而且市场上交换机的价格也越来越低。但是，众多的品牌和产品系列也给用户带来了一定的选择困难，到底选择什么样的交换机才能提高网络性能需要考虑以下几个方面。

1. 外型和尺寸

如果网络规模较大，或已完成综合布线，工程要求网络设备集中管理，则用户可以选择功能较多、端口数量较多的交换机，如 19 英寸宽的机架式交换机应该是首选。如果网络规模较小，如家庭网，则选择性价比较高的桌面型交换机。

2. 端口数量

交换机的端口数量应该根据网络中的信息点数量来决定，但是在满足需求的情况下还应该考虑到有一定的冗余，以便日后增加信息点使用。若网络规模较小，如家庭网，通常选择六口交换机就能够满足家庭上网的需求。

3. 背板带宽

交换机所有端口间的通信都要通过背板来完成，背板所能够提供的带宽就是端口间通信时的总带宽。带宽越大，能够给各通信端口提供的可用带宽就越大，数据交换的速度就越快。因此，在选购交换机时用户要根据自身的需要选择适当背板带宽的交换机。

9.5 宽带路由器

宽带路由器是近几年来新兴的一种网络产品，伴随着宽带技术的普及应运而生。宽带路由器在一个紧凑的盒子内集成了路由器、防火墙、带宽拨号与控制管理等功能，具备快速转发/灵活的网络管理等特点，被广泛应用于家庭、学校、办公室、网吧、小区接入、政府、企业等场合。

9.5.1 了解宽带路由器

宽带路由器在一个紧凑的箱子中集成了路由器、防火墙、带宽控制和管理等功能，具备快速转发能力，宽带路由器灵活的网络管理和丰富的网络状态等特点，如图 9-25 所示。

图 9-25 宽带路由器

多数宽带路由器针对我国宽带应用优化设计，可满足不同的网络流量环境，具备满足良好的电网适应性和网络兼容性。多数宽带路由器采用高度集成设计，集成10/100Mbps 宽带以太网 WAN 接口，并内置多口 10/100Mbps 自适应交换机，方便多台机器连接内部网络与 Internet。

9.5.2 宽带路由器的功能

宽带路由器的 WAN 接口能够自动检测或手工设定宽带运营商的接入类型，具备宽带运营商客户端发起功能，如可以作为 PPPoE 客户端，也可以作为 DHCP 客户端，或者是分配固定的 IP 地址。下面是宽带路由器中一些常见功能及作用。

- **内置 PPPoE 虚拟拨号**

在宽带数字线上进行拨号不同于模拟电话线上用调制解调器进行拨号。一般情况下需要采用专门的 PPPoE（Point-to-Point Protocol over Ethernet）协议，拨号后直接由验证服务器进行身份检验，检验通过后便可建立起一条高速的用户数字线路，并分配相应的动态 IP。

- **动态主机配置协议（DHCP）功能**

DHCP 能自动将 IP 地址分配给登录到 TCP/IP 网络的客户工作站，并提供安全、可靠、简单的网络设置，避免地址冲突。

- **网络地址转换（NAT）功能**

此功能可以将局域网内分配给每台计算机的局域网 IP 地址转换成合法注册的 Internet 实际 IP 地址，从而使内部网络的每台计算机可直接与 Internet 上的其他计算机进行通信。

- **虚拟专用网（VPN）功能**

VPN 能利用 Internet 公用网络建立一个拥有自主权的私有网络，一个安全的 VPN 包括隧道、加密、认证、访问控制和审核技术。对于企业用户来说，这一功能非常重要，不仅可以节约开支，而且能保证企业信息安全。

- **DMZ 功能**

为了减少向不信任客户提供服务而引发的危险，DMZ 能将公众主机和局域网络中的计算机分离开来。不过，大部分宽带路由器只可选择单台计算机开启 DMZ 功能，也有一些功能较为完善的宽带路由器可以为多台计算机提供 DMZ 功能。

- **MAC 功能**

带有 MAC 地址功能的宽带路由器可将网卡上的 MAC 地址写入，让服务器通过接入时的 MAC 地址验证，以获取宽带接入认证。

- **DDNS 功能**

DDNS 是动态域名服务，能将用户的动态 IP 地址映射到一个固定的域名解析服务器上，使 IP 地址与固定域名绑定，完成域名解析任务。DDNS 可以帮用户构建虚拟主机，以自己的域名发布信息。

- **防火墙功能**

防火墙可以对流经它的网络数据进行扫描，从而过滤掉一些攻击信息。防火墙还可以关闭不使用的端口，从而防止黑客攻击。而且它还能禁止特定端口流出信息，禁止来自特殊站点的访问。

9.5.3 宽带路由器的选购

由于宽带路由器品牌繁多、性能和质量参差不齐，给用户选购宽带路由器造成一定困难。

1．明确需求

用户在选购宽带路由器时，一定要明确自身需求。目前，由于应用环境、应用需求的不同，用户对宽带路由器也有不同的要求，如SOHO用户需要简单、稳定、快捷的宽带路由器；而中小企业和网吧用户对宽带路由器的要求则是技术成熟、安全、组网简单方便、宽带接入成本低廉等。因此，用户在选购宽带路由器之前应该明确以下4个方面。

- 明确计算机终端的数量、接入的类型或环境，如xDSL、Cable Modem、FTTH或无线接入等。
- 明确应用业务类型，如数据、VOIP、视频或混合应用等。
- 明确安全要求，如地址过滤、VPN等。
- 明确宽带路由器数据转发速率方面的需求。

2．选择硬件

路由器作为一种网间联接设备，一个作用是连通不同的网络，另一个作用是选择信息传送的线路。选择快捷路径能大大提高通信速度，减轻网络系统通信负荷，节约网络系统资源，提高网络系统性能。在此之中，宽带路由器的吞吐量、交换速度及响应时间是3个最为重要的参数。

宽带路由器的主要硬件包括处理器、内存、闪存、广域网接口和局域网接口，其中，直接看到的是一个广域网接口（与宽带网入口连接）和几个具有集线器和交换机功能的接口，其中处理器的型号和频率、内存与闪存的大小是决定宽带路由器档次的关键。宽带路由器的处理器一般是x86、ARM7、ARM9和MIPS等，低挡宽带路由器的频率只有33MHz，内存只有4MB，这样的宽带路由器适合普通家庭用户；中高挡的宽带路由器的处理器速度可达到100MHz，内存不少于8MB，适合网吧及中小企业用户。

3．选择功能

随着技术的不断发展，宽带路由器的功能在不断扩展。目前，市场上大部分宽带路由器提供VPN、防火墙、DMZ、按需拔号、支持虚拟服务器、支持动态DNS等功能。用户在选择时，应根据自身的需求选择合适的产品。

4．选择品牌

在购买宽带路由器时，应选择信誉较好的名牌产品，如目前市场上常见的Cisco、3COM、TP-Link、D-Link等。

5．配置环境

在选择宽带路由器时，最好选择具备中文Web页面配置环境的，如图9-18所示。

该配置环境不仅容易操作，而且有相应的配置提示信息。

9.6 无线网络设备

无线网络是利用无线电波作为信息传输媒介所构成的无线局域网（WLAN），与有线网络的用途十分类似。组建无线网络所使用的设备便称为无线网络设备，与普通有线网络所用设备存在一定的差异。

9.6.1 无线网卡

无线网卡并不像有线网卡的主流产品只有10/100/1000Mbps规格，而是分为11Mbps、54Mpbs以及108Mbps等不同的传输速率，而且不同的传输速率分别属于不同的无线网络传输标准。

1. 无线网络的传输标准和速率

和无线网络传输有关的IEEE 802.11系列标准中，现在与用户实际使用有关的标准包括802.11a、802.11b、802.11g和802.11n标准。

其中802.11a标准和802.11g标准的传输速率都是54Mbps，但802.11a标准的5GHz工作频段很容易和其他信号冲突，而802.11g标准的2.4GHz工作频段则较为稳定。

另外工作在2.4GHz频段的还有802.11b标准，但其传输速率只能达到11Mbps。现在随着802.11g标准产品的大量降价，802.11b标准已经走入末流。

Super G基于802.11g传输标准，采用了Dual-Channel Bonding技术，将两个无线通信管道“结合”为一条模拟通信管道进行数据传输，从而在理论上达到两倍于54Mbps的传输速率。

Broadcom公司推出新型无线LAN芯片组Intensi-fi系列，提供了在家庭或办公室优异的性能和功能强大的无线连接，使得下一代WiFi设备能提供完美的多媒体体验，支持新兴的语音、视频和数据应用。802.11n标准使用2.4GHz频段和5GHz频段，传输速度为300Mbps，最高可达600Mbps，可向下兼容802.11b和802.11g标准。

2. 无线网卡接口类型

无线网卡除了具有多种不同的标准外，还包含有多种不同的应用方式。例如，按照其接口划分，可以包含下列内容。

- **PCI接口无线网卡**

PCI无线网卡主要是针对台式计算机的PCI插槽而设计的，如图9-26所示。台式计算机通过安装该无线网卡即可接入到所覆盖的无线局域网中，实现无线上网。

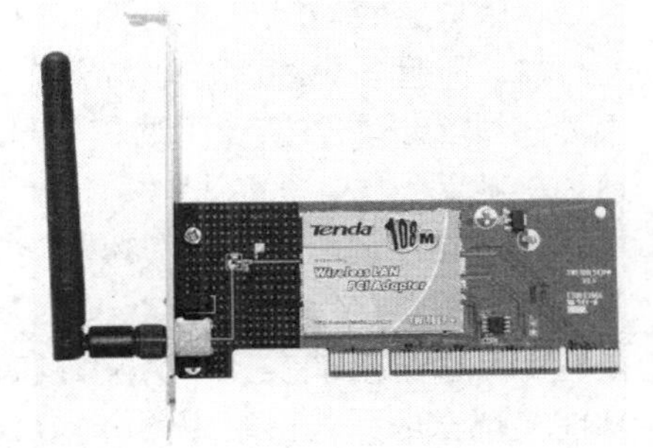

图9-26 PCI无线网卡

- **PCMCIA接口无线网卡**

PCMCIA无线网卡专门为笔记本设计，在将PCMCIA无线网卡插入到PCMCIA接口后，即可使用笔记本计算机接入无线局域网，如图 9-27 所示。

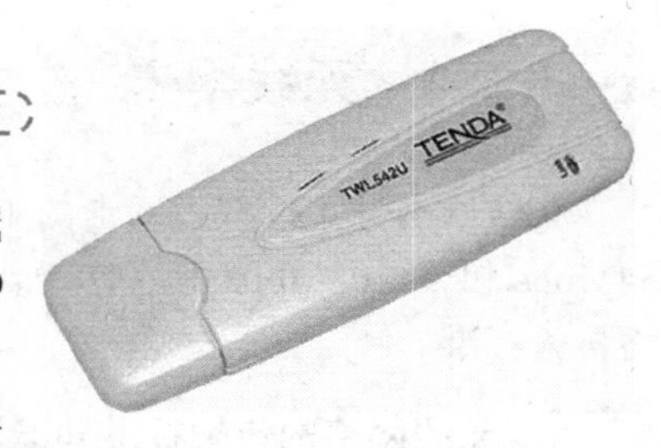

图 9-27　PCMCIA 无线网卡

❑ **USB 无线网卡**

USB 无线网卡则采用了 USB 接口与计算机连接，具有即插即用、散热性能强、传输速度快等优点。此外，还能够利用 USB 延长线将网卡远离计算机避免干扰以及随时调整网卡的位置和方向，如图 9-28 所示。

图 9-28　USB 无线网卡

9.6.2　无线 AP 和无线宽带路由器

无线 AP（Access Point，无线接入点）是用于无线网络的无线交换机，也是无线网络的核心，如图 9-29 所示。

无线 AP 是移动计算机用户进入有线网络的接入点，主要用于宽带家庭、大楼内部以及园区内部，典型距离覆盖几十米至上百米，目前主要技术为 802.11 系列。大多数无线 AP 还带有接入点客户端模式（AP client)，可以和其他 AP 进行无线连接，延展网络的覆盖范围。

图 9-29　无线 AP

1. 单纯型 AP 与无线路由器区别

单纯型 AP 的功能相对来说比较简单，相当于无线交换机（与集线器功能类似)。无线 AP 主要是提供无线工作站对有线局域网和从有线局域网对无线工作站的访问，在访问接入点覆盖范围内的无线工作站可以通过它进行相互通信。

通俗地讲，无线 AP 是无线网和有线网之间沟通的桥梁。由于无线 AP 的覆盖范围是一个向外扩散的圆形区域，因此，应当尽量把无线 AP 放置在无线网络的中心位置，而且各无线客户端与无线 AP 的直线距离最好不要超过 30m，以避免因通信信号衰减过多而导致通信失败。

无线路由器除了提示 WAN 接口（广域网接口）外，还会提供多个有线 LAN 口（局域网接口)。它内置宽带拨号功能实现 WAN 连接，借助于路由器功能实现家庭无线网络中的 Internet 连接共享，从而实现 ADSL 和小区宽带的无线共享接入，如图 9-30 所示。

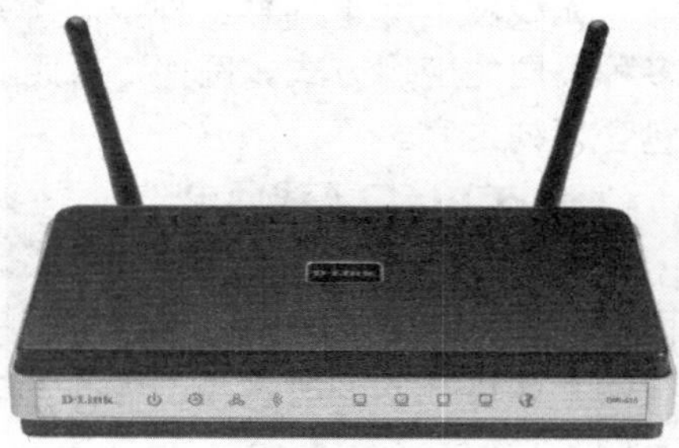

图 9-30　无线路由器

另外，无线路由器可以把通过它进行无线和有线连接的终端都分配到一个子网，这样子网内的各种设备交换数据就非常方便。

2．组网拓扑图

无线路由器可以将 WAN 接口直接与 ADSL 中的 Ethernet 接口连接，然后将无线网卡与计算机连接，并进行相应的配置，实现无线局域网的组建，如图 9-31 所示。

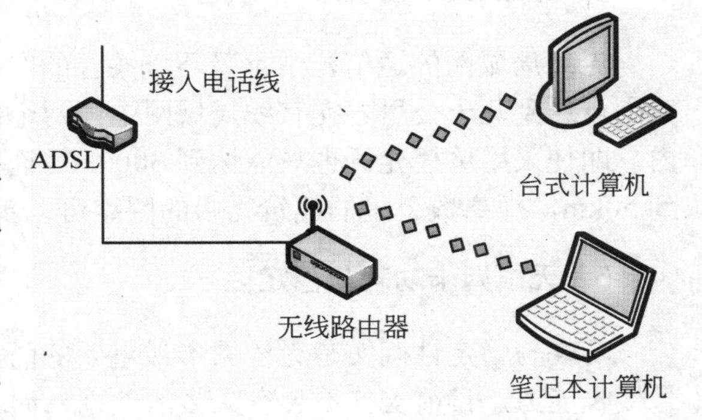

图 9-31　无线路由器组建网络

而单纯的无线 AP 没有拨号功能，只能与有线局域网中的交换机或者宽带路由器进行连接后才能在组建无线局域网的同时共享 Internet 连接，如图 9-32 所示。

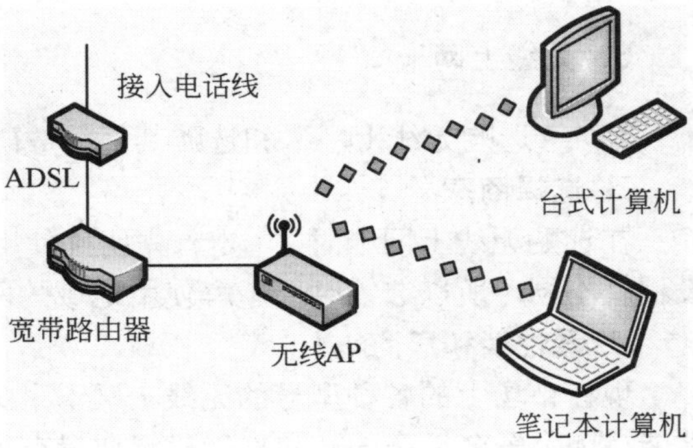

接入电话线
ADSL
台式计算机
宽带路由器
无线AP
笔记本计算机

图 9-32　无线 AP 组建网络

9.6.3 选购无线网络设备

由于无线局域网众多优点，所以已经被广泛地应用。但是，作为一种全新的无线局域网设备，多数用户相对较为陌生，在购买时不知所措。下面来介绍一下。

1．选择无线网络标准

用户在选购无线网络设备时需要注意该设备所支持的标准。例如，目前无线局域网设备支持较多的为 IEEE 802.11b 和 IEEE 802.11g 两种标准。

但是，也有的设备单独支持 IEEE 802.11a 标准或者同时支持 IEEE 802.11a、IEEE 802.11b 和 IEEE 802.11g 三种标准，这样就要考虑到设备的兼容性问题。

2．网络连接功能

实际上，无线路由器即是具备宽带接入端口，具有路由功能，采用无线通信的普通路由器。而无线网卡则与普通有线网卡一样，只不过采用无线方式进行数据传输。

因此，用户在选购宽带路由器要带有端口（4 个端口），还要提供 Internet 共享功能，各方面比较适合于局域网连接，并且自动分配 IP 地址，也便于管理。

3．路由技术

除了注意上述内容外，在选购无线路由器之时还需要了解无线路由器所支持的技术。例如，设备含有 NAT 技术和具有 DHCP 功能等。

为了保证网络安全，无线路由器还需要带有防火墙功能。这样可以防止黑客攻击、防止网络病毒侵害，同时可以不占用系统资源。

4. 数据传输距离

无线局域网的通信范围不受环境条件的限制，网络的传输范围大大拓宽，最大传输范围可达到几十公里。在有线局域网中，两个站点的距离通过双绞线连接也在 100m 以内，即使采用单模光纤也只能达到 3000m，而无线局域网中两个站点间的距离目前可达到 50km，距离数公里的建筑物中的网络可以集成为同一个局域网。

5. 无线网卡功耗与稳定性

功耗与稳定性确实是无线网卡最重要的两大技术指标。对多数无线网卡的速率与信号接收能力，目前支持不会有太多的差别。而功耗太大或者稳定性确有非常大的区别。

另外，目前许多无线网络设备发热量巨大，尤其是在夏天。这对于产品的稳定性以及寿命是相当不利的。

6. 无线上网卡

其实，选购无线上网卡和选购其他的数码产品的原则都一样，即满足用户需求即可。

❑ 选择商家

在选购无线上网卡时，一定首先明确使用环境地域，因为 GPRS 和 CDMA 的网络建设程度不同，所以选购时要了解使用地域的网络覆盖情况。

❑ 看性能和厂商

现在市场上的各种型号的无线上网卡琳琅满目，在选择产品时要先考虑厂商和产品性能。因为著名厂商的产品性能稳定质量有保证并且售后服务完善。

9.7 实验指导：制作网线

双绞线是目前网络中最为常见的网络传输介质，制作时需要将其与专用的 RJ-45 连接器（俗称“水晶头”）进行连接。根据双绞线两端与水晶头连接方式的不同，利用双绞线可以制作出直通线和交叉线两种不同类型的线缆，分别用于实现计算机与网络设备、计算机与计算机的连接。下面主要学习计算机与计算机连接时所用交叉线的制作方法。

1. 实验目的

- ❑ 学习制作直通双绞线。
- ❑ 学习制作交叉双绞线。

2. 实验步骤

1 将网络的一端置于网钳的切割刀片下后，切齐双绞线，如图 9-33 所示。

2 将切齐后的双绞线放入剥线槽内，并在握住网钳后轻微合力，再扭转网线，切下双绞线的外皮，如图 9-34 所示。

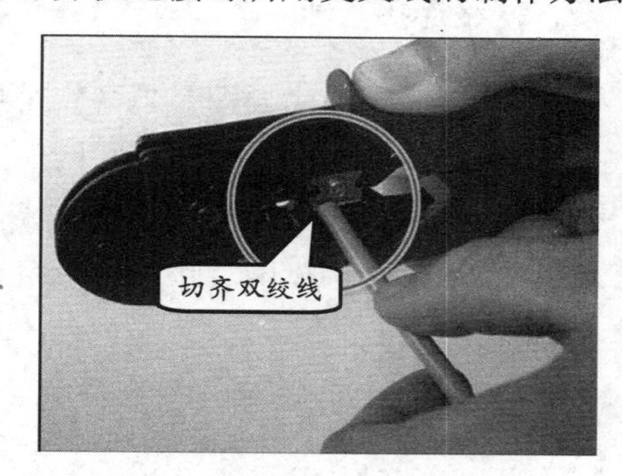

图 9-33 切齐网线的一端

3 剥开双绞线外皮后，将网钳置于一边。然后拔掉已经切下的双绞线外皮，即可看到 8 根缠绕在一起的铜线，如图 9-35 所示。

图 9-34　切下双绞线外皮

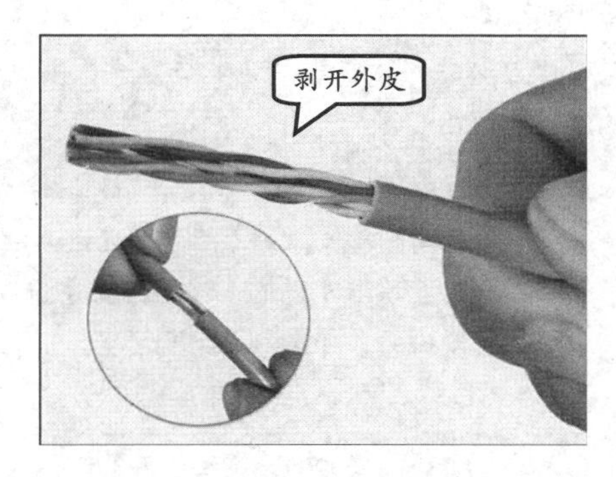

图 9-35　剥开双绞线外皮

4　将 8 根铜线依次拉直后，按照 EIA/TIA 568A 的标准线序对 8 根铜线进行排列。然后，将铜线置于网钳切割片下，握住网钳后合力将线端切齐，如图 9-36 所示。

5　用手捏住切齐后的 8 根铜线后，将水晶头裸露铜片的一面朝上。然后将按照 EIA/TIA 568A 标准排列好的 8 根铜线推入水晶头内的线槽中，如图 9-37 所示。

6　在确认 8 根铜线已经全部插入至水晶头线槽的顶端后，即可将其放入网钳的 RJ-45 压线槽内，并合力挤压网钳手柄，从而将水晶头上的铜片压至铜线内，如图 9-38 所示。

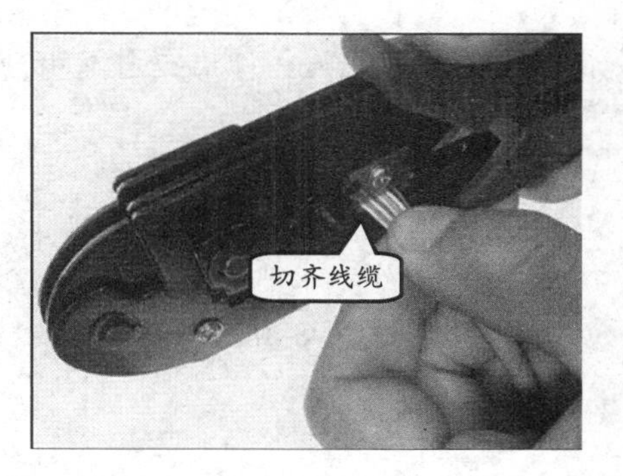

图 9-36　切齐铜线

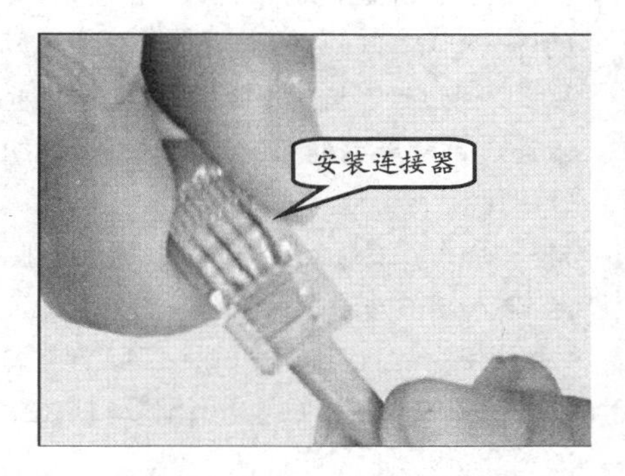

图 9-37　将铜线插入水晶头内

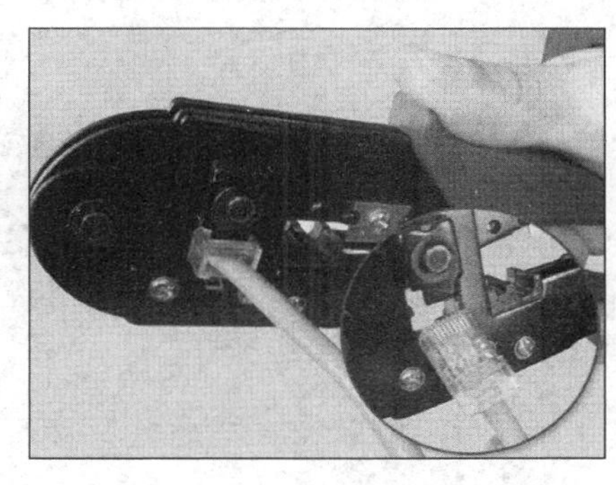

图 9-38　压制水晶头

7　接下来，使用相同的方法制作线序为 EIA/TIA 568B 的双绞线另一端，完成后即可得到一根可以直接连接两台计算机的交叉线。

9.8　实验指导：配置无线宽带路由器

随着无线网络的日益普及，越来越多的家庭用户开始使用无线路由器来连接网络，从而在多台计算机共享一条宽带线路的同时减少复杂的网络连线。

特别是一些网络产品厂商推出了 ADSL 宽带路由一体机，将 ADSL Modem 和无线宽带路由器功能集为一体，更进一步减少了电缆的连线，使用更为方便。

1．实验目的

- ❑ 掌握无线宽带路由器的连接。
- ❑ 学习无线宽带路由器的设置方法。
- ❑ 了解无线宽路由器设置参数。

2．实验步骤

1 将电话线的 RJ 11 接头接入一体机的 ADSL 口，然后将机器附带的网线一端接入一体机的任一 LAN 口，另一端接入计算机的网卡接口，通过计算机对一体机进行配置，也可以通过带有无线网卡的计算机对一体机进行配置。

2 打开 Internet Explorer 窗口后，在【地址栏】内输入路由器 IP 地址，新机默认为 192.168.1.1。然后，按 Enter 键，并在弹出的对话框中输入无线路由器配置用户密码，如图 9-39 所示。

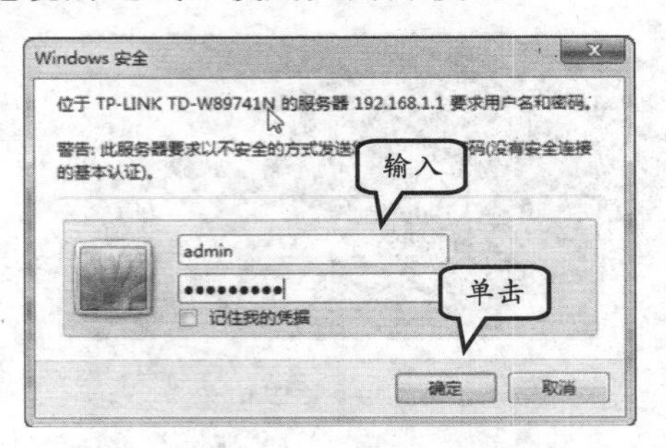

图 9-39　输入用户名与密码

提　示

一般第一次使用，用户名和密码均为 Admin，为安全起见，一般要更改一下，并且注意记录下来，不能忘记丢失。

3 打开无线路由器的配置界面，首先进入配置向导，或者单击左侧的【设置向导】选项，打开配置页面，如图 9-40 所示。

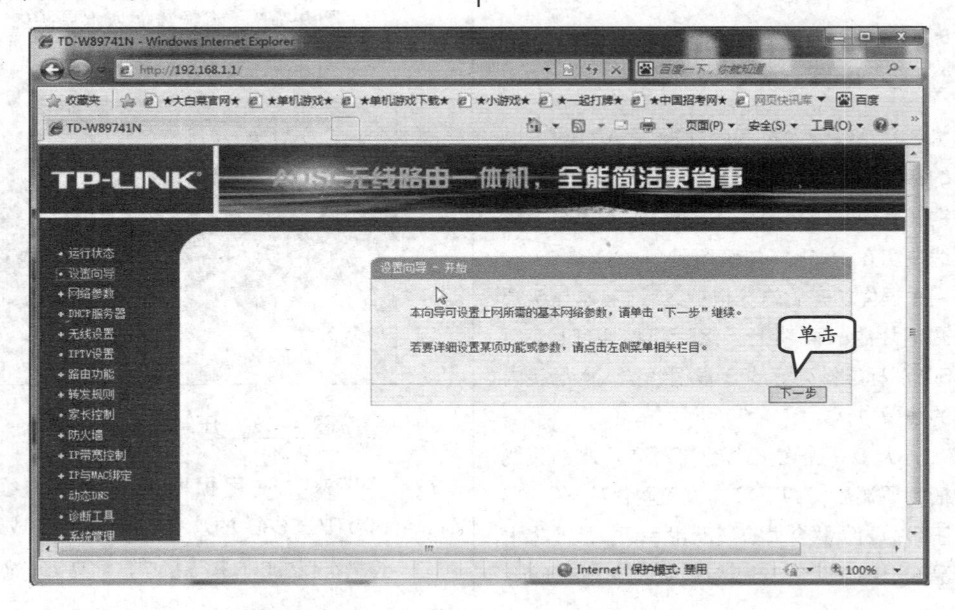

图 9-40　一体机配置向导

4 单击【下一步】按钮，在弹出的【设置向导-DSL 设置】页面启用【开启 PVC 自动搜索】复选框，如图 9-41 所示。

5 单击【下一步】按钮，进入【设置向导-WAN 口连接方式】页面设置，并启用【PPPoE（DSL 虚拟拨号）】选项，如图 9-42 所示。

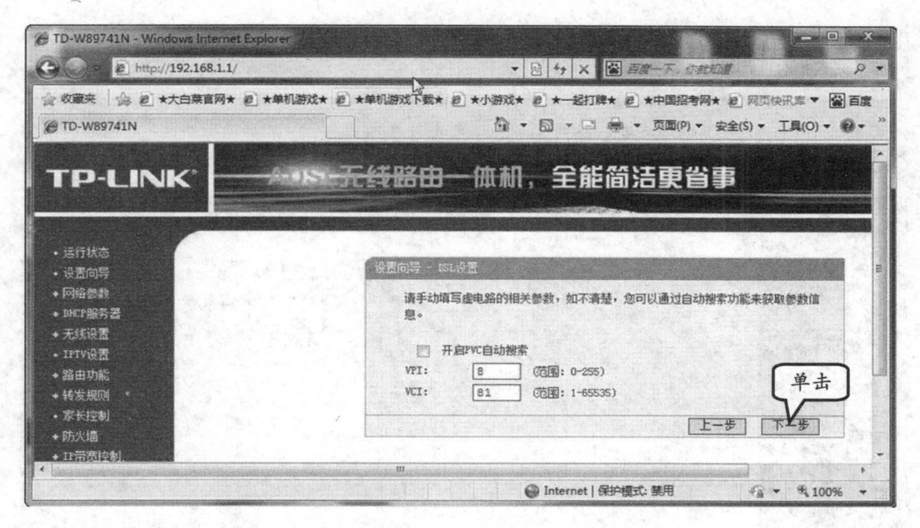

图 9-41　开启 PVC 自动搜索

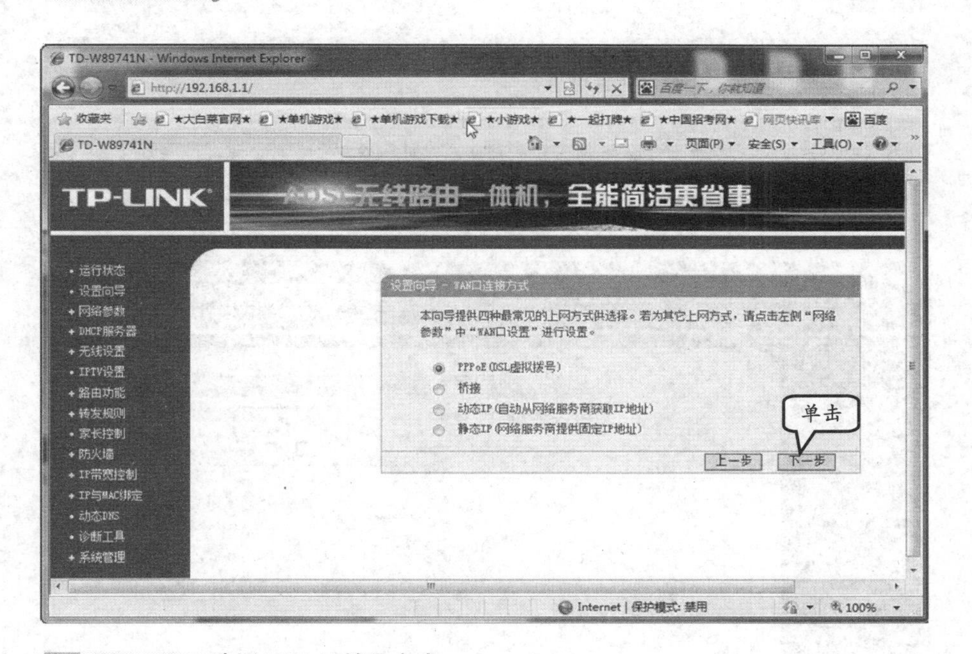

图 9-42　选择 PPPoE 拨号方式

6 单击【下一步】按钮，进入【设置向导-PPPoE】页面设置，在这里需要用户输入 ADSL 登录账号及密码，如图 9-43 所示。

7 单击【下一步】按钮，进入【设置向导-无线】页面设置，并设置【无线功能】为“启用”选项；显示 SSID 的默认名称；【信道】选项为“自动”；【模式】选择“11bgn mixed”选项；再设置【PSK 密码】内容，如图 9-44 所示。

提　示

【PSK 密码】是防止其授权人上网的重要设置，如其他设备在没有这个密码的情况下是不可以通过无线路由器来上网的，保障了网络带宽不被占用。

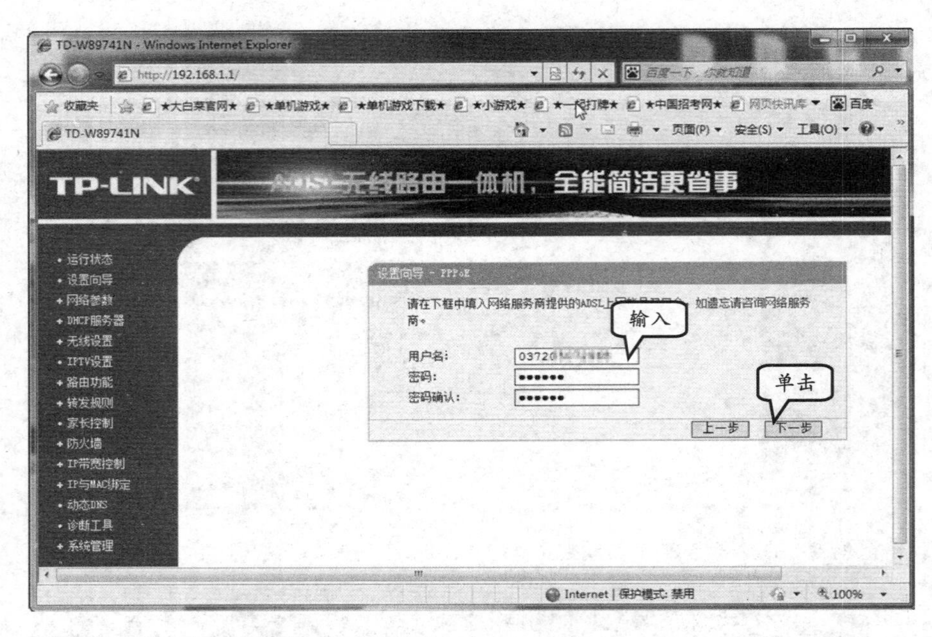

图 9-43　填写宽带上网帐号

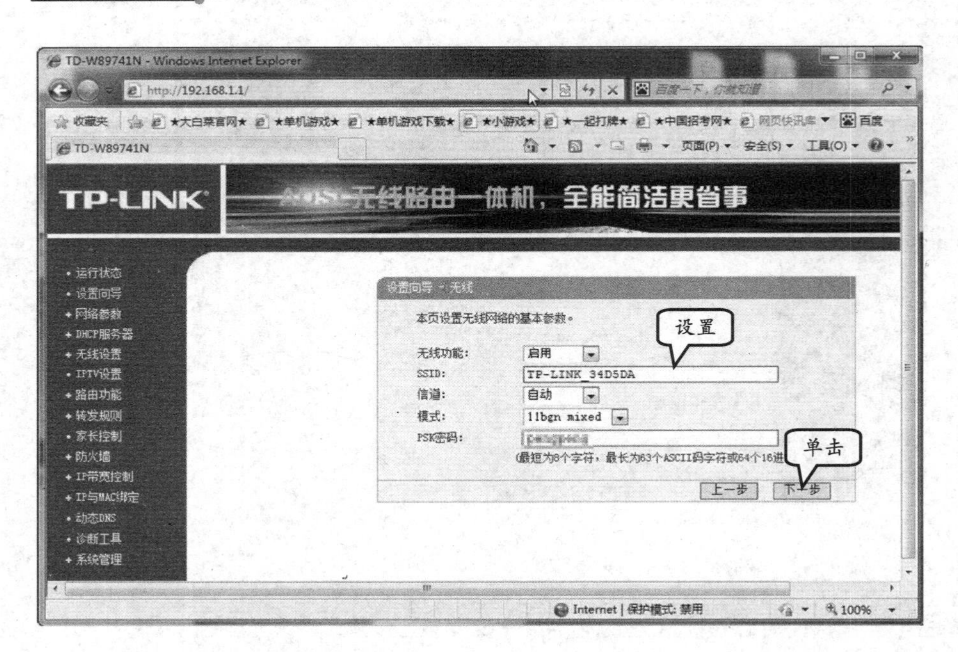

图 9-44　设置无线选项

8　单击【下一步】按钮，进入【设置向导-IPTV 设置】页面，启用【启用 IPTV 功能】复选框，并选择 iTV 选项，如图 9-45 所示。

9　单击【下一步】按钮，进入【设置向导-保存】页面，并查看对一体机设置的设置结果，确认无误后，单击【保存】按钮，则路由器将重新启动，以使设置生效，如图 9-46 所示。

10　单击左侧的【网络参数】选项，展开其下的子选项。然后再单击【WAN 口设置】选项，在窗口右侧显示 WAN 口状态，如图 9-47 所示。

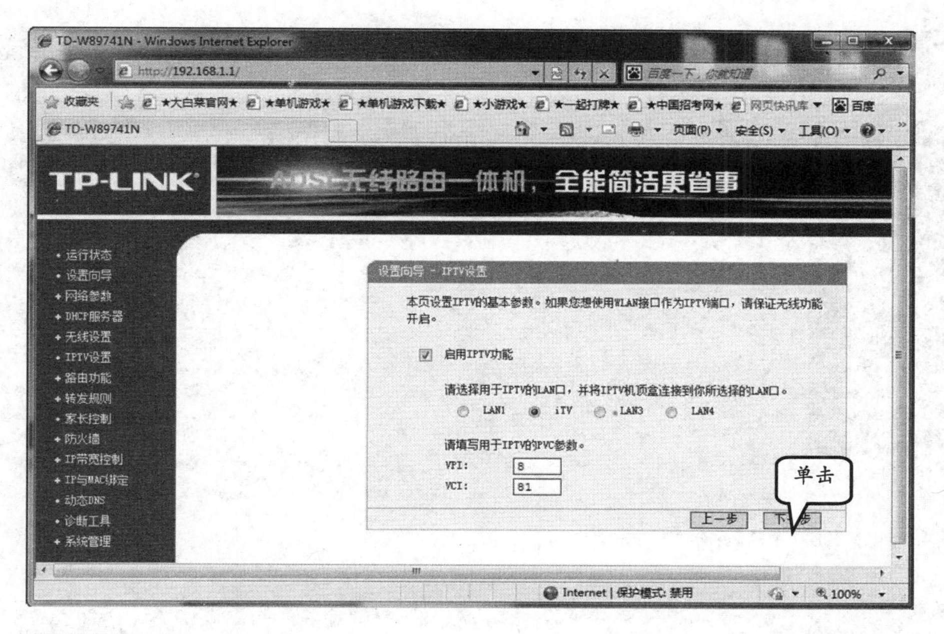

图 9-45 启动 IPTV 功能

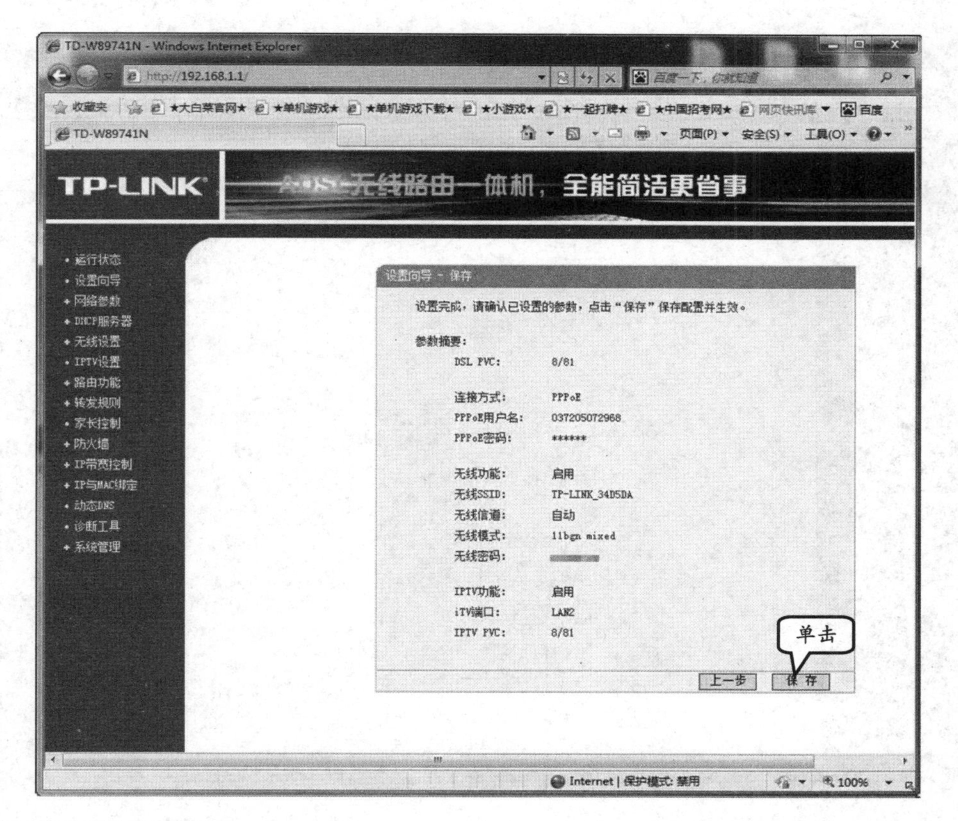

图 9-46 保存配置内容

11 单击 pppoe 行右侧的【编辑】链接，进入【WAN 口设置】页面的编辑状态，可以对 PPPoE 拨号方式进行编辑设置，如图 9-48 所示。

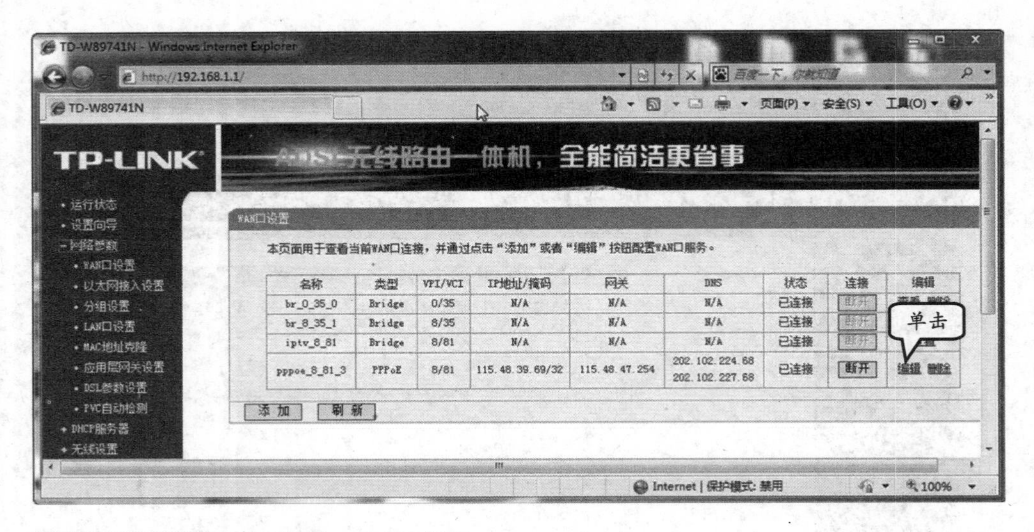

图 9-47　查看及编辑 WAN 口设置

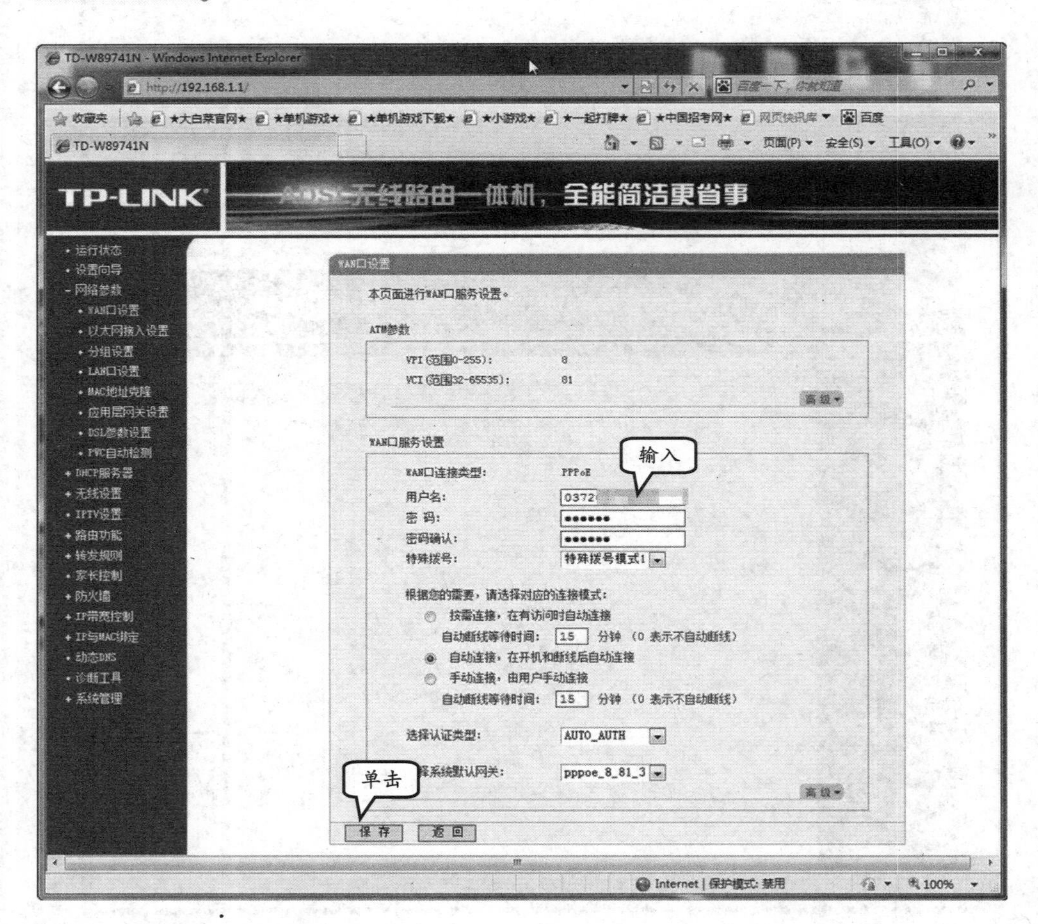

图 9-48　设置自动连接

12 在该页面中，用户可以更改用户名、密码、特殊拨号方式、连接模式、认证类型及系统默认网关等，以及设置拨号模式为自动连接等。

9.9 思考与练习

一、填空题

1. ＿＿＿＿＿就是将处在不同地理位置的独立计算机用通信介质和设备互联的结构，辅以网络软件进行控制，达到资源共享、协同操作的目的。

2. 计算机网络中的通信介质主要分为＿＿＿＿＿和无线通信介质。

3. ＿＿＿＿＿是网络中最常用的一种通信介质，该介质由绝缘铜导线对组成，每两根铜线相互缠绕在一起。

4. 双绞线电缆可以分为＿＿＿＿＿和＿＿＿＿＿两大类。

5. 在局域网中使用较多的是＿＿＿＿＿、超五类非屏蔽双绞线和六类非屏蔽双绞线。

6. ＿＿＿＿＿是局域网中最基本的部件之一，是连接计算机与网络的硬件设备。无论是双绞线、同轴电缆连接还是光纤连接，都必须通过它才能实现数据通信。

7. ＿＿＿＿＿是终端无线网络的设备，是无线局域网的无线覆盖下通过无线连接网络进行上网使用的无线终端设备。

8. 宽带路由器通常具有一个＿＿＿＿＿接口和多个＿＿＿＿＿接口，并且具有地址转换功能（NAT）以实现多用户共享接入。

9. ADSL Modem 上一般有 3 个接口，分别是连接电话线的＿＿＿＿＿接口、连接网线的＿＿＿＿＿接口和电源接口。

二、选择题

1. 下列选项中，有关计算机网络的描述错误的是＿＿＿＿＿。

A. 计算机网络是将处在不同地理位置的独立计算机用通信介质和设备互联的结构，辅以网络软件进行控制，实现资源共享、协同操作等目的

B. 计算机网络的通信介质可以分为无线通信介质和有线通信介质

C. 计算机网络设备包括网卡、交换机、路由器等

D. 计算机网络中，双绞线、无线电波、微波等属于无线通信介质

2. ＿＿＿＿＿双绞线能够提供 600MHz 的带宽，是当前网络布线中的主流。

A. 七类双绞线

B. 五类双绞线

C. 六类双绞线

D. 超五类双绞线

3. 两台计算机之间的连接需要用＿＿＿＿＿双绞线；交换机与计算机之间的连接需要用＿＿＿＿＿。

A. 直通双绞线、交叉双绞线

B. 交叉双绞线、直通双绞线

C. 直通双绞线、直通双绞线

D. 交叉双绞线、交叉双绞线

4. ＿＿＿＿＿类型的连接器通常与五类非屏蔽双绞线电缆一起在以太网中使用。

A. RJ-11 连接器

B. RJ-45 连接器

C. BNC 连接器

D. AUI 连接器

5. 下列有关网卡的描述，其中错误的是＿＿＿＿＿。

A. 网卡是局域网中最基本的部件之一，是连接计算机与网络的硬件设备

B. 网卡可以分为普通网卡和集成网卡两大类，并且随着主板上集成网卡的普及，集成网卡成为网卡市场的主流

C. 普通网卡也称为独立网卡，是指插在网络计算机或服务器的扩展插槽中充当计算机和网络之间的物理接口，该网卡上没有运算芯片，不能自主地处理数据

D. 集成网卡是指在主板上集成网卡芯片，其功能和普通网卡一样

三、简答题

1. 简述双绞线组网特点。

2. 简述网卡的工作原理。

3. 简述交换机的工作原理。

4. 简述宽带路由器的功能。

5. 选购无线网络设备（无线 AP、无线网卡）时需要注意的事项有哪些？

四、上机练习

1. 连接 ADSL 设备

ADSL 与以往调制解调技术的主要区别在于其上下行速率是非对称的，非常适于 Internet 浏览。随着 Internet 的急速发展，ADSL 作为一种高速接入 Internet 的技术出现在人们面前，并且已经普及成为目前最为流行的宽带接入技术。

首先，将电话线与 ADSL 过滤器（分频器）进行连接。例如，将电话线插入到过滤器的 LINE 端口，如图 9-49 所示。

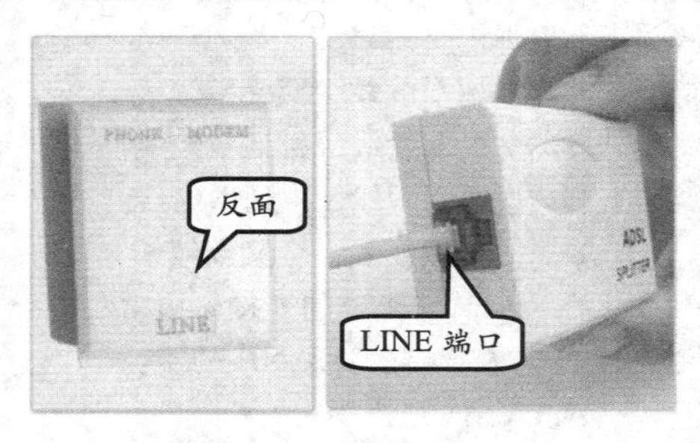

图 9-49 连接过滤器

再将过滤器另一端中的 MODEM 端口和 PHONE 端口分别插入电话线跳线，而 PHONE 端口跳线与电话连接，如图 9-50 所示。

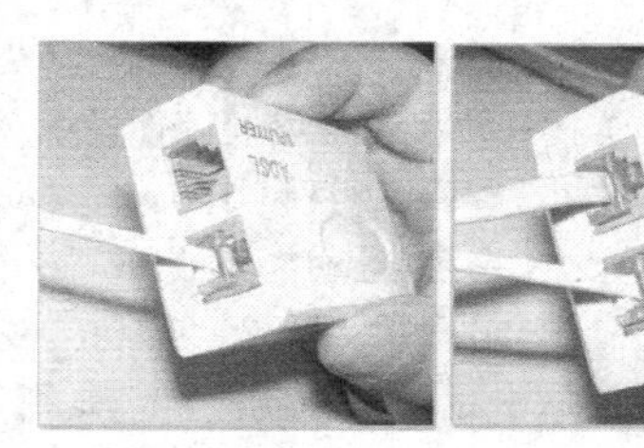

图 9-50 连接电话线跳线

然后，将 MODEM 端口的电话线跳线与宽带路由器进行连接，如图 9-51 所示。一般宽带路由器中有两个端口：一个用于连接电话线，一个 RJ-45 端口用于连接网线。最后，将网线的另一端的水晶头插入到计算机的网卡中即可。

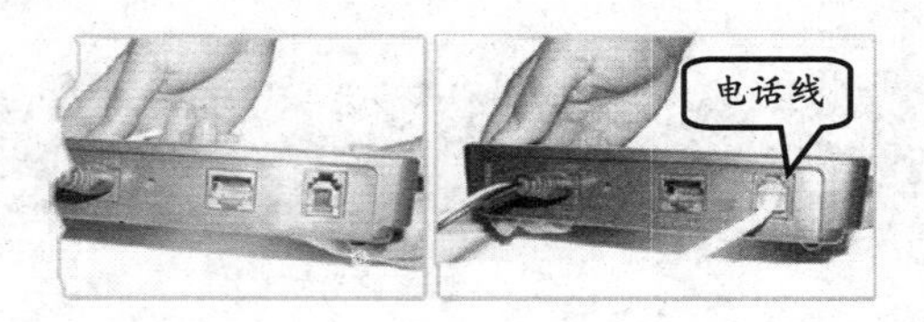

图 9-51 宽带路由器连接电话线

2. 使用 Ipconfig 查看网络配置信息

IPConfig 实用程序可用于显示当前的 TCP/IP 配置信息，以便检验人工配置的 TCP/IP 设置是否正确，其应用方法如下。

单击【开始】按钮，执行【运行】命令，并在弹出的【运行】对话框中输入 cmd 命令，单击【确定】按钮，如图 9-52 所示。

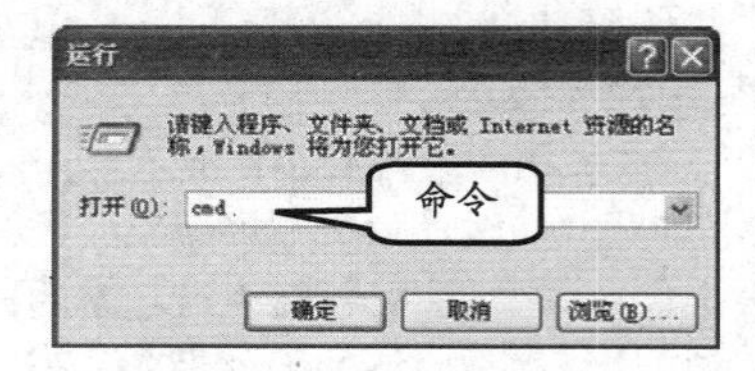

图 9-52 运行命令

在弹出的对话框中输入 ipconfig 命令，并按 Enter 键即可显示当前计算机的网络配置信息，如图 9-53 所示。

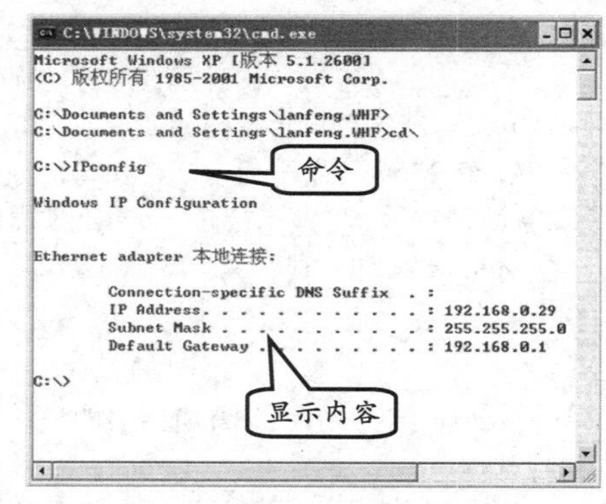

图 9-53 显示配置信息

第 10 章

系统的备份与还原

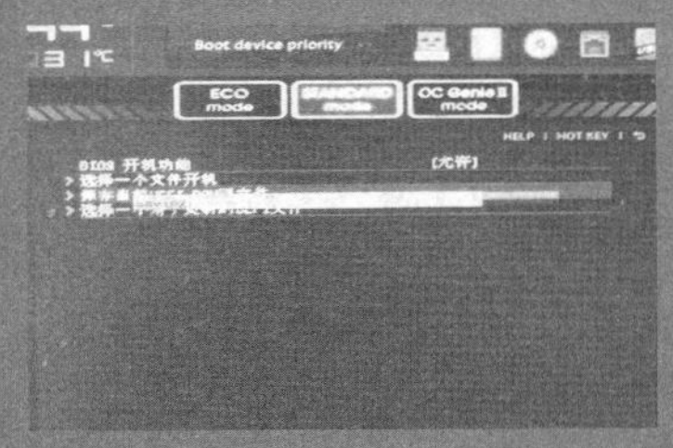

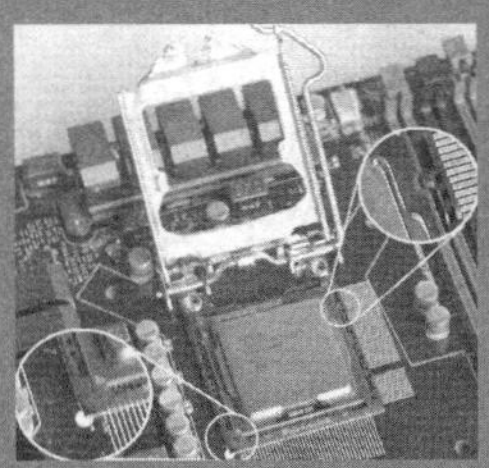

在完成操作系统、驱动程序及应用程序的安装后，计算机才能真正成为一种能够帮助人们进行生产、工作和学习的工具。

在计算机使用过程中，难免会因操作或者软件、硬件等问题造成计算机无法运行的危险。因而，很有可能需要用户重新安装系统、相关的驱动，以及应用软件等。

不过，为了保证计算机能够在出现故障后尽快得以恢复，通常需要对操作系统进行应有的备份工作，而本章将对此方面的内容进行讲解。

本章学习要点：

- GHOST 使用方法
- 系统备份工具的使用方法
- 备份驱动程序

10.1 GHOST 备份与还原工具

作为一款技术上极其成熟的系统备份/恢复工具，GHOST 拥有一套完备的使用和操作方法，而事先学习相关内容则有助于用户更好地进行系统备份与恢复操作。

10.1.1 GHOST 概述

通过 GHOST 软件来安装操作系统已经成为计算机维护及维修人员必备的技能。因此，GHOST 软件工具已经成为 IT 人员不可缺少的工具之一。

1. 了解 GHOST 工具

GHOST（General Hardware Oriented Software Transfer，面向通用型硬件系统传送器）软件是由美国赛门铁克公司推出的一款硬盘备份与还原工具，其功能是在 FAT16/32、NTFS、OS2 等多种硬盘分区格式下实现分区及硬盘的备份与还原操作。通俗地讲，GHOST 是一款分区/磁盘的克隆软件。

为避开微软操作系统原始完整安装的费时和重装系统后，驱动应用程序再次安装的麻烦，许多用户把自己做好的干净系统用 GHOST 来备份和还原。为使这个操作易于操作，流程被“一键 GHOST”、“一键还原精灵”等进一步简化，它的易用性很快得到初级用户的喜爱。

由于 GHOST 所制作的文件，其扩展名为“.gho”，所以习惯上被简称为“狗版”。现在又把操作系统 Windows XP、Windows Vista、Windows 7 等与系统引导文件、硬盘分区工具等集成一体，进一步得到配套。用户在需要重装系统时有效简便地完成系统快速重装，所以 GHOST 在狭义上被特指为能快速恢复的系统备份文件。

2. GHOST 备份与恢复

针对 Windows 操作系统的特点，GHOST 将磁盘本身及其内部划出的分区视为两种不同的操作对象，并在 GHOST 软件内分别为其设立了不同的操作菜单，如图 10-1 所示。

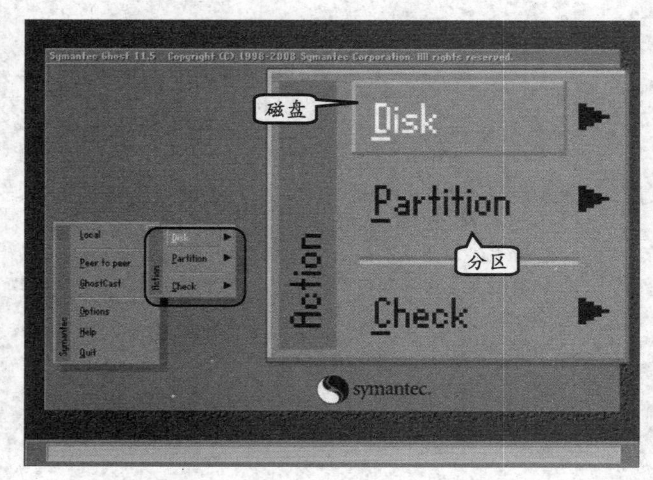

图 10-1 GHOST 操作界面

针对“磁盘（Disk）”和“分区（Partition）”这两种操作对象，GHOST 又分别为它们提供了两种备份方式，如表 10-1 所示。

表 10-1 GHOST Local 菜单备份命令简介

备份对象类型		备份方式		优点	缺点	备注
Disk	磁盘	To Disk	生成备份磁盘	备份速度较快	需要第二块硬盘	备份磁盘的容量应不小于源磁盘（建议使用相同容量的硬盘进行备份）
		To Image	生成备份文件	可压缩，体积小，且易于管理	备份速度稍慢	镜像文件不能超过 2GB，否则 GHOST 程序将生成分卷镜像文件（即拆分为多个文件）
Partition	分区	To Partition	生成备份分区	备份速度快	需要第二个分区	备份分区的容量应不小于源分区
		To Image	生成备份文件	可压缩，体积小，易于管理	备份速度较慢	镜像文件不能超过 2GB，否则 GHOST 程序将生成分卷镜像文件

3. 如何启动 GHOST

从 GHOST 10.0 开始，GHOST 具备了在 Windows 环境下进行备份与恢复操作的能力，而之前的 GHOST 则必须运行在 DOS 环境内才能进行上述操作。

❑ **在 DOS 下启动 GHOST**

在 DOS 环境中，用户只需进入 GHOST 程序所在目录，并在【命令提示符】窗口中直接输入 ghost 命令，并按 Enter 键，即可启动 GHOST 程序。

提 示

默认情况下，运行于 DOS 环境内的 GHOST 程序文件名为 ghost.exe，如果用户将其更改为其他名称，则在启动 GHOST 时需要输入的命令也会发生变化。例如，在将 ghost.exe 重命名为 dosghost.exe 后，应该输入 dosghost，并按 Enter 键才能启动 GHOST 程序。

❑ **在 Windows 内启动 GHOST**

在 Windows 系统内启动 GHOST 程序的方法更为简单，用户只需双击 Ghost32.exe 程序图标或相应快捷方式图标即可快速启动 GHOST 程序，如图 10-2 所示。

注 意

运行于 Windows 环境内的 GHOST 程序文件名为 Ghost32.exe，该名称虽然与 DOS 环境下 GHOST 程序文件的 ghost.exe 非常相似，但运行环境要求不同，因此不能混用。

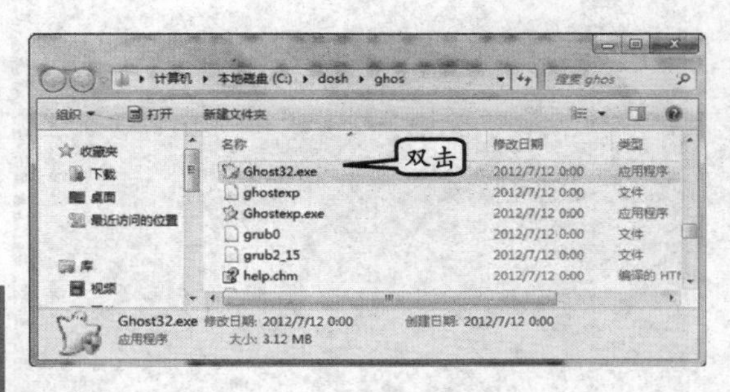

图 10-2 在 Windows 环境内启动 GHOST 程序

10.1.2 磁盘的复制、备份和还原

在对硬盘进行备份或恢复操作时，GHOST 对操作环境的要求是数据目的磁盘（备

份磁盘）的空间容量应大于或等于数据源磁盘（待备份磁盘）。通常情况下，GHOST 推荐使用相同容量的磁盘进行磁盘间的恢复与备份。

1．复制磁盘

启动 GHOST 工具，并在 GHOST 主界面中执行 Local｜Disk｜To Disk 命令，如图 10-3 所示。

在弹出的对话框中，GHOST 会要求用户选择源磁盘（待备份的磁盘）。在完成选择后，单击 OK 按钮，如图 10-4 所示。

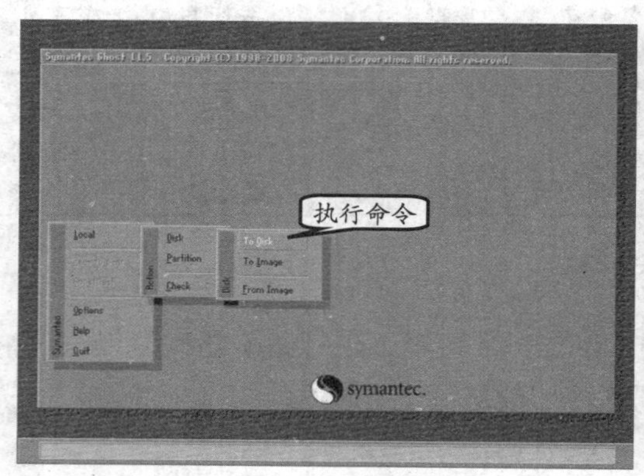

图 10-3 执行复制磁盘命令

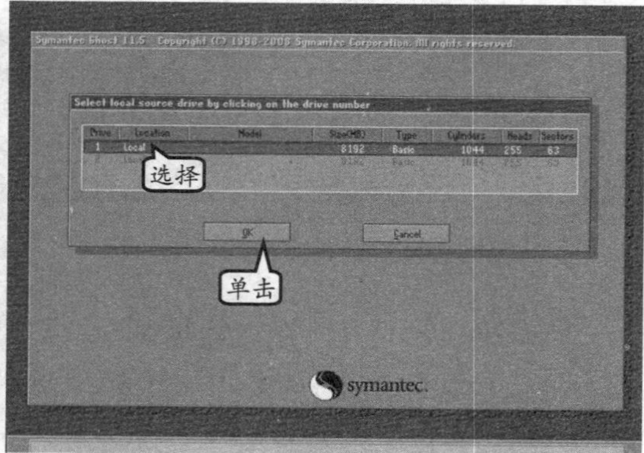

图 10-4 选择源磁盘

接下来，在弹出对话框内选择目标磁盘（备份磁盘）。在这里，选择 Drive 编号为 2 的磁盘后，单击 OK 按钮，如图 10-5 所示。

此时，为了保证复制磁盘操作的正确性，GHOST 将会显示源磁盘内的分区信息。在确认无误后，单击 OK 按钮，如图 10-6 所示。

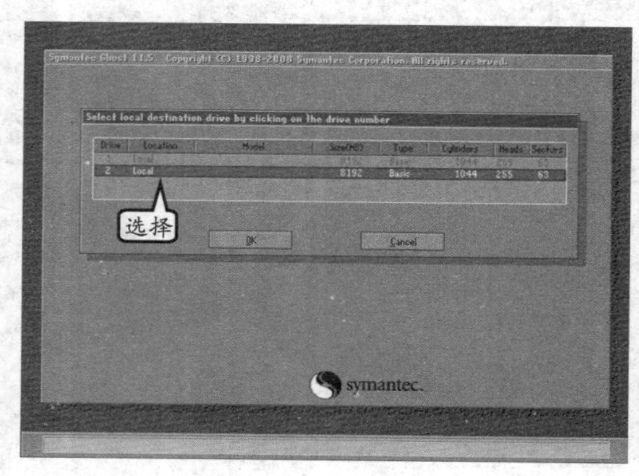

图 10-5 选择目标磁盘

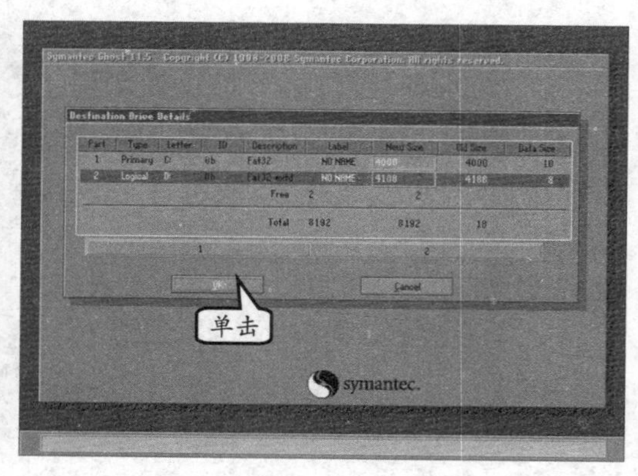

图 10-6 确认源磁盘

进行到这里后，复制磁盘操作的所有设置已经全部完成。在单击界面内的 Yes 按钮后，GHOST 程序便会将源磁盘内的所有数据完全复制到目标磁盘内，如图 10-7 所示。

磁盘复制完成后，将弹出提示信息对话框。在该对话框中，如果单击 Continue 按钮将返回 GHOST 主界面，而单击 Reset Computer 按钮则会重新启动计算机。

提　示

在进行复制磁盘操作时，由于只需分别调整两个磁盘的逻辑角色（源磁盘和目标磁盘），即可实现备份磁盘数据或恢复磁盘数据的目的，因此其操作方法基本一致。

2. 创建磁盘镜像文件

在 GHOST 界面中，执行 Local｜Disk｜To Image 命令，以便创建本地磁盘的镜像文件，如图 10-8 所示。

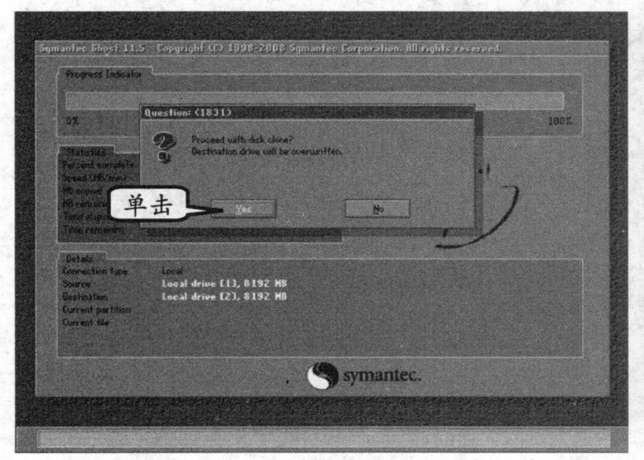

图 10-7 确认复制磁盘操作

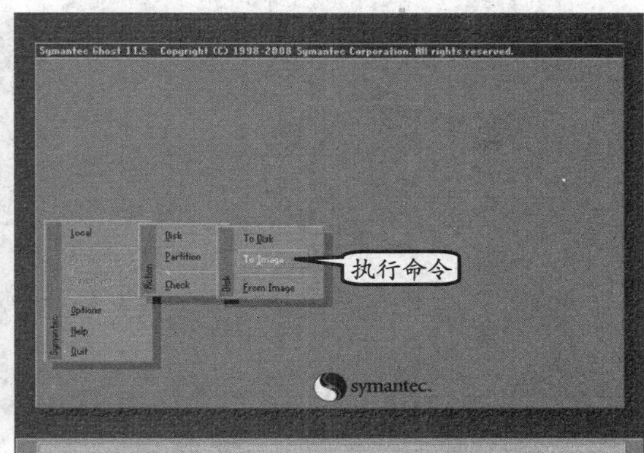

图 10-8 执行创建本地磁盘镜像的命令

在弹出的对话框中选择需要进行备份的源磁盘，完成后单击 OK 按钮，如图 10-9 所示。

接下来，在弹出界面内选择镜像文件的保存位置后，在 File Name 文本框中输入镜像文件的名称，并单击 Save 按钮，如图 10-10 所示。

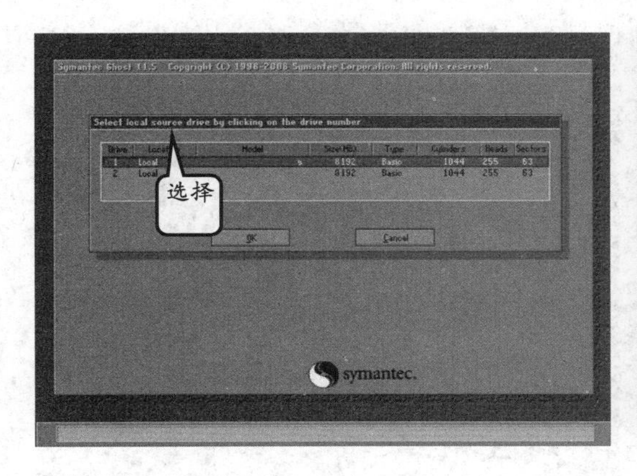

图 10-9 选择源磁盘

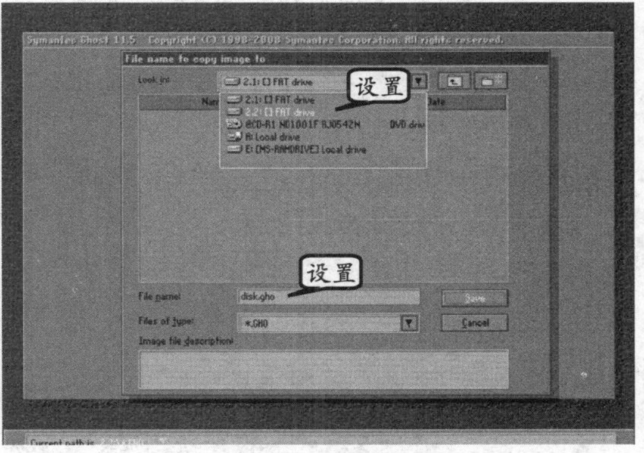

图 10-10 设置镜像文件名称与保存位置

上述设置全部完成后，GHOST 将弹出提示对话框，询问用户是否压缩镜像文件。在该提示对话框中，用户可选择以下 3 种不同的压缩模式。

- **NO（不压缩）**　非压缩模式生成的镜像文件较大，但由于备份过程中不需要进行数据压缩，因此备份速度较快。

- **Fast**（快速压缩） 快速压缩模式生成的镜像文件要小于非压缩模式下的镜像文件，但备份速度稍慢。
- **High**（高比例压缩） 高比例压缩模式能够生成最小的镜像文件，但由于备份时需要进行复杂的压缩运算，因此备份速度最慢。

在这里单击 Fast 按钮，选择快速压缩模式，如图 10-11 所示。

最后，单击弹出对话框内的 Yes 按钮，GHOST 便会扫描源磁盘内的数据，并以此来创建镜像文件，如图 10-12 所示。

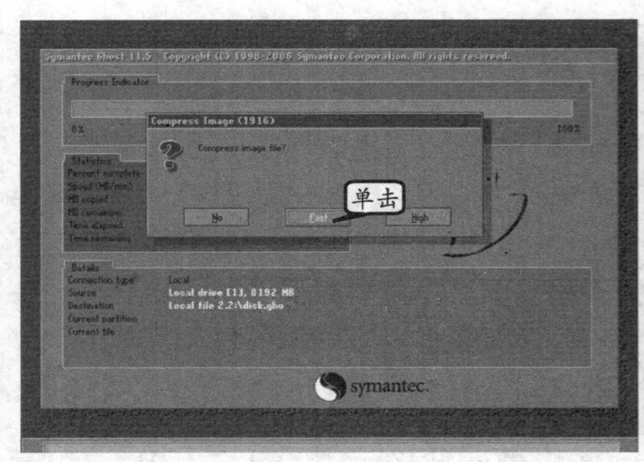

图 10-11 设置镜像文件压缩模式

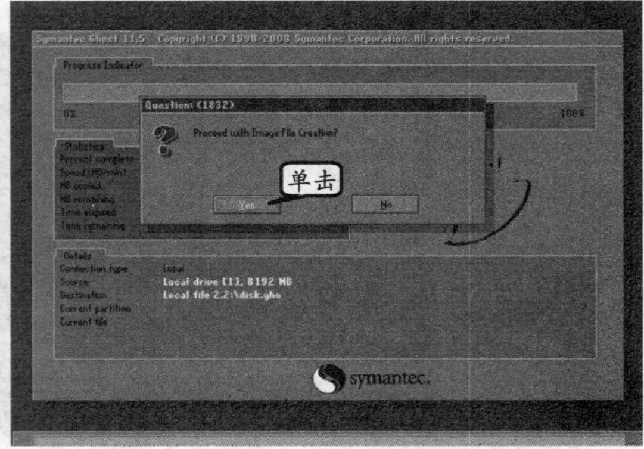

图 10-12 确认创建镜像文件的操作

镜像文件创建完成后，单击弹出对话框内的 Continue 按钮，即可返回 GHOST 程序主界面。

3. 恢复磁盘镜像文件

在 GHOST 程序主界面中，执行 Local | Disk | From Image 命令，如图 10-13 所示。

在打开的界面中选择所要恢复的镜像文件后，单击 Open 按钮，如图 10-14 所示。

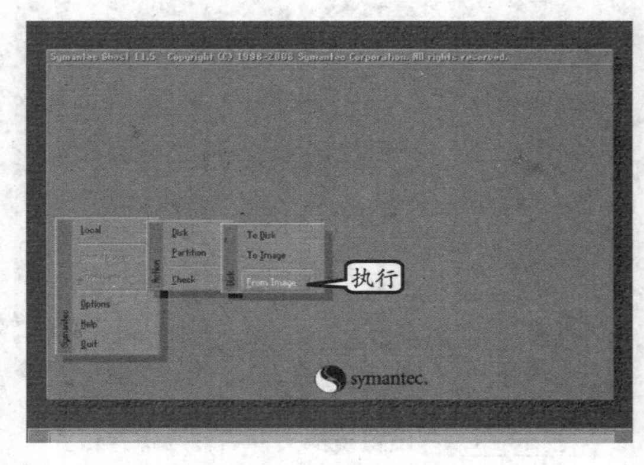

图 10-13 执行从镜像文件恢复磁盘数据的命令

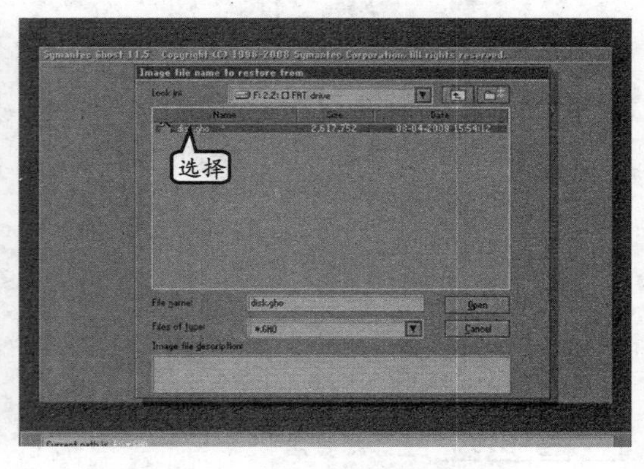

图 10-14 选择要恢复的镜像文件

接下来，GHOST 会要求用户选择待恢复分区。在这里，选择 Drive 编号为 1 的磁盘后，单击 OK 按钮，如图 10-15 所示。

提　示

由于恢复对象不能是镜像文件所在磁盘，因此 GHOST 会使用暗红色文字来表示相应磁盘，而且此类磁盘也会在用记选择待恢复磁盘时处于不可选状态。

为了保证操作的正确性，GHOST 会在用户选择待恢复磁盘后显示其内容。在确认无误后，单击 OK 按钮，如图 10-16 所示。

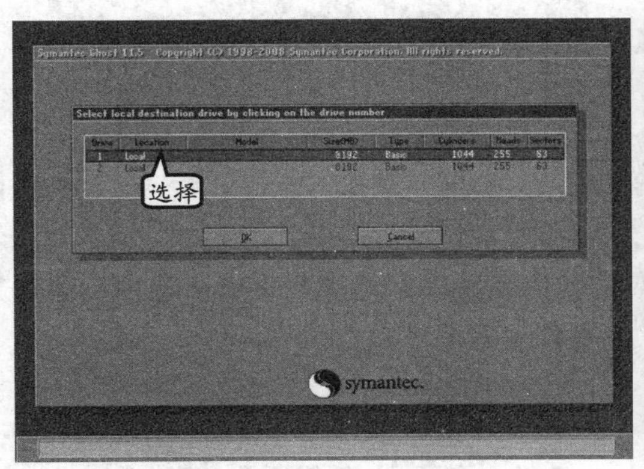

图 10–15　选择待恢复分区

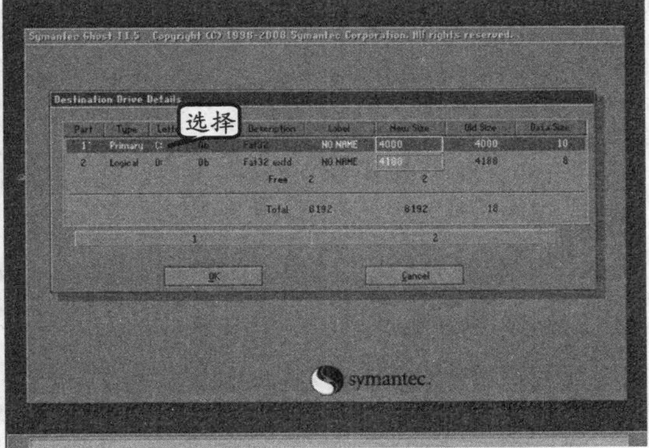

图 10–16　查看待恢复磁盘的状况

进行到这里后，GHOST 将在弹出对话框内警告用户恢复操作会覆盖待恢复磁盘上的原有数据。在确认操作后，单击 Yes 按钮，GHOST 便会开始从镜像文件恢复磁盘数据，如图 10-17 所示。

恢复操作完成后，单击弹出对话框内的 Continue 按钮将返回 GHOST 主界面，而单击 Reset Computer 则会重新启动计算机。

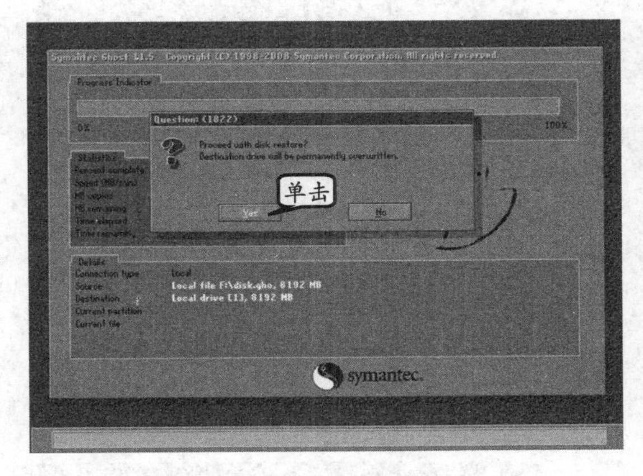

图 10–17　确认恢复操作

10.1.3　分区的复制、备份和还原

相对于备份磁盘来说，备份分区对计算机硬件的要求较少（无需第二块硬盘），方式也更为灵活。此外，由于操作时可选择重要分区进行有针对性的备份，因此无论是从效率还是从备份空间消耗上来说，分区的备份与恢复操作都具有极大的优势。

1．复制磁盘分区

在 GHOST 主界面中执行 Local|Partition | To Partition 命令，如图 10-18 所示。此时，GHOST 会首先要求用户选择待复制分区所在磁盘，如图 10-19 所示。

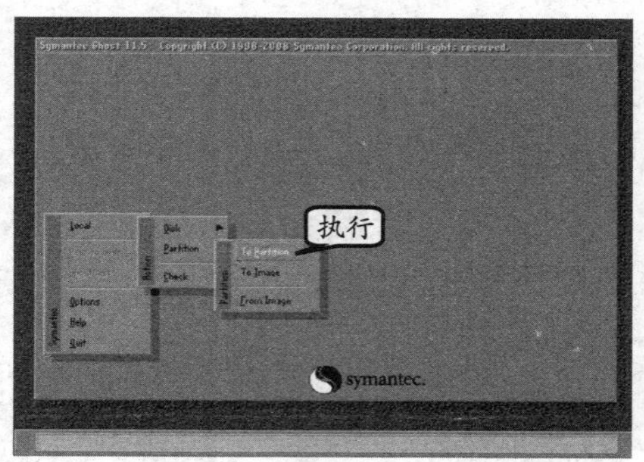

图 10-18　执行复制分区命令

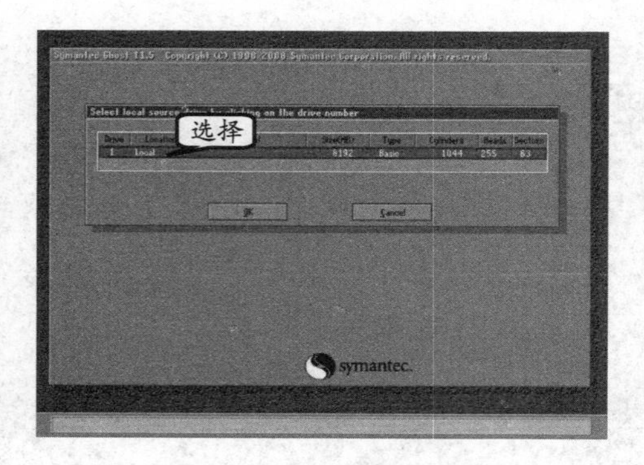

图 10-19　选择源分区所在磁盘

接下来，弹出界面内将显示之前所选磁盘的详细分区信息。在选择所要复制的分区后，单击 OK 按钮，如图 10-20 所示。

选择源分区后，GHOST 将在弹出的对话框内要求用户选择目标分区所在磁盘，如图 10-21 所示。

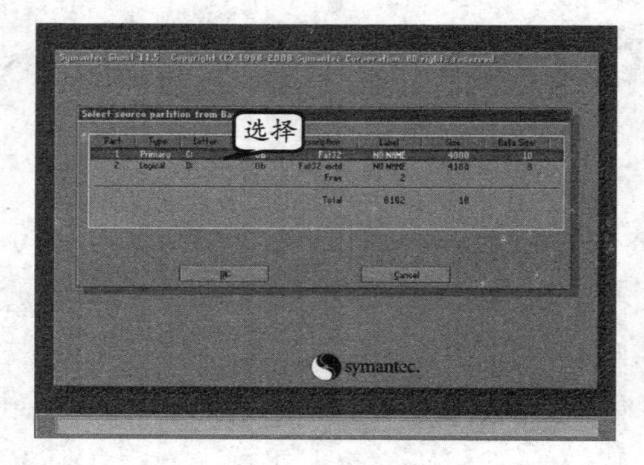

图 10-20　选择源分区

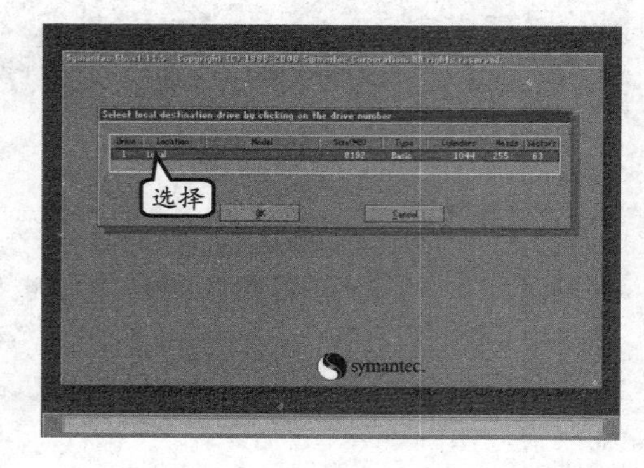

图 10-21　选择目标分区所在磁盘

然后，在列有目标磁盘所有分区情况的对话框中选择目标分区，并单击 OK 按钮，如图 10-22 所示。

进行到这里后，单击弹出对话框内的 Yes 按钮，GHOST 在得到确认操作的信息后便会开始复制分区，如图 10-23 所示。

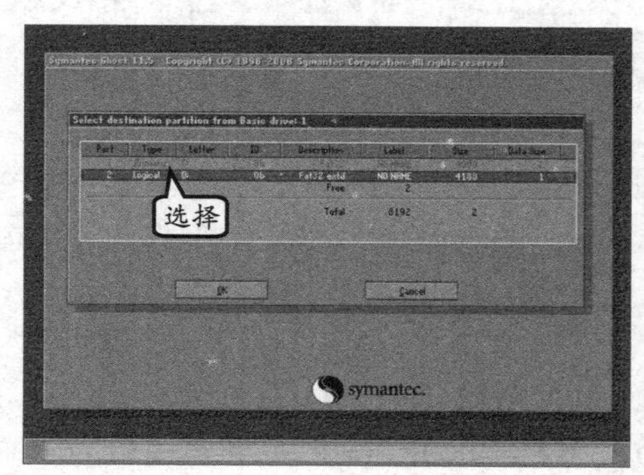

图 10-22　选择目标分区

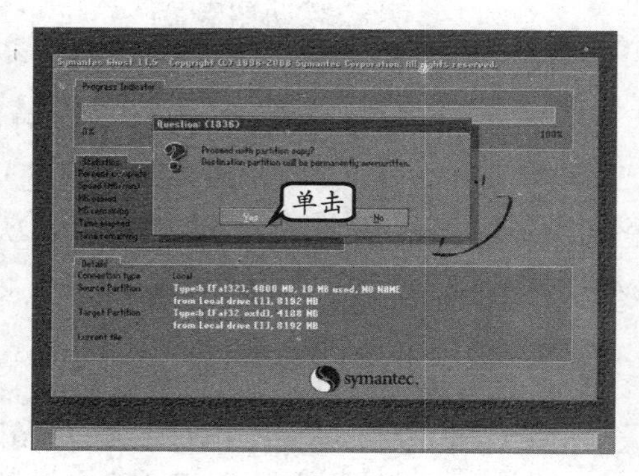

图 10-23　确认操作

复制分区操作完成后，单击弹出对话框内的 Continue 按钮将返回 GHOST 主界面，而单击 Reset Computer 则会重新启动计算机。

2．创建分区镜像文件

在 GHOST 界面中，执行 Local|Partition|To Image 命令，以便创建分区镜像文件，如图 10-24 所示。

在 GHOST 弹出的对话框中选择源分区所在磁盘。当前计算机由于只安装了一块硬盘，因此直接单击 OK 按钮即可，如图 10-25 所示。

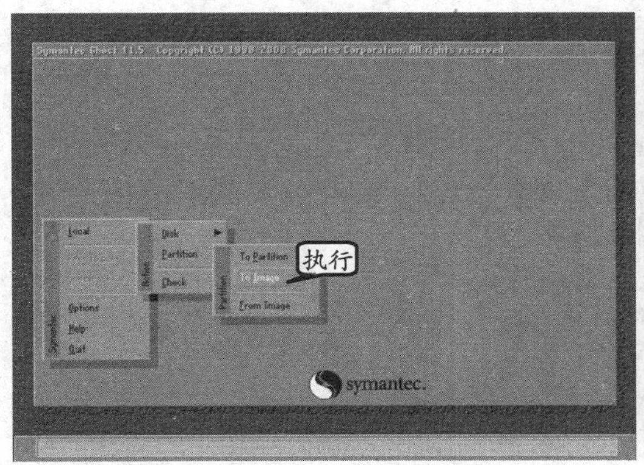

图 10-24　执行创建分区镜像的命令

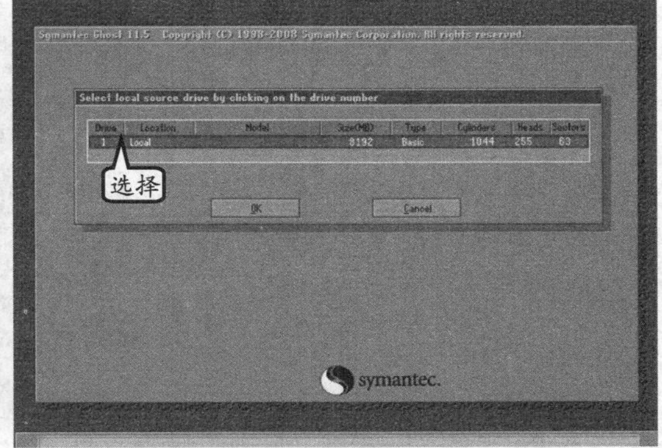

图 10-25　选择源分区所在磁盘

接下来，在列有分区信息的对话框中选择所要备份的源分区，并单击 OK 按钮，如图 10-26 所示。

然后，在弹出对话框内设置镜像文件的保存位置与名称，完成后单击 Save 按钮，如图 10-27 所示。

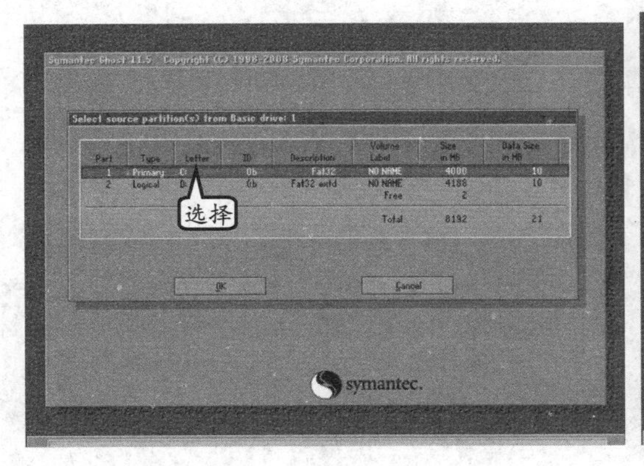

图 10-26　选择源分区

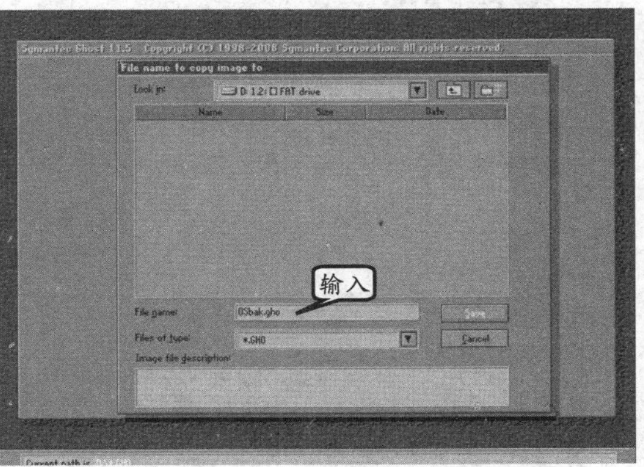

图 10-27　保存镜像文件

此时，在 GHOST 弹出的压缩选项对话框中单击 Fast 按钮，使用快速模式来创建较低压缩率的 GHOST 备份文件，如图 10-28 所示。

最后，单击弹出对话框内的 Yes 按钮，确认上述操作后，GHOST 便会根据源分区中的数据内容来创建镜像文件，如图 10-29 所示。

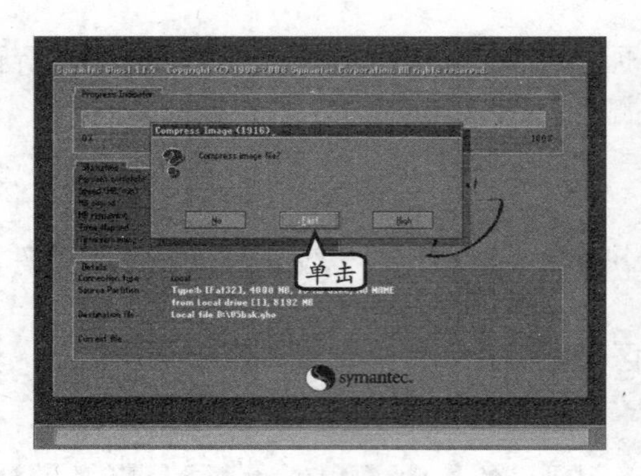

图 10-28 选择压缩模式

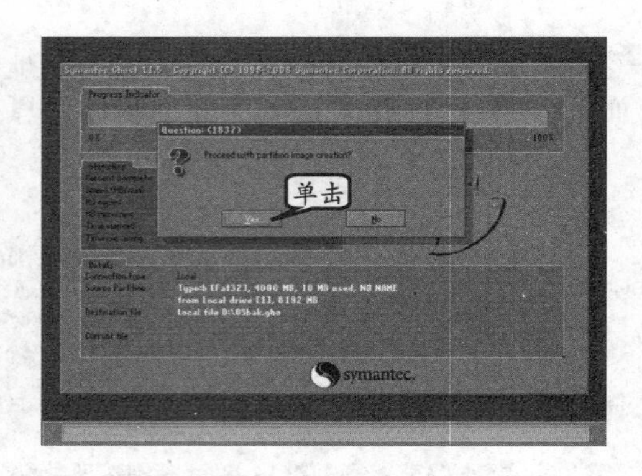

图 10-29 确认操作

镜像文件创建完成后，单击 GHOST 程序界面内出现的 Continue 按钮即可返回 GHOST 程序主界面。

3. 恢复分区镜像文件

在 GHOST 程序界面中，执行 Local|Partition|From Image 命令，如图 10-30 所示。

在弹出的对话框中选择要恢复的镜像文件，并单击 Open 按钮，如图 10-31 所示。

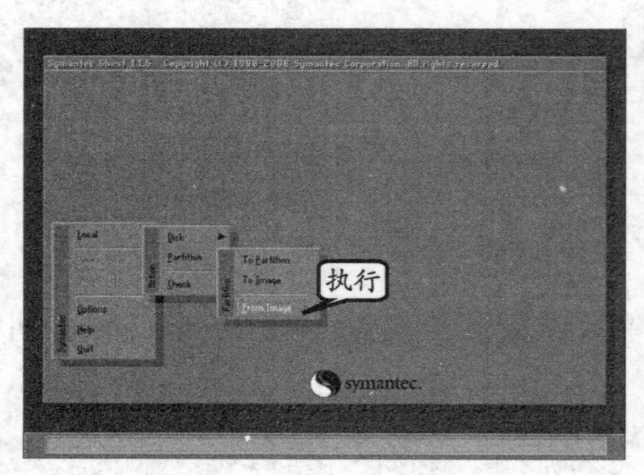

图 10-30 执行从镜像文件恢复分区的命令

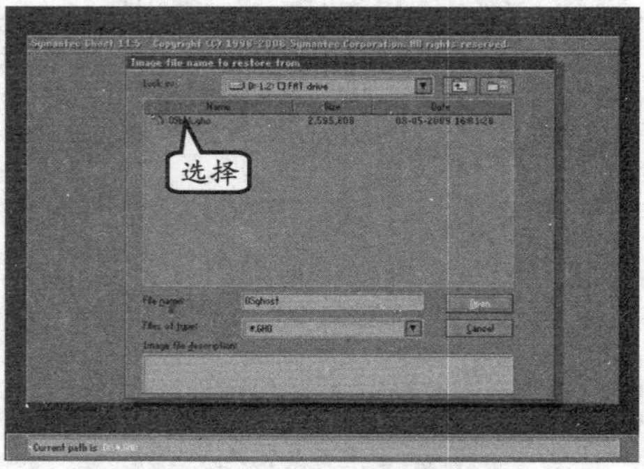

选择

图 10-31 选择镜像文件

为了帮助用户确认操作的正确性，GHOST 将在弹出对话框内显示所选镜像文件的分区信息。完成后，单击对话框内的 OK 按钮，如图 10-32 所示。

接下来，选择待恢复分区所在磁盘，完成后单击 OK 按钮，如图 10-33 所示。

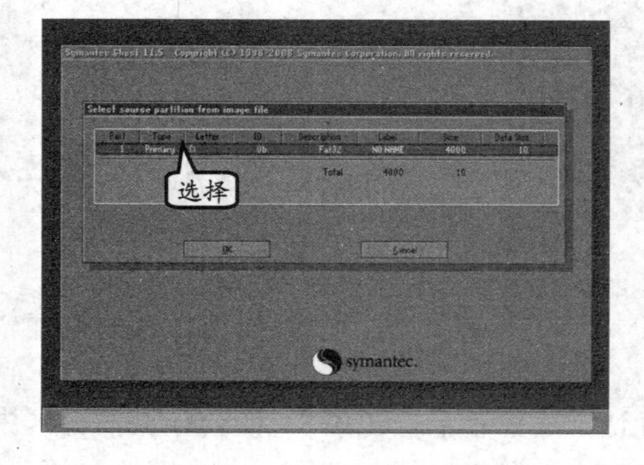

图 10-32 查看镜像文件内的分区信息

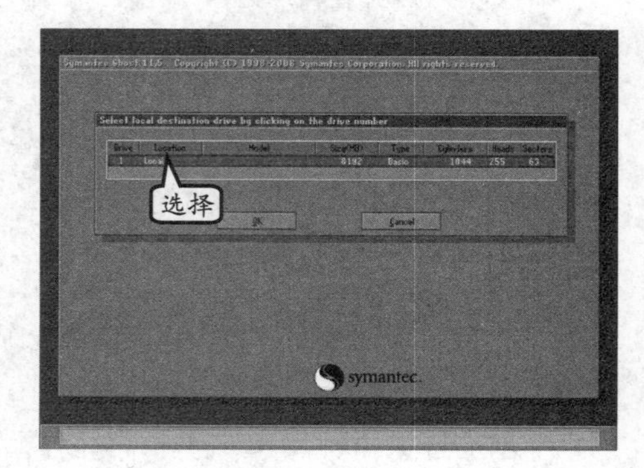

图 10-33 选择待恢复分区所在磁盘

确定待恢复分区所在磁盘后，在显示有所选磁盘详细分区情况的列表中选择所要恢复的分区，完成后单击 OK 按钮，如图 10-34 所示。

完成上述操作后，单击弹出对话框内的 OK 按钮，GHOST 程序便会使用镜像文件中的数据来恢复分区，如图 10-35 所示。

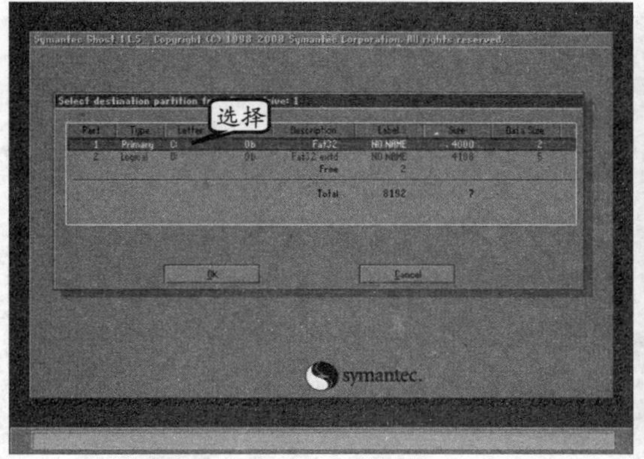

图 10-34　选择待恢复分区

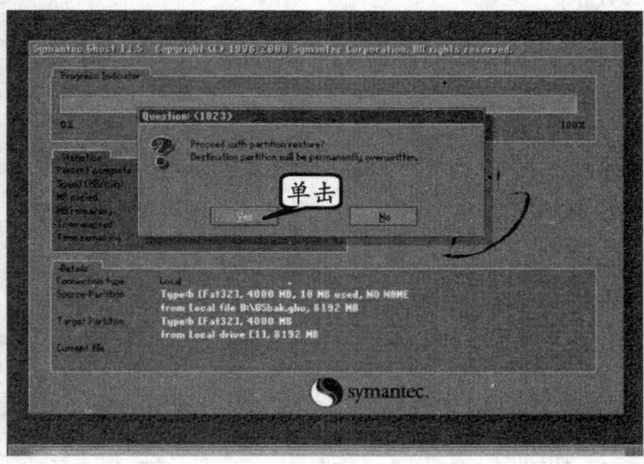

图 10-35　确认操作

当数据恢复操作全部完成后，单击弹出对话框内的 Continue 按钮将返回 GHOST 主界面，而单击 Reset Computer 则会重新启动计算机。

10.2　数据文件的备份与还原

在计算机系统中，数据的重要性往往要大于硬件或应用程序的价值。因此，在日常使用计算机的过程中，对重要数据的定期备份便显得极其重要。Windows 7 或 Windows 8 操作系统本身就带有非常强大的系统备份与还原功能。

10.2.1　备份与创建备份计划

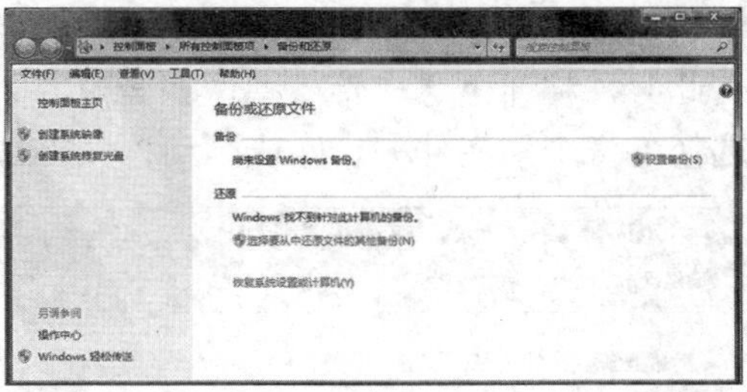

在 Windows 7 操作系统中，个人数据是指个人文件夹内的各种普通文件（非系统文件），以及与用户账户相关的各种配置文件，其备份方法如下。

图 10-36　备份和还原中心

单击【开始】按钮后，执行【所有程序】|【维护】|【备份和还原】命令，打开【备份和还原】窗口或在 Windows 7 控制面板的【系统和安全】界面里单击【备份与还原】按钮，打开【备份和还原】窗口，如图 10-36 所示。

提　示

通过 Windows 7 的备份和还原功能可以设置备份与还原任务，对系统进行备份与还原操作也可以制订备份计划，让系统在指定的时间自动运行备份任务。

在【备份和还原】窗口中单击【设置备份】链接。然后启动【设置备份】向导对话框。

其次，在【保存备份的位置】列表中选择备份的位置。例如，指定 Windows 7 将备份到【本地磁盘（J:）】，如图 10-37 所示。此时，在【刷新】按钮下面将显示提示信息。

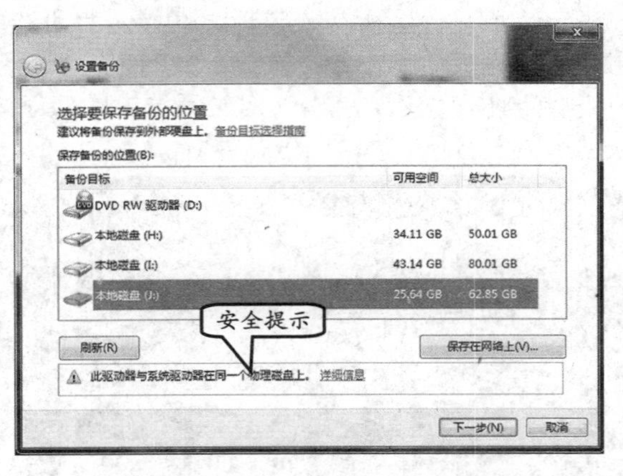

图 10-37　提示用户将备份保存到外部硬盘上

单击【下一步】按钮，并在【您希望备份哪些内容？】对话框中显示【让 Windows 选择（推荐）】和【让我选择】选项，如图 10-38 所示。例如，选择【让我选择】选项，并单击【下一步】按钮。

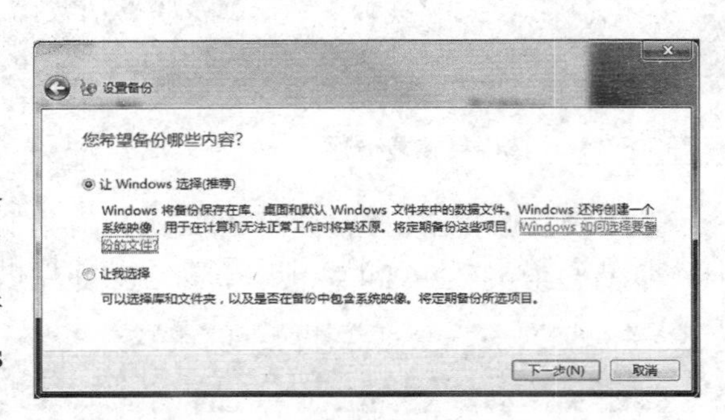

图 10-38　设置备份内容

在备份内容选项中，两个选项的各自含义如下。

- **选择【让 Windows 选择（推荐）】选项**

选择该选项，则由 Windows 7 系统自动选择需要备份的内容。Windows 7 将会备份在库、桌面上以及在计算机上拥有用户账户的所有人员的默认 Windows 文件夹中所保存的数据文件，如默认 Windows 文件夹包括 AppData、“联系人”、“桌面”、“下载”、“收藏夹”、“链接”、“保存的游戏”和“搜索”等。

- **选择【让我选择】选项**

选择该选项，则在该对话框中将列出可以进行备份的内容，并供用户自己选择。

此时，将弹出【您希望备份哪些内容？】对话框，并选择要备份的项目内容，如可以选择备份个别文件夹、库或驱动器（磁盘），如图 10-39 所示。

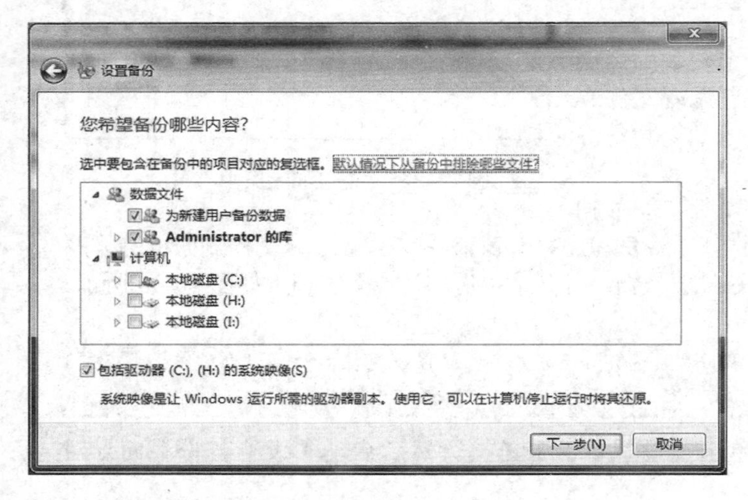

图 10-39　选择希望备份的项目

单击【下一步】按钮，弹出【查看备份设置】对话框，可以查看备份设置，如图 10-40 所示。

如果要按时自动进行备份，可以创建备份计划，单击列表框下方的【更改计划】链接，在弹出的【您希望多久备份一次？】对话框中设置备份频率、哪一天及时间选项，并单击【确定】按钮，返回上级对话框，如图 10-41 所示。

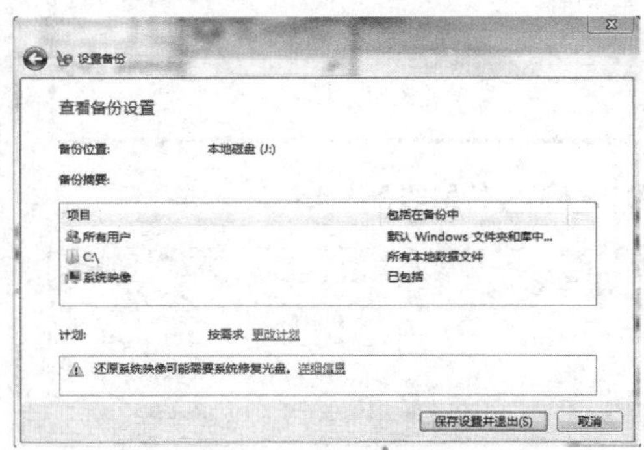

图 10-40 查看备份设置

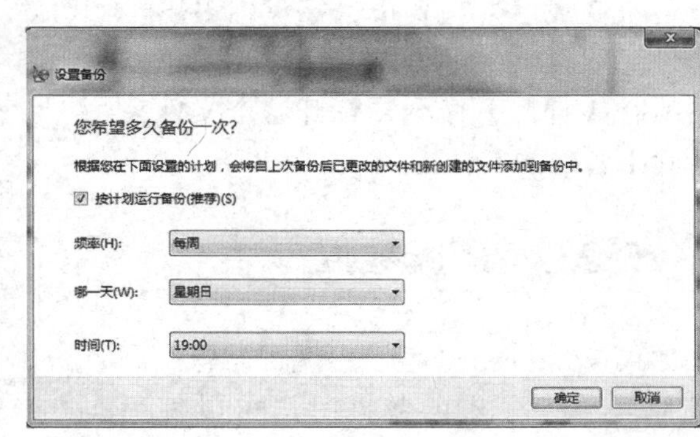

图 10-41 备份计划选项

提 示

该项任务计划在默认状态下会自动在每个星期日的晚上 7 点钟开始执行备份操作。事实上这个执行时间往往不符合实际工作要求，用户应该根据实际情况进行设置。

在【查看备份设置】对话框中单击【保存设置并退出】按钮，则系统立即进行备份，直到完成备份，如图 10-42 所示。

图 10-42 正在进行备份

提 示

Windows 文件备份不会备份下列项目：程序文件（安装程序时，在注册表中将自己定义为程序的组成部分的文件）、存储在使用FAT文件系统格式化的硬盘上的文件、回收站中的文件及临时文件。

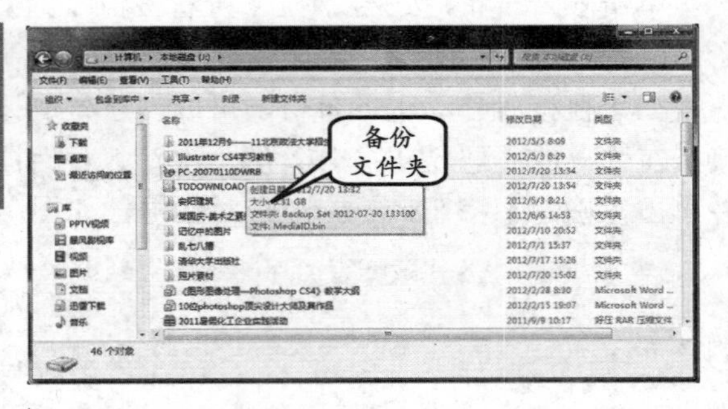

图 10-43　特别的备份文件夹

备份完成后，在备份目标盘中多出一个备份文件夹，如图10-43所示。用户可以右击执行【打开】命令，打开这个文件夹查看其中备份的文件。

10.2.2 还原数据

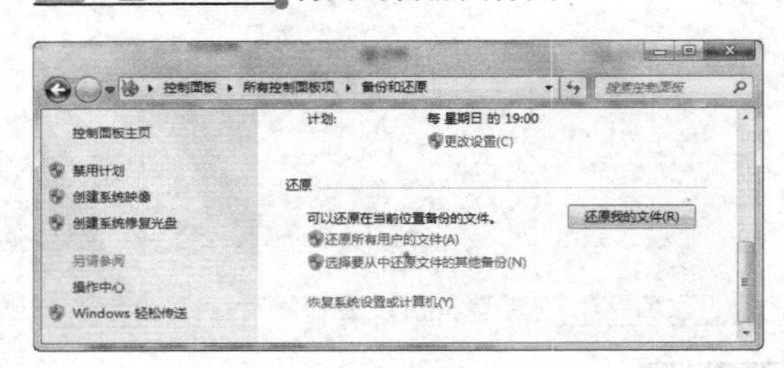

图 10-44　开始还原操作

如果Windows 7系统出现了问题，需要还原到早期备份的数据时，可以使用Windows 7的还原功能来完成。

例如，打开Windows 7系统的【备份和还原】窗口，单击【选择要从中还原文件的其他备份】链接，如图10-44所示。

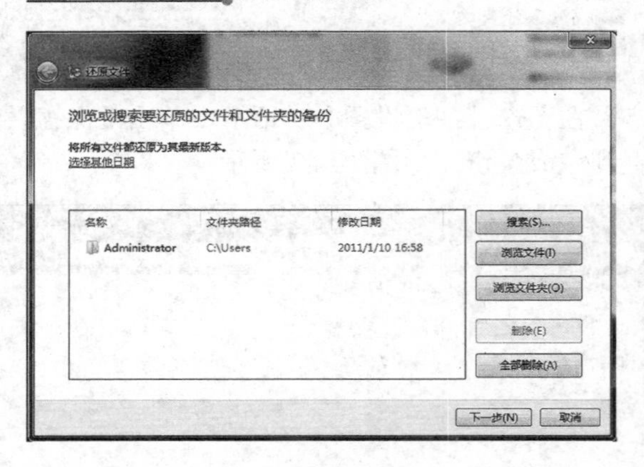

图 10-45　选择还原文件

在弹出的【还原文件】向导对话框中选择之前备份的文件选项；或者单击【浏览网络位置】按钮从网络的某个位置处选择备份的文件，并单击【还原】按钮即可完成数据的还原操作，如图10-45所示。

为了提高Windows 7系统恢复的成功率，可以创建系统映像或者创建系统修复光盘等。同时，用户还可以打开磁盘的恢复功能，以最大限度地减少文件丢失的概率。这里不再一一赘述，用户可以适当进行探究一下。

10.3 驱动程序备份与恢复

驱动程序在操作系统与硬件设备之间起着通信桥梁的作用，是操作系统充分发挥硬件性能时必不可少的因素。为此，本节将对备份和恢复驱动程序的方法进行讲解。

10.3.1 通过系统自带的驱动恢复

在为硬件设备安装新的驱动程序后，如果因驱动程序本身有问题而导致系统出现运行不稳定、响应缓慢等反应时，可通过安装之前的驱动程序来恢复之前版本的驱动程序，从而解决驱动程序所带来的各项问题。

例如，右击【计算机】图标后，执行【设备管理器】命令。在弹出的【设备管理器】对话框中展开【显示适配器】选项，并右击 NVIDIA GeForce 8600 GT 选项，执行【属性】命令。

然后，在【NVIDIA GeForce 8600 GT 属性】对话框中单击【驱动程序】选项卡内的【回滚驱动程序】按钮，并在弹出对话框中单击【是】按钮，如图 10-46 所示。

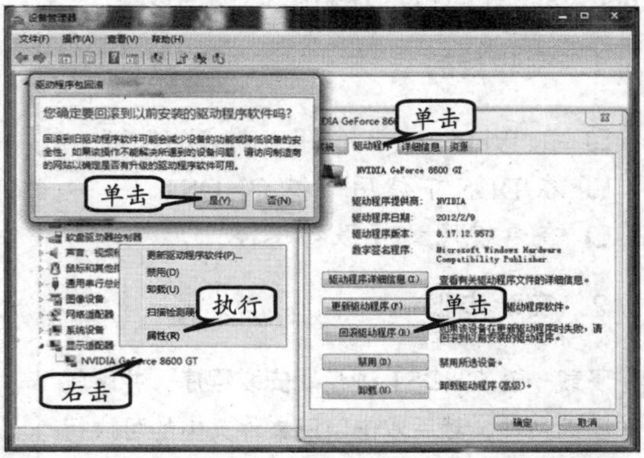

图 10-46　回滚驱动程序

根据用户所恢复驱动程序，以及设备的不同，部分情况下系统还会弹出【确认文件替换】对话框，用户只需单击【是】按钮即可。

10.3.2　使用驱动精灵备份驱动程序

驱动精灵是由驱动之家网站推出的一款驱动程序更新、备份工具，此外还具有从操作系统内提取驱动程序的功能。启动驱动精灵后，界面的最上方为功能列表区域，单击某一功能按钮后，即可打开相应的功能界面，如图 10-47 所示。

单击【驱动管理】按钮后，在【驱动管理】页面选择【驱动备份】选项卡。然后在左侧的列表中启用硬件设备前面的复选框。

此时，右侧单击【开始备份】按钮，所选设备的驱动程序即可备份完成，如图 10-48 所示。

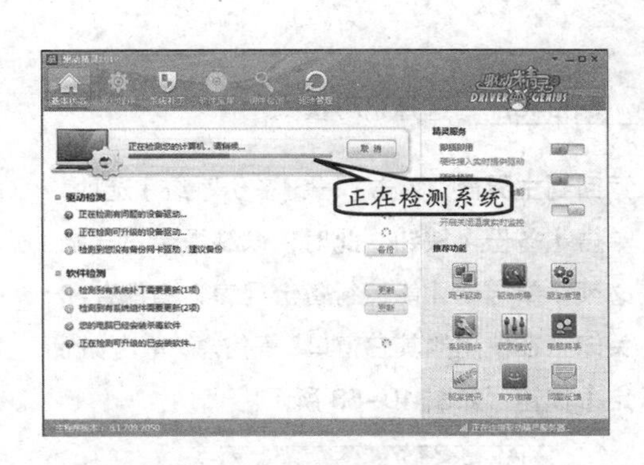

图 10-47　驱动精灵主界面

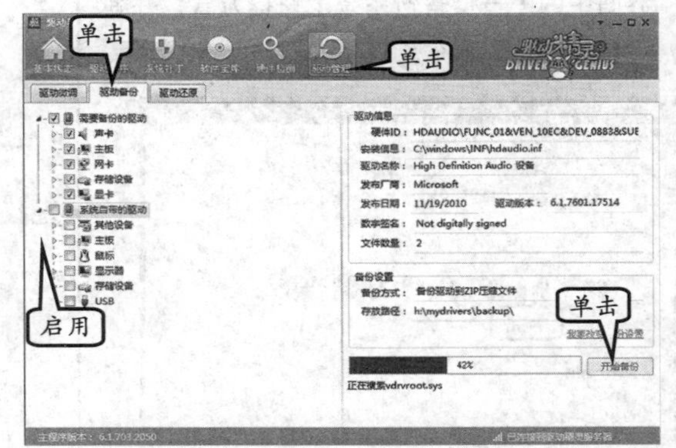

图 10-48　备份驱动程序

10.4　实验指导：一键 GHOST 的使用方法

计算机在使用过程中，操作系统难免会因病毒或其他原因而被破坏，此时便需要重新安装操作系统。不过，使用光盘安装操作系统会消耗大量时间，而使用一键 GHOST

备份恢复软件即可快速解决此类问题。

1. 实验目的

- 在 Windows 下使用一键 GHOST。
- 在 DOS 下使用一键 GHOST。
- 查看镜像文件保存路径。

2. 实验步骤

1 下载一键 GHOST 硬盘版安装程序，并解压压缩文件，然后双击解压文件夹中的可执行文件，如图 10-49 所示。

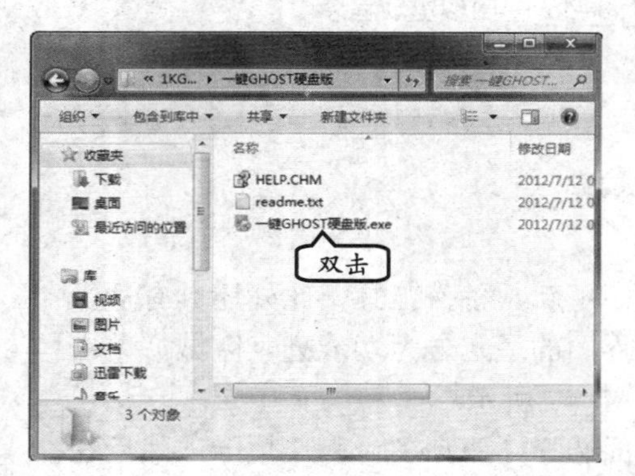

图 10-49 安装一键 GHOST 硬盘版

2 根据安装向导提示安装该软件。然后，双击界面中的【一键备份系统】快捷方式，并弹出【一键备份系统】窗口，如图 10-50 所示。

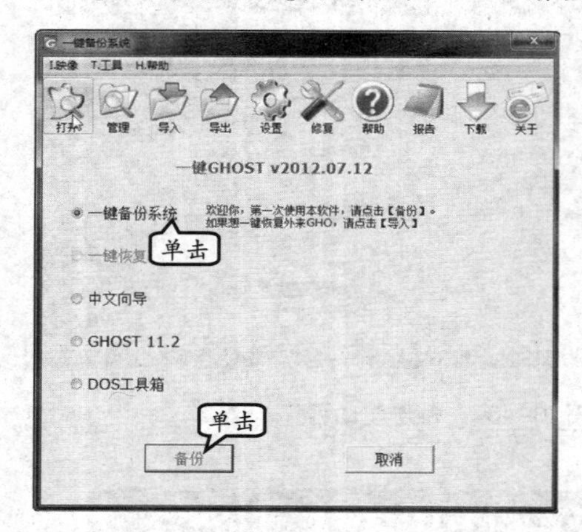

图 10-50 一键备份系统主界面

3 如果多人共用计算机，为防止其他人误用此软件，可以在主界面上单击【设置】按钮。然后，在弹出的对话框上方将显示 16 个选项卡。选择【密码】选项卡，并输入密码，单击【确定】按钮，即可对该软件设置打开密码内容，如图 10-51 所示。

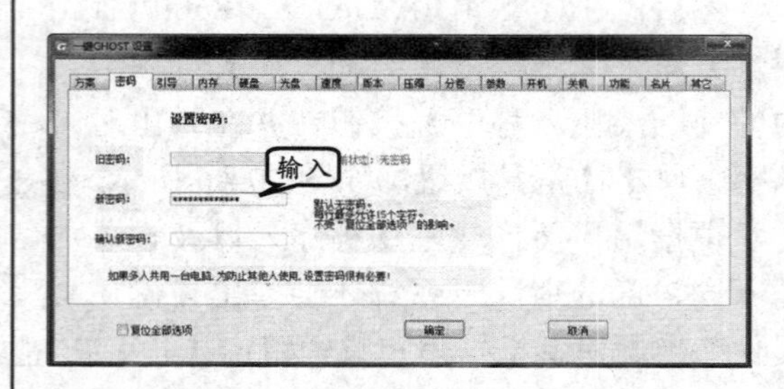

图 10-51 设置登录密码

4 选择【引导】选项卡，并在【选择引导模式】选项组中显示不同的引导方式。例如，选择【模式 2】单选按钮，并单击【确定】按钮，如图 10-52 所示。

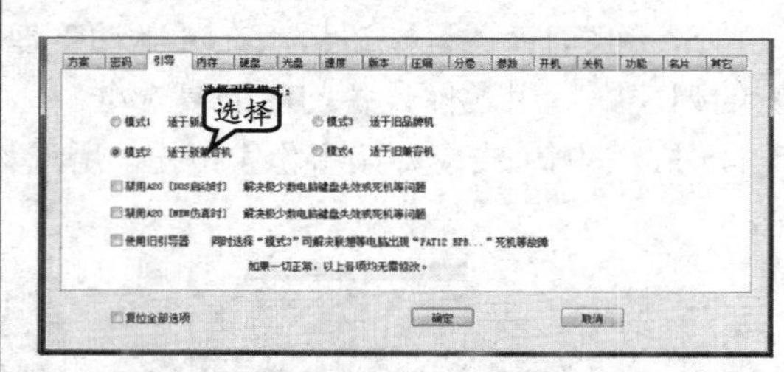

图 10-52 选择引导模式

5 返回到主界面，单击【一键备份系统】选项，单击【备份】按钮。此时，系统提示“电脑必须重新启动才能运行备份程序，请保存和关闭正在使用的其它窗口”等信息，单击【确定】按钮，如图 10-53 所示。

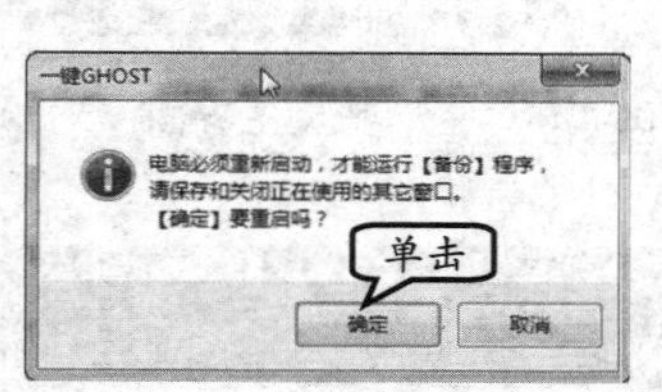

图 10-53 重启警告信息

6 重新启动计算机后，则开始运行 GHOST 程序，进行系统盘（C:）的备份操作，如图 10-54 所示。

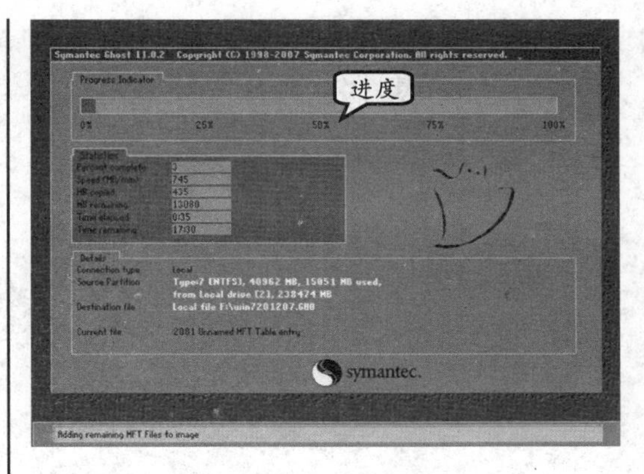

图 10-54 开始一键备份 C:

10.5 实验指导：Windows XP 还原系统数据

在 Windows XP 中也有一个使用简单、功能强大的系统组件，与 Windows 7 非常类似，可以备份及恢复因系统设置错误或文件损坏、丢失而造成的系统问题。

1. 实验目的

- ❑ 创建还原点。
- ❑ 还原操作系统。
- ❑ 了解系统还原使用方法。

2. 实验步骤

1 单击【开始】按钮后，执行【所有程序】|【附件】|【系统工具】|【系统还原】命令，如图 10-55 所示。

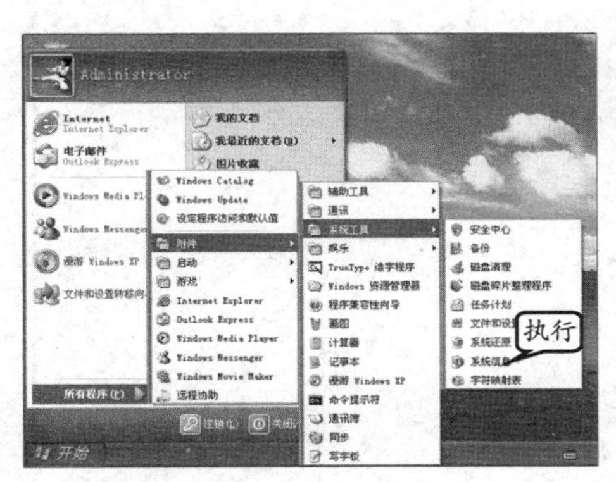

图 10-55 执行【系统还原】命令

2 在【系统还原】向导界面中选择【创建一个还原点】单选按钮，如图 10-56 所示。

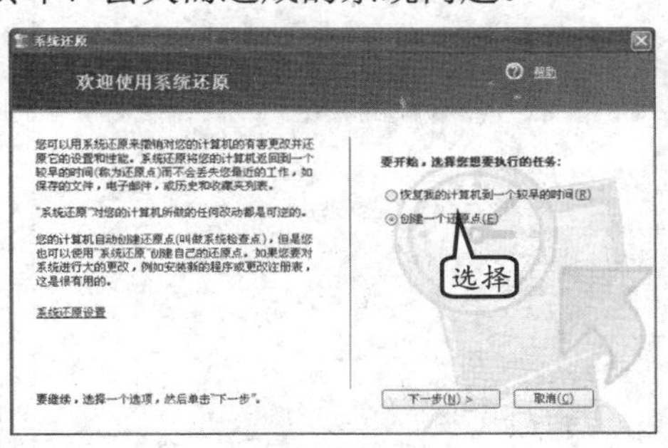

图 10-56 选择操作类型

3 在【创建一个还原点】对话框中设置还原点的描述信息后，单击【创建】按钮，如图 10-57 所示。

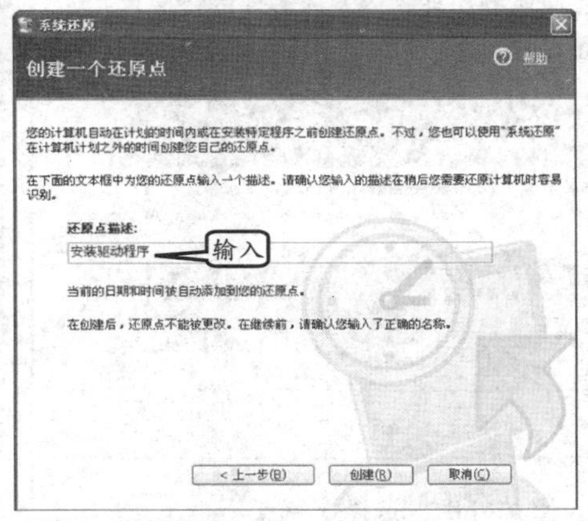

图 10-57 添加还原点描述信息

4 在弹出的对话框中单击【关闭】按钮，即可完成还原点的创建操作，如图 10–58 所示。

图 10–58 创建还原点

5 当操作系统出现故障需要修复时，只需在启动系统还原功能后选择【恢复我的计算机到一个较早的时间】单选按钮，如图 10–59 所示。

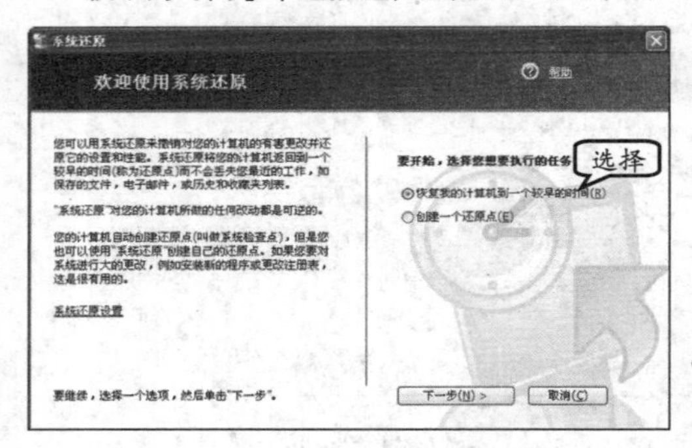

图 10–59 执行系统还原操作

6 在弹出的【选择一个还原点】界面中选择创建还原点的日期，以及所创建的还原点，如图 10–60 所示。

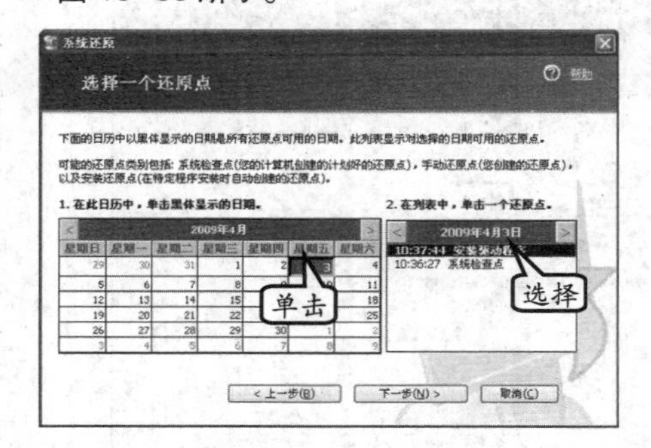

图 10–60 选择还原点

7 系统还原功能将弹出【确认还原点选择】界面，确认无误后，单击【下一步（N）】按钮，操作系统便会重新启动计算机，以便执行系统还原操作，如图 10–61 所示。

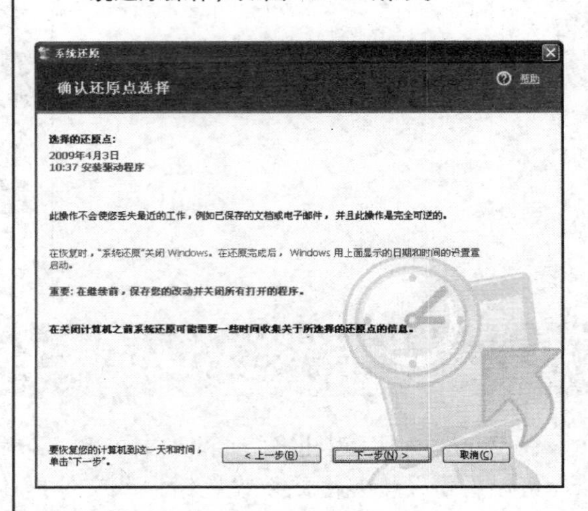

图 10–61 准备进行系统还原

8 当操作系统恢复至创建还原点时的状态后，则在弹出的【恢复完成】界面中单击【确定】按钮，即可完成还原操作，如图 10–62 所示。

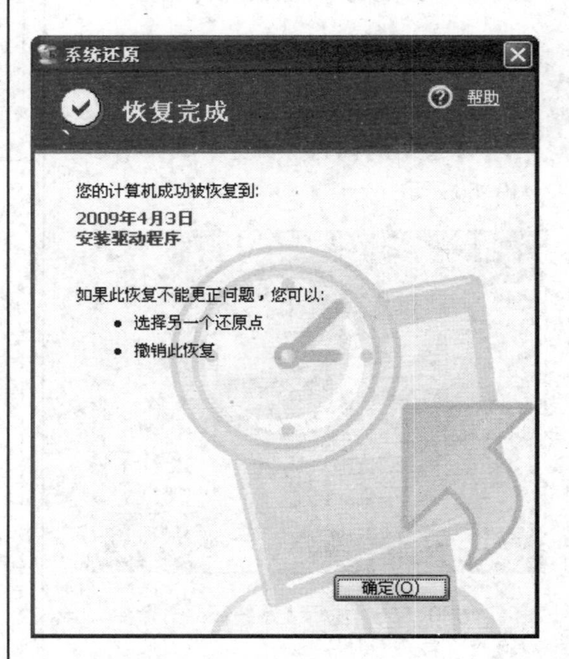

图 10–62 完成还原操作

10.6 思考与练习

一、填空题

1. 在操作系统及各种硬件的驱动程序安装完成后，用户还需要________操作系统，以便于在计算机系统崩溃时能够及时对其进行恢复操作。

2. GHOST 是一款分区/磁盘的________软件。

3. 从 GHOST 10.0 开始，GHOST 具备了在________环境下进行备份与恢复操作的能力。

4. 利用 GHOST________功能能够了解到 GHOST 镜像文件的完整性和 GHOST 所创建备份磁盘、备份分区的正确性。

5. 个人数据是指个人文件夹内的各种________文件，以及与用户账户相关的各种配置文件。

6. 驱动程序在操作系统与硬件设备之间起着________的作用。

7. 在 Windows 操作系统中，用于查看和管理硬件信息的组件是________。

二、选择题

1. 针对 Windows 操作系统的特点，GHOST 将磁盘本身及其内部划出的分区视为两种不同的操作对象，分别为________。

A. 硬盘和软盘

B. 磁盘与分区

C. 分区与镜像文件

D. 单机与网络

2. 在使用 GHOST 创建镜像文件时，其中压缩率最高，但花费时间最多的模式是__________。

A. No　　B. Fast

C. High　　D. Low

3. GHOST Check 功能主要用于保证 GHOST 镜像文件的__________，以及 GHOST 备份磁盘、备份分区的__________。

A. 完整性，正确性

B. 健康度，活跃性

C. 准确性，健康度

D. 数据完整，资料不丢失

4. 对于操作系统来说，个人文件不包括下列哪种类型的文件？________

A. 私人数据文档　　B. .sys 文件

C. JPEG 照片　　D. 音乐文件

5. Windows Vista 个人文件备份与还原功能对系统的要求是________？

A. 备份文件不能大于 4GB

B. 计算机必须配备有光驱

C. 所备份文件必须位于 NTFS 格式的分区内

D. 无任何限制

6. 驱动精灵是一款驱动程序更新、备份工具，此外还具有________的功能。

A. 编辑驱动程序

B. 管理驱动程序

C. 向网站发布驱动程序

D. 从操作系统内提取驱动程序

三、简答题

1. GHOST 都具有哪些功能？

2. 简述使用 GHOST 创建分区镜像文件的过程。

3. 备份用户的个人数据都有哪些方法？

4. 简述 Windows 7 备份计划部署的一般操作流程。

5. 通过驱动精灵备份驱动程序的流程是什么？

四、上机练习

使用驱动精灵更新驱动程序

由于驱动精灵拥有驱动之家 10 数年来所积累的驱动程序数据库，因此在检测用户计算机的硬件配置后，能够迅速向用户提供各个硬件的最新驱动程序信息。这样一来，用户便可在为硬件更新驱动程序后解决之前驱动程序内的各种问题。

启动驱动精灵后，单击主界面内的【驱动程序】按钮即可在【驱动程序】界面内查看到当前计算机需要更新驱动程序的硬件设备，如图 10-63 所示。

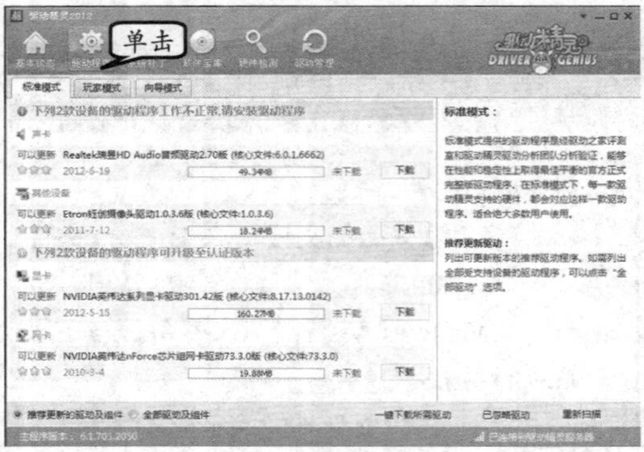

图 10-63 查看需要更新驱动程序的硬件设备

在单击某一硬件设备右侧的【下载】按钮后，驱动精灵便会自动下载适合该设备的最新版本驱动程序。完成后，单击【安装】按钮，如图 10-64 所示。

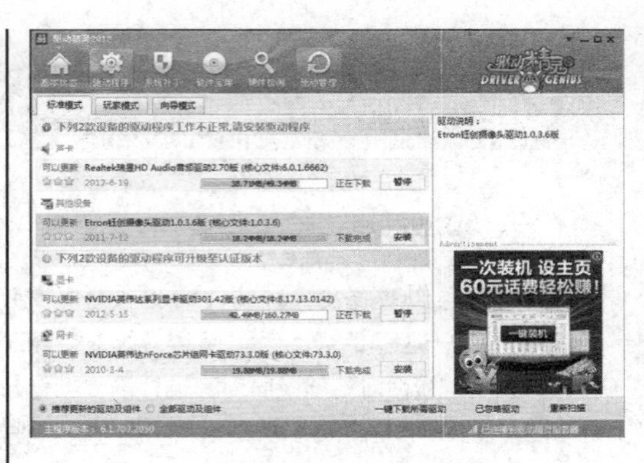

图 10-64 安装驱动程序更新包

进行到这里后，只需按照驱动程序安装向导的提示进行操作，即可完成相应设备的驱动程序更新工作。

第11章 系统维护及故障排除

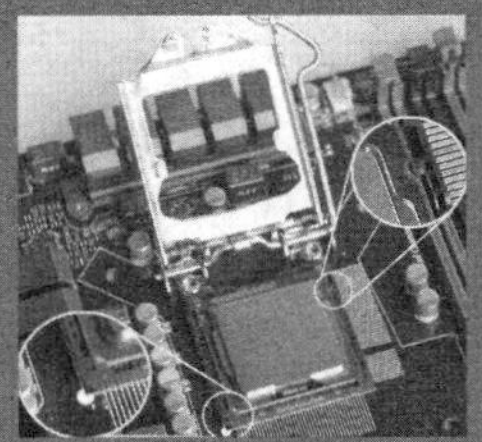

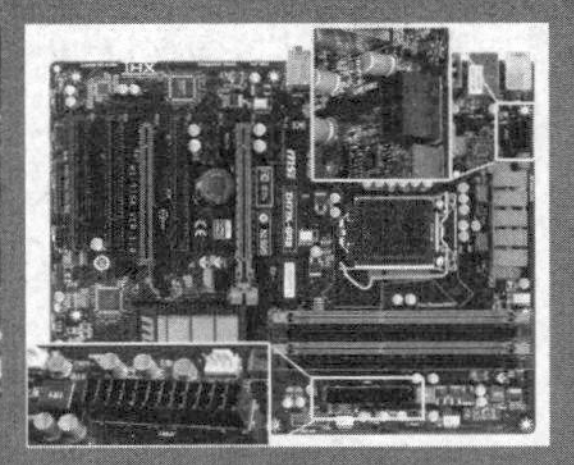

对于计算机这样精密而复杂的电子设备来说，工作环境对其寿命有着不可忽视的影响。而计算机软件系统的运行状况也在很大程度上影响着计算机的工作效率。

因此，在日常使用计算机的过程中，必须从硬盘和软件两个方面对计算机进行维护，只有这样才能够时刻保障计算机的正常运转。计算机在使用过程中必然由于缺乏合理维护、操作不当或其他原因而出现故障。此时，用户所期望的便是如何迅速而正确地排除故障，以减少因故障而带来的损失。

本章学习要点：

- 计算机维护知识
- 注册表知识
- 操作系统优化
- 熟悉常见故障类型
- 了解故障检测与排除方法
- 常见硬件的故障与排除

11.1 计算机维护基础

正确而适当地维护计算机不仅能够保障计算机的工作效率，最大限度地发挥其性能，还能够起到“防患于未然”的目的，从而减少因计算机故障而造成的损失。

11.1.1 计算机的使用环境

为保证计算机的正常运行，必须对温度、湿度及其他与外部环境有关的各种情况进行控制，以免运行环境欠佳而导致计算机无法正常运行或损坏等情况的发生。

1．保持合适的温度

计算机在启动后，其内部的各种元器件（尤其是各种芯片）都会慢慢升温，并导致周围环境温度的上升。当温度上升到一定程度时，高温便会加速电路内各个部件的老化，甚至引起芯片插脚脱焊，严重时还将烧毁硬件设备。

因此，应保证-室内空气的流通，在有条件的情况下应当配置空调，以便计算机能够运行在正常的环境温度下。

2．保持合适的湿度

计算机周围环境的相对湿度应保持在30%~80%的范围内。如果湿度过大，潮湿的空气不但会腐蚀计算机内的金属物质，还会降低计算机配件的绝缘性能，严重时还会造成短路，从而烧毁部件；如果湿度过低，则更容易产生静电，这些静电不但是计算机吸附灰尘的主要原因，严重时还会在某些情况下因放电现象（如与人体接触）而击穿电路中的芯片，损坏计算机硬件。

3．保持环境清洁

计算机在运行时，其内部产生的静电及磁场很容易吸附灰尘。这些灰尘不仅会影响计算机散热，还会在湿度较大的情况下成为导电物质，从而引起计算机稳定，甚至短路，造成集成电路的损坏。因此，建议用户根据周围环境定期清理，以免因灰尘过多造成计算机损坏。

4．保持稳定的电压

保持计算机正常工作的电压需求为220V，过高的电压会烧坏计算机的内部元件，而电压过低则会影响电源负载，导致计算机无法正常运行。因此，计算机应避免与空调、冰箱等大功率电器共用线路或插座，以免此类设备在工作时产生的瞬时电压波动影响计算机的正常运行。

提　示

为计算机配备UPS是一种优化电源环境的常用且实用的方法。

5. 防止磁场干扰

由于硬盘采用磁信号作为载体来记录数据，因此当其位于较强磁场内时，便会由于受到磁场干扰而无法正常工作，严重时还会导致保存的数据遭到破坏。磁场干扰还会使电路产生额外的电压电流，从而导致显示器偏色、抖动、变形等现象。因此，应避免在计算机附近放置强电、强磁设备。

另外，在计算机周围放置的多媒体音箱也应该选择防磁效果较好的产品，并且在摆放时尽量远离主机、显示器。

11.1.2 安全操作注意事项

将计算机置于合适的环境中是保证计算机正常运作的前提。此外，掌握安全操作计算机的方法也能够减少计算机硬件故障的发生。为此，下面将对各硬件的安全操作注意事项进行简单介绍。

1. 电源

电源是计算机的动力之源，机箱内所有的硬件几乎都依靠电源进行供电。为此，我们应在使用计算机的过程中注意一些与电源相关的问题。

例如，在正常工作状态下，电源风扇会发出轻微而均匀的转动声，但若声音异常或风扇停止转动，则应立即关闭计算机。否则，轻则导致因机箱和电源散热效率下降而引起计算机工作不稳定，重则损坏电源。此外，电源风扇在工作时容易吸附灰尘，所以计算机在使用一段时间后应对电源进行清洁，以免因灰尘过多而影响电源的正常工作。

提 示

定期为电源风扇转轴添加润滑油可增加风扇转动时的润滑性，从而延长风扇寿命。

2. 硬盘

硬盘是计算机的数据仓库，包括操作系统在内的众多应用程序和数据都存储在硬盘内，其重要性不言而喻。为了保证硬盘能够正常、稳定地工作，在硬盘进行读/写操作时，严禁突然关闭计算机电源，或者碰撞、挪动计算机，以免造成数据丢失。这是因为，硬盘磁头在工作时会悬浮在高速旋转的盘片上，突然断电或碰撞都有可能造成磁头与盘片的接触，从而造成数据的丢失与硬盘的永久损坏。

3. 光驱

光驱在使用一段时候后，激光头和机芯上往往会附着很多灰尘，从而造成光驱读盘能力的下降，严重时光驱完全报废。不过，如果能够遵照下面的方式来正确使用光驱，不但可以保证光驱的读盘能力，还能够适当延长光驱的使用寿命。

第一是光驱在读盘时不要强行弹出光盘，以免光驱内的托盘和激光头发生摩擦，从而损伤光盘与激光头。

第二是光驱要注意防尘，禁止使用光驱读取劣质光盘和带有灰尘的光盘。并且，在每次打开光驱托盘后，都要尽快关上，以免灰尘进入光驱。

第三是必要时可以对光驱激光头进行清洁，并对机芯的机械部位添加润滑油，以减小其工作时产生的摩擦力，如图 11-1 所示。

图 11-1　光驱内部情形

4．显示器

显示器是计算机的重要输出设备之一，正确和安全地使用显示器不但能够延长显示器使用寿命，还能够保障使用者的身体健康。为此，在使用显示器的过程中应当注意以下几点。

显示器应远离磁场干扰，避免使 CRT 屏幕磁化而使显示内容偏色变形；避免将显示器置于潮湿的工作环境中，也不要将其长时间放置于强光照射的地方；在不使用计算机时，应使用防尘罩遮盖显示器，以免灰尘进入显示器内部。

注　意

关闭计算机后，应当待显示器内部的热量散尽后再为其覆盖防尘罩。

在使用一段时间后，还要清洁显示器外壳和屏幕上的灰尘。清洁时，可用毛刷或小型吸尘器去除显示器外壳上的灰尘，而显示器屏幕上的灰尘可以用镜面纸或干面纸从屏幕内圈向外呈放射状轻轻擦拭。

提　示

计算机配件市场内通常会有清洁套装出售，其清洁效果大都优于普通纸巾。

5．鼠标和键盘

鼠标和键盘是用户操作计算机时接触最为频繁的硬件，但由于它们长期暴露在外，因此很容易积聚灰尘。此外，由于使用频繁，键盘和鼠标上的按键也很容易损坏，所以在使用时应当注意以下几点。

首先是定期清洁键盘和鼠标的表面、按键之间，以及缝隙内的灰尘和污垢，并定期清洗鼠标垫。

其次是在使用键盘时，按键的动作和力度要适当，以防机械部件受损后失效。在关闭计算机后，还应为其覆盖防尘罩。

最后是在使用鼠标时应尽量避免摔、碰、强力拉线等操作，因为这些操作都是造成鼠标损坏的主要原因。

11.2　Windows 注册表

注册表（Registry）是 Windows 操作系统用于存放各种硬件信息、软件信息和系统设置信息的核心数据库。通常来说，几乎所有软件和硬件的设置问题都与注册表有关，而 Windows 操作系统也是借助注册表来实现统一管理计算机的各种软、硬件资源。

11.2.1 注册表应用基础

通常情况下，注册表由操作系统自主管理。但在用户掌握注册表相关知识的情况下，用户也可通过软件或手工修改注册表信息，从而达到维护、配置和优化操作系统的目的。

1. 了解注册表编辑器

注册表编辑器是用户修改和编辑注册表的工具。Windows 7 环境下，单击【开始】按钮，并执行【所有程序】|【附件】|【命令提示符】命令，打开【命令提示符】窗口，如图 11-2 所示。

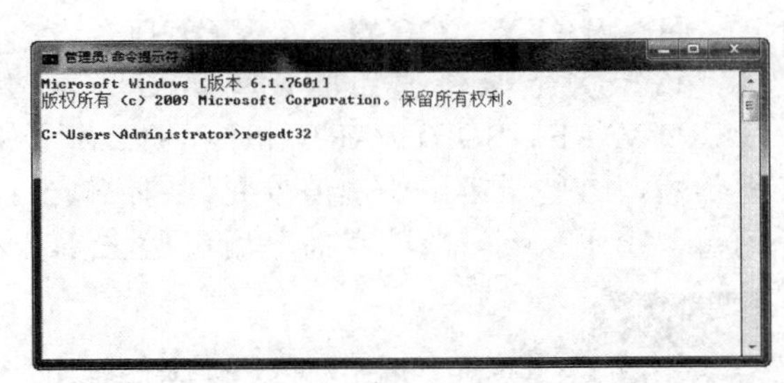

图 11-2 【命令提示符】窗口

在命令提示行后面输入 regedit 或 regedt32 后回车，即可启动【注册表编辑器】窗口。在【注册表编辑器】窗口中分左右两列，左窗格中的内容为树状排列的分层目录，右窗格中的内容为当前所选注册表项的具体参数选项，如图 11-3 所示。

图 11-3 启动注册表编辑器

2. 注册表的结构

注册表采用树状分层结构，由根键、子键和键值项三部分组成，各部分的功能和作用如下。

❑ 根键

系统所定义的配置单元类别，特点是键名采用“HKEY_”开头。例如，注册表左侧窗格内的 HKEY_CLASSES_ROOT 即为根键。

❑ 子键

位于左窗格中，以根键子目录的形式存在，用于设置某些功能，本身不含数据，只负责组织相应的设置参数。

❑ 键值项

位于注册表编辑器的右窗格内，包含计算机及其应用程序在执行时所使用的实际数据，由名称、类型和数据三部分组成，并且能够通过注册表编辑器进行修改，如图 11-4 所示。

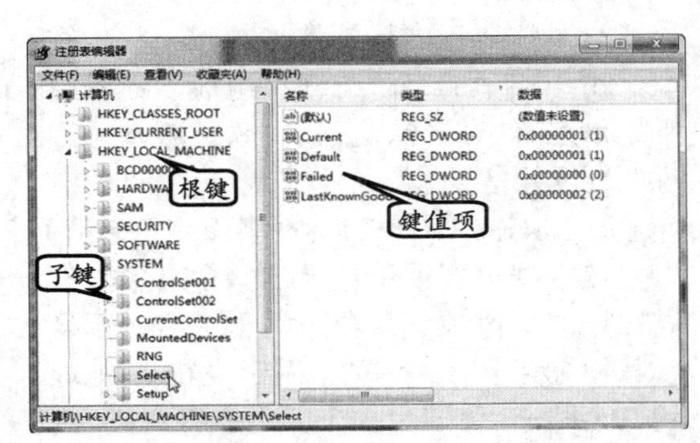

图 11-4 注册表的结构

3. 根键

Windows XP 注册表共有 5 个根键，每个根键所负责管理的系统参数各不相同，分别如下。

- ❑ **HKEY_CLASSES_ROOT**

它主要用于定义系统内所有已注册的文件扩展名、文件类型、文件图标，以及所对应的程序等内容，从而确保资源管理器能够正确显示和打开该类型文件。

- ❑ **HKEY_CURRENT_USER**

它用于定义与当前登录用户有关的各项设置，包括用户文件夹、桌面主题、屏幕墙纸和控制面板设置等信息。

- ❑ **HKEY_LOCAL_MACHINE**

该根键下保存了当前计算机内所有的软、硬件配置信息。其中，该根键下的 HARDWARE、SOFTWARE 和 SYSTEM 子键分别保存有当前计算机的硬件、软件和系统信息，这些子键下的键值项允许用户修改；SAM 和 SECURITY 则用于保存系统安全信息，出于系统安全的考虑，用户无法修改其中的键值项。

提 示

一般 HKEY_CLASSES_ROOT 根键中的内容与 HKEY_LOCAL_MACHINE 根键内 SOFTWARE\Classes 子键下的内容相同，依次打开两者后便可以看到一样的内容。

- ❑ **HKEY_USERS**

该根键保存了当前系统内所有用户的配置信息。当增添新用户时，系统将根据该根键下.DEFAULT 子键的配置信息来为新用户生成系统环境、屏幕、声音等主题及其他配置信息。

- ❑ **HKEY_CURRENT_CONFIG**

该根键内包含了计算机在本次启动时所用到的各种硬件配置信息。

4. 键值项

键值项是整个注册表结构中的最小单元，每个键值项都由名称、数据类型和数据三部分所组成。在 Windows XP 中，键值项的数据类型分为以下几种。

- ❑ **REG_SZ（字符串值）**

这是注册表内最为常见的一种数据类型，由一连串的字符与数字组成，通常用于记录名称、路径、标题、软件版本号和说明性文字等信息。

- ❑ **REG_MULTI_SZ（多重字符串值）**

该数据类型用于记录那些含有多个不同数据的键值项，每项之间用空格、逗号或其他标记分开。例如，用于设置 IP 地址的 IPAddress 值即为一个多重字符串值。因为只有这样用户才能够为一块网卡设置多个 IP 地址，如图 11-5 所示。

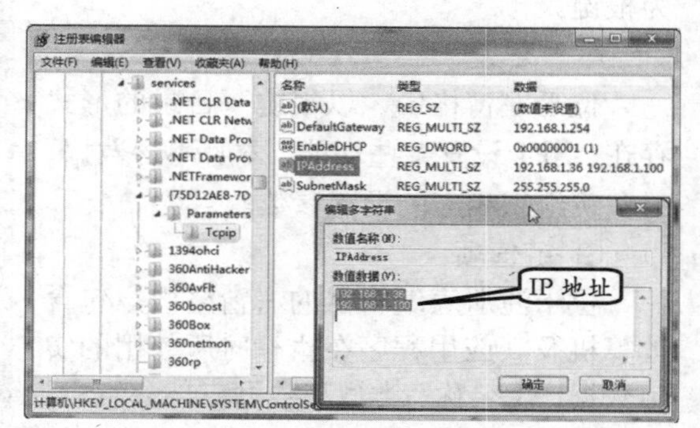

图 11-5 多重字符串示例

❑ **REG_EXPAND_SZ（可扩充字符串值）**

这是一种可扩展的字符串类型，不过系统会将 REG_EXPAND_SZ 内的信息当作变量看待，这是该类型键值项与 REG_SZ 所不同之处。

❑ **REG_DWORD（DWORD 值）**

该类型数据由 4 个字节的数值所组成，通常用于表示硬件设备和服务的参数。在注册表编辑器中，用户可以根据需要以二进制、十六进制或十进制的方式来显示该类型的数据，如图 11-6 所示。

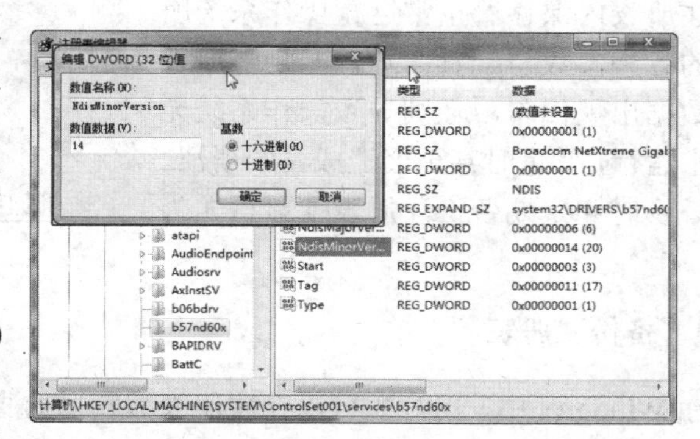

图 11-6　DWORD 值类型

❑ **REG_BINARY（二进制值）**

这是一种与 REG_DWORD 极其类似的数据类型，两者间的差别在于：REG_BINARY 内的数据可以是任意长度，而 REG_DWORD 内的数据则必须控制在 4 个字节以内。

5．编辑注册表

在对注册表和注册表编辑器有了一定认识后，接下来将学习编辑注册表的方法。

❑ **新建子键**

根据使用需求，右击树状目录选项，并执行【新建】|【项】命令，即可在所选根键或子键下创建新的子键。如果需要修改子键名称，用户可以选择所创建的子键，并且当名称处于“蓝色”编辑状态时，可直接进行修改，如图 11-7 所示。

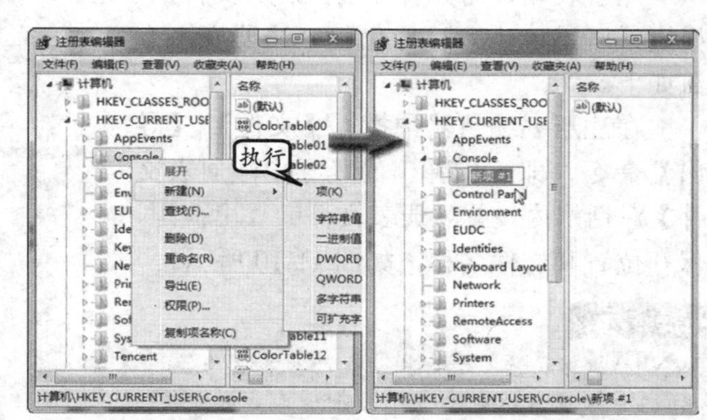

图 11-7　新建子键

❑ **创建和修改键值项**

右击根键或子键后，执行【新建】|【字符串值】命令，即可新建 REG_SZ 类型的键值项。与修改子键名称相同的是，用户可以再创建键值项，当名称处于“蓝色”编辑状态时，可直接修改键值项的名称，如图 11-8 所示。

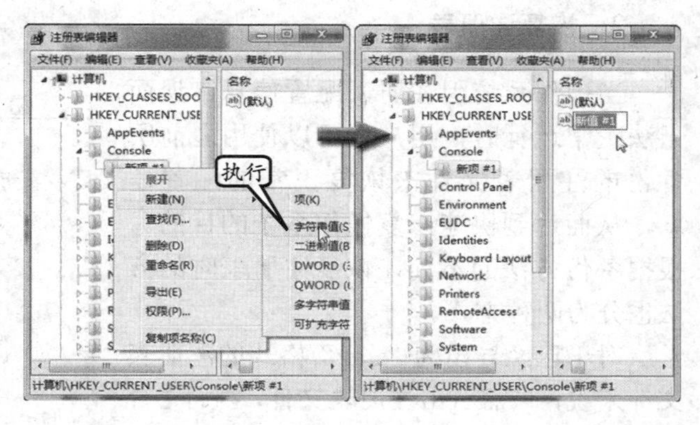

图 11-8　创建键值项

默认情况下，刚创建的键值项内容为空（或为 0）。在双击键值项名称后，即可在弹出对话框中修改键值项的值，如图11-9所示。

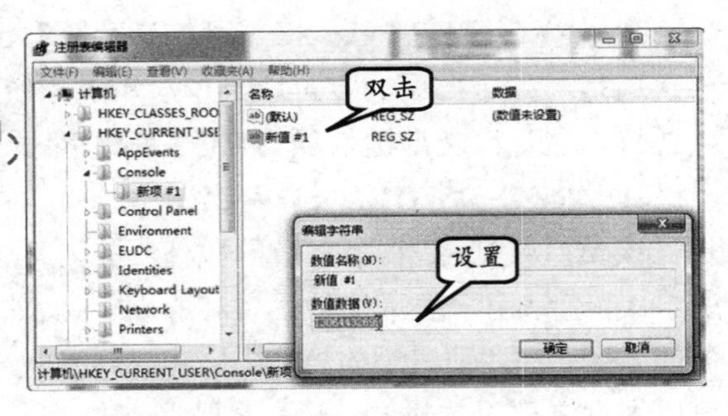

图 11-9 为键值项赋值

11.2.2 备份与恢复注册表

注册表内保存着正常运行操作系统所必需的各种参数与配置信息，一旦注册表中的数据出现偏差，轻则导致操作系统无法正常运行，严重时甚至会造成系统崩溃。因此，及时和定期备份注册表便显得尤为重要。

1. 备份注册表

在 Windows 中，用户既可以在注册表编辑器内直接备份注册表，也可以利用系统工具来备份注册表。

注册表编辑器具有导出注册表文件的功能，而且既可以根据需要有选择的导出指定根键或子键，也可以导出整个注册表，方法如下。

在注册表编辑器中执行【文件】|【导出】命令，即可在弹出的【导出注册表文件】对话框内设置注册表文件的导出范围、保存位置和文件名称，如图 11-10 所示。

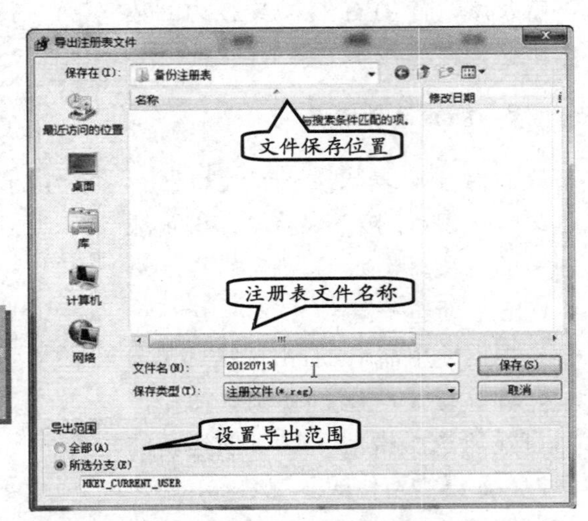

图 11-10 导出注册表文件

提 示

默认情况下，注册表导出文件的扩展名为.reg，用户可使用系统自带的记事本程序来编辑或查看注册表文件中的内容。

2. 恢复注册表

当操作系统因注册表配置信息错误而无法正常运行时，用户便可以使用之前所备份的注册表文件来恢复正常的配置信息，从而达到快速修复操作系统的目的。根据备份方法的不同，恢复注册表时的方法也分为两种方式。

对于已经导出为“.reg”格式的注册表文件来说，只需右击注册表文件，执行【合并】命令，并在弹出对话框中单击【确定】按钮即可将该注册表文件内的各项信息覆盖注册表内的现有信息，如图 11-11 所示。

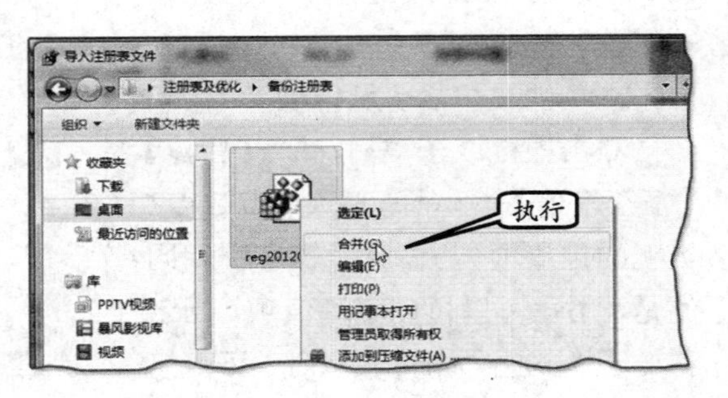

图 11-11 合并注册表文件

技 巧

在注册表编辑器中执行【文件】|【导入】命令，并在弹出对话框内选择注册表文件后，即可将其导入注册表中，覆盖现有注册表内的信息，达到恢复注册表的目的。

11.3 优化操作系统

操作系统是计算机软件系统的基础，而保证操作系统稳定、高效地运行则是正常使用计算机的必要前提。为此，人们开发了一系列维护和管理操作系统的应用软件，从而达到优化操作系统，并提高计算机工作效率的目的。

11.3.1 优化系统的意义

在计算机系统中，影响系统运行速度的因素很多，既有因安装过多应用软件而导致的系统臃肿，也有因硬件配置过低、系统性能低下而造成的无法满足系统运行需求。为此，系统优化也应从多个方面来开展，下面将对其分别进行介绍。

- 禁用系统常驻程序

操作系统在启动时，自动加载的程序被称为系统常驻程序。过多的系统常驻程序不但会延长操作系统的启动时间，还会消耗有限的内存资源。

此时，在系统自带的【系统配置】窗口中选择【启动】选项卡，并禁用一些程序前的复选框，即减少程序所带来的系统资源消耗，如图 11-12 所示。

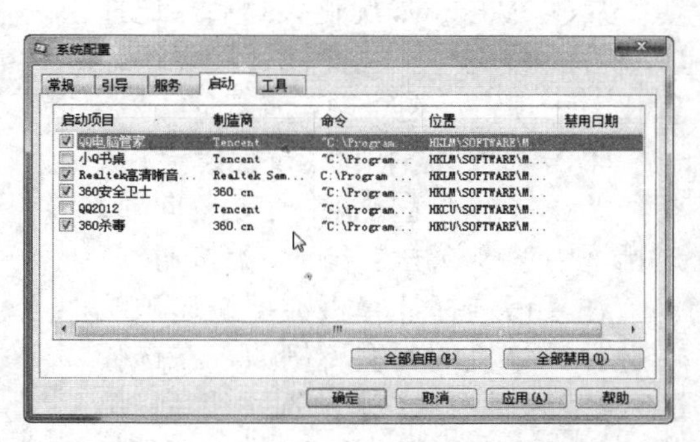

图 11-12 禁用不必要的系统常驻程序

提 示

在 Windows 7 中，在【命令提示符】窗口中输入 msconfig，回车执行，即可弹出【系统配置】对话框。

- 关闭不需要的系统服务

系统服务是维持 Windows 操作系统正常运行的基础程序，这些程序不但保证了操作系统的稳定运行，还能够协助用户更好地管理和使用计算机。

不过，并不是所有系统服务都是运行 Windows 必须要用到的，所以当用户也不需要这些系统服务所提供的功能时，便可通过关闭这些服务来达到释放系统资源的目的，如图 11-13 所示。

图 11-13 关闭一些服务

❑ 清理垃圾文件

在应用程序的不断安装与卸载，以及文件的不断创建与删除过程中，操作系统内难免会留下少量垃圾文件或碎片信息。随着计算机使用时间的延长，此类垃圾文件或垃圾信息会越来越多，并最终导致系统运行速度的放缓。

为此，用户应定期对操作系统内的垃圾文件与垃圾信息进行清理，从而通过对操作系统进行“瘦身”来达到优化操作系统的目的。

11.3.2 优化软件的使用

目前，专注于系统优化功能的软件很多，较为知名的有 Windows 优化大师、超级兔子、鲁大师等。通过使用这些优化软件便可轻松完成优化系统设置、提升系统启动时间与运行速度等工作。

1. 优化磁盘缓存

磁盘缓存是影响计算机数据读取与写入的重要因素，利用 Windows 优化大师优化磁盘缓存的方法如下。

启动 Windows 优化大师后，选择【系统优化】选项，并单击【磁盘缓存优化】选项，如图 11-14 所示。

单击右侧窗格内的【设置向导】按钮，并在弹出的【磁盘缓存设置向导】对话框中直接单击【下一步】按钮。

在【请选择计算机类型】选项组中选择计算机的类型。例如，在选择【系统资源紧张用户】单选按钮后，单击【下一步】按钮，如图 11-15 所示。

根据用户选择计算机经常执行任务的类型，Windows 优化大师会列出推荐的优化方案。确认无误后，单击【下一步】按钮，如图 11-16 所示。

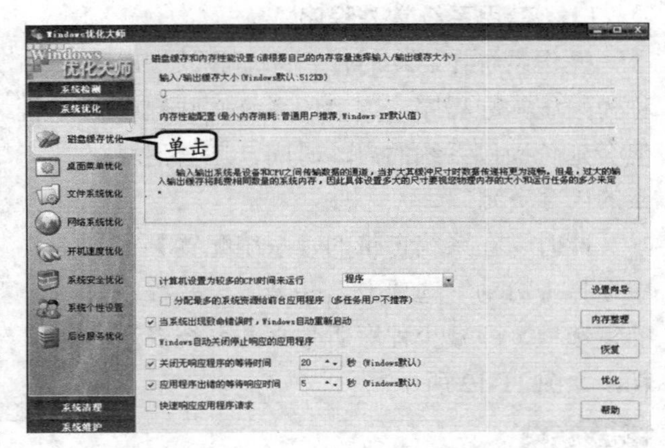

图 11-14 选择【磁盘缓存优化】选项

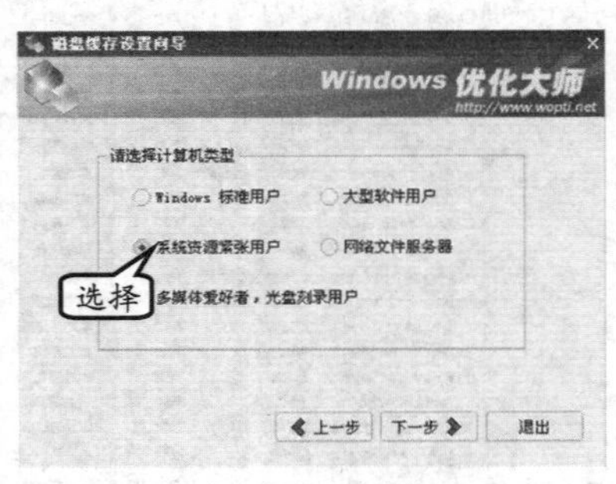

图 11-15 选择计算机类型

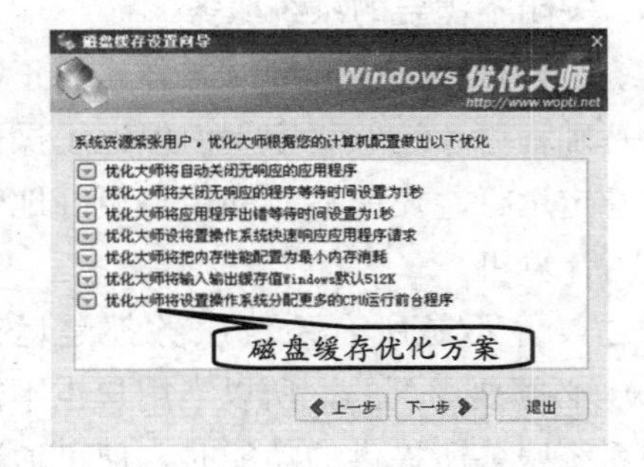

图 11-16 确认优化方案

在弹出的对话框中，单击【完成】按钮返回【磁盘缓存优化】选项卡。在单击【优化】按钮后，即可按照优化方案对系统进行调整。

2．优化网络设置

随着 Internet 的迅速发展，网络已经成为工作和学习过程中一种极其重要的信息渠道。但对于操作系统来说，如果网络设置不当，轻则影响网络连接速度，重则无法连接网络。在 Windows 优化大师中，优化网络设置的具体操作步骤如下。

单击【网络系统优化】选项，打开【网络系统优化】选项卡。在该选项卡中列出了常用的几种上网方式，以及对 IE 的部分常规设置选项，如图 11-17 所示。

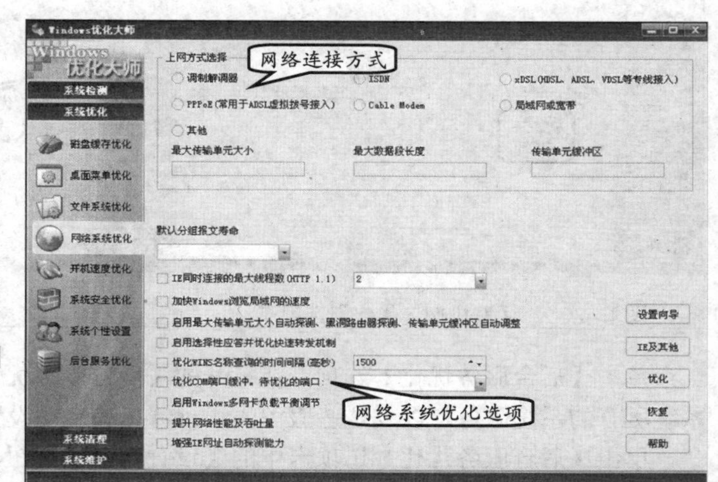

图 11-17 【网络系统优化】选项卡

单击【设置向导】按钮，弹出【Wopti 网络系统自动优化向导】对话框。然后单击该对话框中的【下一步】按钮。

接下来，在弹出的对话框内选择当前计算机的网络连接方式，完成后单击【下一步】按钮，如图 11-18 所示。

根据用户所选设置的不同，Windows 优化大师会提供一套适用于当前计算机的网络系统优化方案。在确认使用优化方案后，单击【下一步】按钮，即可按照该方案优化网络系统，如图 11-19 所示。

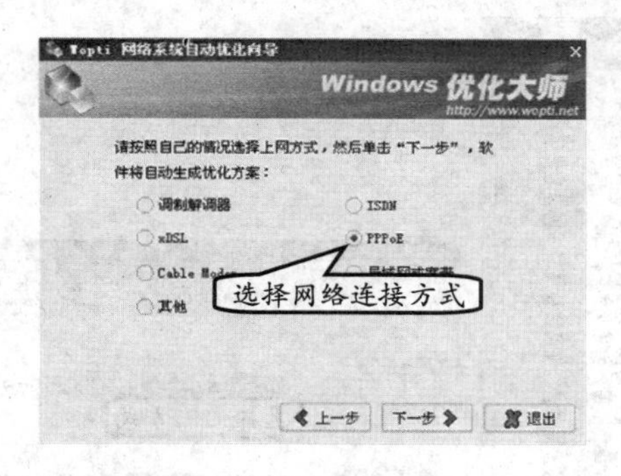

图 11-18 选择网络连接方式

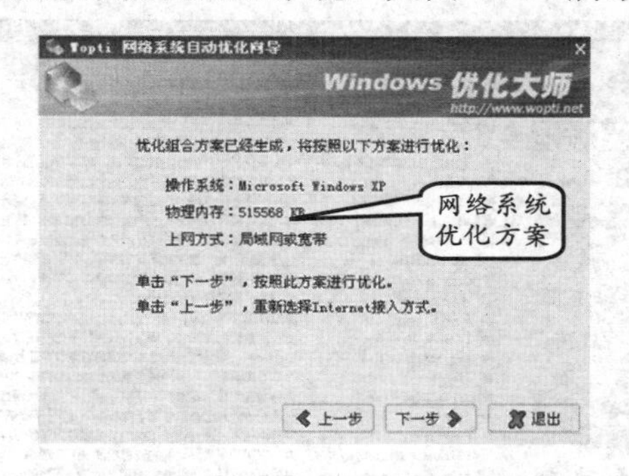

图 11-19 确认优化方案

按照优化方案重新设置网络系统后，单击【Wopti 网络系统自动优化向导】对话框中的【退出】按钮即可完成网络系统优化并返回【网络系统优化】选项卡。

3．优化系统启动速度

通过 Windows 优化大师，用户还可对 Windows 操作系统的启动项进行优化，并禁止不经常使用的程序及服务，以加快系统的启动速度，具体操作方法如下。

单击【开机速度优化】选项，打开【开机速度优化】选项卡。在该选项卡中列出了系统启动信息的停留时间、预读方法，以及系统启动时加载的所有启动项，如图 11-20 所示。

在【开机速度优化】选项卡内的列表框中选择要禁止的启动项，并单击【优化】按钮，以保存优化设置，如图 11-21 所示。

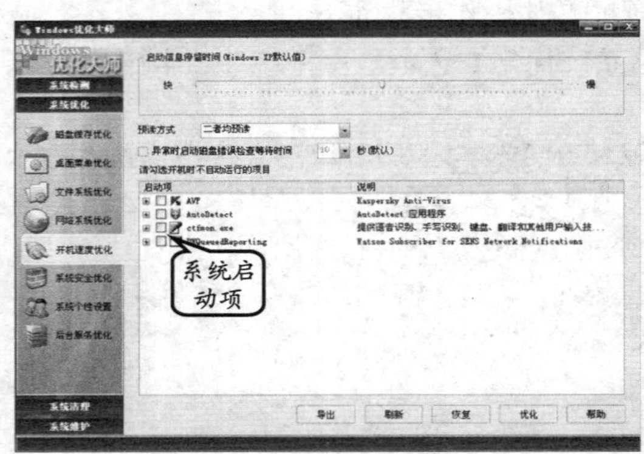

图 11-20 【开机速度优化】选项卡

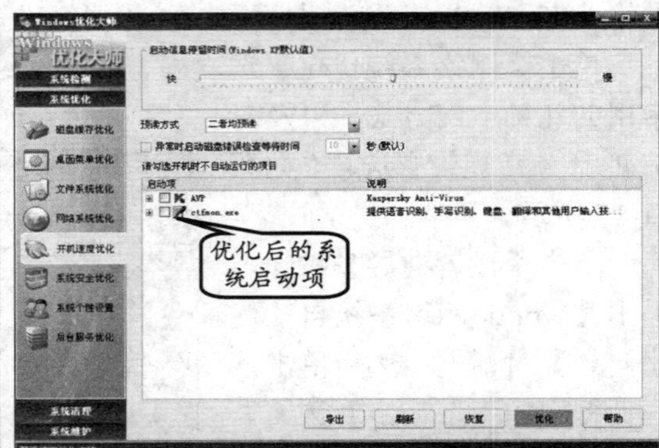

图 11-21 优化系统启动项

单击【后台服务优化】选项，在打开的【后台服务优化】选项卡内列出了当前操作系统所有的系统服务，以及这些服务的运行情况和启动设置，如图 11-22 所示。

单击【后台服务优化】选项卡中的【设置向导】按钮，弹出【服务设置向导】对话框，并直接单击该对话框中的【下一步】按钮。

在弹出的对话框中，选择设置系统服务的方式。例如，选择【自定义设置】单选按钮，并单击【下一步】按钮，如图 11-23 所示。

图 11-22 查看系统服务

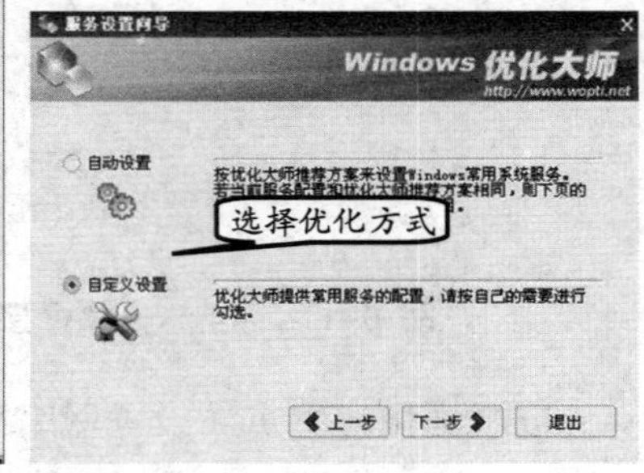

图 11-23 选择优化方式

在【与网络相关的常用服务设置】界面中，根据当前计算机的网络连接情况对相关选项进行设置。完成后，单击【下一步】按钮，如图 11-24 所示。

在【与外设相关的常用服务设置】界面中，根据当前计算机外部设备的使用情况来设置相关服务，单击【下一步】按钮，如图 11-25 所示。

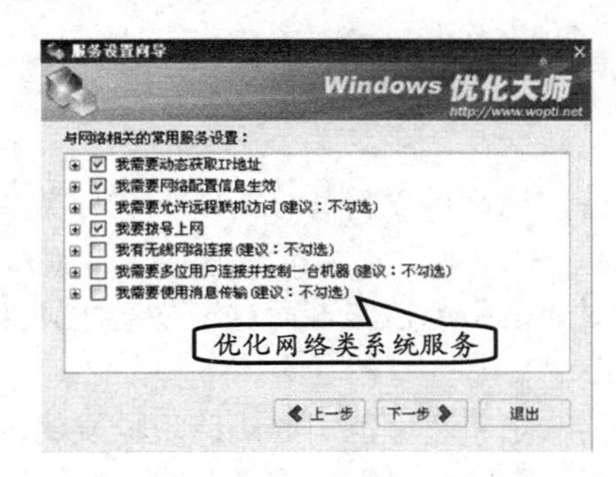

图 11-24 设置与网络相关的服务

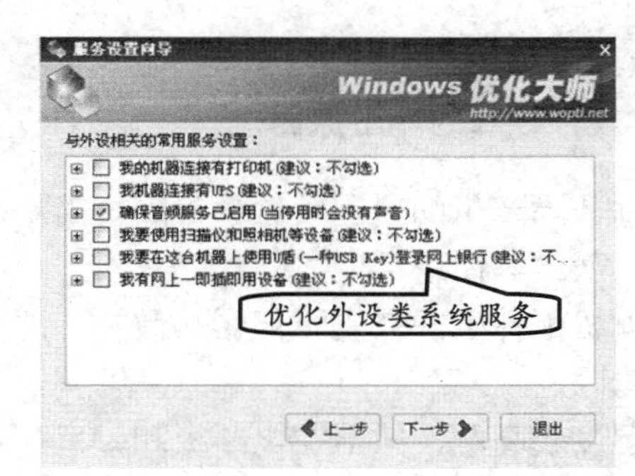

图 11-25 设置与外部设备相关的服务

在【其他常用服务设置】界面中对列出的系统服务进行设备后，单击【下一步】按钮，如图 11-26 所示。

完成系统服务设置后，服务设置向导将会在弹出的界面中列出需要进行调整的系统服务选项。在确认无误后，单击【下一步】按钮，即可对其进行优化设置，如图 11-27 所示。

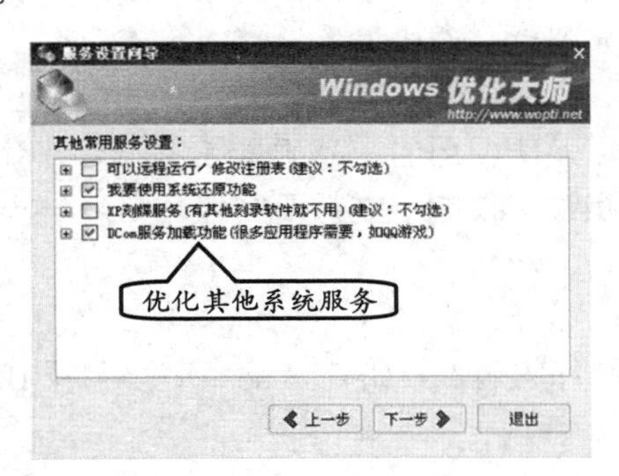

图 11-26 设置其他常用系统服务

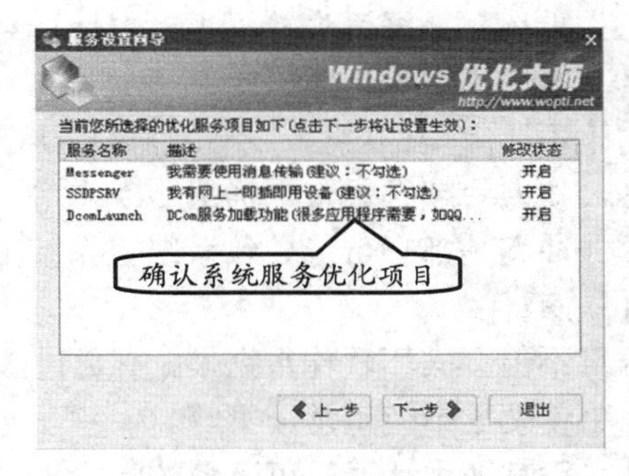

图 11-27 确认系统服务优化设置

稍等片刻后，Windows 优化大师即可完成系统服务的优化设置。在接下来弹出的对话框中单击【完成】按钮即可退出服务设置向导，并返回【后台服务优化】选项卡。

11.4 故障分类

对于构造精密的计算机来说，任一配件出现的些许改动都有可能导致计算机出现故障，而不同故障原因所表现出的故障现象也都千差万别。不过，在详细了解计算机及其原理的基础上可以对计算机故障作出如下分类。

11.4.1 计算机硬件故障

顾名思义，硬件故障是指由硬件所引起的计算机故障，主要表现为计算机无法启动、频繁死机或某些硬件无法正常工作等情况。虽然多数硬件故障并不会直接造成硬件损伤，然而一旦处理不当，往往只能通过更换硬件的方式来解决，因此在解决硬件故障时一定要小心谨慎。

1．硬件故障的产生原因

硬件故障产生的原因较软件故障要简单一些，通常可以将其分为以下几种类型。

❑ **灰尘等使用环境**

计算机配件上的灰尘不但影响散热，严重时还会引起短路，而这正是造成硬件故障的重要原因之一。

在湿度较高时，散落在电路板和元器件上的灰尘将有可能引起短路现象发生，轻者导致数据传输和控制错误，引起数据丢失、死机、重启、报警，重者引起元件损坏。

灰尘对设备机械部分影响也较严重，如风扇转速受限、光驱读盘能力下降等。

❑ **静电及电源环境**

静电会造成瞬时高压放电，严重时将会击穿电子芯片，这将直接造成该芯片所在配件的损坏，严重时会同时损坏多个配件。所以维修人员要注意它的危害，采取防静电措施，在触摸板卡时注意人体静电放电。

电源电压不稳也是引起计算机故障的原因之一。电压不正常，轻则造成计算机瞬时故障，如重启、数据丢失等，重者损坏计算机元器件，造成损失。

❑ **操作不当等人为原因**

由于不遵守操作规程，不注意操作步骤，以及所使用的产品质量低劣，常会引起各种故障，如人为超频、带电插拔 I/O 卡等。误操作、误删一些重要文件、安装一些程序引起软件冲突等都有可能导致系统工作不正常。

❑ **病毒**

病毒不但会破坏软件数据，更有通过破坏硬件的病毒，如 CIH 病毒破坏主板 BIOS、硬盘杀手使硬盘不能正常读写等。

❑ **正常使用计算机可避免故障**

不正常使用有：因为工作时间过长、温度过高而引起的死机、重启现象，以及连线和接插件接触不良，机械部件的磨损、电子元件的老化、生锈和腐蚀，再如系统长时间使用导致硬盘垃圾文件及碎片文件过多引起计算机性能下降等。

2．硬件故障的诊断步骤

当排除软件原因造成的计算机故障后，便要将故障排查重点转移至硬件部分。在这一过程中，应按照下面的步骤进行诊断。

第一步，由表及里。

在检测硬件故障时，应先从表面查起，如先检查计算机的电源开关、插头、插座、引线等是否连接或是否松动。当外部故障排除，需要检查机箱内部的各个硬件时，也应按照由表及里的步骤，先观察灰尘是否较多、有无烧焦气味等。然后再检查各个板卡的插接是否有松动现象，以及元器件是否有烧坏的部分等。

第二步，先电源后负载。

因电源而引起的计算机故障数不胜数，在检查时应仔细检查供电系统，然后依次检查稳压系统和主机内部的电源部分。如果电源没有问题，便可开始检查计算机硬件系统内的各种配件及外部设备。

第三步，先外设再主机。

从计算机的可靠性来说，主机要优于外部设备，而且检查外设要比检查主机更为简单。因此，在依次拆除所有外设后如果故障不再出现，则说明故障出在外设上；反之，则说明故障由主机引起。

第四步，先静态后动态。

在确定主机问题后，便需要打开机箱进行检查。此时应该首先在不加电（静态）的情况下观察或用电笔等工具检测硬件，然后再开启电源后检查计算机的工作状态。

第五步，先共性后局部。

计算机内的某些部件在出现问题后会直接影响其他部分的正常工作，而且涉及范围往往较广。例如，当主板出现故障时便会导致所有与其连接的板卡都无法正常工作。此时，应着重检测主板是否出现故障，然后再逐个检测其他配件。

11.4.2 计算机软件故障

软件故障是指由软件所引起的计算机故障，主要表现为软件无法运行、屏幕上出现乱码，甚至在应用软件运行过程中出现死机等情况。一般来说，软件故障不会损坏计算机硬件，但在检测和排除故障时要复杂一些。

随着操作系统内软件数量的日益增多，不同软件间的相互干扰使得软件故障的产生原因变得越来越复杂，但大体上还是可以将其归纳为以下几个方面的原因。

- **受病毒感染**

计算机一旦遭到病毒侵袭，病毒便会逐渐吞噬硬盘空间，并降低系统运行速度。此外，病毒还会修改特定类型文件的内容，而这正是导致计算机出现软件故障的重要因素之一，严重时将导致系统无法正常启动。

- **系统文件丢失**

绝大多数的系统文件都是操作系统在启动或运行过程中必须要用到的文件，其重要性不言而喻。因此，当用户由于误操作而导致系统文件丢失后，系统便会提示（或在下次重新启动时）缺少文件。如果缺失的文件较为重要，有可能会马上导致系统崩溃，并无法再次启动。

提 示

默认情况下，Windows XP 操作系统会将重要文件备份在“C:\Windows\System32\dllcache”目录内（假设操作系统安装在 C:）。

- **注册表损坏**

注册表是 Windows 操作系统的核心数据库，但由于其自身的安全防护措施较差。因此，一旦注册表内的重要配置信息遭到破坏，便会导致系统无法正常运行。

- **软件漏洞（Bug）**

软件漏洞是软件运行错误的主要原因之一，也是诱发软件故障的重要因素。一般来说，测试版软件的漏洞较多，但这并不意味着正式版软件内没有漏洞。

此外，不同软件漏洞对计算机产生的危害也不相同。例如，普通漏洞可能只会导致软件无法正常运行，而较为严重的漏洞则会导致计算机被他人非法控制，如图 11-28 所示为 360 安全卫士检测到 Windows XP 系统存在漏洞。

图 11-28　安全软件发现漏洞

❑　**系统无法满足软件需求**

任何软件都会对运行环境有一定的要求，例如操作系统版本、硬件配置等。也就是说，如果计算机无法满足软件正常运行的需求，那么多数情况下该软件将无法正常运行，如图 11-29 所示即为 Word 2007 对系统运行环境的需求列表。

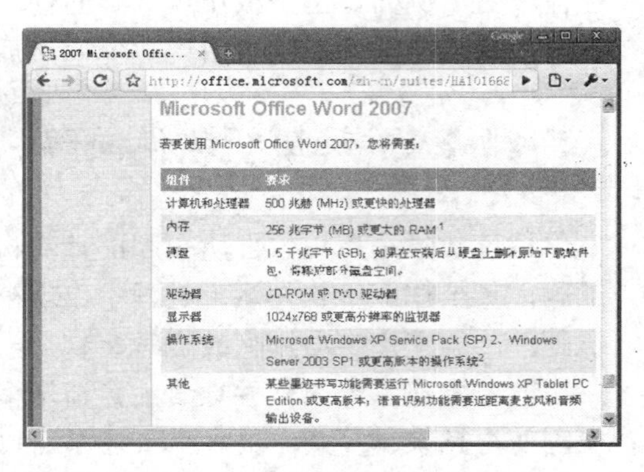

图 11-29　软件对运行环境的需求列表

11.5　故障诊断与排除技巧

从广义的范围来讲，任何影响计算机正常运行、导致操作系统或应用软件出错的情况都属于计算机故障。但是，通常情况下用户所能看到的只是故障现象，只有在对故障现象进行分析后才能了解到故障产生的真正原因，而整个检测过程的检测顺序与故障分析思路的清晰与否直接影响排除故障的工作效率。

11.5.1　诊断原则

排除故障的首要前提是了解故障产生原因，为达到这一目的，所要做的便是尽可能详细地了解故障现象。很多时候，只要在充分了解计算机配置信息、工作环境等情况下进一步掌握计算机在近期所发生的变化（移动、安装或卸载软件等），以及故障前工作人员所进行的操作等情况便可轻松找出诱发故障的直接或间接原因。

在这一过程中，除了要观察故障的表面现象外，还应尽量通过识别文本、图像、声音等线索寻找潜在的故障点。因为，所能够掌握的信息越多，在排除故障时也就越为轻松、准确。

在分析计算机故障时，应遵循先软后硬、先外后内、先假后真等原则，其含义如下。

❑　**认真观察**

首先，要观察计算机周围的工作环境，如计算机摆放位置、使用的电源、机箱内部温度等。还需要观察故障表现的现象、显示的内容。

然后，观察计算机内部环境的情况，如灰尘、部件颜色、指示灯状态等。

最后，观察计算机的软硬件配置，了解计算机安装何种软硬件，以及软硬件所占计算机资源的情况。

❑ **先想后做**

根据观察到的现象，通过查阅相关资料，了解有无相应的技术要求、使用特点等。然后，结合自身已有的知识、经验来判断故障原因，最后动手维修。

❑ **先软后硬**

该原则的要求是先排除软件故障，然后再查找硬件故障。这是因为，硬件受软件所控制，而软件系统内的任何细小差错都可能导致计算机出现问题。

简单地说，从软件设置开始排查能够更为彻底地找到问题的根源，而且较直接查找硬件故障也要方便一些。

❑ **先外后内**

在排查硬件故障时，应先从电源是否存在问题、各个接头的连接是否正常等外在因素入手。

只有在排除上述原因后才能再打开机箱检测主机内的各个硬件。该原则的依据是外部连接等故障的排除和解决方法都比较简单，且花费时间较少，而检查主机内部硬件不但费时费力，而且对维修人员的技术要求也较高。

❑ **先假后真**

在多数情况下，计算机出现硬件故障的原因并不是某个配件已经损坏，而是因接触不良所导致的计算机故障，这些故障即称为“假”故障。

通常情况下，用户只需在擦拭硬件接口后重新安装即可解决此类问题，如图 11-30 所示。

图 11-30 清除插槽内的灰尘

❑ **分清主次**

在遇到多重性的故障现象时，应该先判断、维修主要的故障现象。然后再维修次要的故障现象。这是因为，有时主要故障解决后次要故障也会随之消除。

11.5.2 常用维修方法

在故障排除及维修计算机方面用户也需要有一定的了解。不然，盲目乱撞的捣鼓计算机不仅不一定排除问题，还会引发新的问题。因此，用户可以通过以下方法操作。

❑ **观察法**

认真观察是维修判断过程中的第一步，也是第一方法，需要观察的内容包括：计算机摆放的环境，如温度、湿度、接插头、插座和插槽等，用户使用的操作系统、应用软件等，用户操作的习惯和过程等。

❑ **清洁法**

故障很多情况下是由于机器内的灰尘较多引起的，在维修之前应该先进行除尘，再进行判断维修。如对接插头、插座、插槽、板卡金手指部分的清洁；对大规模集成电路、元器件等引脚处清洁；风扇、风道的清洁等。用于清洁的工具有软毛刷、橡皮、吹风机、吸尘器、软布和无水酒精等。

❑ **最小系统法**

硬件最小系统由电源、主板、CPU 等组成，在这个最小系统中没有信号边线，只有电源到主板的电源连接。通过声音来判断这一核心组成部分是否可正常工作。

❑ **逐步添加/去除法**

逐步添加法是以最小系统为基础，每次只向系统添加一个部件、设备或软件，来检查故障现象是否消失或发生变化，以此来判断并定位故障部位。

逐步去除法正好与此相反。逐步添加/去除法一般与最小系统法、替换法相配合，可以较为准确地定位故障部位。

❑ **替换法**

替换法是用正常的部件去代替可能有故障的部件，查看故障现象是否消失以判断故障部位的一种维修方法。

❑ **屏蔽法**

屏蔽法是将可能妨碍故障判断的硬件或软件屏蔽起来的一种判断方法，也可以用来将怀疑相互冲突的硬件、软件隔离开来以判断故障部位。

对于软件来说，就是停止运行或卸载；对于硬件来说，就是在设备管理器或 BIOS 中禁用、卸载驱动，或者干脆将硬件从系统中去掉。

❑ **DEBUG 卡侦测法**

DEBUG 卡是一种可以插在主板 PCI 插槽上，加电后通过显示故障代码来诊断故障的工具，它可以将主板启动时 BIOS 内部自检程序的检测过程转换成代码，读取卡上显示的代码，对照故障代码表，以快速诊断或定位主板、内存、CPU、电源等相关部件的故障。

适用于大多数厂家的带 ISA 或 PCI 插槽的主板可诊断计算机自检过程中遇到的问题。有些主板本身就集成了类似功能，可以通过查看手册进行故障排查。

11.5.3 软件故障及排除举例

当计算机出现软件故障时，通常情况下系统都会给出相应的提示信息。一般来说，在仔细阅读提示信息的基础上，根据提示信息所涉及的内容适当调整软件设置便可以确定出现故障的软件，并轻松排除软件故障。

1. BIOS 设置错误

故障现象：

计算机在最初的 POST 自检过程中暂停，屏幕中央出现内容为“Floppy disk（s）fail（40）”的提示信息，屏幕下方的提示信息为“Press F1 to continue，DEL to enter SETUP”（其中的“F1”和“DEL”为高亮显示）。

故障分析：

第一句提示信息的字面意思为“软盘失败”，由于此时计算机处于 POST 自检过程，因此可以将其理解为软盘驱动器（软驱）故障。但是，由于该设备已被淘汰，绝大多数计算机上都不存在该设备，因此可以判断为 BIOS 设置错误。

提　示

在 BIOS 中，用户可以对 POST 自检程序的部分检测内容进行设置。因此，若计算机在未安装软驱的情况下提示软驱错误，多数是 BIOS 内的相关设置错误造成的。

故障排除：

方法一，按 F1 键忽略该错误，此时计算机将继续之前所暂停的工作，直至完全启动计算机（由第二条提示信息的前半部分可知）。不过，由于未能排除故障，因此在下次启动时仍会出现该错误。

方法二，按 Delete 键进入 BIOS 设置程序，然后将 Main 选项卡内的 Legacy Diskette A 选项设置为 Disabled，如图 11-31 所示。完成后，按 F10 键保存退出即可解决该问题。

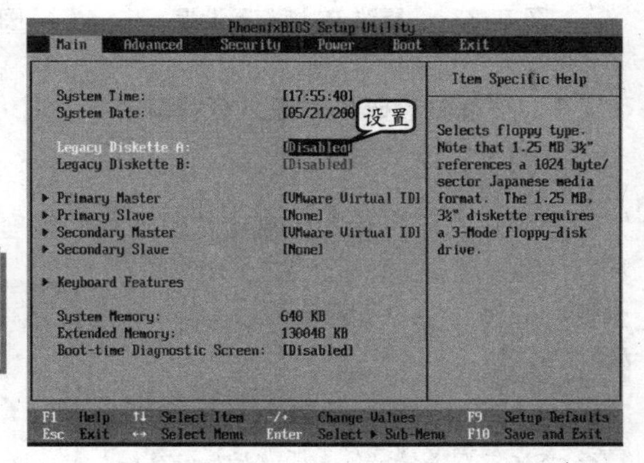

图 11-31　关闭软盘驱动器

注　意

虽然不同计算机、不同 BIOS 的进入方法与设置方法并不相同，但上述故障的排除方式却是通用的。

2. IE 浏览器运行时出现脚本错误

故障现象：

使用 IE 浏览部分网页时弹出提示信息对话框，内容为“出现运行错误，是否纠正错误”，在单击【否】按钮后可继续浏览网页。但是，再次访问该页面时仍会出现提示信息，如图 11-32 所示。

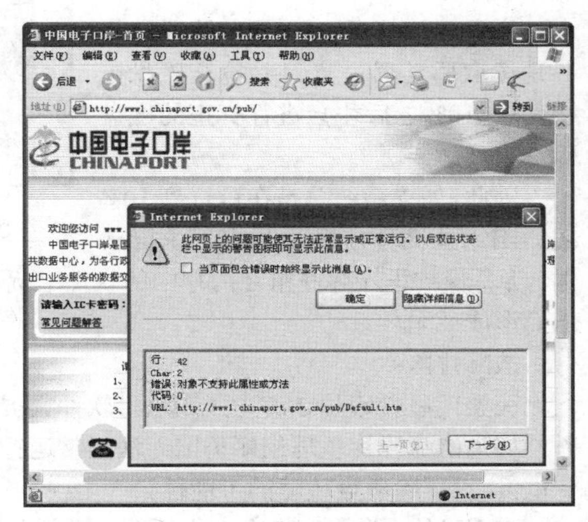

图 11-32　IE 浏览器错误提示对话框

故障分析：

有可能是网站（页）本身有问题，多数为代码不规范所致；也可能是 IE 不支持部分脚本所致。

故障排除：

方法一，启动 IE 浏览器后，执行【工具】|【Internet 选项】命令，然后启用【高级】选项卡中的【禁止脚本调试，(Internet Explorer)】复选框，最后单击【确定】按钮，如图 11-33 所示。

方法二，将 IE 浏览器更新至最新版本，以改善对脚本的支持情况。例如，安装版本为 10.0 的 IE 浏览器，如图 11-34 所示。

图 11-33 更改 IE 浏览器设置

图 11-34 IE 10.0

3. 整理磁盘碎片时陷入死循环

故障现象：

在使用系统自带的磁盘碎片整理程序整理磁盘碎片时，进行到 10%时程序陷入死循环，表现为整理进度始终在 10%左右徘徊，如图 11-35 所示。

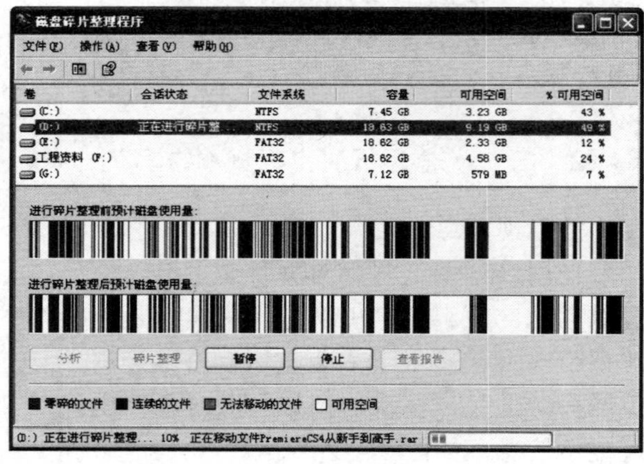
图 11-35 磁盘碎片整理程序

注 意

只有当分区拥有至少 15%的空闲磁盘空间时，磁盘碎片整理程序才能够正常运行。

故障分析：

磁盘碎片整理 10%之前阶段的任务是读取驱动器信息，并检查磁盘错误，在 10%之后才会进行真正的磁盘碎片整理。

因此，如果系统总是在进行到 10%之后陷入死循环，多半是由于杀毒软件、屏幕保护程序等驻留在内存中的软件干扰了正常的磁盘扫描，使程序不能正常进行，从而形成死循环。

故障排除：

在整理磁盘碎片之前先关闭杀毒软件、屏幕保护程序等程序，然后再进行整理。此时，如果磁盘碎片整理程序仍旧无法正常运行，则首先对磁盘进行全面检查（包括表面测试），以排除磁盘故障的可能性。

在【我的电脑】窗口中右击所要整理的分区图标（如【本地磁盘（D:）】），执行【属性】命令。然后，在【本地磁盘（D:）属性】对话框的【工具】选项卡中单击【开始检查】按钮。在启用弹出对话框内的复选框后，单击【开始】按钮，扫描所选磁盘的健康状况，如图 11-36 所示。

4. 解决丢失 MBR 问题

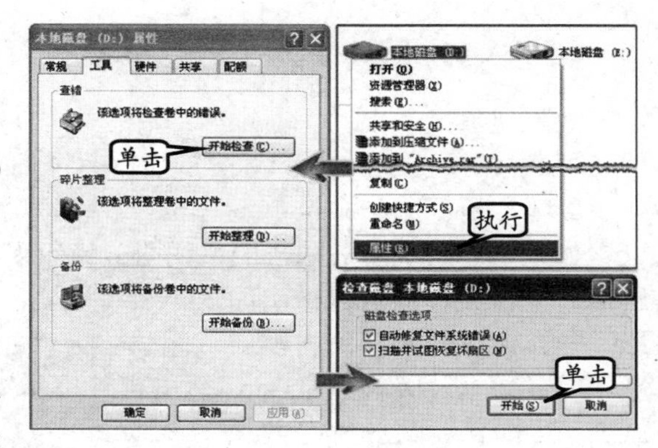

图 11-36 扫描磁盘健康状态

故障现象：

开机后出现类似“press F11 start to system restore”错误提示，并且不能正常启动 Windows 7 系统。

故障分析：

许多一键 GHOST 之类的软件，为了达到优先启动的目的，在安装时往往会修改硬盘 MBR。这样在开机时就会出现相应的启动菜单信息，不过如果此类软件有缺陷、与 Windows 7 不兼容或卸载不彻底，就非常容易导致 Windows 7 无法正常启动，属于 MBR 故障。

故障排除：

对于硬盘主引导记录（即 MBR）的修复操作，利用 Windows 7 安装光盘中自带的修复工具（Bootrec.exe）即可轻松解决此故障。

先以 Windows 7 安装光盘启动计算机，当光盘启动完成之后，按 Shift+F10 组合键，弹出【命令提示符】窗口。然后在该窗口中输入 DOS 命令“bootrec /fixmbr”，如图 11-37 所示。

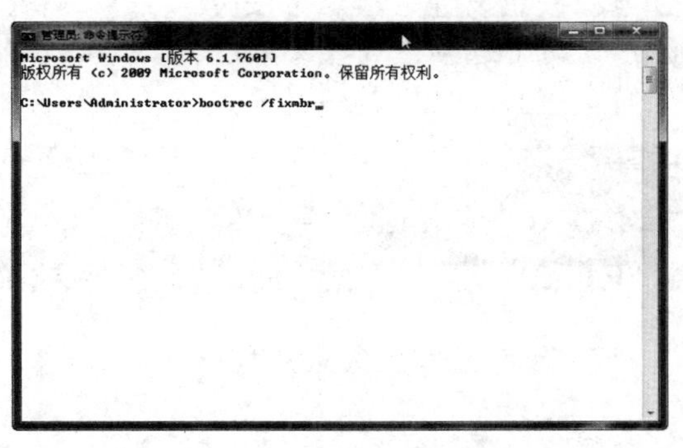

图 11-37 修复系统 MBR

最后，按 Enter 键，按照提示完成硬盘主引导记录的重写操作就可以了。

5. 解决显示分辨率过小的问题

故障现象：

在安装一款显卡测试版驱动程序后，桌面变为 640×480 或其他分辨率。

故障分析：

Windows 7 操作系统在安装了显卡驱动后，一般会自动或推荐将屏幕分辨率设置为最佳分辨率，因此故障原因很可能是由于测试版显卡驱动程序存在问题。

故障排除：

首先卸载测试版驱动程序，更换为最新稳定的驱动。例如，右击桌面空白处，执行【屏幕分辨率】命令后，在弹出对话框中将分辨率改回最佳分辨率，如图 11-38 所示。

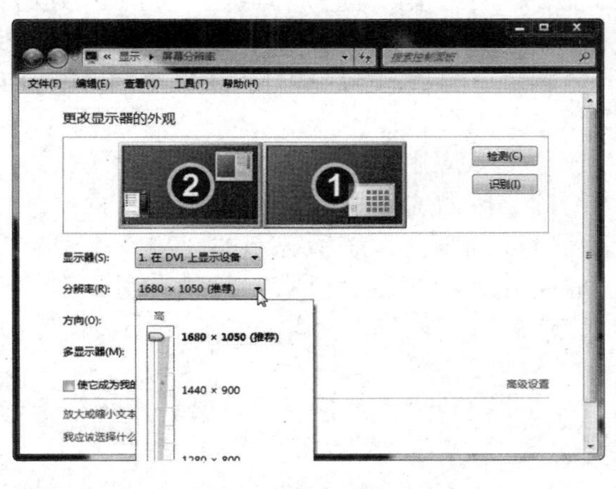

图 11-38 重新设置分辨率

6. 按 Caps Lock 键会导致系统关机

故障现象：

每次按键盘上的 Caps Lock 键后，系统都会自动关机，重装系统后问题依旧。

故障分析：

如果重装系统后故障依旧，说明故障原因不在操作系统方面，而在键盘本身。在了解键盘工作原理后可以做出如下推断：键盘控制电路出现问题，导致信号识别错误，将 Caps Lock 键的信号识别为键盘上的关机按键信号。

故障排除：

打开【控制面板】窗口后，双击【电源选项】图标。然后在【电源选项】窗口左侧单击【选择电源按钮的功能】选项进行电源按钮设置，指定【按电源按钮时】选项值为【不采取任何操作】，如图 11-39 所示。

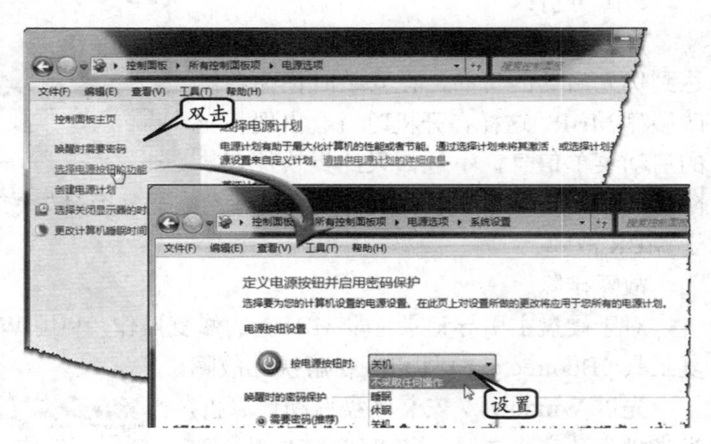

图 11-39 设置电源按键功能

提 示

该问题虽然可以通过设置系统参数来解决，但从本质上来讲属于硬件损坏。因此，解决这一问题的最好方法是更换新的键盘。

7. 无法正常安装应用程序

故障现象：

在向 D：内安装应用程序时，双击安装程序图标后安装程序可正常运行，但会在运行到中途时弹出内容为"磁盘空间已满"的提示信息，并自动退出安装。查看分区剩余空间后，却还有好多可用空间，如图 11-40 所示。

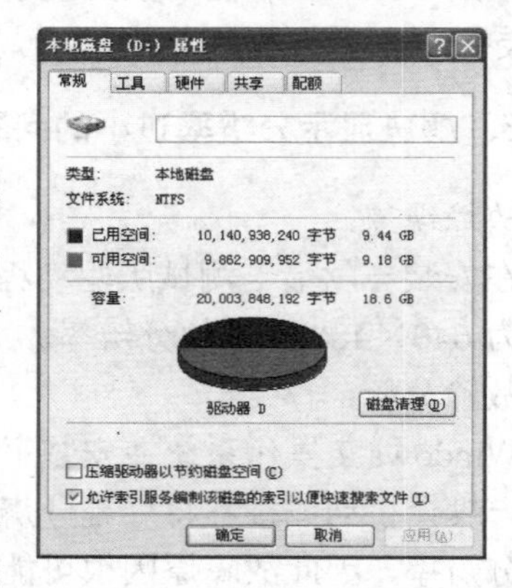

图 11-40 查看磁盘可用空间

故障分析：

很多应用程序在安装时都需要首先进行解压缩，因此会临时占用一定的磁盘空间。根据故障现象分析后可以判定，系统所提示的"磁盘空间"应该是指临时文件夹所在磁盘已满。此时，由于安装程序还没有完成解压缩操作，因此被迫退出安装程序。

故障排除：

此类故障只能通过为安装程序提供足够的临时空间来解决，可参照以下进行操作。

❑ **清理 IE 临时文件夹**

右击桌面上的 IE 图标后，执行【属性】命令。然后在【Internet 属性】对话框中单击【删除】按钮，如图 11-41 所示。

在弹出的【删除浏览的历史记录】对话框中启用所有复选框，并单击【删除】按钮，如图 11-42 所示。

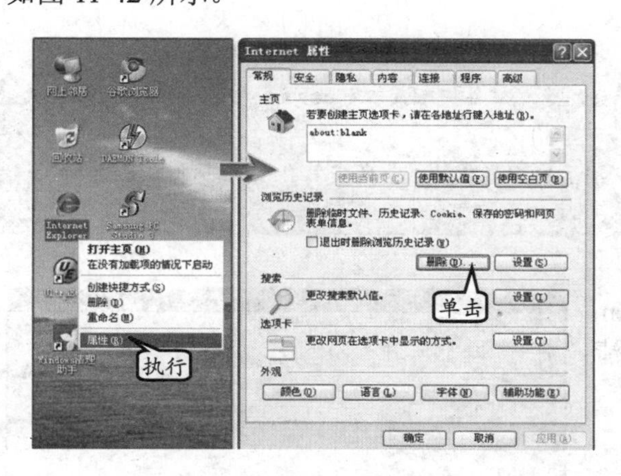

图 11-41　准备清除 IE 缓存

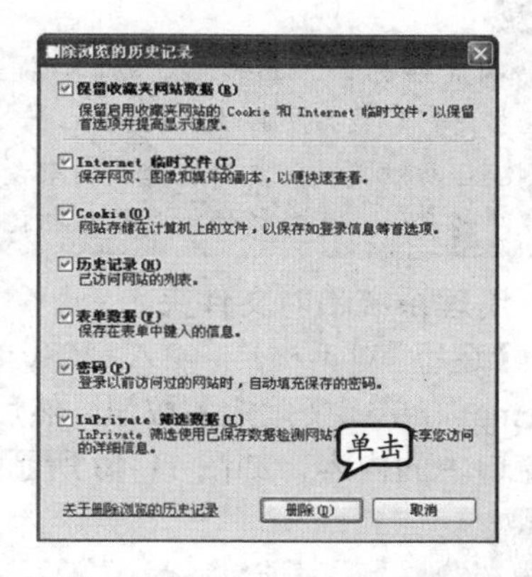

图 11-42　选择所要清除的缓存类型

提　示

只需启用对话框中的【Internet 临时文件】复选框即可清除大部分的临时文件。

❑　**清理安装 Office 后产生的临时文件**

如果用户安装有 Microsoft Office 办公套件，则 C：根目录内往往会有一个名为 MSOCache 的隐藏文件夹。在删除该文件夹后，通常可释放 300~600MB 不等的磁盘空间，如图 11-43 所示。

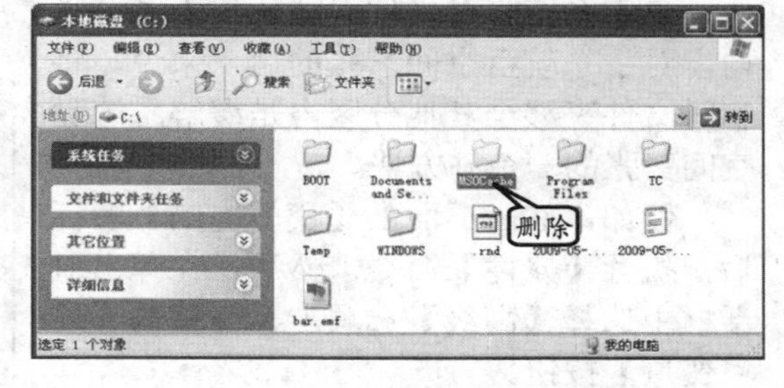

图 11-43　安装 Office 后产生的临时文件

❑　**清理系统补丁备份文件**

打开【运行】对话框，输入“%SystemRoot%”后，单击【确定】按钮。然后在弹出窗口中执行【工具】|【文件夹选项】命令，打开【文件夹选项】对话框，如图 11-44 所示。

在【文件夹选项】对话框内的【查看】选项卡中选择【显示所有文件和文件夹】单选按钮，如图 11-45 所示。

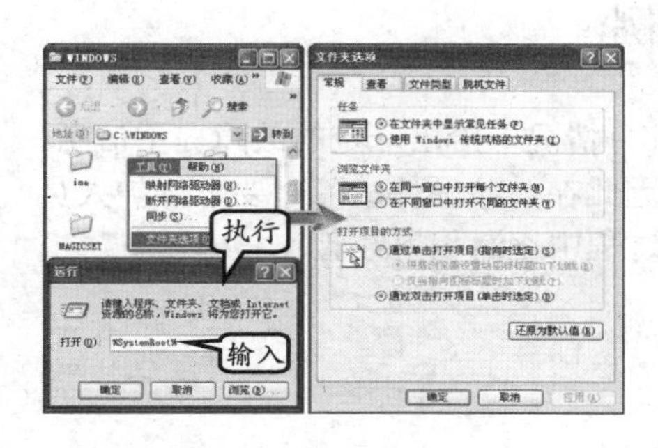

图 11-44　更改文件夹选项

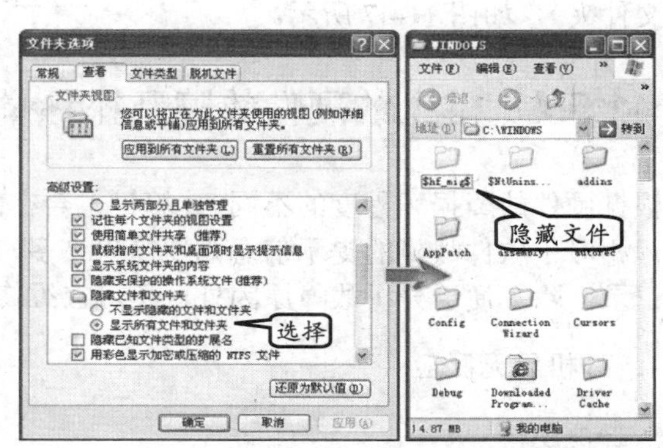

图 11-45　显示所有隐藏文件及文件夹

最后，删除 Windows 文件夹内所有以“$”字符开头的隐藏文件夹，即可释放出一定的磁盘空间。

提 示

在 Windows 文件夹中，每一个以“$”字符开头的隐藏文件夹都是 Windows 补丁程序相关的备份文件，以便当用户卸载相应补丁时使用。

因此，删除这些隐藏文件夹所能释放的磁盘空间取决于当前计算机所安装补丁程序的多少，所安装的补丁程序越多，所能释放的磁盘空间也就越多。

❑ 清理系统临时文件夹

打开【运行】对话框后，输入“%SystemRoot%\temp”，单击【确定】按钮。然后清除弹出窗口中的内容，如图 11-46 所示。

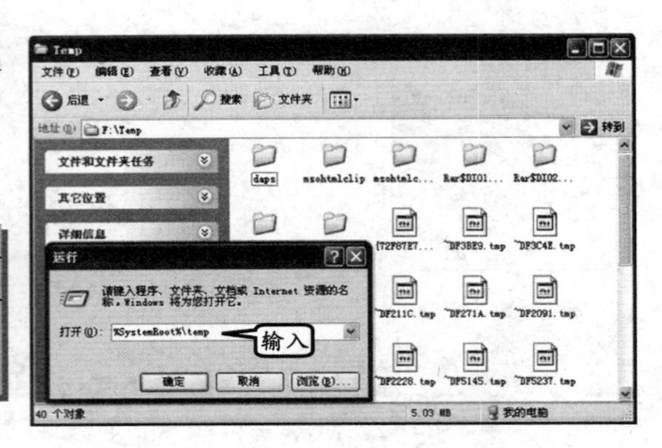

图 11-46 清空临时文件夹

注 意

如果在删除临时文件夹中的内容时计算机运行有某些应用程序，则可能会出现部分临时文件无法删除的现象。此时，只需结束这些应用程序，即可彻底删除这些临时文件。

❑ 更改系统临时文件夹的路径

由于系统临时文件夹默认位于系统盘内，对于系统盘空间紧张的用户来说，将临时文件夹移至其他分区内是缓解系统盘空间紧张的一个好方法。

例如，右击桌面上【我的电脑】图标后，执行【属性】命令。然后，在弹出对话框中选择【高级】选项卡，并单击【环境变量】按钮。

最后，在弹出的【环境变量】对话框中，分别将【Administrator 的用户变量】和【系统变量】栏中的 TEMP 项和 TMP 项设置为 F:\TEMP（或其他位于非系统盘内的文件夹），如图 11-47 所示。

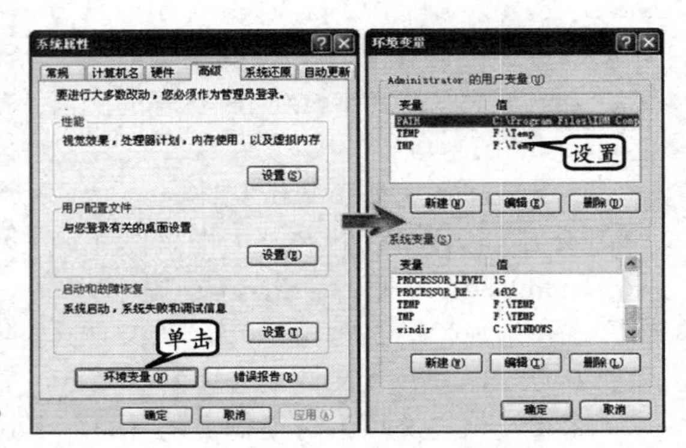

图 11-47 修改临时文件夹路径

11.5.4 常见的硬件故障及排除举例

根据硬件故障损坏程度的不同，计算机也会在部分情况下给出一定的故障提示信息。不过，相对于软件故障的提示信息则要简单许多，因此在排除硬件故障时要求修护人员多作记录，除了便于分析故障原因外，还可在维修过程中逐渐积累经验。

1. 开机后无反应

故障现象：

在为计算机清理灰尘后，CPU 风扇转动，但系统无反应，显示器提示无信号输入。

故障分析：

CPU 风扇转动说明主机电源没有问题，在排除各种接头未正常连接的情况后可确定主机出现故障。这是因为，由于主机根本未启动，因此显示器才会提示无信号输入。

故障排除：

首先使用最小系统法拆除硬盘、光驱等设备与主板的连接，仅保留 CPU、主板、内存和显卡所组成的最小系统，以排除上述配件故障所造成的主机故障。此时，如果故障仍然存在，则需要再次清理内存和显卡的插槽，并擦拭上述配件的金手指。

提 示

在经过上述步骤后如果仍旧无法解决问题，便应考虑是否在灰尘清理完毕后的安装过程中造成硬件损坏，或者因连接问题导致计算机在安装后的首次启动时发生漏电、短路等事件，造成配件烧毁。

2. 正常关机后计算机自动重启

故障现象：

计算机可正常运行，操作系统在运行时也没有什么问题，但却无法正常关闭计算机。每次正常关闭计算机后，计算机都将重新启动，因此只能通过断电的方式强行关闭。

故障分析：

计算机之前一切正常，并且在出现故障后系统运行也没什么问题，这表明软、硬件本身都没有什么问题，那么故障原因多半属于硬件设置有误。由于该故障的提示信息较少，因此需要维修人员现场经历该故障，然后再对故障进行分析、排除。

故障排除：

正常关闭计算机后，计算机自动重启，并在 POST 自检完成后暂停启动，屏幕提示要求按 F1 键继续。此时便可以断定，CMOS 供电不足造成 BIOS 设置参数丢失是导致上述提示信息出现的原因。

打开机箱后更换 CMOS 电池，在排除一切可能造成 CMOS 无法供电或 BIOS 无法保存信息的问题后，重新启动计算机并进入 BIOS 设置。然后将 Power Management Setup 项内的 PME Event Wake up 设置为 Disable，保存退出后即可。

3. 正常启动 Windows 后不久即死机

故障现象：

在清理计算机内的灰尘后，计算机可正常启动，但 CPU 使用率一直为 100%，无论是否开启其他应用程序，开机片刻后便会死机。

提 示

由于计算机是在清理灰尘后出现故障，因此可直接判断为硬件故障。

故障分析：

对于计算机来说，软、硬件故障都可能导致死机，但由于上述故障发生在清理计算机内的灰尘之后，因此可排除软件造成的死机现象。

根据 CPU 使用率始终为 100%这一现象基本可以确定故障由 CPU 所引起，因此可以通过检测 CPU 入手，以便在获取更多信息后解决该问题。

故障排除：

重新启动计算机后进入 BIOS 设置程序内的 PC Health Status 选项，查看计算机的运行状况。从这里可以了解到计算机内部分配件的工作电压、风扇转速，以及 CPU 和机箱内的温度等信息。

通过观察后发现，CPUFAN Speed（CPU 风扇转速）始终保持在 3500rpm 左右，情况正常；但 CPU Temperature 却高达 75℃/167℉，从而判定诱发计算机死机的原因是 CPU 温度过高，如图 11-48 所示。

Phoenix - Award WorkstationBIOS CMOS Setup Utility
PC Health Status

		Item Help
Shutdown Temperature	Disabled	
CPU Warning Temperature	Disabled	Menu Level ▸
Current System Temp	28 °C/82°F	
Current CPU Temperature	40 °C/104 °F	
Current SYSFAN Speed	2934 RPM	
Current CPUFAN Speed	3335 RPM	
Vcore	1.33 V	
VDIMM	1.07 V	
1.2VMCP	1.27 V	
+5V	5.05 V	
5VDUAL	5.05 V	
+12V	11.91 V	

↑ ↓ →← : Move　Enter : Select　+/-/PU/PD : Value　F 10 : Save　ESC : Exit
F1 : General Help　F 5 : Previous Values　F 6 : Optimized Defaults　F 7 : Standard Defaults

图 11-48 检查主机温度

重新打开机箱，并将 CPU 风扇卸下后发现，CPU 表面无硅脂，而导致 CPU 与散热片之间的热传导不良。在重新涂抹硅脂并安装 CPU 风扇后，计算机不再无故死机，CPU 使用率也恢复至正常水平。

注　意

CPU 长期运行在高温状态下会加速其内部的电子迁移现象，减少使用寿命。因此，即使 CPU 没有因为高温而产生死机、蓝屏等故障，也应尽可能降低 CPU 工作时的温度。

4. 硬件总是出现坏道

故障现象：

刚刚配置的计算机，在使用一个月左右后硬盘损坏，送修后被告知硬盘出现坏道。在更换新硬盘后，一个月左右后硬盘再次损坏，如此反复已经损坏了三、四块硬盘。

故障分析：

一般来说，如此多的硬盘都出现质量问题的可能性较小，可将故障产生原因转移至用户的使用方法与计算机工作环境等方面上来。在了解到用户并未搬动过计算机后，可以基本认定为电源质量有问题或市电供应有问题。

提　示

电源如果出现质量问题，会造成很多硬件的电源供电不正常，从而损坏这些硬件设备。

故障排除：

在了解用户计算机的配置后，发现整体功率较高，而用户所配置的电源功率勉强能够维护计算机运行，因此造成硬盘供电不足，并在突然掉电后导致磁头摩擦盘片，从而出现坏道。在为计算机更换更大功能的电源后，故障解决。

提 示

如果是由于市电供应不正常而造成的硬件损坏，则应在计算机与市电之间加装 UPS 装置，以便通过 UPS 净化电源供应环境来保证计算机的正常运行。

5. 计算机噪声过大

故障现象：

在刚刚启动计算机的 1~2min 内，主机会发出很大的噪声，而在运行一段时间后噪声则会逐渐消失。

故障分析：

一般来说，电子设备不会发出声音，即使有也是极其微弱的电流声。因此，主机所发出的噪声几乎全部来自于主机内的各种风扇。

故障排除：

由于不同风扇产生噪声的原因不同，故障排除方法也不一样，因此下面将分别对其进行介绍。

❑ **风扇只在冬天时发出噪声**

为了延长风扇的使用寿命，如今所有的风扇生产厂商都会在风扇的转轴处增添润滑油。不过，部分风扇所使用的润滑油会在冬天凝为固体，所以刚刚启动计算机时起不到润滑的作用，所以风扇才会发出很大的噪声。

在运行一定时间后，润滑油开始融化，风扇噪声便会逐渐减弱甚至消失。

❑ **润滑油干涸**

随着风扇工作时间的增长，风扇转轴处的润滑油会逐渐减少，并最终干涸，导致风扇运行时出现噪声。解决该问题的最好方法是更换风扇，此外为风扇添加润滑油也可降低噪音，并延长风扇的使用寿命，但影响最终效果的因素较多。

提 示

自行为风扇添加润滑油时，影响最终效果的因素主要有润滑油的质量、完成添加后的密封，以及风扇损坏程度，等等。

6. 开机时出现警告提示

故障现象：

每次开机时，屏幕上都会出现“Primary is channel no 80 conductor cable installed?”字样的提示信息。

故障分析：

上述信息的含义是指 IDE 通道没有使用 80 芯数据线。客观地说，该问题不应称为硬件故障，而是硬件使用不当。

故障排除：

目前的 IDE 数据线分为 40 芯和 80 芯两种类型。80 芯的数据线支持 UDMA66（66MBps，含 UDMA66）以上的传输速度，而 40 芯的数据线只能达到 33MBps 的极限速度。

在为相应设备更换 80 芯的数据线后，计算机在启动时便再也不会出现之前的提示信息了，如图 11-49 所示。

7. 显示器画面出现波纹

图 11-49 80 芯 IDE 数据线

故障现象：

显示器屏幕上总会有挥之不去的干扰杂波或线条，而且音箱中也有令人讨厌的杂音。

故障分析：

这种现象多半是电源的抗干扰性差所致。

故障排除：

对于普通用户来说，更换高品质电源是解决此类问题的最好方法。对于动手能力较强，且具备一定专业知识的用户来说，更换电源内部的滤波电容也可修复该问题。如果效果不太明显，可以将开关管一并更换。

11.5.5 开机自检响铃的含义

在 POST 开机自检时，如果发生故障，机器响铃不断，不同的响铃代表不同的错误信息，根据这些信息的含义再做相应诊断就不难了。下面就以较常见的两种 BIOS（AMI BIOS 和 AWARD BIOS）为例，介绍开机自检响铃的具体含义。

1. Award BIOS 自检响铃及其含义

- **1 短** 系统正常启动。
- **2 短** 常规错误，进入 BIOS 设置程序，重新设置不正确选项。
- **1 长 2 短** 内存或主板出错，更换内存或主板。
- **1 长 2 短** 显示器或显卡错误，检查显示器和显卡。
- **1 长 3 短** 键盘控制错误、检查主板。
- **1 长 9 短** 主板 FLASH ROM 或 EPROM 错误，BIOS 损坏，更换 FLASH ROM。
- **长声不断** 内存条未插或损坏，重插或更换内存条。
- **不停的响** 电源、显示器未和显卡连接好，检查所有接头。
- **重复短响** 电源有问题。
- **黑屏** 电源有问题。

2. AMI BIOS 自检响铃及其含义

- **1 短** 内存刷新失败，更换内存条。

- **2 短** 内存ECC较验错误。在CMOS Setup中将内存关于ECC校验的选项设为Disabled就可以解决，不过最根本的解决办法还是更换一条内存。
- **3 短** 系统基本内存（第1个64KB）检查失败。
- **4 短** 系统时钟出错。
- **5 短** 中央处理器（CPU）错误。
- **6 短** 键盘控制器错误。
- **7 短** 系统实模式错误，不能切换到保护模式。
- **8 短** 显示内存错误。显示内存有问题，更换显卡试试。
- **9 短** ROM BIOS检验错误。
- **10 短** CMOS寄存器读/写错误。
- **1 长 3 短** 内存错误。内存损坏，更换即可。
- **1 长 8 短** 显示测试错误。显示器数据线没插好或显示卡没插牢。

11.6 思考与练习

一、填空题

1．计算机对外部________有一定的要求，如环境要清洁、温度和湿度要适中等要求。

2．计算机内部所有部件工作时都带电，在运行时产生的温度、________及磁场等很容易吸附灰尘。

3．计算机周围环境________太高时，机箱内部的电源风扇、CPU风扇和显卡风扇很难发挥有效作用。

4．________是Windows操作系统、各种硬件以及安装的各种应用程序得以正常运行的核心数据库。

5．注册表是树形分层结构，它由________、子键、键值项三部分组成，按层叠式结构排列。

6．________是注册表中的最小单元，每一个键值项都含有名称、数据类型、数据三部分。

7．计算机故障有________和________之分，在处理计算机故障时，首先要判断是软件故障还是硬件故障，然后采取相应的处理措施。

8．硬件故障主要表现为计算机无法启动、频繁死机或某些硬件________等情况。

9．在检测________时，应先从表面查起，如先检查计算机的电源开关、插头、插座、引线等是否连接或是否松动。

10．计算机一旦遭到________侵袭，硬盘空间便会遭到其吞噬，并降低系统运行速度。

11．在分析计算机故障时，应遵循________、先外后内、先假后真等原则。

12．主机所发出的噪声几乎全部来自于内部的各种________。

二、选择题

1．下列选项中，有关计算机在使用过程中对周围环境的要求描述，其中错误的是________。

A．由于计算机工作时各部件产生温度、静电和磁场等，容易吸附灰尘，因此计算机周围环境要清洁

B．计算机工作时要有适合的温度，温度过高会加速电路中部件的老化，并且机箱内部热量不能有效地散发

C．计算机工作时，电压过高计算机会因负载过多无法正常工作，过低有可能烧坏计算机部件

D．计算机中的存储设备很多是使用磁信号作为载体来记录数据的，所以计算机要防止磁场干扰

2．下列选项中，有关计算机安全操作注意事项的描述，其中正确的是________。

A．硬盘在读写数据时，可以突然地关闭计算机，不会造成数据丢失

B．计算机中的光驱能够读出劣质光盘中的数据，因此能够使用光驱读取劣质光盘中的数据

C．显示器在工作时，要远离磁场干扰，若旁边有磁性物质，容易使屏幕磁化，

造成显示器显示图像变形

D．操作键盘时，可以用过大的力气敲击按键，鼠标的使用也可以强力拉线

3．下列选项中，访问远程计算机的注册表时才出现的根键是________。

A．HKEY_USERS 和 HKEY_LOCAL_MACHINE

B．HKEY_CLASSES_ROOT 和 HKEY_CURRENT_USER

C．HKEY_USERS 和 HKEY_CURRENT_CONFIG

D．HKEY_CURRENT_CONFIG 和 HKEY_CLASSES_ROOT

4．下列选项中，不属于注册表根键的是________。

A．HKEY_USERS

B．HKEY_CLASSES_ROOT

C．HKEY_CURRENT_USER

D．HKEY_USERS\SOFTWARE

5．下列选项中，有关注册表根键的描述，其中错误的是________。

A．HKEY_CLASSES_ROOT 根键定义系统中所有已经注册的文件扩展名、文件类型和文件图标等，以确保资源管理器打开文件时打开正确的文件

B．HKEY_CURRENT_USER 根键定义当前登录用户的所有权限，包括用户文件夹、屏幕颜色和控制面板设置等信息

C．HKEY_LOCAL_MACHINE 根键定义本地计算机软硬件的全部配置信息，这些信息与当前登录的具体用户无关，包括有 HARDWARE、SECURITY、SOFTWARE、SYSTEM 四个子键

D．HKEY_CURRENT_CONFIG 根键定义计算机在系统启动时所用的硬件配置文件信息，如打印机、显示器、扫描仪等外部设备及其设置信息等

6．在下列选项中，不属于计算机软件故障产生原因的是________？

A．电压不稳定

B．受病毒感染

C．系统文件丢失

D．注册表损坏

7．在分析和解决计算机故障时，所谓“先软后硬”指什么？________。

A．先检查数据线连接，再检查硬件主体

B．先解决简单问题，再维修复杂故障

C．先解决系统设置问题，再维护硬件连接问题

D．先排除软件故障，再解决硬件故障

8．在使用浏览器访问网页时，下列哪个原因不会出现脚本故障？________。

A．浏览器版本过低

B．浏览器版本过高

C．网页代码有问题

D．浏览器设置不当

9．在下列故障原因中，不会引起计算机死机的是________？

A．计算机病毒

B．CPU 过热

C．个人数据被删除

D．电源不稳定

10．启动计算机后，导致主机出现较大噪声的原因是什么？________。

A．电流杂音，属正常现象

B．风扇润滑有问题，应更换风扇或添加润滑油

C．硬盘工作时因盘片转动而产生的正常现象

D．主机与其他设备间的共振现象引起

三、简答题

1．简述计算机维护的意义。

2．简述备份注册表的意义。

3．简述优化操作系统的意义。

4．如何对计算机硬件维护？

5．引起软件故障的原因都有哪些？

6．检测和排除计算机故障的基本原则是什么？

四、上机练习

1．手动优化启动项

作为 Windows 的核心数据库，注册表内包含了众多影响 Windows 系统运行状态的重要参数，其中便包括 Windows 操作系统启动时的程序加载项。因此，通过删减注册表内的启动项即可达到优化 Windows 系统、加速 Windows 启动速度的目的。

启动注册表编辑器后，再依次展开“我的电脑\HKEY_CURRENT_USER\Software\Microsoft\Windows\CurrentVersion”分支，然后分别将 Run 和 RunOnce 目录内【(默认)】注册表项外的其他

所有注册表项删除，如图 11-50 所示。

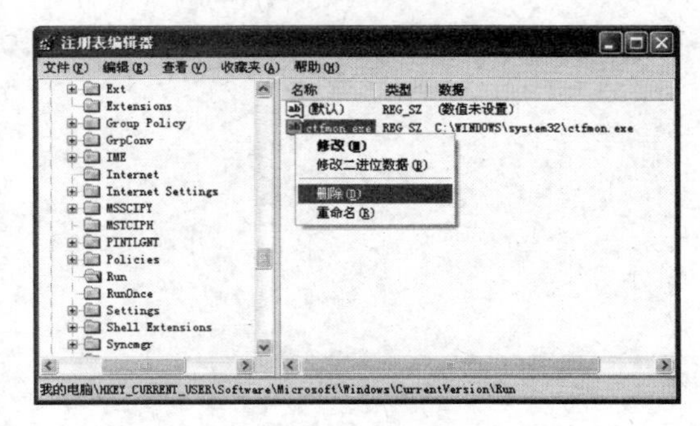

图 11-50 删除多余启动项

2．排查并解决计算机无法正常启动的故障

开启计算机电源后，经常会出现主机发出“滴滴”声，且无法启动的现象。多次重新启动后，经常主机不再发出声音，也会在正常进入系统不久后出现死机现象。

主机发出报警声，说明硬件连接有问题，或者本身出现损坏。不过，由于在某些情况下可正常启动计算机，因此可排除硬件损坏的问题。此时，便应该根据主机所发出的报警声来判断具体故障原因，并在找到故障点后提出相应的解决方案。